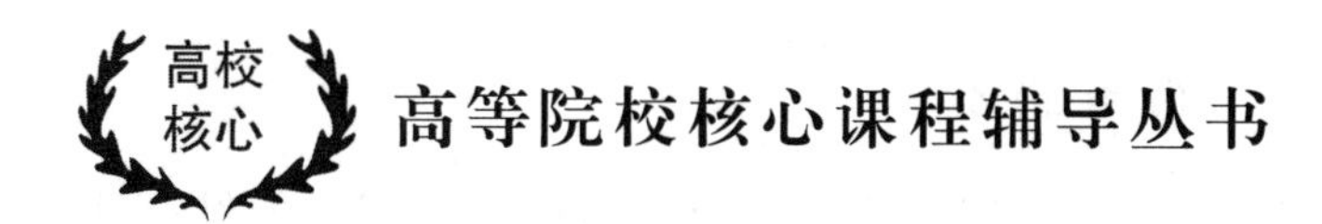

信号与系统答疑解惑与典型题解

尹龙飞　尹霄丽　编著

北京邮电大学出版社
www.buptpress.com

内容简介

本教材主要面向电子信息类本科生，也可以作为社会学习者自学和复习“信号与系统”课程的学习指导书，其内容主要是对“信号与系统”主流教材中对应知识点的整理，并从初学者的角度入手，补充所需数理基础以及各种不同分析方法的出发点、应用前提和主要特点，并对典型例题进行详细分析。

本教材侧重降低初学者理解和掌握基本概念的难度，尽量细致地展现学习“信号与系统”课程的具体过程，对先修课知识进行补充，做好课程间内容衔接，再慢慢引入越来越多的新知识，逐步提高学习者的信心和兴趣。

图书在版编目(CIP)数据

信号与系统答疑解惑与典型题解 / 尹龙飞，尹霄丽编著. -- 北京：北京邮电大学出版社，2022.5
ISBN 978-7-5635-6586-3

Ⅰ. ①信… Ⅱ. ①尹… ②尹… Ⅲ. ①信号系统—高等学校—题解 Ⅳ. ①TN911.6－44

中国版本图书馆 CIP 数据核字(2021)第 274717 号

策划编辑：姚　顺　刘纳新　　**责任编辑**：徐振华　米文秋　　**封面设计**：七星博纳

出版发行：北京邮电大学出版社
社　　址：北京市海淀区西土城路 10 号
邮政编码：100876
发 行 部：电话：010-62282185　传真：010-62283578
E-mail：publish@bupt.edu.cn
经　　销：各地新华书店
印　　刷：保定市中画美凯印刷有限公司
开　　本：787 mm×1 092 mm　1/16
印　　张：16
字　　数：398 千字
版　　次：2022 年 5 月第 1 版
印　　次：2022 年 5 月第 1 次印刷

ISBN 978-7-5635-6586-3　　定价：45.00 元

前 言

“信号与系统”是电子信息类本科生的专业基础课。通过对信号与系统理论的基本概念和基本分析方法的学习，学生要掌握利用多种不同的数学模型分析、解决问题的方法，建立以频域视角看待声、光、无线电等波动信号的基本思想。学好“信号与系统”课程，能够为进一步学习信号处理、通信原理、自动化控制等课程打下良好的基础，也是从事电子信息类相关研究工作的必要前提。

本课程很早就被引入国内高等院校的理工学科培养体系中，大量教育工作前辈数十年的教学实践积攒了丰富的经验，现已有多套优质的教材可供学生学习参考。本书作者结合个人教学经验，对本课程的核心知识体系进行了重新整理，对学生在学习过程中觉得困难、吃力的概念和方法进行了补充或展开，使之更贴近学生或初学者视角，旨在降低学习难度，增强学生学好本课程的信心。

除了电子、信息与通信领域的基本知识以外，本课程所涉及的很多分析问题的思路和方法，实际上在更广泛的领域中普遍使用：如本课程中进行时域与频域转换的傅里叶变换分析法，在很多近现代物理方程的求解中也非常重要；利用希尔伯特变换构造解析信号，在电磁场、微波、光学研究中也有非常相似的处理方法；拉普拉斯变换、状态变量分析法则是现代控制理论的基础。本书侧重“信号与系统”课程中基本知识体系的建立、基本数学知识的整理、基本分析方法与其他学科的联系和对比，并在思路和方法上开阔视野，以建立系统性的知识体系。

全书共包含 7 章，对应北京邮电大学“信号与系统”课程的 7 个教学重点。

第 1 章绪论部分介绍了信号与系统的基本表示方法和基本性质，重点补充了有起点信号的概念，欧拉公式和复平面基本知识，单位冲激信号的缘起、发展，以及运算性质的分类和说明。

第 2 章介绍了时域分析方法，包含连续时间系统的微分方程求解和离散时间系统的差分方程求解。重点补充了微分方程的基本数学求解方法，让学生能够衔接上“高等数学”课程的相关知识，也让学生在同步学习其他涉及微分方程求解的数学、物理课程时，能够知道工程求解方法与数学求解方法的区别和联系。并重新梳理了卷积运算的性质和基本运算方法。

第 3 章介绍了傅里叶级数和傅里叶变换的频域分析方法，重点补充了在函数空间中做变换或分解时投影系数的概念、谐波的选择等。

第 4 章介绍了傅里叶变换在通信系统中的应用，重点梳理了抽样过程的基本逻辑，调制解调的基本目的，解析信号分析方法与电磁场中的相量形式、光学复振幅形式的异同。

第 5 章、第 6 章介绍的拉普拉斯变换、z 变换分析方法是工程上非常成熟的手段，本书主要做了核心知识点梳理。

第 7 章介绍了状态变量分析方法，本书结合 MATLAB 例程，重点分析了系统可控制性和可观测性的判定方法。

北京邮电大学电子工程学院信号、电路与系统教研中心和“信号与系统”课程的众多老师多年的教学研讨、教学实践经验分享对本书的内容形成起到了重要的作用，在此向各位老师表示衷心的感谢！

由于作者水平有限，本书难免存在错漏之处，恳切希望同行专家、学者及广大读者提出宝贵意见，以便今后改进、提高。作者联系方式如下：

尹龙飞，北京邮电大学电子工程学院，100876，yinlongfei@bupt.edu.cn；

尹霄丽，北京邮电大学电子工程学院，100876，yinxl@bupt.edu.cn。

作　者

目　　录

第1章 绪论

知识背景

广义的信号是指能承载信息的自然现象，如光信号、声信号、电信号等。这些信号在日常生活中广泛存在，各自具有不同的物理本质和特性。在信号与系统课程中，我们削弱了广义信号的物理背景，将可携带信息的不同物理量，如光信号的功率、声信号的强度、电信号的电压或电流等，融合为“信号值”这一概念，统一通过信号值随时间或其他自变量的变化来描述信号，这样便于使用简单的数学模型来分析信号与系统的特性①。本课程中的信号主要指这种简化后的信号概念，可以根据自变量和信号值的不同特征分为三大类，如下所述。

自变量为连续的时间变量，信号值也为连续变量，称为连续时间信号或模拟信号；自变量为离散的时间变量，信号值仍为连续变量，称为离散时间信号；自变量和信号值均离散化的信号，称为数字信号。

连续时间信号最贴近信号的真实形式，离散时间信号是连续时间信号与数字信号的中间概念，而数字信号则是现代通信及信息处理所使用的主要形式。本课程重点分析前两者，即主要讲述连续时间信号与离散时间信号这两大类信号的分析方法。

学习要点

1. 掌握使用数学函数和波形图表示信号的方法。波形图准确表达信号，至少需要坐标轴、坐标轴名称、信号波形、关键坐标值等。

2. 掌握复数的不同表示形式，其可以由实部加虚部的形式(直角坐标形式)表示，也可以由复指数形式(极坐标形式)表示。熟悉欧拉公式，通过复数坐标系熟悉三角函数和复指数之间的对应关系。

3. 掌握信号能量/功率的计算方法，熟悉三角函数几种常见的微积分运算。

---

① 这种知道某一时刻对应的信号值的信号称为确定性信号，对确定性信号的分析比较简单，便于学生了解信号与系统的基本概念。而实际情况中，很多时候都要在不知道确定信号值的情况下就准备好相应的信号发射、传输、接收和处理系统，这时只能根据信号的一些统计信息去完成任务，这时的信号就统称为随机信号。对随机信号的分析不属于本课程内容，可在后续课程中学习。

4. 掌握冲激信号、阶跃信号的基本性质和使用方法。熟练运用冲激信号筛选性进行信号运算，注意冲激信号在进行尺度变换时强度会发生改变。

5. 掌握离散时间信号的表示方法，熟悉单位样值信号与阶跃信号的基本概念和应用，了解数字角频率的概念，掌握正弦序列的周期判断方法。

6. 掌握信号中直流分量、交流分量、奇分量、偶分量的求解方法。

7. 掌握使用微分方程和系统框图描述系统的方法，掌握两种描述方法的相互转换方法，注意系统框图的绘制风格，推荐为积分器、加法器直列式。

8. 掌握线性、时不变性、因果系统的判断方法，初步了解线性时不变系统的性质。

9. 掌握离散时间信号的基本运算和变换，类比差分和累加与连续时间系统中的微分和积分运算的异同，类比离散时间信号能量/功率与连续时间信号能量/功率的异同。了解抽取和内插概念。

10. 掌握离散时间系统差分方程与系统框图的对应关系及相互转换的方法。

要点精讲

1.1 连续时间信号的描述

连续时间信号的描述方法与古典函数非常相似。古典函数可以认为是自变量集到因变量集的数值与数值的映射关系，连续时间信号则是时间变量到不同时刻的信号值之间的关系。若用 t 描述时间变量，则一个信号可以用 $f(t)$ 来表示，若用 t_0 代表一个确定的时刻，则此时的信号值为 $f(t_0)$。本课程中信号与函数两名词大体通用，一些常用的信号可以用基本初等函数描述，包括以下几种。

1. 常数信号

$$f(t)=E。\tag{1.1.1}$$

信号值在所有时刻均为固定常数 E，不随时间而改变。这种信号也被称为直流信号。

2. 幂函数信号

$$f(t)=t^k,\quad k\text{ 为非零实常数。}\tag{1.1.2}$$

本课程涉及的幂函数信号大多为整数幂，尤其是正整数幂。

3. 指数信号

$$f(t)=K\cdot \mathrm{e}^{at},\quad a\text{ 为非零实常数。}\tag{1.1.3}$$

以任意正实数为底的指数函数都可以转化为以自然常数 e 为底的指数函数。指数中系数 a 的符号反映了信号的增长或衰减趋势。定义时间常数 $\tau=\dfrac{1}{|a|}$，则 τ 影响信号增长或衰减的速率。

4. 简谐信号

$$f(t)=K\cdot\cos(\omega t+\varphi)。\tag{1.1.4}$$

简谐信号使用三角函数来描述，正弦、余弦形式都可以，本书中以余弦形式为主。式中 K 为振幅，ω 为角频率，φ 为初相位。标准形式的简谐信号中 K 和 ω 都是正实数，φ 通常在区间

$(-\pi,\pi]$。若 K 和 ω 出现了负号，可以通过三角函数奇偶性和初相位 φ 来进行调整。

$$\begin{cases} K\cdot\cos(\omega t+\varphi)=K\cdot\cos(-\omega t-\varphi) \\ K\cdot\cos\left(\omega t+\varphi\pm\dfrac{\pi}{2}\right)=\mp K\cdot\sin(\omega t+\varphi) \\ K\cdot\cos(\omega t+\varphi\pm\pi)=-K\cdot\cos(\omega t+\varphi) \\ K\cdot\cos(\omega t+\varphi\pm 2n\pi)=K\cdot\cos(\omega t+\varphi) \end{cases}。\tag{1.1.5}$$

【例 1-1】 将信号 $\cos\left(-2t+\dfrac{\pi}{4}\right)$，$-\cos\left(t+\dfrac{\pi}{4}\right)$ 调整为标准形式的简谐信号。

解：标准形式的简谐信号中振幅和角频率都是正实数，利用余弦函数的偶函数性质，有 $\cos\left(-2t+\dfrac{\pi}{4}\right)=\cos\left(2t-\dfrac{\pi}{4}\right)$，利用三角函数相移 π 会变号，有 $-\cos\left(t+\dfrac{\pi}{4}\right)=\cos\left(t-\dfrac{3\pi}{4}\right)$。

相同角频率的正弦信号和余弦信号以任意比例的组合都可以合并为同频简谐信号形式。

$$A\cdot\cos(\omega t)+B\cdot\sin(\omega t)=\sqrt{A^2+B^2}\cos[\omega t+\arg(A-B\cdot \mathrm{j})],\tag{1.1.6}$$

式中：j 是虚数单位，满足 $\mathrm{j}^2=-1$；arg 是辐角函数，可得到复数自变量的辐角值，其值域一般为 $(-\pi,\pi]$。反之，简谐信号也可以展开为相同角频率的正弦信号和余弦信号以某种比例的组合。

5. 抽样信号

$$\mathrm{Sa}(t)=\frac{\sin t}{t}。\tag{1.1.7}$$

抽样信号是本课程中引入的新函数之一，具有以下性质：

$$\mathrm{Sa}(0)=\left.\frac{\sin t}{t}\right|_{t=0}=\left.\frac{(\sin t)'}{(t)'}\right|_{t=0}=\left.\frac{\cos t}{1}\right|_{t=0}=1,\tag{1.1.8}$$

$$\int_{-\infty}^{\infty}\mathrm{Sa}(t)\mathrm{d}t=\pi,\tag{1.1.9}$$

$$\int_{0}^{\infty}\mathrm{Sa}(t)\mathrm{d}t=\int_{-\infty}^{0}\mathrm{Sa}(t)\mathrm{d}t=\frac{\pi}{2}。\tag{1.1.10}$$

式(1.1.8)运用了洛必达法则，式(1.1.9)和式(1.1.10)的证明方法比较复杂，将在第 3 章中具体讲述。

6. 虚指数信号及欧拉公式

首先了解一下虚指数形式及其运算意义：

$$A\cdot \mathrm{e}^{\mathrm{j}\varphi},\tag{1.1.11}$$

当指数为有理实数时，指数运算有较为清晰的算术意义，如 $y=x^{M/N}$（有理实数可表示为两个整数 M 和 N 的比值）指的是 N 个 y 的乘积与 M 个 x 的乘积相等。但当指数为虚数时，这种有理实数规则下的算术意义就无法成立了。瑞士数学家欧拉（Euler，1707—1783 年）赋予了虚指数形式特殊的意义，将式(1.1.11)定义为一个复数，且

$$\begin{cases} |A\cdot \mathrm{e}^{\mathrm{j}\varphi}|=A \\ \arg(A\cdot \mathrm{e}^{\mathrm{j}\varphi})=\varphi \end{cases}。\tag{1.1.12}$$

为理解虚指数的意义，可以把 e^j 视为一个整体符号，其左侧系数 A 是这个复数的模，其右上角系数 φ 是这个复数的辐角。若通过模和辐角把这个复数画到复平面中，就与极坐标非常类似，模即极径，辐角即极角，因此虚指数可以视作复数的极坐标形式表达，大家相对熟悉的实部与虚部相加的表达则可以视作复数的直角坐标形式，这两种表达形式是等价且可以互换的。复数的极坐标形式便于对复数进行乘除法运算，而直角坐标形式便于进行加减法运算，可在运算中根据需要转换形式。

从图 1-1 所示的复平面中可以明显看出极坐标形式的复数对应的实部和虚部分别是什么，从这种对应关系中可以得出欧拉公式

$$\begin{cases} e^{j\varphi}=\cos\varphi+j\sin\varphi \\ e^{-j\varphi}=\cos\varphi-j\sin\varphi \end{cases}, \tag{1.1.13}$$

以及三角函数的共轭虚指数展开形式

$$\begin{cases} \cos\varphi=\dfrac{e^{j\varphi}+e^{-j\varphi}}{2} \\ \sin\varphi=\dfrac{e^{j\varphi}-e^{-j\varphi}}{2j} \end{cases}。 \tag{1.1.14}$$

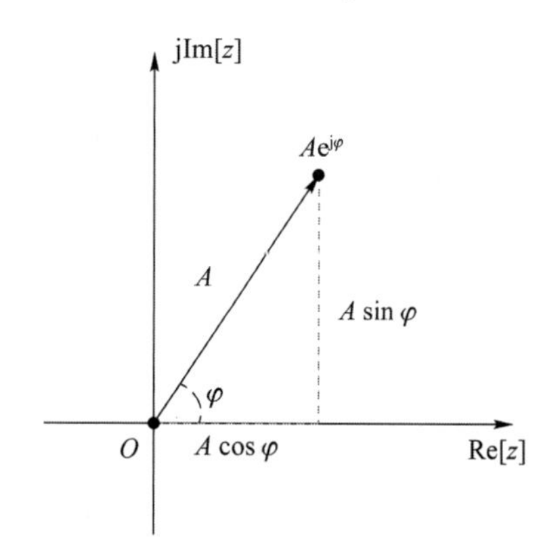

图 1-1

根据虚指数的数学意义，可以建立虚指数信号，其典型形式为

$$f(t)=K\cdot e^{j\omega t}, \tag{1.1.15}$$

描述的是一个辐角以固定角频率变化的复信号，也可以有以下直角坐标形式表达：

$$\begin{cases} K\cdot e^{j\omega t}=K\cdot[\cos(\omega t)+j\sin(\omega t)] \\ K\cdot e^{-j\omega t}=K\cdot[\cos(\omega t)-j\sin(\omega t)] \end{cases}。 \tag{1.1.16}$$

对于标准形式的虚指数，e^j 符号左侧系数代表复数的模，理应为非负值，若出现了系数为负的虚指数，可以根据欧拉公式 $e^{j\pi}=-1$ 将负号转为相位变化，

$$-K\cdot e^{j\omega t}=K\cdot e^{j\pi}\cdot e^{j\omega t}=K\cdot e^{j(\omega t+\pi)}。 \tag{1.1.17}$$

虚指数信号可以和指数信号共同组成复指数信号：

$$f(t)=K\cdot e^{\sigma t}\cdot e^{j\omega t}=K\cdot e^{(\sigma+j\omega)t}=K\cdot e^{st}, \tag{1.1.18}$$

其中 $s=\sigma+j\omega$，σ 是复数 s 的实部，ω 是其虚部。这种复指数信号会在第 5 章中出现。

7. 波形图法

除了用数学表达式来描述信号，我们也经常使用波形图来使信号表现得更加直观。本

课程重点分析的连续时间信号仅包含时间和信号值两个实数变量，可用两个实轴垂直组合而成的笛卡儿坐标系来展示信号变化情况。一个完整的信号波形图应该包含坐标轴、坐标轴名称、信号波形和关键坐标值，几种典型信号的波形图如图 1-2 所示。

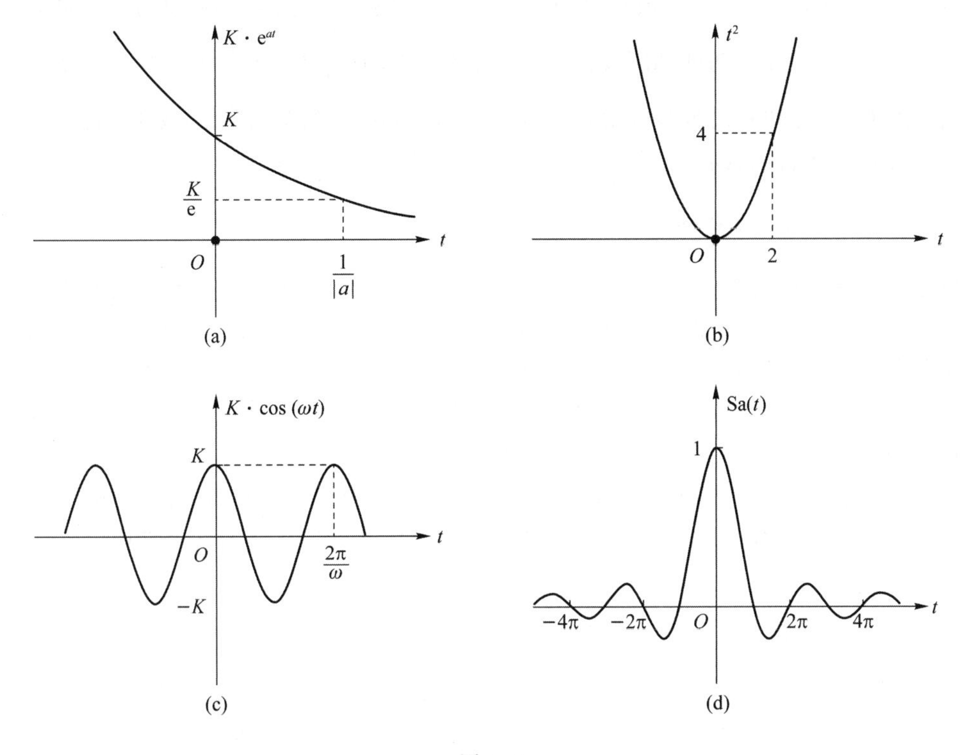

图 1-2

1.2　连续时间信号的运算

信号的产生、发送、传输、接收和存储过程中往往要对信号进行处理，使信号发生一定的改变以适应不同的需要，包括信号的时移、反转、尺度变换、加减乘除及微分、积分等。这些处理方法统称为信号的运算。本课程不展开这些运算的具体物理实现过程，而是直接使用数学模型建立理想的信号运算过程。

1.2.1　信号的时移、反转和尺度变换/线性变换

在相同的时间基准下，同一个信号的传递过程中，不同位置处接收到的信号就存在时移。例如用大喇叭喊话，靠近大喇叭的人马上就听到了声信号 $f(t)$，远离大喇叭的人 t_0($t_0>0$)时间后才听到，若用相同的时间坐标轴，远离大喇叭的人听到的信号(暂不考虑信号衰减)就是 $f(t-t_0)$。在以右方向为时间轴正方向的坐标系里，$f(t-t_0)$相对于 $f(t)$波形就是整体右移了 t_0。同理，$f(t+t_0)$相对于 $f(t)$波形就是整体左移了 t_0。

信号的反转是把 $f(t)$变换为 $f(-t)$，从波形图上看是把信号以 $t=0$ 为轴做了 180°水平翻转。注意反转是把负号加在自变量 t 上，例如，$f(t-t_0)$做反转应得到 $f(-t-t_0)$，而不是 $f(-t+t_0)$。

信号的尺度变换指信号值 f 随自变量 t 变化的速率发生了改变，数学形式是把 $f(t)$ 变换为 $f(at)(a>0)$，从波形图上看是把信号波形以 $t=0$ 为基准轴调整为 $\frac{1}{a}$ 倍。当 $0<a<1$ 时，波形会被拉伸，当 $a>1$ 时，波形会被压缩。尺度变换的系数同样是加到自变量 t 上，例如，把 $f(t-1)$ 以 $t=0$ 为基准轴压缩为原来的 $\frac{1}{2}$ 得到的是 $f(2t-1)$，而非 $f(2t-2)$。

信号的时移、反转和尺度变换等运算都是对自变量 t 进行处理，由于变换后形式 $at-t_0$ 的代数图形是一条直线，因此也可统称为对信号的线性变换运算。

1.2.2 信号的四则运算

信号的减法可以视为与系数为负的信号相加，除法可以视为与信号的倒数形式相乘，所以可做一定的概念合并，把四则运算分为相加和相乘两类运算。信号相加是把两个信号在相同时刻的信号值相加；信号相乘是把两个信号在相同时刻的信号值相乘。可通过 $\sin(\Omega t)+\sin(8\Omega t)$ 和 $\sin(\Omega t)\cdot\sin(8\Omega t)$ 的对比看出加法运算和乘法运算的不同。同时可以发现，当参与运算的信号中包含一个高频振荡信号时，如 $\sin(8\Omega t)$，波形图会勾勒出与另一个信号有关的轮廓，例如，图 1-3 中用虚线表示的轮廓曲线与 $\sin(\Omega t)$ 有明显联系，这种轮廓曲线被称为包络曲线，包络曲线能够在一定程度上体现出运算前的信号特征。

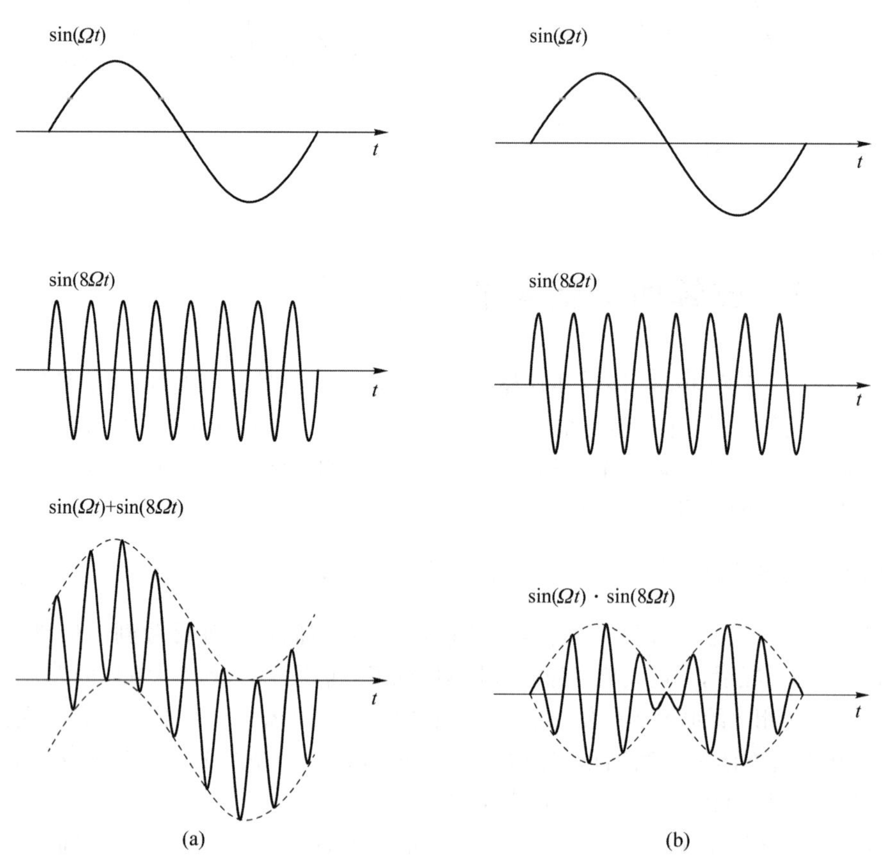

图 1-3

1.2.3 微分与积分运算

本课程中的微分与积分运算概念与数学中的严格定义稍有差别，信号的微分运算是指对信号求导，例如，对 $f(t)$ 做微分运算可以表示为

$$f'(t)=f^{(1)}(t)=\frac{\mathrm{d}}{\mathrm{d}t}f(t), \tag{1.2.1}$$

用 $f'(t)$ 或 $f^{(1)}(t)$ 来表示 $f(t)$ 的一阶微分信号，撇号数目和括号角标中的数字用来表示微分的阶数。n 阶微分可以表示为

$$f^{(n)}(t)-\frac{\mathrm{d}^n}{\mathrm{d}t^n}f(t)。 \tag{1.2.2}$$

通常来说，对信号的积分运算都特指定积分运算。$f(t)$ 在时域上的理想积分运算一般指信号值 f 在 $(-\infty,t)$ 区间内的变上限定积分

$$\int_{-\infty}^{t}f(\tau)\mathrm{d}\tau, \tag{1.2.3}$$

积分式中，自变量 t 在积分上限的位置上。由于是定积分，因此积分变量（或称积分元）需要使用与自变量不同的符号，以免混淆，此处用 τ 表示。假设 $F(t)$ 是 $f(t)$ 的原函数，那么根据微积分基本定理，有

$$\int_{-\infty}^{t}f(\tau)\mathrm{d}\tau = F(t)-F(-\infty), \tag{1.2.4}$$

式中，$F(-\infty)$ 是一种描述极限值的形式，含义是 $\lim\limits_{x\to-\infty}F(x)$，这种形式虽略失数学严谨性，但比较简便，因此也在一定范围内通用。若存在一个原函数满足 $F(-\infty)=0$，即函数在自变量趋近于 $-\infty$ 时等于 0，那么这个特殊的原函数就可以用 $f^{(-1)}(t)$ 来表示，其与被积信号 $f(t)$ 有如下确定关系：

$$f^{(-1)}(t)=\int_{-\infty}^{t}f(\tau)\mathrm{d}\tau。 \tag{1.2.5}$$

$f^{(-1)}(t)$ 这种形式是类比微分信号 $f^{(n)}(t)$ 所得到的积分后信号的简便写法，通常称为积分信号，括号角标中使用负号以示与微分相反的积分运算，角标数的绝对值表示积分的阶数。以二阶积分信号 $f^{(-2)}(t)$ 为例，

$$f^{(-2)}(t)=\int_{-\infty}^{t}\int_{-\infty}^{\tau_2}f(\tau_1)\mathrm{d}\tau_1\mathrm{d}\tau_2, \tag{1.2.6}$$

注意式中每一阶积分都使用了不同的积分变量，以避免运算过程中发生混淆。

说明：式(1.2.5)容易与不定积分混淆。$f(t)$ 与其积分信号 $f^{(-1)}(t)$ 确实存在不定积分关系：

$$\int f(t)\mathrm{d}t = f^{(-1)}(t)+c,\quad c\text{ 为常数。} \tag{1.2.7}$$

若为书写方便而省略不定积分的常数，那么式(1.2.7)与式(1.2.5)非常相似，但二者还是存在根本性不同的，可以通过以下表现区分：

不定积分描述的是一个函数与其整个原函数族的关系，若省略常数，那么式(1.2.7)右侧换成任意一个其他原函数，方程仍然成立；而信号的积分运算描述的积分信号是一个特定的原函数，$f^{(-1)}(t)$ 是唯一的。

不定积分的积分变量就是函数自变量，在不定积分运算中无法给自变量赋值；而对于信号的积分运算中使用的定积分，积分变量与自变量意义不同，自变量可以被赋一个确定的值，赋值后不影响积分运算，所以一定要用不同的符号描述。有一个常见的混淆形式是 $\int_{-\infty}^{t} f(t)\mathrm{d}t$，这是有概念性错误的。

另一种常见的积分运算是做全时域积分：

$$\int_{-\infty}^{\infty} f(t)\mathrm{d}t。\tag{1.2.8}$$

通常并不是单纯对一个信号做全时域积分，而是在一些特定处理过程中，需要全面汇总信号在全时域的所有特征时使用。这些处理过程包括功率计算、能量计算、分量展开、卷积运算和积分变换等，将在后续章节展开讲解。

有时也会出现信号的线性变换与微积分运算相结合的情况，这种情况下经常用到的一条定积分运算性质是

$$\int_{A}^{B} f(at+b)\mathrm{d}t = \frac{1}{a}\int_{aA+b}^{aB+b} f(t)\mathrm{d}t。\tag{1.2.9}$$

证明：设 $\lambda=at+b$，则 $\lambda'=a$，根据定积分换元法，

$$\int_{A}^{B} f(at+b)\mathrm{d}t = \frac{1}{a}\int_{A}^{B} f(at+b)\cdot a\mathrm{d}t = \frac{1}{a}\int_{aA+b}^{aB+b} f(\lambda)\mathrm{d}\lambda。$$

换元所使用的积分元关系可以认为是积分运算的中间过程，仅是一种辅助形式变换的工具，换元完成后，两个不同积分式各自的积分元之间是没有关系的。所以形式变换完成后的积分变量 λ 可以再用 t 表示，其运算意义完全相等。

1.3 单位阶跃信号和单位冲激信号

1.1 节中介绍的基本信号都是在全时域存在的，这是数学上的理想情况。但对于实际情况中的信号而言，大部分信号都是在某一个时刻才开始的，并不是一直存在的，可称之为有起点信号。有起点信号是本课程中重点分析的信号类型，可以用传统的条件函数形式来描述。以电路分析中经常遇到的典型情况为例，若电池电压为 E，连接电池的开关在 $t=0$ 时刻闭合，则电压信号 $f(t)$ 可表示为

$$f(t)=\begin{cases}E, & t>0\\ 0, & t<0\end{cases}。\tag{1.3.1}$$

1.3.1 单位阶跃信号

本课程引入一种新的特殊函数来简化有起点信号的表达形式，称之为单位阶跃函数(unit step function)，又称赫维赛德函数(Heaviside step function)或单位阶跃信号，本书使用 $u(t)$ 来表示，其定义为

$$u(t)=\begin{cases}1, & t>0\\0, & t<0\end{cases}。\tag{1.3.2}$$

利用 $u(t)$来描述式(1.3.1)所示信号：$f(t)=E\cdot u(t)$。$t=0$ 时的值无定义，从后面对信号能量、功率等性质的分析中可知，有限离散点值无定义不影响信号性质。如果信号起点并不在 $t=0$ 时刻，那么可以通过时移的 $u(t)$信号来描述，即

$$u(t-t_0)=\begin{cases}1, & t>t_0\\0, & t<t_0\end{cases}。\tag{1.3.3}$$

阶跃信号的取值由 $u(\cdot)$括号内值的符号决定。

如果信号既有起点，又有终点，仅在(t_1,t_2)区间内有值，则这种信号可以用一个矩形脉冲来描述：

$$u(t-t_1)-u(t-t_2)。\tag{1.3.4}$$

我们定义两种特殊的矩形脉冲：

$$R_T=u(t)-u(t-T),\tag{1.3.5}$$

$$G_T=u\left(t+\frac{T}{2}\right)-u\left(t-\frac{T}{2}\right)。\tag{1.3.6}$$

R_T 表示$(0,T)$区间内有值的脉冲，G_T 表示$\left(-\frac{T}{2},\frac{T}{2}\right)$区间内有值的脉冲，后者也被称为门函数。

【例 1-2】 用 $u(t)$描述图 1-4 所示信号 $f(t)$。

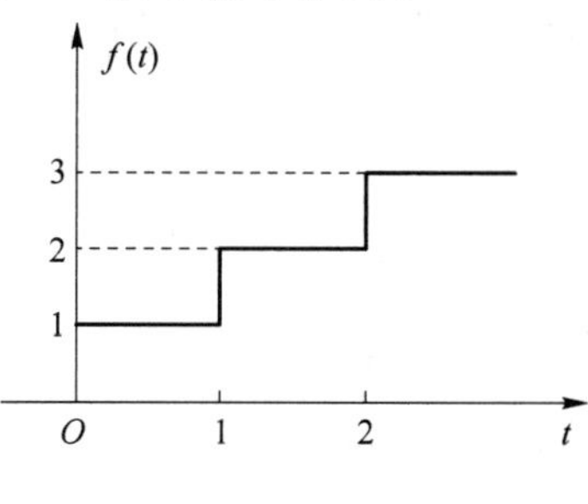

图 1-4

解：信号 $f(t)$可视为两个矩形脉冲和一个阶跃信号，

$$\begin{aligned}f(t)&=u(t)-u(t-1)+2\cdot[u(t-1)-u(t-2)]+3\cdot u(t-2)\\&=u(t)+u(t-1)+u(t-2)。\end{aligned}$$

阶跃信号的尺度变换具有一个特殊性质：

$$u[a(t-t_0)]=\begin{cases}u(t-t_0), & a>0\\u(-t+t_0)=1-u(t-t_0), & a<0\end{cases}。\tag{1.3.7}$$

可见阶跃信号的重点是跳变点的位置，当函数括号内的零点确定后，自变量 t 的系数就只有符号发挥作用，系数大小没有作用。如果 $u(\cdot)$括号内形式比较复杂，通常先通过尺度变换性质将信号统一转换为自变量 t 的系数为$+1$ 的形式，避免同一个信号以不同形式存在，导致难以合并或化简。

【例 1-3】 计算 $u(t-2)+u(-2t+4)$。

解:通过尺度变换性质将 $u(-2t+4)$化简,得到

$$
\begin{aligned}
u(t-2)+u(-2t+4) &= u(t-2)+u(-t+2) \\
&= u(t-2)+1-u(t-2) \\
&= 1。
\end{aligned}
$$

与阶跃信号类似的还有一种符号函数(signum),用 $\mathrm{sgn}(t)$表示,定义为

$$
\mathrm{sgn}(t)=\begin{cases} 1, & t>0 \\ -1, & t<0 \end{cases}。 \tag{1.3.8}
$$

符号函数与阶跃信号的关系是

$$
\begin{cases} \mathrm{sgn}(t)=2u(t)-1 \\ u(t)=\dfrac{1}{2}\mathrm{sgn}(t)+\dfrac{1}{2} \end{cases}。 \tag{1.3.9}
$$

考虑有起点信号的积分,若信号 $f(t)$从 $t=0$ 开始有值,则信号可写为 $f(t)u(t)$,其积分运算具有以下性质:

$$
\int_{-\infty}^{t} f(\tau)u(\tau)\mathrm{d}\tau = u(t)\cdot\int_{0}^{t} f(\tau)\mathrm{d}\tau。 \tag{1.3.10}
$$

证明:可以将积分区间以 $\tau=0$ 为界分为两段,很明显 $\tau<0$ 的区间内被积函数为 0,

$$
\int_{-\infty}^{t} f(\tau)u(\tau)\mathrm{d}\tau = \int_{-\infty}^{0} f(\tau)u(\tau)\mathrm{d}\tau + \int_{0}^{t} f(\tau)u(\tau)\mathrm{d}\tau = \int_{0}^{t} f(\tau)u(\tau)\mathrm{d}\tau。
$$

此时的积分区间无法确定 τ 的符号,要对 t 分情况进行讨论:

$$
\int_{0}^{t} f(\tau)u(\tau)\mathrm{d}\tau = \begin{cases} \int_{0}^{t} 0\mathrm{d}\tau = 0, & t<0 \\ \int_{0}^{t} f(\tau)\mathrm{d}\tau, & t>0 \end{cases} = u(t)\cdot\int_{0}^{t} f(\tau)\mathrm{d}\tau,
$$

t 的符号对信号的影响恰可用乘以 $u(t)$表示。

这样,对有起点信号的积分就转换为可直接运算的定积分。从表达式上看,似乎是把积分下限变为 0,又把被积函数中的 $u(\tau)$移到积分外变为 $u(t)$,但真实的运算过程并不是移项,也没有引入新的运算法则,只是进行简单的分段积分和化简处理后,恰出现了这样一种类似于移项的变化而已。

【例 1-4】 已知 $f(t)=\sin t\cdot u(t)$,求其积分信号 $f^{(-1)}(t)$。

解:根据式(1.3.10),

$$
\begin{aligned}
f^{(-1)}(t) &= \int_{-\infty}^{t} \sin\tau\cdot u(\tau)\mathrm{d}\tau \\
&= u(t)\cdot\int_{0}^{t}\sin\tau\mathrm{d}\tau \\
&= u(t)\cdot(-\cos\tau)\Big|_{\tau=0}^{t} \\
&= (1-\cos t)u(t)。
\end{aligned}
$$

1.3.2　单位冲激信号

对有起点信号的分析存在一个新的问题:在很多系统中,信号之间存在微分关系,而有起点信号——以理想条件下的单位阶跃信号为例——由于函数并不连续,在间断点无法进行微分运算。这在古典函数理论中是无解的问题,直到狄拉克函数(δ 函数)出现。

连续时间域中的 δ 函数是 20 世纪 20 年代,英国物理学家狄拉克(Dirac,1902—1984年)为了对物理学中的一些理想概念进行分析而提出的特殊函数,因此被称为狄拉克函数。狄拉克总结了这个函数应有的特征并给出了定义:

$$\begin{cases}\int_{-\infty}^{\infty}\delta(t)\,\mathrm{d}t = 1\\ \delta(t) = 0, \quad t \neq 0\end{cases}。 \tag{1.3.11}$$

这种函数定义看上去非常奇怪,我们引入一个例子来进行说明。如图 1-5 所示,设有信号 $f(t)$,其信号值在 0 时刻附近从 0 变化到 1,变化过程是从 $-\frac{\tau}{2}\sim\frac{\tau}{2}$,变化率固定为 $\frac{1}{\tau}$。$f'(t)$ 是 $f(t)$ 的微分,容易知道在 $t<-\frac{\tau}{2}$ 和 $t>\frac{\tau}{2}$ 的时间内 $f'(t)=0$;在 $t=-\frac{\tau}{2}$ 和 $t=\frac{\tau}{2}$ 两个时刻不可导,$f'(t)$ 没有对应的值;在 $-\frac{\tau}{2}\sim\frac{\tau}{2}$ 之间的值则为 $f(t)$ 在这个区间内的斜率 $\frac{1}{\tau}$,$f'(t)$ 是一个高为 $\frac{1}{\tau}$、持续时间为 τ、面积为 1 的矩形脉冲。若使 $\tau\to 0$,则 $f(t)$ 在 0 时刻附近的变化为瞬间跳变,成为阶跃信号 $u(t)$,而 $f'(t)$ 则变得无限高、无限窄,不过面积仍然为 1,这种极限条件下的 $f'(t)$ 就是 $\delta(t)$ 函数,是 $u(t)$ 的微分。

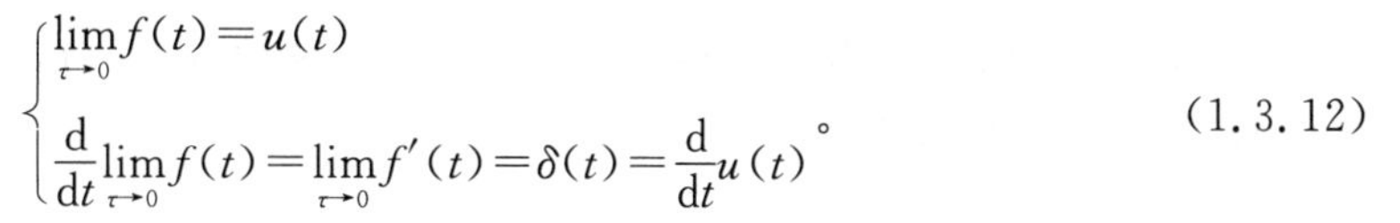

$$\begin{cases}\lim\limits_{\tau\to 0}f(t)=u(t)\\ \frac{\mathrm{d}}{\mathrm{d}t}\lim\limits_{\tau\to 0}f(t)=\lim\limits_{\tau\to 0}f'(t)=\delta(t)=\frac{\mathrm{d}}{\mathrm{d}t}u(t)\end{cases}。 \tag{1.3.12}$$

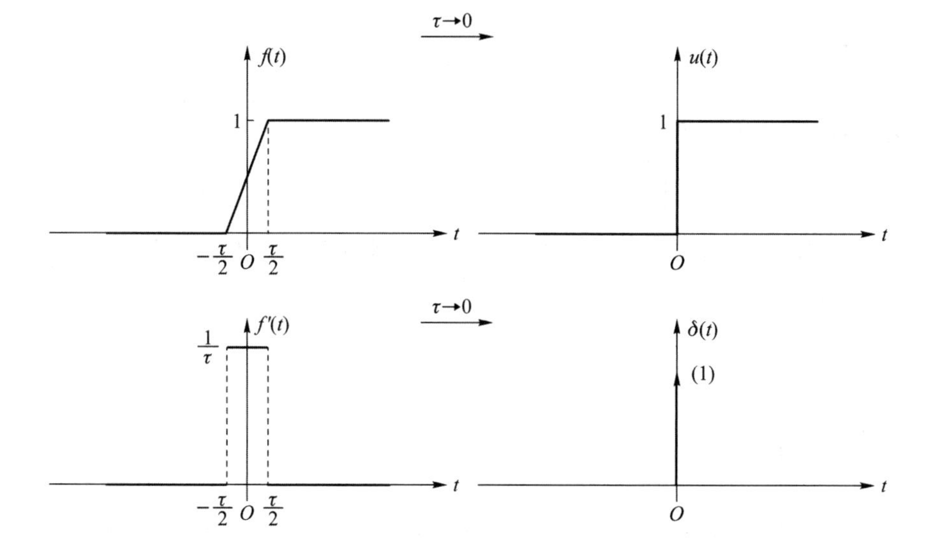

图 1-5

$u(t)$可以看作$\delta(t)$的一个原函数，在涉及$\delta(t)$的积分运算中发挥作用。

$$\int_A^B \delta(t)\mathrm{d}t = u(t)\Big|_A^B = u(B) - u(A), \tag{1.3.13}$$

注意，涉及$\delta(t)$的积分，其积分上、下限可以为常量或变量，但均不可为0。

由式(1.3.12)可知，$\delta(t)$可以看成一个宽度趋于0、面积却为1的矩形脉冲，在0时刻及其邻域内的积分为

$$\lim_{x\to 0_+}\int_{0-x}^{0+x}\delta(t)\mathrm{d}t = \int_{0_-}^{0_+}\delta(t)\mathrm{d}t = 1, \tag{1.3.14}$$

其中，$\int_{0_-}^{0_+}[\cdot]\mathrm{d}t$是极限$\lim\limits_{x\to 0_+}\int_{0-x}^{0+x}[\cdot]\mathrm{d}t$的简略形式。这就导致矩形脉冲的高度，即$\delta(t)$在$t=0$处的取值不可能为有界值，这在正常情况下是很难参与运算的。为了使δ函数发挥作用，引入以下特殊的运算规则。

① $\delta(t)$在$t=0$处连续但并不映射为有界值，只有对$\delta(t)$在$t=0$及其邻域内的积分运算才能映射为一个有界的确定值，也即其波形的面积，称为冲激信号的强度。在表达式中，冲激信号的强度标为$\delta(t)$的系数，两个冲激信号的强度可以像系数一样进行加减运算，也可与其他常系数进行乘除运算。

$$a\cdot\delta(t)+b\cdot\delta(t)=(a+b)\cdot\delta(t)。 \tag{1.3.15}$$

② 在波形图中标识强度时，要添加括号，如(1)，以示强度值与信号值意义不同。

③ 对于一个在$t=0$及其邻域内有界、连续且可导的信号$f(t)$，$\delta(t)$与其相乘所得仍为冲激信号，只是强度可能发生改变。有

$$f(t)\delta(t)=f(0)\delta(t)。 \tag{1.3.16}$$

④ 如果信号在$t=0$及其邻域内无界或不是连续的，则其与$\delta(t)$相乘没有定义。例如，$u(t)\delta(t)$，$\delta(t)\delta(t)$均属于无定义运算。

若对式(1.3.16)进行积分，可得

$$\int_{-\infty}^{\infty} f(t)\delta(t)\mathrm{d}t = \int_{-\infty}^{\infty} f(0)\delta(t)\mathrm{d}t = f(0)。 \tag{1.3.17}$$

【例 1-5】 求解以下积分：

(1) $\int_{-\infty}^{\infty}\delta(t)\mathrm{d}t$； (2) $\int_{-\infty}^{t}\delta(\tau)\mathrm{d}\tau$； (3) $\int_{t}^{\infty}\delta(\tau)\mathrm{d}\tau$； (4) $\int_{-\infty}^{t}f(\tau)\delta(\tau)\mathrm{d}\tau$。

解：(1)～(3)利用性质(1.3.13)可解，(4)可先利用式(1.3.16)处理一下。

(1) $\int_{-\infty}^{\infty}\delta(t)\mathrm{d}t = u(t)\Big|_{-\infty}^{\infty} = 1$。

(2) $\int_{-\infty}^{t}\delta(\tau)\mathrm{d}\tau = u(\tau)\Big|_{-\infty}^{t} = u(t)$。

(3) $\int_{t}^{\infty}\delta(\tau)\mathrm{d}\tau = u(\tau)\Big|_{t}^{\infty} = 1-u(t)$。

(4) $\int_{-\infty}^{t}f(\tau)\delta(\tau)\mathrm{d}\tau = \int_{-\infty}^{t}f(0)\delta(\tau)\mathrm{d}\tau = f(0)\int_{-\infty}^{t}\delta(\tau)\mathrm{d}\tau = f(0)u(t)$。

【例 1-6】 计算信号 $f(t)=\begin{cases}2\mathrm{e}^{-t}, & t>0\\0, & t<0\end{cases}$的微分。

解:首先将分段函数转为用 $u(t)$表示的形式,$f(t)=2\mathrm{e}^{-t}u(t)$,则根据微分乘法律,

$$f'(t)=\left(2\frac{\mathrm{d}}{\mathrm{d}t}\mathrm{e}^{-t}\right)u(t)+2\mathrm{e}^{-t}\frac{\mathrm{d}}{\mathrm{d}t}u(t)=-2\mathrm{e}^{-t}u(t)+2\mathrm{e}^{-t}\delta(t)=-2\mathrm{e}^{-t}u(t)+2\delta(t),$$

一般情况下,若存在与 δ 函数相乘的信号,通常需要利用式(1.3.16)进行化简。

需要注意的是,对于用条件函数表示的信号,若直接微分,则非常容易遗漏冲激项,如以下错误解法就遗漏了跳变的影响:

$$f'(t)=\begin{cases}-2\mathrm{e}^{-t}, & t>0\\0, & t<0\end{cases}=-2\mathrm{e}^{-t}u(t),\quad \text{错误。}$$

对于有起点信号的微分和积分是一对可逆运算,下面考虑对 $f'(t)$进行积分运算,

$$\begin{aligned}\int_{-\infty}^{t}f'(\tau)\mathrm{d}\tau &= \int_{-\infty}^{t}[-2\mathrm{e}^{-\tau}u(\tau)+2\delta(\tau)]\mathrm{d}\tau\\ &=-2\int_{-\infty}^{t}\mathrm{e}^{-\tau}u(\tau)\mathrm{d}\tau+2\int_{-\infty}^{t}\delta(\tau)\mathrm{d}\tau\\ &=-2u(t)\cdot\int_{0}^{t}\mathrm{e}^{-\tau}\mathrm{d}\tau+2u(t)\\ &=2(\mathrm{e}^{-t}-1)u(t)+2u(t)\\ &=2\mathrm{e}^{-t}u(t),\end{aligned}$$

可见与微分前信号相等,信号波形如图 1-6 所示。

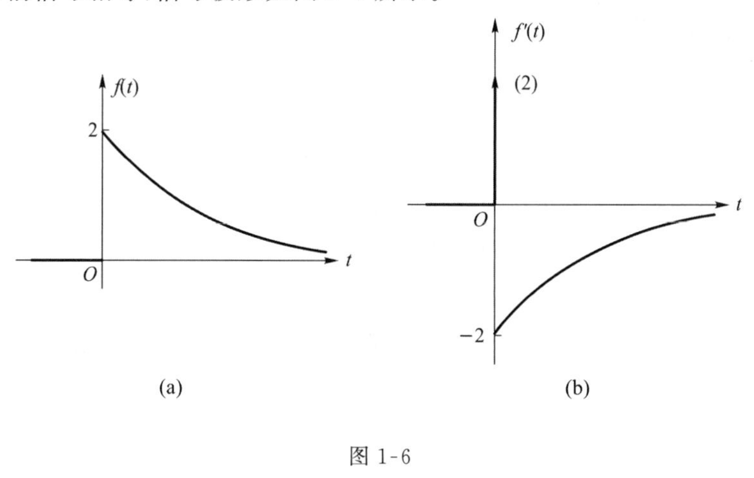

图 1-6

单位冲激信号的基本作用就是表示跳变点的微分,冲激信号的强度描述的是其积分信号在这个点的跳变值。单位阶跃信号和单位冲激信号为我们研究有起点信号的微积分关系提供了有效的工具。

1.4 单位冲激信号的数学解释

δ 函数早期的定义还是大体依托古典函数理论的,没有形成完整的逻辑体系,因此广受数学家诟病,按现在的观点看,式(1.3.11)已不能算是定义,而是对其重要性质的通俗化描

述。所谓“通俗化”，意思是数学上或逻辑上不够严谨，但在大多数的场景中具备正确性。δ 函数虽然在当时的数学体系中存在矛盾之处，但在物理学研究中表现出了巨大的实用价值，证明了自己的存在意义，以至让数学家改变了看法。在 20 世纪 40 至 50 年代，数学家们利用泛函分析观点建立了相对严谨的广义函数体系，δ 函数可称为第一个广义函数。

介绍 δ 函数的简单历史是为了告诉大家，仅凭高等数学中介绍的古典函数理论来理解 δ 函数确实会产生很多困惑，而这些困惑都不是埋头苦想可以解决的，几代数学家花了数十年才为其建立了相对严谨的体系，所以同学们的学习重点还是要放到掌握 δ 函数的运算方法和实用价值上。

本节以目前较为严谨的 δ 函数定义出发，利用公理化思想，采用一定的通俗化处理，初步介绍 δ 函数的数学解释，以解答对 δ 函数非常好奇的同学可能存在的一些疑惑。若对相关逻辑和证明兴趣不大，则仅归纳主要公式和计算方法即可。

现有 δ 函数定义是基于分配函数理论的：设 $s(t)$ 是一种分配函数，设一个在 0 时刻及其邻域内有界、连续、可导且导函数有界的函数 $f(t)$ 为检试函数，若对于任意满足条件的检试函数 $f(t)$，分配函数 $s(t)$ 均可通过以下运算分配给 $f(t)$ 一个确定的结果值：

$$\int_{-\infty}^{\infty} f(t)s(t)\,\mathrm{d}t = f(0),$$

则具备这种分配功能的函数即为 δ 函数。下面介绍 δ 函数的运算性质，若无特殊说明，所有参与运算的检试函数都满足在冲激信号 $\delta(t)$ 所在位置（即 0 时刻及其邻域内）有界、连续、可导且导函数有界。

1.4.1 筛选性质

由这种定义方法得到的 $\delta(t)$ 当然满足

$$\int_{-\infty}^{\infty} f(t)\delta(t)\,\mathrm{d}t = f(0)。\tag{1.4.1}$$

普通函数与 δ 函数的乘法运算可以通俗化地表示为

$$f(t)\delta(t) = f(0)\delta(t)。\tag{1.4.2}$$

证明：若 $f(0)\neq 0$，则将 $\dfrac{f(t)}{f(0)}\delta(t)$ 作为分配函数，对任意检试函数 $g(t)$ 有

$$\int_{-\infty}^{\infty} g(t)\,\frac{f(t)}{f(0)}\delta(t)\,\mathrm{d}t = g(0)\,\frac{f(0)}{f(0)} = g(0),$$

满足 δ 函数定义，所以

$$\frac{f(t)}{f(0)}\delta(t) = \delta(t),$$

即 $f(t)\delta(t) = f(0)\delta(t)$。

若 $f(0)=0$，则 $f(0)\delta(t)=0$。至于 $f(t)\delta(t)$，把它作为分配函数，对任意检试函数 $g(t)$ 有

$$\int_{-\infty}^{\infty} g(t)f(t)\delta(t)\,\mathrm{d}t = g(0)f(0) = 0,$$

分配的结果均为 0，拥有这种分配功能的函数可通俗化地记作 $f(t)\delta(t)=0$，所以 $f(0)=0$ 时 $f(t)\delta(t)=f(0)\delta(t)$ 也成立。

若运算中的积分区间变为任意不包含0的区间(a,b)，则

$$\int_a^b f(t)\delta(t)\mathrm{d}t = 0, \quad 0 \notin (a,b), \tag{1.4.3}$$

式(1.4.3)经常被通俗化地写为

$$\delta(t)=0, \quad t\neq 0。 \tag{1.4.4}$$

其实这两种表达并不严格等价，只是后者形式简单，容易理解和计算，很多情况下这样用也没错，所以可以当成δ函数的性质来使用。

证明：$f(t)$为任意检试函数，(a,b)为任意不包含0的区间，设另一个检试函数

$$f_1(t)=\begin{cases} f(t), & t\notin(a,b) \\ 0, & t\in(a,b) \end{cases},$$

$f_1(t)$在(a,b)区间外包括0时刻，与$f(t)$相等，有$f_1(0)=f(0)$；在(a,b)区间内则等于0。根据分段积分，

$$\int_{-\infty}^{\infty} f(t)\delta(t)\mathrm{d}t = \int_{-\infty}^{a} f(t)\delta(t)\mathrm{d}t + \int_a^b f(t)\delta(t)\mathrm{d}t + \int_b^{\infty} f(t)\delta(t)\mathrm{d}t,$$

$$\begin{aligned}\int_{-\infty}^{\infty} f_1(t)\delta(t)\mathrm{d}t &= \int_{-\infty}^{a} f(t)\delta(t)\mathrm{d}t + \int_a^b 0\cdot\delta(t)\mathrm{d}t + \int_b^{\infty} f(t)\delta(t)\mathrm{d}t \\ &= \int_{-\infty}^{a} f(t)\delta(t)\mathrm{d}t + \int_b^{\infty} f(t)\delta(t)\mathrm{d}t,\end{aligned}$$

又根据式(1.4.1)可知，

$$\int_{-\infty}^{\infty} f(t)\delta(t)\mathrm{d}t = \int_{-\infty}^{\infty} f_1(t)\delta(t)\mathrm{d}t = f(0),$$

所以对于任意不包含0的区间(a,b)都有

$$\int_a^b f(t)\delta(t)\mathrm{d}t = 0。$$

根据式(1.4.3)容易得到

$$\int_{-\infty}^{\infty} f(t)\delta(t)\mathrm{d}t = \int_{0_-}^{0_+} f(t)\delta(t)\mathrm{d}t = f(0)。 \tag{1.4.5}$$

以上性质描述了δ函数的筛选功能，$\delta(t)$能够把$f(t)$在0时刻的值$f(0)$筛选出来，且仅在0时刻及其邻域内发挥作用，在$t\neq 0$处可通俗地理解为函数值为0。

若δ函数产生移位，变为$\delta(t-t_0)$，则筛选值变为$f(t_0)$，仅在t_0时刻及其邻域内发挥作用，在$t\neq t_0$处可通俗地理解为函数值为0。

$$\begin{cases} f(t)\delta(t-t_0) = f(t_0)\delta(t-t_0) \\ \int_{-\infty}^{\infty} f(t)\delta(t-t_0)\mathrm{d}t = f(t_0) \end{cases}。 \tag{1.4.6}$$

1.4.2 尺度变换性质

与单位阶跃信号类似，单位冲激信号的尺度变换性质也很特殊：

$$\delta[a(t-t_0)] = \frac{1}{|a|}\delta(t-t_0)。 \tag{1.4.7}$$

由尺度变换性质容易得出$\delta(-t)=\delta(t)$，因此单位冲激信号是偶函数。

证明：$a>0$ 时，将 $a\delta[a(t-t_0)]$ 作为分配函数，$f(t)$ 作为任意检试函数，设 $\lambda=at$，$\lambda'=a$，则

$$\begin{aligned}\int_{-\infty}^{\infty} f(t)\delta[a(t-t_0)]\cdot a\mathrm{d}t &= \int_{-a\cdot\infty}^{a\cdot\infty} f\left(\frac{\lambda}{a}\right)\delta\left[a\left(\frac{\lambda}{a}-t_0\right)\right]\mathrm{d}\lambda \\ &= \int_{-\infty}^{\infty} f\left(\frac{\lambda}{a}\right)\delta(\lambda-at_0)\mathrm{d}\lambda \\ &= f(t_0),\end{aligned}$$

积分上、下限为正、负无穷，不受正系数影响，所以 $a>0$ 时，$a\delta[a(t-t_0)]=\delta(t-t_0)$。

$a<0$ 时，将 $-a\delta[a(t-t_0)]$ 作为分配函数，$f(t)$ 作为任意检试函数，设 $\lambda=at$，$\lambda'=a$，则

$$\begin{aligned}-\int_{-\infty}^{\infty} f(t)\delta[a(t-t_0)]\cdot a\mathrm{d}t &=-\int_{-a\cdot\infty}^{a\cdot\infty} f\left(\frac{\lambda}{a}\right)\delta\left[a\left(\frac{\lambda}{a}-t_0\right)\right]\mathrm{d}\lambda \\ &=-\int_{\infty}^{-\infty} f\left(\frac{\lambda}{a}\right)\delta(\lambda-at_0)\mathrm{d}\lambda \\ &= \int_{-\infty}^{\infty} f\left(\frac{\lambda}{a}\right)\delta(\lambda-at_0)\mathrm{d}\lambda \\ &= f(t_0),\end{aligned}$$

与 $a>0$ 时的情况相比，区别仅在于换元时系数为负，影响了积分上、下限的符号，所以 $a<0$ 时，$-a\delta[a(t-t_0)]=\delta(t-t_0)$。

综上，可得

$$\delta[a(t-t_0)]=\begin{cases}\dfrac{1}{a}\delta(t-t_0), & a>0 \\ -\dfrac{1}{a}\delta(t-t_0), & a<0\end{cases}=\frac{1}{|a|}\delta(t-t_0)。$$

由单位阶跃信号和单位冲激信号的尺度变换性质可知，二者都不满足复合函数微分性质，因此在运算中遇到存在尺度变换的奇异函数时，通常要先利用尺度变换性质将自变量的系数化为 1，以免后续运算出错。

如果 $\delta(\cdot)$ 括号内的形式更加复杂的话，如以 $\delta[f(t)]$ 表示，则在 $f(t)=0$ 仅有单实根的情况下存在一个复合函数运算性质。设共有 N 个单实根，以 t_i 表示，则有

$$\delta[f(t)]=\sum_{i=1}^{N}\frac{1}{|f'(t_i)|}\delta(t-t_i)。\tag{1.4.8}$$

所谓单实根，并不是说只有一个实根，而是指所有满足 $f(t)=0$ 且 $f'(t)\neq 0$ 的自变量实数取值。

证明：首先在 $f(t)\neq 0$ 时，易知 $\delta[f(t)]=0$。其次考虑 $f(t)=0$ 时，也即在单实根 t_i 处的情况，把 $f(t)$ 在 $t=t_i$ 附近极小邻域内做泰勒展开，可得

$$\begin{aligned}f(t)&=f(t_i)+f'(t_i)(t-t_i)+\frac{1}{2}f''(t_i)(t-t_i)^2+\cdots \\ &\approx f'(t_i)(t-t_i)。\end{aligned}$$

这个运算中考虑了 $f(t_i)=0$ 且忽略了高阶项。再根据式(1.4.7),可知 $\delta[f(t)]$在每个单实根 $t=t_i$ 附近都包含一个冲激$\frac{1}{|f'(t_i)|}\delta(t-t_i)$,加起来就得到

$$\delta[f(t)]=\sum_{i=1}^{N}\frac{1}{|f'(t_i)|}\delta(t-t_i)。$$

复合函数 $\delta[f(t)]$仅考虑 $f(t)=0$ 只有单实根的情况,与单实根对应的是多重实根,例如,k 重实根是指满足 $f(t)=f'(t)=\cdots=f^{(k-1)}(t)=0$ 且 $f^{(k)}(t)\neq 0$ 的自变量值。一般认为,若 $f(t)=0$ 包含多重实根,则 $\delta[f(t)]$无意义。

【例 1-7】 化简 $\delta(t^2-4)$。

解:$t^2-4=0$ 包含单实根 $t_1=2,t_2=-2$,且 t^2-4 的微分信号为 $2t$。根据式(1.4.8),

$$\begin{aligned}\delta(t^2-4)&=\frac{1}{|2t_1|}\delta(t-t_1)+\frac{1}{|2t_2|}\delta(t-t_2)\\&=\frac{1}{4}\delta(t+2)+\frac{1}{4}\delta(t-2)。\end{aligned}$$

1.4.3 积分性质

δ 函数可以作为阶跃信号微分运算的工具,可以通俗化地表达为

$$\frac{\mathrm{d}}{\mathrm{d}t}u(t)=\delta(t)。\tag{1.4.9}$$

证明:将$\frac{\mathrm{d}}{\mathrm{d}t}u(t)$作为分配函数,$f(t)$为任意检试函数,

$$\begin{aligned}\int_{-\infty}^{\infty}f(t)\frac{\mathrm{d}}{\mathrm{d}t}u(t)\mathrm{d}t&=\lim_{x\to 0_+}\int_{-x}^{x}f(t)\frac{\mathrm{d}}{\mathrm{d}t}u(t)\mathrm{d}t\\&=\lim_{x\to 0_+}\left[f(t)u(t)\Big|_{-x}^{x}-\int_{-x}^{x}u(t)f'(t)\mathrm{d}t\right]\\&=\lim_{x\to 0_+}\left[f(x)-\int_{0}^{x}f'(t)\mathrm{d}t\right]\\&=\lim_{x\to 0_+}[f(x)-f(x)+f(0)]\\&=f(0),\end{aligned}$$

满足 δ 函数定义,所以$\frac{\mathrm{d}}{\mathrm{d}t}u(t)=\delta(t)$。

有了 δ 函数,有起点信号的微分问题就有了可用的数学表达式。不过 δ 函数与古典函数有非常大的区别,严格来说不属于传统意义上的导函数,因此一般不能用 δ 函数的存在去否定高等数学中的“可导”概念,仍然可以说“不连续的函数不可导”。

1.4.4 微分运算/冲激偶函数

狄拉克创造了 δ 函数,可用于计算跳变点的微分,同时 δ 函数也可以继续微分,称为冲

激偶函数，用 $\delta'(t)$ 表示。

$$\delta'(t)=\frac{\mathrm{d}}{\mathrm{d}t}\delta(t), \tag{1.4.10}$$

其积分运算满足

$$\int_A^B\delta'(t)\mathrm{d}t=\delta(t)\Big|_A^B=\delta(B)-\delta(A), \tag{1.4.11}$$

因此容易得到

$$\begin{cases}\int_{-\infty}^{\infty}\delta'(t)\mathrm{d}t=0\\ \int_{-\infty}^{t}\delta'(\tau)\mathrm{d}\tau=\delta(t)\end{cases}, \tag{1.4.12}$$

与 $\delta(t)$ 的积分相似，$\delta'(t)$ 的积分上、下限可以为常量或变量，但不可为 0。

$\delta'(t)$ 与普通函数 $f(t)$ 的运算规则为

$$f(t)\delta'(t)=f(0)\delta'(t)-f'(0)\delta(t)。 \tag{1.4.13}$$

证明：考虑 $f(t)\delta(t)$ 的微分运算，直接根据微分乘法律可得

$$\frac{\mathrm{d}}{\mathrm{d}t}[f(t)\delta(t)]=f'(t)\delta(t)+f(t)\delta'(t)=f'(0)\delta(t)+f(t)\delta'(t)。 \quad ①$$

若使用式(1.4.2)化简可得

$$\frac{\mathrm{d}}{\mathrm{d}t}[f(t)\delta(t)]=f(0)\delta'(t)。 \quad ②$$

①②联立可得

$$f(t)\delta'(t)=f(0)\delta'(t)-f'(0)\delta(t)。$$

对 $f(t)\delta'(t)$ 进行积分可得

$$\int_{-\infty}^{\infty}f(t)\delta'(t)\mathrm{d}t=\int_{-\infty}^{\infty}f(0)\delta'(t)\mathrm{d}t-\int_{-\infty}^{\infty}f'(0)\delta(t)\mathrm{d}t=-f'(0)。 \tag{1.4.14}$$

冲激偶函数 $\delta'(t)$ 可视作将普通信号 $f(t)$ 映射为 $-f'(0)$ 的分配函数。注意这个分配功能依次包含三步运算：对检试函数做微分，自变量赋 0，取负值。当检试函数为复合函数时，微分运算并不等价于导函数，此时的结果为

$$\int_{-\infty}^{\infty}f[g(t)]\delta'(t)\mathrm{d}t=-\frac{\mathrm{d}}{\mathrm{d}t}f[g(t)]\Big|_{t=0}=-f'[g(0)]g'(0)。 \tag{1.4.15}$$

冲激偶函数 $\delta'(t)$ 虽然包含一个“偶”字，但它是一个奇函数：

$$\delta'(t)=-\delta'(-t)。 \tag{1.4.16}$$

证明：将 $-\delta'(-t)$ 作为分配函数，$f(t)$ 作为任意检试函数，设 $\lambda=-t,\lambda'=-1$，则

$$\begin{aligned}\int_{-\infty}^{\infty}f(t)\cdot\delta'(-t)\cdot(-1)\mathrm{d}t&=\int_{\infty}^{-\infty}f(-\lambda)\delta'(\lambda)\mathrm{d}\lambda\\&=(-1)\cdot\int_{-\infty}^{\infty}f(-\lambda)\delta'(\lambda)\mathrm{d}\lambda\\&=(-1)\cdot\left[(-1)\cdot\frac{\mathrm{d}f(-\lambda)}{\mathrm{d}\lambda}\Big|_{\lambda=0}\right]\\&=(-1)\cdot\left[(-1)\cdot f'(-\lambda)\Big|_{\lambda=0}\cdot(-1)\right]\\&=-f'(0),\end{aligned}$$

运算过程中运用了性质(1.4.15),共出现了3个-1,注意其各自的来源。由此可见,$-\delta'(-t)$的分配功能与$\delta'(t)$的相同,记作$\delta'(t)=-\delta'(-t)$。

冲激偶信号可以继续进行微分运算,更高阶可用$\delta''(t)$,$\delta^{(3)}(t)$等来表示,类比冲激偶信号的性质推导可以得到这些更高阶冲激的运算性质,公式如式(1.4.17),本课程不做进一步展开。

$$\int_{-\infty}^{\infty} f(t)\delta^{(n)}(t)\mathrm{d}t = (-1)^n f^{(n)}(0)。\tag{1.4.17}$$

1.4.5 冲激信号的逼近函数

根据分配函数的定义方法,能够满足相同分配功能的函数均可视作冲激信号$\delta(t)$,因此$\delta(t)$可以有多种不同的表现形式,例如,1.3节提到的矩形脉冲逼近就是其中一种。类似地,可以通过其他逼近方法得到满足$\delta(t)$分配功能的函数,这些函数统称为冲激信号的逼近函数。

矩形脉冲逼近:

$$\lim_{\tau\to 0}\frac{1}{\tau}\left[u\left(t+\frac{\tau}{2}\right)-u\left(t-\frac{\tau}{2}\right)\right]=\delta(t)。\tag{1.4.18}$$

三角脉冲逼近:

$$\lim_{\tau\to 0}\frac{1}{\tau^2}[(t+\tau)u(t+\tau)-2tu(t)+(t-\tau)u(t-\tau)]=\delta(t)。\tag{1.4.19}$$

反正切导函数逼近:

$$\frac{1}{\pi}\cdot\lim_{a\to 0}\frac{a}{a^2+t^2}=\delta(t)。\tag{1.4.20}$$

抽样函数逼近:

$$\lim_{k\to\infty}\frac{k}{\pi}\mathrm{Sa}(kt)=\lim_{k\to\infty}\frac{\sin(kt)}{\pi t}=\delta(t)。\tag{1.4.21}$$

这些逼近函数的波形图面积固定为1,在极限变量趋近极限值的过程中,其面积值不发生改变,但面积分布会向$t=0$及其邻域内集中,或者说$t=0$及其邻域之外的面积会趋于0。

说明:关于抽样函数逼近,大家可能存在一个疑问,式(1.4.21)在非零时刻$t=t_0\neq 0$有

$$\lim_{k\to\infty}\frac{k}{\pi}\mathrm{Sa}(kt)\bigg|_{t=t_0}=\lim_{k\to\infty}\frac{\sin(kt)}{\pi t}\bigg|_{t=t_0}=\frac{1}{\pi t_0}\lim_{k\to\infty}\sin(kt_0)。$$

在古典函数范畴内,其值始终在$\left[-\frac{1}{\pi t_0},\frac{1}{\pi t_0}\right]$区间内变化,并不收敛于零,这个极限没有意义,不满足狄拉克的定义。确实如此,前文已经说过,狄拉克的定义是存在局限性的,所以数学家们才创建了广义函数理论。对于广义函数,在本课程中可以通俗化地理解为,并不需要函数有确定的值,也不要求其收敛,只要求其在积分运算中存在确定的分配功能。将$\lim\limits_{k\to\infty}\frac{\sin(kt)}{\pi t}$作为分配函数,设任一检试函数为$f(t)$,考虑分配函数在任意不包含零的区间$(a,b)$内的功能:

$$\int_a^b f(t)\,\frac{\sin(kt)}{\pi t}\mathrm{d}t = \int_a^b \frac{f(t)}{\pi t}\sin(kt)\,\mathrm{d}t$$
$$= \left(-\frac{1}{k}\right)\left[\frac{f(t)}{\pi t}\cos(kt)\bigg|_a^b - \int_a^b \left[\frac{f(t)}{\pi t}\right]'\sin(kt)\,\mathrm{d}t\right]$$
$$= \left(-\frac{1}{k}\right)\left[\underline{\frac{f(b)}{\pi b}\cos(kb)} - \underline{\frac{f(a)}{\pi a}\cos(ka)} - \underline{\int_a^b \left[\frac{f'(t)}{\pi t} - \frac{f(t)}{\pi t^2}\right]\sin(kt)\,\mathrm{d}t}\right],$$

其中,用下划线标记的几项虽然在 $k\to\infty$ 的过程中并不收敛,但是可以确定始终有界,因此对积分结果取极限可得

$$\lim_{k\to\infty}\int_a^b f(t)\,\frac{\sin(kt)}{\pi t}\mathrm{d}t = 0。$$

所以对于任一检试函数 $f(t)$,$\lim\limits_{k\to\infty}\frac{\sin(kt)}{\pi t}$ 在任意不包含零的区间 (a,b) 内的分配功能都是零,可以通俗化地表示为,在区间 $(-\infty,0)$ 或 $(0,\infty)$ 内

$$\lim_{k\to\infty}\frac{\sin(kt)}{\pi t}=0。$$

注意这是一种广义函数的表达方法,并不是说代入区间内的自变量对应到因变量的值为零,而是指在此区间内,函数在积分运算中对任意检试函数的分配结果为零。用类似的证明方法还可以得到广义函数中存在以下函数性质:在全时域存在

$$\begin{cases}\lim\limits_{\omega\to\infty}\mathrm{e}^{\mathrm{j}\omega t}=\lim\limits_{\omega\to\infty}\mathrm{e}^{-\mathrm{j}\omega t}=0\\ \lim\limits_{\omega\to\infty}\sin(\omega t)-\lim\limits_{\omega\to\infty}\cos(\omega t)=0\end{cases}。\tag{1.4.22}$$

同样,这几个等式并不是指 t 取某值的时候函数极限值为零,而是指对符合要求的检试函数,这几个极限函数在全时域的分配功能为零。这是从分配函数的角度对黎曼-勒贝格(Riemann-Lebesgue)定理的一个初级理解方法,在很多涉及无穷和不收敛的函数分析中,稍微引入基本的广义函数概念,能够开拓一条新的道路。

1.5 离散时间信号的描述和运算

1.5.1 离散时间信号的描述

离散时间信号是用数组形式表示的信号,是由一个个信号值组成的序列。离散时间信号也可以用函数形式描述,不过函数的自变量只能是整数,用于标识信号值在序列中的序数,而因变量则可称为样值。根据这些定义,常见的离散时间信号表示方法有序列表示法、茎状图法、离散函数法。

序列表示法就是把信号样值罗列出来,然后标明一个样值的序数(通常是 $n=0$ 的样值),其他样值的序数则可以依次数出来:

$$x(n)=\{\cdots,0,0,\underset{n\hat{=}0}{1},2,4,8,\cdots\}。\tag{1.5.1}$$

茎状图法则是利用一个整数横轴和一个实数纵轴垂直组合而成的笛卡儿坐标系来展示

信号序列，由于横轴只有整数，不能连续取值，因此茎状图中每个样值以独立的竖直茎状线表示，如图1-7所示。不同于连续时间信号波形图的是，离散时间信号不会把所有信号值连起来。

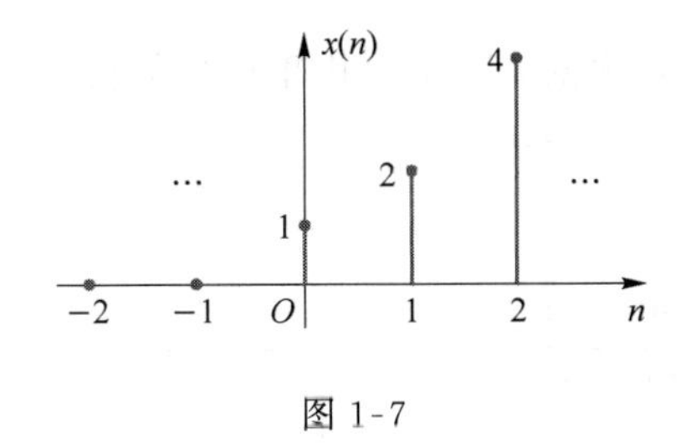

图1-7

离散函数法则是建立序数 n 到样值的函数对应关系。下面介绍一些典型离散时间信号的函数表示方法。

1.5.2 单位样值信号

最基本的离散时间信号是单位样值信号，其定义为

$$\delta(n)=\begin{cases}0, & n\neq 0\\ 1, & n=0\end{cases}=\{\cdots,0,0,\underset{n\hat{=}0}{1},0,0,0,\cdots\},\tag{1.5.2}$$

它也可以进行时移，如

$$\delta(n-k)=\begin{cases}0, & n\neq k\\ 1, & n=k\end{cases},\tag{1.5.3}$$

茎状图表示如图1-8所示。如果换用序列表示则是

$$\delta(n)=\{\cdots,0,0,\underset{n\hat{=}0}{1},0,0,0,\cdots\},\tag{1.5.4}$$

$$\delta(n-k)=\{\cdots,0,0,0,0,\underset{n\hat{=}k}{1},0,\cdots\}。$$

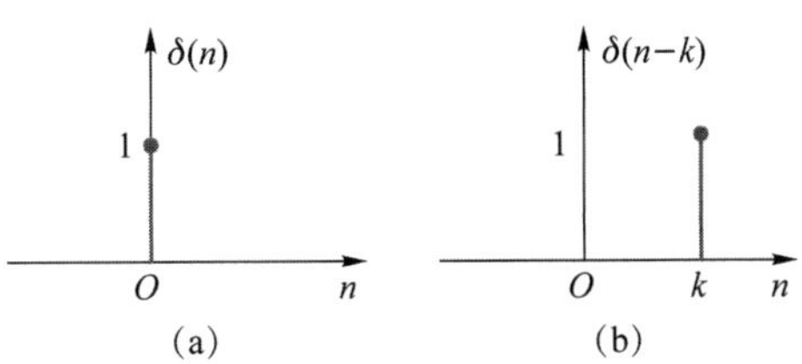

图1-8

很明显，其他信号与之相乘后，就只剩下单位样值所在位置还有值，这就是单位样值信号的抽样性质：

$$x(n)\delta(n-k)=x(k)\delta(n-k)。\tag{1.5.5}$$

虽然单位样值信号与连续时间信号中的单位冲激信号相似，也用符号 δ 表示，并且有非常类似的抽样性质，但是二者还是有巨大区别的。单位冲激信号也称狄拉克 δ 函数，是广义函数的一种，通俗理解为在 $t=0$ 处无界，只有积分后才有数值上的运算意义，可以横向压缩或拉伸，有尺度变换；单位样值信号则被称为克罗内克(Kronecker) δ 函数，在 $n=0$ 处值为1，意义非常明确，且没有尺度变换性质。

单位样值信号在离散时间信号分析中的重要之处在于，任意离散时间信号都可以表示

为单位样值信号的加权移位之和，

$$x(n)=\sum_{m=-\infty}^{\infty}x(m)\delta(n-m)。\tag{1.5.6}$$

【例 1-8】 把图 1-9 所示离散时间信号用单位样值信号表示出来。

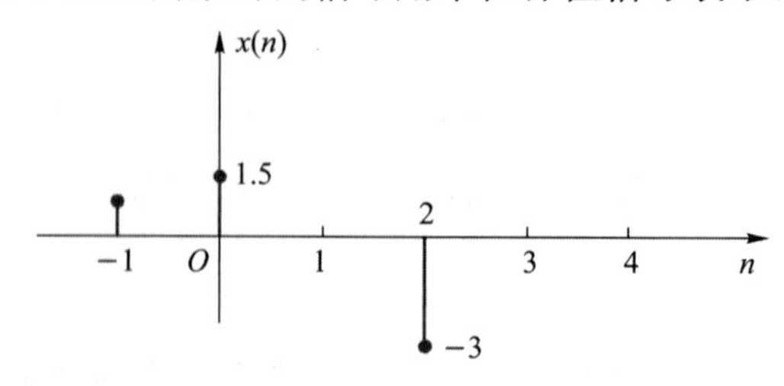

图 1-9

解：$x(n)=\delta(n+1)+1.5\delta(n)-3\delta(n-2)$。

1.5.3 单位阶跃序列

单位阶跃序列的定义是

$$u(n)=\begin{cases}1, & n\geqslant 0\\ 0, & n<0\end{cases},\tag{1.5.7}$$

茎状图表示如图 1-10 所示。也可以用单位样值信号表示为

$$\begin{aligned}u(n)&=\delta(n)+\delta(n-1)+\delta(n-2)+\delta(n-3)+\cdots\\&=\sum_{k=0}^{\infty}\delta(n-k),\end{aligned}\tag{1.5.8}$$

反过来则有

$$\delta(n)=u(n)-u(n-1)。\tag{1.5.9}$$

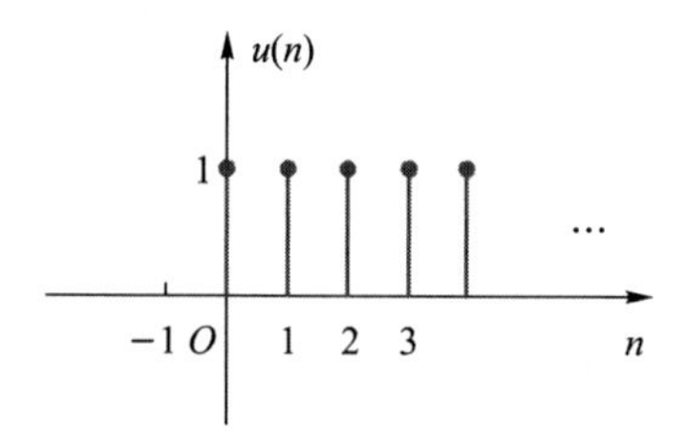

图 1-10

由单位阶跃序列可以组成矩形窗序列，

$$R_N(n)=u(n)-u(n-N)=\begin{cases}1, & 0\leqslant n\leqslant N-1\\ 0, & n<0,n\geqslant N\end{cases},\tag{1.5.10}$$

这是一个从 $n=0$ 到 $n=N-1$ 位置有值的、有值区间长度为 N 的序列。

1.5.4 常见函数序列

除了以上特殊定义的离散时间信号，使用普通初等函数描述的离散时间信号也很常见。

如单边斜变序列：

$$x(n)=nu(n)。\tag{1.5.11}$$

单边指数序列：

$$x(n)=a^n u(n)。\tag{1.5.12}$$

三角函数序列：

$$x(n)=\sin(\omega_0 n)。\tag{1.5.13}$$

其中有些序列因自变量离散化引入了一些新的特点。例如，指数序列由于幂只取整数，当底为负数时，其序列值会正负交替变化。而对于三角函数序列，由于自变量只取整数，其角频率 ω_0 的数值对序列振荡频率的影响不再单调，有时 ω_0 数值高反而会导致振荡频率更低，如

$$\begin{aligned}\cos(\pi n)&=\{\cdots,1,-1,\underset{n\hat{=}0}{1},-1,1,-1,\cdots\},\\ \cos(2\pi n)&=\{\cdots,1,1,\underset{n\hat{=}0}{1},1,1,1,\cdots\}。\end{aligned}\tag{1.5.14}$$

所以离散时间信号中三角函数序列的角频率被称为数字角频率，其具体特点将在后续章节中学习。

1.5.5 离散时间信号的累加和差分

离散时间信号的加、减、乘、除运算都是对相同序数上的样值进行运算，不再赘述。稍有特殊的是离散时间信号的累加和差分运算，一定程度上对应着连续时间信号的积分和微分运算。

离散时间信号的差分运算包含前向差分和后向差分，前向差分是

$$\Delta x(n)=x(n+1)-x(n),\tag{1.5.15}$$

后向差分是

$$\nabla x(n)=x(n)-x(n-1)。\tag{1.5.16}$$

式(1.5.9)就可以用后向差分表示为

$$\delta(n)=\nabla u(n)=u(n)-u(n-1)。\tag{1.5.17}$$

离散时间信号的累加运算可以利用后向差分关系，若 $x(n)=\nabla X(n)$，则有

$$\sum_{k=a}^{b}x(k)=X(b)-X(a-1),\tag{1.5.18}$$

所以

$$\sum_{k=-\infty}^{n}\delta(k)=u(n)-u(-\infty)=u(n)。\tag{1.5.19}$$

阶跃信号写成这种累加形式，与式(1.5.8)是等价的。

1.5.6 离散时间信号的抽取和内插

离散时间信号也有类似于拉伸和压缩的处理，称为重排。由于离散时间信号的自变量只能取整数，所以重排只能取整数变化系数。设 N 为正整数，则称 $x(n)\to x(Nn)$ 的重排为抽取(decimation)，称 $x(n)\to x(n/N)$ 的重排为内插(interpolation)。

【例 1-9】 已知 $x(n)$ 的波形如图 1-11 所示，请画出 $x(2n)$，$x(n/2)$ 的波形。

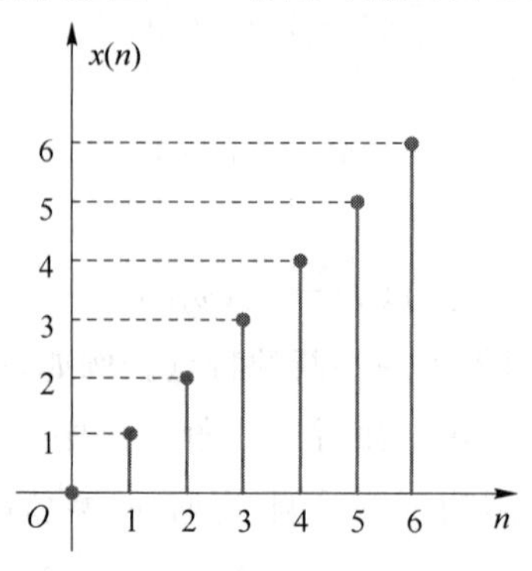

图 1-11

解：$x(n) \rightarrow x(2n)$ 的过程中，只有 $2n$ 位置的序列值被取出来，所以称为抽取。$x(n) \rightarrow x(n/2)$ 的过程中，$x(n/2)$ 的奇数序号位置对应的 $x\left(\frac{1}{2}\right)$，$x\left(\frac{3}{2}\right)$ 等是没有样值的，于是补为 0，称为内插。$x(2n)$，$x(n/2)$ 的波形如图 1-12 所示。

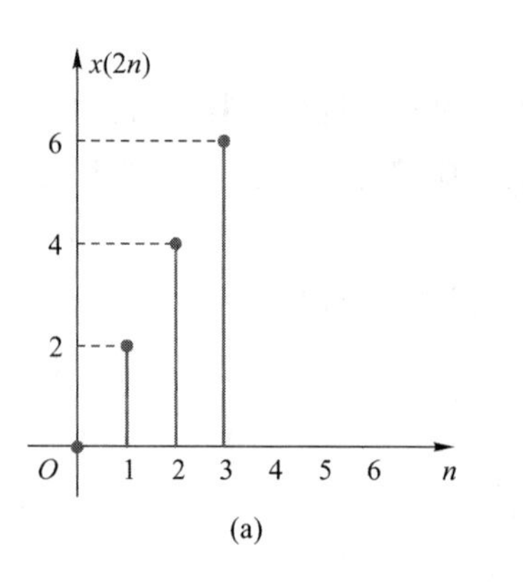

(a)

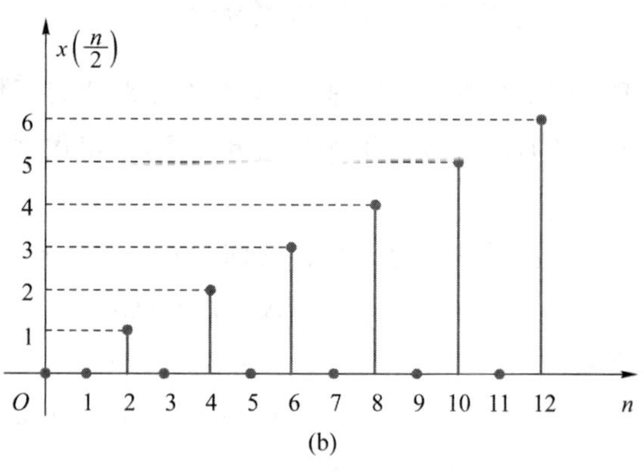

(b)

图 1-12

1.6 信号的周期、能量和功率

信号包含很多属性，通过分析这些属性可以方便对信号进行辨识和分类处理。

1.6.1 连续时间信号的周期性

很多信号的信号值变化是规律地、周期地出现的，如正弦信号和余弦信号。其特点是以一定的时间间隔，在全时域上重复出现。其数学特性可以描述为

$$f(t)=f(t+nT_0),\quad n\text{ 为任意整数。} \tag{1.6.1}$$

满足这个关系式的最小 T_0 值称为信号的基波周期，通常简称为周期。单位时间内完成周期性变化的次数称为频率，是周期的倒数 $1/T_0$，可以用 f 来表示，单位为赫兹（Hz 或 s^{-1}）。

对于周期信号，只要确定了其在一个周期内的信号值变化，就可以知道其在全时域任意时刻的信号值。没有全时域重复出现性质的信号称为非周期信号。

简谐信号就是一种典型的周期信号，其相位变化 2π 的整数倍，信号值不变，因此

$$\cos(\omega t+\varphi)=\cos(\omega t+\varphi+2n\pi)=\cos\left[\omega\left(t+\frac{2\pi}{\omega}n\right)+\varphi\right],\tag{1.6.2}$$

所以简谐信号的周期是 $T_0=\frac{2\pi}{\omega}$，频率为 $f=\frac{1}{T_0}=\frac{\omega}{2\pi}$，在此注意信号的频率和角频率是两个概念，数值不同，单位分别为 Hz 和 rad/s。

1.6.2 离散时间信号的周期性

离散时间信号周期性的主要特殊之处在于，其周期只能是整数值。若信号值每隔整数 N 都会重复出现，则这个信号为周期信号，即

$$x(n)=x(n+N),\quad n,N \text{ 均为整数。}\tag{1.6.3}$$

这个特点会影响到三角函数序列的周期性。对于 $x(n)=\sin(\omega_0 n)$，只有 $\frac{2\pi}{\omega_0}$ 为有理数时 $x(n)$ 才是周期信号。也即若存在整数 N,M 使得

$$\frac{2\pi}{\omega_0}=\frac{N}{M},\tag{1.6.4}$$

则此三角函数序列为周期信号，周期为 $N=M\frac{2\pi}{\omega_0}$。

1.6.3 连续时间信号的能量和功率

信号值可正可负，无法通过信号值有效比较信号的大小，为解决这一问题，我们进一步发展出信号的归一化能量和归一化功率概念，简称为信号的能量 E 和功率 P，在一段时间（从 t_1 到 t_2）内，信号的能量和功率定义为

$$\begin{cases}E=\int_{t_1}^{t_2}|f(t)|^2\mathrm{d}t\\P=\frac{1}{t_2-t_1}\int_{t_1}^{t_2}|f(t)|^2\mathrm{d}t\end{cases},\tag{1.6.5}$$

若以电压或电流信号为例，可以视作电压或电流信号作用到 1 Ω 的电阻上所产生的能量或功率。不过由于本课程讨论的信号值概念对各种广义信号做了融合，并不限定信号是电压、电流或某种其他物理量，不再具有确定的单位或物理量纲，所以归一化能量和功率同样不具有确定的单位或物理量纲，通常不在数值后添加焦耳或瓦等单位。若是将时间段扩展到全时域，可设 $\left(-\frac{T}{2},\frac{T}{2}\right)$ 时段，且 T 趋近于正无穷，则得到信号在全时域的能量和功率为

$$\begin{cases}E=\lim\limits_{T\to\infty}\int_{-\frac{T}{2}}^{\frac{T}{2}}|f(t)|^2\mathrm{d}t=\int_{-\infty}^{\infty}|f(t)|^2\mathrm{d}t\\P=\lim\limits_{T\to\infty}\frac{1}{T}\int_{-\frac{T}{2}}^{\frac{T}{2}}|f(t)|^2\mathrm{d}t\end{cases}。\tag{1.6.6}$$

若信号 $f(t)$ 的能量为有限值，则称为能量有限信号，简称能量信号；若其能量无限，但是其功率为有限值，则称为功率有限信号，简称功率信号。

【例 1-10】 计算信号 $f(t)=\mathrm{e}^{-t}u(t)$ 的能量。

解:根据信号能量公式,

$$
\begin{aligned}
E &= \lim_{T\to\infty}\int_{-\frac{T}{2}}^{\frac{T}{2}} \left|\mathrm{e}^{-t}u(t)\right|^2\mathrm{d}t \\
&= \lim_{T\to\infty}\int_{-\frac{T}{2}}^{\frac{T}{2}} \mathrm{e}^{-2t}u(t)\mathrm{d}t \\
&= \lim_{T\to\infty}\int_{0}^{\frac{T}{2}} \mathrm{e}^{-2t}\mathrm{d}t \\
&= \lim_{T\to\infty}\frac{\mathrm{e}^{-2t}}{-2}\bigg|_0^{\frac{T}{2}} \\
&= \lim_{T\to\infty}\left(\frac{1}{2}-\frac{\mathrm{e}^{-T}}{2}\right) \\
&= \frac{1}{2},
\end{aligned}
$$

这个信号是能量有限信号。

周期信号不可能是能量有限信号,但可以是功率有限信号。周期信号有一个特点,即单周期内的功率与全时域的功率相等,因此周期信号的功率可以选取任意一个周期来计算,若信号 $f(t)$ 的周期为 T_0,则其功率

$$
P=\frac{1}{T_0}\int_{\tau}^{t+T_0}\left|f(t)\right|^2\mathrm{d}t=\frac{1}{T_0}\int_{T_0}\left|f(t)\right|^2\mathrm{d}t, \tag{1.6.7}
$$

式中,积分下限 τ 可以取任意时刻,只要积分时长固定为一个周期 T_0 即可。这种积分长度固定、起点任意的积分可简写为 $\int_{T_0}$ 形式。

【例 1-11】 计算信号 $f(t)=A\cos(\omega t)$ 的功率。

解:信号周期 $T_0=\frac{2\pi}{\omega}$,根据周期信号功率公式,

$$
\begin{aligned}
P &= \frac{1}{T_0}\int_0^{T_0}\left|A\cos(\omega t)\right|^2\mathrm{d}t \\
&= \frac{A^2}{T_0}\int_0^{T_0}\frac{1+\cos(2\omega t)}{2}\mathrm{d}t \\
&= \frac{A^2}{2T_0}\left[\int_0^{T_0}1\mathrm{d}t+\int_0^{T_0}\cos(2\omega t)\mathrm{d}t\right] \\
&= \frac{A^2}{2T_0}\left[T_0+\frac{1}{2\omega}\sin(2\omega t)\bigg|_0^{T_0}\right] \\
&= \frac{A^2}{2T_0}\left\{T_0+\frac{1}{2\omega}[\sin(4\pi)-0]\right\} \\
&= \frac{A^2}{2},
\end{aligned}
$$

可见,简谐信号的功率仅与幅度有关,与角频率无关。

在连续时间信号的这种能量和功率的定义下，必须在非零的时间段内积分才有能量或功率，单独的时刻上是无法计算能量的。因此，连续时间域上的离散信号值是没有能量的。例如，$f(t)$在 $t=\cdots,-2,-1,0,1,2,\cdots$等整数时刻值为 1，其余时刻值均为 0，这个信号的平方积分仍是 0，没有能量。没有能量的信号无法被检测，不会产生实质的影响，因此在分析连续时间信号和连续时间系统时，有限的离散时刻上的信号值是可以被忽略的，如单位阶跃信号在 $t=0$ 时刻无定义，不会影响我们对信号进行分析。

1.6.4　离散时间信号的能量和功率

离散时间信号的能量和功率定义是截然不同的，离散时间信号分析中，定义每一个离散样值都有能量，能量等于其样值的模的平方。因此离散时间信号 $x(n)$在$[-K,K]$区间上的能量和功率定义为

$$\begin{cases} E=\sum\limits_{n=-K}^{K}|x(n)|^2 \\ P=\dfrac{1}{2K+1}\sum\limits_{n=-K}^{K}|x(n)|^2 \end{cases},\tag{1.6.8}$$

扩展到全时域则是

$$\begin{cases} E=\lim\limits_{K\to\infty}\sum\limits_{n=-K}^{K}|x(n)|^2 \\ P=\lim\limits_{K\to\infty}\dfrac{1}{2K+1}\sum\limits_{n=-K}^{K}|x(n)|^2 \end{cases}。\tag{1.6.9}$$

周期信号的平均功率同样可以选取任意一个周期来计算，若信号 $x(n)$的周期为 N，则其平均功率为

$$P=\frac{1}{N}\sum_{n=0}^{N-1}|x(n)|^2。\tag{1.6.10}$$

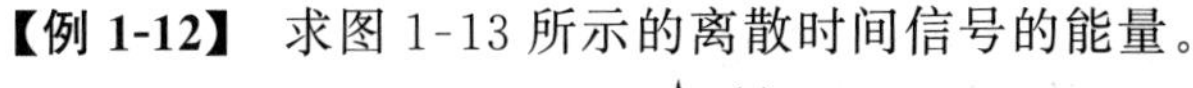
【例 1-12】　求图 1-13 所示的离散时间信号的能量。

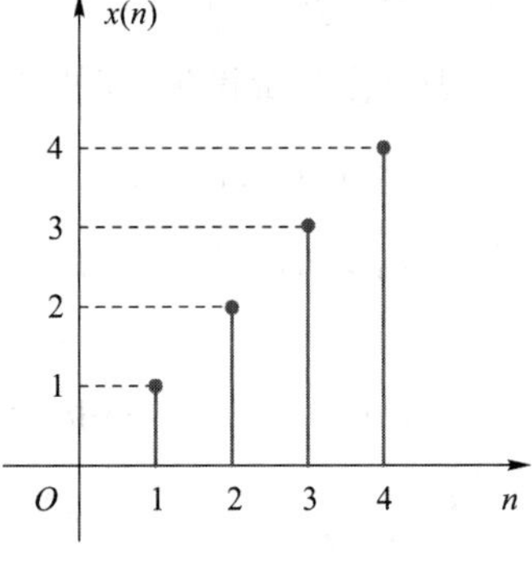

图 1-13

解：根据离散时间信号能量的定义，

$$
\begin{aligned}
E &= \sum_{n=-\infty}^{\infty} |x(n)|^2 \\
&= 1^2 + 2^2 + 3^2 + 4^2 \\
&= 30。
\end{aligned}
$$

1.7 信号分解

以下内容讨论对信号进行分解的几种方法。所谓信号分解，是指把信号分为特征不同的分量，从而简化运算或分析过程。本课程涉及的分解形式是把信号写为几个分量相加。注意，此处我们讨论的“分解”对应的英语应该是 decomposition，是一个比较笼统的概念，也是国内广泛使用的说法。但按照数学上更细化的描述，通常把多项式写为相加的形式称为“展开”(expansion)，把多项式写为因式相乘的形式称为“分解”(factorization)。按照这种划分，这一部分内容似乎称为信号“展开”更准确，不过为了避免与目前的普遍说法产生分歧，我们仍称为信号分解。

信号的分解并非简单写为任意分量的相加，而是存在很多规则。大体来说，首先分量的能量或功率不应大于原信号，例如，1 V 的直流电压信号分解为+100 V 和－99 V 两个直流分量是不太合逻辑的。其次分量之间应该有明显的区分，这样便于分别进行处理。更具体的分解规则将在第 3 章中进行详细介绍，本节仅介绍几种基本的、简单的分解方法。

1.7.1 直流分量与交流分量

在中学物理中就已经引入了直流电(direct current)和交流电(alternating current)的概念，两者的区别非常明显。在信号分解中，直流分量与交流分量的划分同样很重要，设信号为 $f(t)$，则按照直流分量与交流分量可分解为

$$
f(t)=f_{\mathrm{D}}(t)+f_{\mathrm{A}}(t), \tag{1.7.1}
$$

其中，$f_{\mathrm{D}}(t)$是直流分量，是一个常数信号，是信号的平均值，其计算方法为

$$
f_{\mathrm{D}}(t) = \lim_{T\to\infty} \frac{1}{T}\int_{-\frac{T}{2}}^{\frac{T}{2}} f(t)\,\mathrm{d}t, \tag{1.7.2}
$$

$f_{\mathrm{A}}(t)$则是交流分量，通过原信号减去直流分量得到，其特征是全时域积分为零：

$$
\int_{-\infty}^{\infty} f_{\mathrm{A}}(t)\,\mathrm{d}t = 0。 \tag{1.7.3}
$$

若 $f(t)$为周期信号，则任意一个周期 T_0 内的平均值就是信号的总平均值，任意一个周期内交流分量积分都是零：

$$
\begin{cases}
f_{\mathrm{D}}(t) = \dfrac{1}{T_0}\displaystyle\int_{T_0} f(t)\,\mathrm{d}t \\
\displaystyle\int_{T_0} f_{\mathrm{A}}(t)\,\mathrm{d}t = 0
\end{cases}。 \tag{1.7.4}
$$

我们考虑原信号的功率

$$
P = \lim_{T\to\infty} \frac{1}{T}\int_{-\frac{T}{2}}^{\frac{T}{2}} |f(t)|^2\,\mathrm{d}t
$$

$$= \lim_{T\to\infty}\frac{1}{T}\int_{-\frac{T}{2}}^{\frac{T}{2}} [f_{\mathrm{D}}(t)+f_{\mathrm{A}}(t)]^2\mathrm{d}t$$

$$= \lim_{T\to\infty}\frac{1}{T}\int_{-\frac{T}{2}}^{\frac{T}{2}} [f_{\mathrm{D}}^2(t)+2f_{\mathrm{D}}(t)f_{\mathrm{A}}(t)+f_{\mathrm{A}}^2(t)]\mathrm{d}t$$

$$= \lim_{T\to\infty}\frac{1}{T}\int_{-\frac{T}{2}}^{\frac{T}{2}} f_{\mathrm{D}}^2(t)\mathrm{d}t+\lim_{T\to\infty}\frac{1}{T}\int_{-\frac{T}{2}}^{\frac{T}{2}} 2f_{\mathrm{D}}(t)f_{\mathrm{A}}(t)\mathrm{d}t+\lim_{T\to\infty}\frac{1}{T}\int_{-\frac{T}{2}}^{\frac{T}{2}} f_{\mathrm{A}}^2(t)\mathrm{d}t$$

$$= P_{\mathrm{DC}}+2f_{\mathrm{DC}}\cdot\lim_{T\to\infty}\frac{1}{T}\int_{-\frac{T}{2}}^{\frac{T}{2}} f_{\mathrm{A}}(t)\mathrm{d}t+P_{\mathrm{AC}}$$

$$= P_{\mathrm{DC}}+P_{\mathrm{AC}}, \tag{1.7.5}$$

式中，P_{DC}和P_{AC}分别指代直流分量功率和交流分量功率，f_{DC}是信号的平均值，即直流分量的常数值，因此可以移至积分外，剩下的交流分量积分为零。由此可见，原信号功率等于直流分量功率与交流分量功率之和。

1.7.2 奇分量与偶分量

奇分量 $f_{\mathrm{o}}(t)$(odd component)和偶分量 $f_{\mathrm{e}}(t)$(even component)也是一种常用的信号分解方式，这两个分量的特征分别为

$$\begin{cases} f_{\mathrm{o}}(t)=-f_{\mathrm{o}}(-t) \\ f_{\mathrm{e}}(t)=f_{\mathrm{e}}(-t) \end{cases}。\tag{1.7.6}$$

任意一个信号 $f(t)$都可以分解为奇分量和偶分量相加，分解办法为

$$\begin{cases} f_{\mathrm{o}}(t)=\frac{1}{2}f(t)-\frac{1}{2}f(-t) \\ f_{\mathrm{e}}(t)=\frac{1}{2}f(t)+\frac{1}{2}f(-t) \end{cases},\tag{1.7.7}$$

很明显二者的和是 $f(t)$，各自的奇偶性也容易验证。信号分解为奇分量和偶分量的一个重要价值在于，奇分量在以 $t=0$ 为轴的对称区间内积分为零：

$$\int_{-T}^{T} f_{\mathrm{o}}(t)\mathrm{d}t=0。\tag{1.7.8}$$

原信号功率同样等于奇分量功率和偶分量功率之和。类似于式(1.7.5)，将分解后的信号代入功率计算公式，同样得到三个积分项，分别是奇分量功率、偶分量功率以及交叉项，其中交叉项 $f_{\mathrm{e}}(t)f_{\mathrm{o}}(t)$为偶函数乘以奇函数，仍然是一个奇函数，所以全时域积分为零。

1.7.3 实分量与虚分量

在考虑复信号时，可将信号分解为实分量与虚分量。对于复信号 $f(t)$，

$$f(t)=f_{\mathrm{r}}(t)+\mathrm{j}f_{\mathrm{i}}(t), \tag{1.7.9}$$

原信号功率同样等于实分量功率和虚分量功率之和，注意复信号的模方运算并非信号的平方，而是信号与其共轭项相乘。

$$P = \lim_{T\to\infty}\frac{1}{T}\int_{-\frac{T}{2}}^{\frac{T}{2}} |f(t)|^2\mathrm{d}t$$

$$= \lim_{T\to\infty}\frac{1}{T}\int_{-\frac{T}{2}}^{\frac{T}{2}} |f_{\mathrm{r}}(t)+\mathrm{j}f_{\mathrm{i}}(t)|^2\mathrm{d}t$$

$$= \lim_{T\to\infty}\frac{1}{T}\int_{-\frac{T}{2}}^{\frac{T}{2}} [f_{\mathrm{r}}(t)+\mathrm{j}f_{\mathrm{i}}(t)][f_{\mathrm{r}}(t)-\mathrm{j}f_{\mathrm{i}}(t)]\mathrm{d}t$$

$$= \lim_{T\to\infty}\frac{1}{T}\int_{-\frac{T}{2}}^{\frac{T}{2}} f_{\mathrm{r}}^{2}(t)\,\mathrm{d}t + \lim_{T\to\infty}\frac{1}{T}\int_{-\frac{T}{2}}^{\frac{T}{2}} f_{\mathrm{i}}^{2}(t)\,\mathrm{d}t$$

$$= P_{\mathrm{r}} + P_{\mathrm{i}}。 \tag{1.7.10}$$

实际中产生的信号为实信号，但实信号可以分解为共轭复信号分量（如使用欧拉公式将三角函数展开为共轭虚指数），然后借助于复信号分析来研究实信号的性质和变化。此外，在第 3 章中介绍的信号的频域分析方法所得到的频谱一般为复函数，也会涉及一些实分量与虚分量的分解处理。

1.7.4 脉冲分量

以上信号分解方法相对简单直接，接下来要介绍一种不太直观的脉冲分量分解方法。一个普通信号 $f(t)$ 可以表示为

$$f(t) = \int_{-\infty}^{\infty} f(\tau)\delta(t-\tau)\,\mathrm{d}\tau。 \tag{1.7.11}$$

高等数学中介绍的定积分若含有外部变量（不是积分元的变量），通常是位于积分限上，可通过微积分基本定理进行处理。像式(1.7.11)这种被积函数中含有外部变量的形式，处理的关键在于在积分过程中把外部变量当成常数进行处理，这样容易判断出这个式子的正确性。

说明：在信号 $f(t)$ 上插入分点 $\tau_i(i=\cdots,-2,-1,0,1,2,\cdots)$，且

$$\cdots<\tau_{-2}<\tau_{-1}<\tau_0<\tau_1<\tau_2<\cdots,$$

称之为对时域的一种分割，又记 $\Delta\tau_i=\tau_i-\tau_{i-1}$，最大分割间距为 $\max\{\Delta\tau_i\}$，如图 1-14 所示。

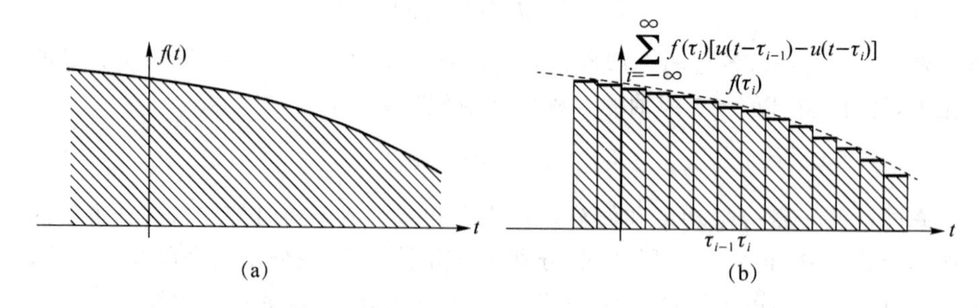

图 1-14

图 1-14(b)中虚线表示的是信号 $f(t)$ 的波形，通过分点 τ_i，波形被分成了无穷多的小矩形，在 τ_i 点的矩形高度为 $f(\tau_i)$。

这种分割方法在高等数学的定积分概念中遇到过，我们简单复习一下。如果把这些小矩形的面积 $f(\tau_i)\Delta\tau_i$ 加起来，总面积就会与 $f(t)$ 的波形面积接近；当把分点取得越来越密，让最大分割间距 $\max\{\Delta\tau_i\}\to 0$，则小矩形面积的加和就会与 $f(t)$ 的波形面积相等，记为

$$\lim_{\max\{\Delta\tau_i\}\to 0}\sum_{i=-\infty}^{\infty} f(\tau_i)\Delta\tau_i = \int_{-\infty}^{\infty} f(t)\,\mathrm{d}t,$$

这就是简单化的定积分定义。

现在我们不加小矩形的面积，而是把矩形脉冲信号 $f(\tau_i)[u(t-\tau_{i-1})-u(t-\tau_i)]$ 加起来，最终得到的和信号就会与信号 $f(t)$ 接近；同样，当把分点取得越来越密，让最大分割间距 $\max\{\Delta\tau_i\}\rightarrow 0$，则矩形脉冲信号的加和就会与信号 $f(t)$ 相等，可得

$$\lim_{\max\{\Delta\tau_i\}\rightarrow 0}\sum_{i=-\infty}^{\infty} f(\tau_i)[u(t-\tau_{i-1})-u(t-\tau_i)]=f(t),$$

这个式子其实就是把 $f(t)$ 分解成了无穷多个脉冲分量，下面考虑这个极限可以如何变形。设 $g(\tau_i)=u(t-\tau_{i-1})=u(t-(\tau_i-\Delta\tau_i))$，则 $g(\tau_i+\Delta\tau_i)=u(t-\tau_i)$，于是

$$\begin{aligned}
f(t) &= \lim_{\max\{\Delta\tau_i\}\rightarrow 0}\sum_{i=-\infty}^{\infty} f(\tau_i)[g(\tau_i) \quad g(\tau_i+\Delta\tau_i)] \\
&= \lim_{\max\{\Delta\tau_i\}\rightarrow 0}\sum_{i=-\infty}^{\infty} f(\tau_i)(-1)\,\frac{g(\tau_i+\Delta\tau_i)-g(\tau_i)}{\Delta\tau_i}\Delta\tau_i \\
&= -\int_{-\infty}^{\infty} f(\tau)\,\frac{\mathrm{d}g(\tau)}{\mathrm{d}\tau}\mathrm{d}\tau \\
&= -\int_{-\infty}^{\infty} f(\tau)\,\frac{\mathrm{d}u(t-\tau)}{\mathrm{d}\tau}\mathrm{d}\tau \\
&= \int_{-\infty}^{\infty} f(\tau)\delta(t-\tau)\mathrm{d}\tau。
\end{aligned}$$

将信号分解为脉冲分量是本课程在时域上分析问题的核心思路的基本方法，是重点中的重点。

1.8　系统的描述

本课程中初步接触的系统描述方法大体可以分为方程法和框图法，在后续章节则会逐步学习更多的系统描述方法，如单位冲激响应、频率响应特性、系统函数等。

1.8.1　连续时间系统

连续时间系统的方程法包含激励与响应直接关系方程和微分方程。通常设 $e(t)$ 为激励信号，$r(t)$ 为响应信号，当系统功能比较简单时，响应信号可以通过对激励信号进行一些简单运算处理得到，此处列举一些可以写出直接关系的简单系统及其框图，如表 1-1 所示。

表 1-1　基本系统框图

名称	激励与响应关系	系统框图
加法器	$r(t)=e_1(t)+e_2(t)$	$e_1(t)$ → Σ → $r(t)$；$e_2(t)$ ↑
乘法器	$r(t)=e_1(t)\cdot e_2(t)$	$e_1(t)$ → ⊗ → $r(t)$；$e_2(t)$ ↑

续表

名称	激励与响应关系	系统框图
标量乘法器	$r(t)=ae(t)$	$e(t)$ →[a]→ $r(t)$ 或 $e(t)$ —a→ $r(t)$
微分器	$r(t)=\frac{\mathrm{d}e(t)}{\mathrm{d}t}$	$e(t)$ →[$\frac{\mathrm{d}}{\mathrm{d}t}$]→ $r(t)$
积分器	$r(t)=\int_{-\infty}^{t}e(\tau)\mathrm{d}\tau$	$e(t)$ →[$\int$]→ $r(t)$
延时器	$r(t)=e(t-\tau)$	$e(t)$ →[τ]→ $r(t)$

如果激励和响应的关系比较复杂，难以直接描述，则可以使用微分方程来描述。如图 1-15 所示的 LC 串联电路，如果以电压源信号 $e(t)$ 为激励，以环路电流为系统响应 $r(t)=i(t)$，则这个系统的激励和响应信号满足的方程是

$$\frac{\mathrm{d}^2}{\mathrm{d}t^2}r(t)+\frac{R}{L}\frac{\mathrm{d}}{\mathrm{d}t}r(t)+\frac{1}{LC}r(t)=\frac{1}{L}\frac{\mathrm{d}}{\mathrm{d}t}e(t)。\tag{1.8.1}$$

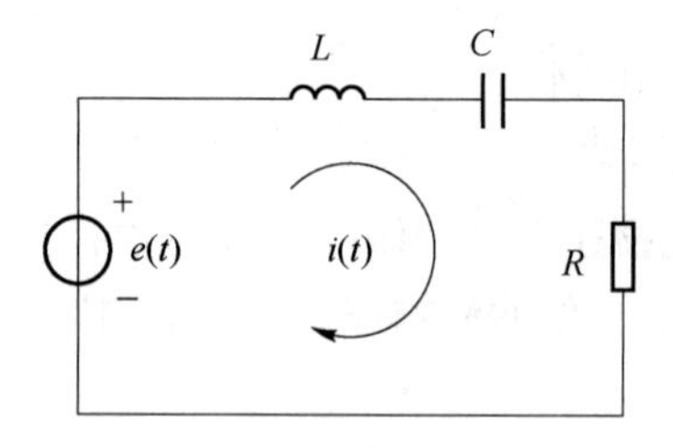

图 1-15

解：设电感、电容、电阻电压分别为 $v_L(t)$，$v_C(t)$，$v_R(t)$，则根据基尔霍夫电压定律，

$$e(t)=v_L(t)+v_C(t)+v_R(t),$$

对其做微分可得

$$\frac{\mathrm{d}}{\mathrm{d}t}e(t)=\frac{\mathrm{d}}{\mathrm{d}t}v_L(t)+\frac{\mathrm{d}}{\mathrm{d}t}v_C(t)+\frac{\mathrm{d}}{\mathrm{d}t}v_R(t),\quad ①$$

根据电阻特性可得

$$\frac{\mathrm{d}}{\mathrm{d}t}v_R(t)=R\frac{\mathrm{d}}{\mathrm{d}t}i(t),\quad ②$$

根据电容特性可得

$$\frac{\mathrm{d}}{\mathrm{d}t}v_C(t)=\frac{i(t)}{C},\quad ③$$

根据电感特性可得

$$\frac{\mathrm{d}}{\mathrm{d}t}v_L(t)=L\frac{\mathrm{d}^2}{\mathrm{d}t^2}i(t),\quad ④$$

把②③④代入①式可得

$$\frac{\mathrm{d}}{\mathrm{d}t}e(t)=L\frac{\mathrm{d}^2}{\mathrm{d}t^2}i(t)+\frac{i(t)}{C}+R\frac{\mathrm{d}}{\mathrm{d}t}i(t)。$$

通常会按照一定格式来列写系统微分方程:响应在左,激励在右,各自从微分最高阶到最低阶排列,响应最高阶的系数做归一化处理。把 $i(t)$ 换用 $r(t)$ 表示,于是得到

$$\frac{\mathrm{d}^2}{\mathrm{d}t^2}r(t)+\frac{R}{L}\frac{\mathrm{d}}{\mathrm{d}t}r(t)+\frac{1}{LC}r(t)=\frac{1}{L}\frac{\mathrm{d}}{\mathrm{d}t}e(t)。$$

这个微分方程描述的系统也可以利用系统框图来表示,需要注意的是,因为微分器容易放大噪声,所以一般使用积分器为基本单元来搭建系统,组成的系统框图如图 1-16 所示。

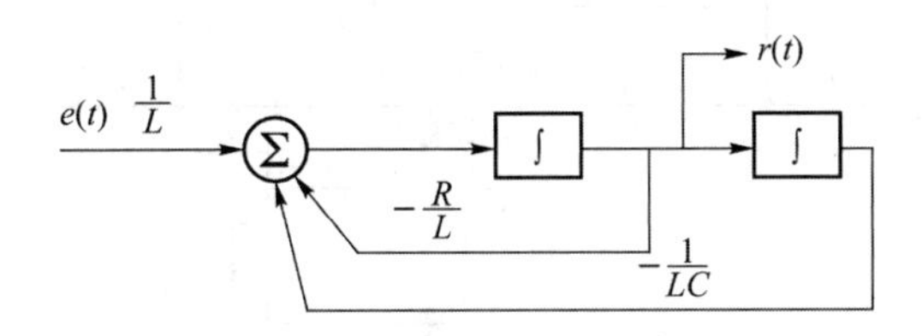

图 1-16

分析:由微分方程画出系统框图的方法非常多,一般难以进行统一。但是由系统框图所得的微分方程是唯一的,需要掌握。系统框图的读图以 $e(t)$、$r(t)$ 为起点,得到各积分器输入、输出节点的信号,再以加法器构建方程,最终化为微分方程的统一格式。在图 1-16 中,可分析出 $r(t)$ 节点前积分器的输入节点,即加法器的输出节点信号为 $r'(t)$,$r(t)$ 节点后积分器的输出信号为 $\int r(t)\mathrm{d}t$,然后可以根据加法器的输入输出关系列方程得

$$-\frac{1}{LC}\int r(t)\mathrm{d}t-\frac{R}{L}r(t)+\frac{1}{L}e(t)=r'(t),$$

两侧做微分,整理后即可得到原方程(1.8.1)。

1.8.2　离散时间系统

离散时间系统的方程法描述也包含激励与响应直接关系方程,不过较复杂时的方程是差分方程而非微分方程。离散时间系统的基本系统同样包括加法器、乘法器、标量乘法器(这几种系统的功能和框图与连续时间系统中的一致),但不包含微分器和积分器,另外还有一种离散时间系统独有的差分器(见表 1-2),或称为移位器,在不会混淆的情况下也可叫作延时器。

表 1-2　离散时间系统的差分器

名称	激励 $x(n)$ 与响应 $y(n)$ 关系	系统框图
延时器/差分器	$y(n)=x(n-1)$	$x(n)$ → $\frac{1}{E}$ → $y(n)=x(n-1)$ 或 $x(n)$ → z^{-1} → $y(n)=x(n-1)$

无法直接利用激励信号描述响应信号的离散时间系统则可以使用差分方程或框图法表示，离散时间系统的框图主要使用差分器组成，如图 1-17 所示，这个框图所表示的系统差分方程为

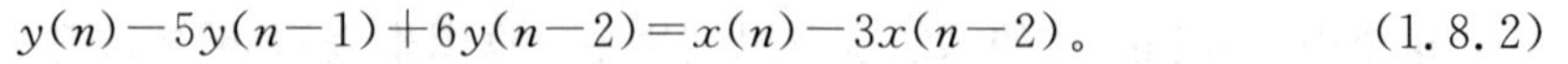

$$y(n)-5y(n-1)+6y(n-2)=x(n)-3x(n-2)。\qquad (1.8.2)$$

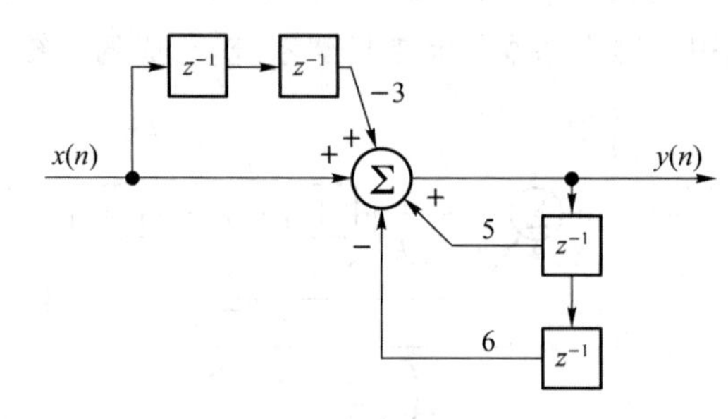

图 1-17

分析：以 $x(n)$、$y(n)$ 为起点，得到差分器输入、输出节点的信号，如图 1-18 所示。然后再以加法器列方程得

$$y(n)=x(n)-3x(n-2)+5y(n-1)-6y(n-2)。$$

一般差分方程的列写也有一些固定格式：响应在左，激励在右，各自从差分最低阶到最高阶排列，响应最低阶的系数做归一化处理。

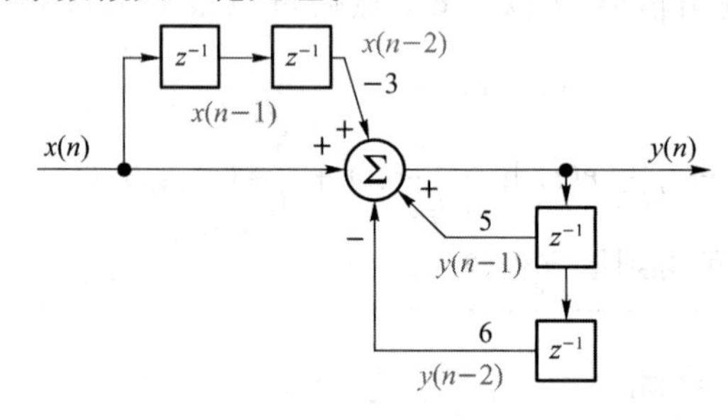

图 1-18

1.9　线性时不变系统

线性时不变系统是一种最常见也是最基础的系统。所谓线性，是指同时满足齐次性和

叠加性。对于一个没有初始储能的系统，已知激励 $e_1(t)$ 通过系统后的响应为 $r_1(t)$，激励 $e_2(t)$ 通过系统后的响应为 $r_2(t)$，K 为常系数，那么：

① 若激励 $Ke_1(t)$ 通过系统后的响应为 $Kr_1(t)$，则系统满足齐次性；

② 若激励 $e_1(t)+e_2(t)$ 通过系统后的响应为 $r_1(t)+r_2(t)$，则系统满足叠加性。

多个信号各自乘以常系数并相加的过程称为线性组合。判断系统是否线性的方法可以统一为：如果多个激励信号先任意进行线性组合再经过系统的响应，与先各自经过系统再进行同一个线性组合的响应相等，则系统是线性的。若把系统 H 的激励与响应的关系用 $r(t)=H[e(t)]$ 来描述，则系统的线性判定条件可以写作

$$H\left[\sum_k C_k e_k(t)\right]=\sum_k C_k H[e_k(t)]。\tag{1.9.1}$$

时不变性则是指一个系统在零初始条件下，其输出响应与输入信号施加于系统的时间起点无关。如果输入信号施加于系统的时间起点改变，而输出响应发生了时间移动之外的变换，则称为时变系统。时不变性的判定条件可以写作

$$H[e(t-\tau)]=r(t-\tau)。\tag{1.9.2}$$

在基本系统模型中，标量乘法器和加法器显然满足线性时不变性质，而微分器和积分器的本质是时移和加法运算，也满足线性时不变性质，所以我们提到的以常系数微分方程描述的系统都是线性时不变系统。把标量乘法、加法、时移、微分、积分统称为线性运算，那么对于线性时不变系统，激励信号先进行线性运算再通过系统，与先通过系统再进行线性运算，其结果是相等的。这条性质在很多情况下可以简化运算。

【例 1-13】 有一个无初始储能的线性时不变系统，当激励为 $x_1(t)=u(t)$ 时其响应为 $y_1(t)=\cos(t)u(t)$。求当激励为 $x_2(t)=\delta(t)$ 时的系统响应 $y_2(t)$。

解：因为 $\delta(t)=\frac{\mathrm{d}}{\mathrm{d}t}u(t)$，所以 $x_2(t)=\frac{\mathrm{d}}{\mathrm{d}t}x_1(t)$。根据线性时不变性质，$x_1(t)$ 和 $x_2(t)$ 的响应应该满足 $y_2(t)=\frac{\mathrm{d}}{\mathrm{d}t}y_1(t)$，所以

$$\begin{aligned}y_2(t)&=\frac{\mathrm{d}}{\mathrm{d}t}\cos(t)u(t)\\&=-\sin(t)u(t)+\cos(t)\delta(t)\\&=\delta(t)-\sin(t)u(t)。\end{aligned}$$

此外，本课程中还会接触到系统的一些其他特性和分类方式，介绍如下。

因果系统：是指当且仅当输入信号激励系统时，才会出现输出（响应）的系统。也就是说，因果系统的输出（响应）不会出现在输入信号激励系统以前的时刻。

稳定系统：如果系统对任何的有界输入都只产生有界的输出，则称该系统为有界输入有界输出（BIBO）意义下的稳定系统。对于这样的系统，若输入不发散，则输出也不会发散。从工程的角度讲，一个实用系统在所有可能的条件下都保持稳定是至关重要的。

即时系统：系统在 t_0 时刻的响应仅与激励在 t_0 时刻的值有关。与之相对的概念是动态（记忆）系统：系统在 t_0 时刻的响应不仅与激励在 t_0 时刻的值有关，还与激励在其他时刻（过去或未来）或时段内的值有关。例如，积分器、微分器等都是记忆系统。

可逆系统：系统在不同的激励信号下得到的响应信号也不相同。与之相对的是不可逆系统：由不同的激励信号可以得到相同的响应信号。换句话说，可逆系统的一种响应所对应

的激励信号是唯一的，而不可逆系统的一种响应所对应的激励信号有多种可能。

典型习题

1. 已知正弦信号 $x(t)=\sin t$：

(1) 画出 $x(t)$的波形图。　(2) 画出 $x(2t)$的波形图。　(3) 画出 $x^2(t)$的波形图。

(4) 求$\int_0^{\pi} x(t)\mathrm{d}t$。　(5) 求$\int_0^{\frac{\pi}{2}} x(2t)\mathrm{d}t$。　(6) 求$\int_0^{\pi} x^2(t)\mathrm{d}t$。

在(1)～(3)的波形图中，用阴影标出(4)～(6)所求积分表征的图形面积。

解：

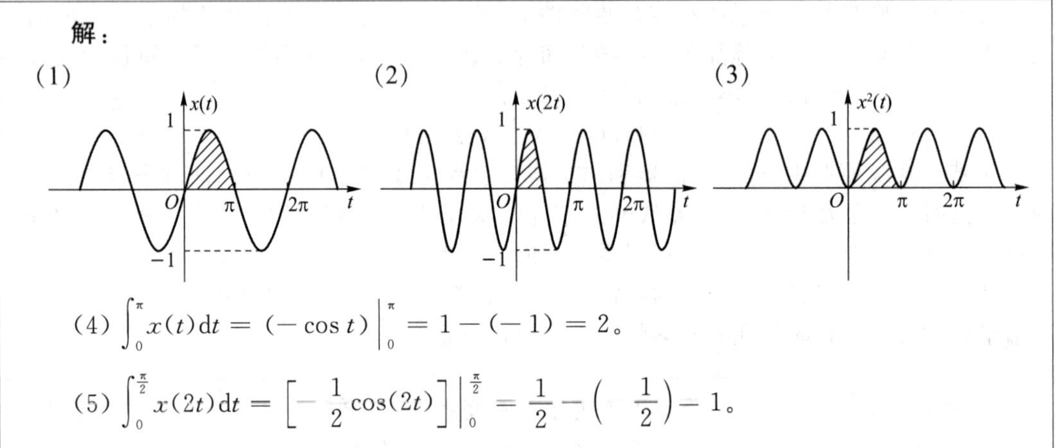

(4) $\int_0^{\pi} x(t)\mathrm{d}t = (-\cos t)\Big|_0^{\pi} = 1-(-1) = 2$。

(5) $\int_0^{\frac{\pi}{2}} x(2t)\mathrm{d}t = \left[-\frac{1}{2}\cos(2t)\right]\Big|_0^{\frac{\pi}{2}} = \frac{1}{2}-\left(-\frac{1}{2}\right)=1$。

(6) $\int_0^{\pi} x^2(t)\mathrm{d}t = \int_0^{\pi}\left[\frac{1}{2}-\frac{1}{2}\cos(2t)\right]\mathrm{d}t = \frac{\pi}{2}$。

三角函数的微积分、三角函数平方的微积分需要大家非常熟练地掌握。

2. 升余弦脉冲定义：$x(t)=\begin{cases}\frac{1}{2}[1+\cos(\omega t)], & -\pi/\omega\leqslant t\leqslant\pi/\omega \\ 0, & \text{其他}\end{cases}$。画出 $x(t)$的波形，并求其总能量。

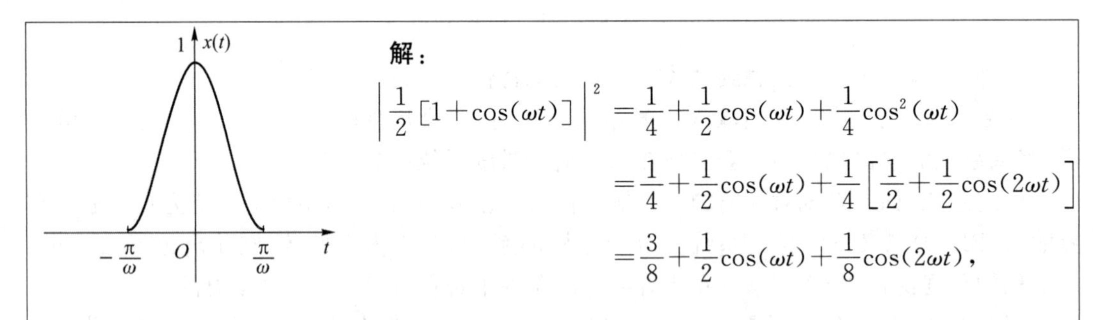

解：

$$\left|\frac{1}{2}[1+\cos(\omega t)]\right|^2 = \frac{1}{4}+\frac{1}{2}\cos(\omega t)+\frac{1}{4}\cos^2(\omega t)$$
$$= \frac{1}{4}+\frac{1}{2}\cos(\omega t)+\frac{1}{4}\left[\frac{1}{2}+\frac{1}{2}\cos(2\omega t)\right]$$
$$= \frac{3}{8}+\frac{1}{2}\cos(\omega t)+\frac{1}{8}\cos(2\omega t),$$

$$\int_{-\frac{\pi}{\omega}}^{\frac{\pi}{\omega}}\left[\frac{3}{8}+\frac{1}{2}\cos(\omega t)+\frac{1}{8}\cos(2\omega t)\right]\mathrm{d}t = \int_{-\frac{\pi}{\omega}}^{\frac{\pi}{\omega}}\left(\frac{3}{8}\right)\mathrm{d}t = \frac{3\pi}{4\omega},$$

积分时间为$\frac{2\pi}{\omega}$，恰为 $\cos(\omega t)$，$\cos(2\omega t)$周期的整数倍，因此其积分为零。

3. (1) 将以下复数表示为极坐标形式：

① $1+\mathrm{j}$； ② $1-\sqrt{3}\mathrm{j}$； ③ $-\mathrm{j}$； ④ -1。

(2) 将以下复数表示为直角坐标形式：

① $\sqrt{2}\mathrm{e}^{\mathrm{j}\frac{\pi}{4}}$； ② $2\mathrm{e}^{\mathrm{j}\frac{\pi}{3}}$； ③ $\mathrm{e}^{-\mathrm{j}\frac{\pi}{2}}$； ④ $\mathrm{e}^{\mathrm{j}\pi}$。

> **解**：(1) ① $1+\mathrm{j}=\sqrt{2}\mathrm{e}^{\mathrm{j}\frac{\pi}{4}}$； ② $1-\sqrt{3}\mathrm{j}=2\mathrm{e}^{-\mathrm{j}\frac{\pi}{3}}$； ③ $-\mathrm{j}=\mathrm{e}^{-\mathrm{j}\frac{\pi}{2}}$； ④ $-1=\mathrm{e}^{\mathrm{j}\pi}$。
>
> (2) ① $\sqrt{2}\mathrm{e}^{\mathrm{j}\frac{\pi}{4}}=1+\mathrm{j}$； ② $2\mathrm{e}^{\mathrm{j}\frac{\pi}{3}}=1+\sqrt{3}\mathrm{j}$； ③ $\mathrm{e}^{-\mathrm{j}\frac{\pi}{2}}=-\mathrm{j}$； ④ $\mathrm{e}^{\mathrm{j}\pi}=-1$。

4. 求下列各周期信号的周期 T：

(1) $\cos(10t)+\cos(25t)$； (2) $\mathrm{e}^{\mathrm{j}10t}$； (3) $[5\sin(8t)]^2$。

> **解**：(1) 两个余弦函数的周期分别为 $\pi/5$ 和 $2\pi/25$，其最小公倍周期为 $2\pi/5$。
>
> (2) $\mathrm{e}^{\mathrm{j}10t}=\cos(10t)+\mathrm{j}\sin(10t)$，周期为 $\pi/5$。
>
> (3) $[5\sin(8t)]^2=\frac{25}{2}[1-\cos(16t)]$，周期为 $\pi/8$。

5. 利用 $u(t)$ 写出题5图所示各波形的函数式。

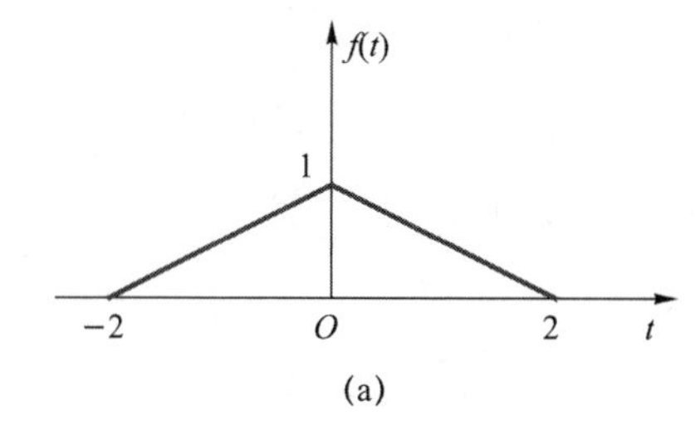

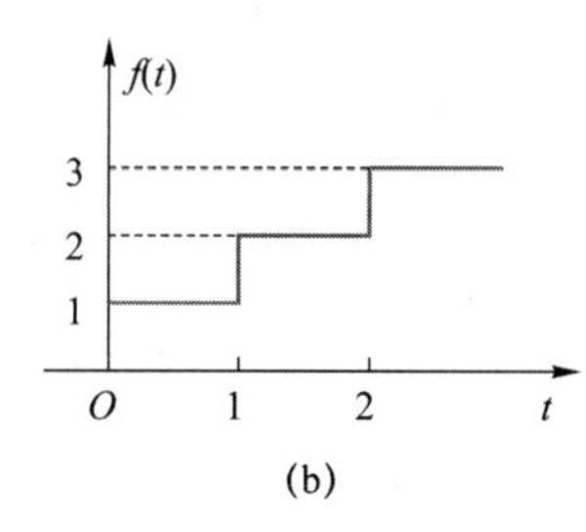

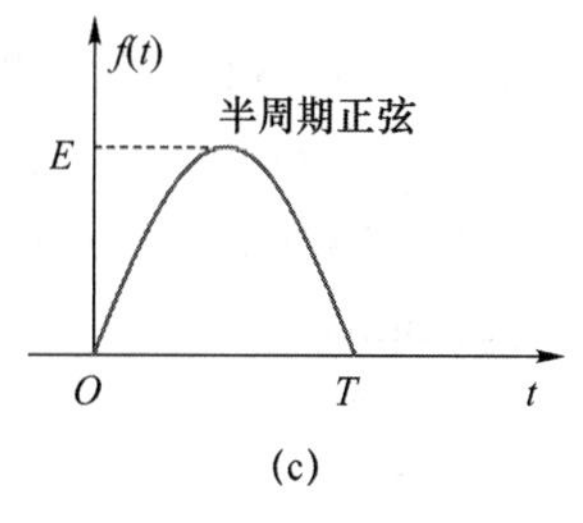

题5图

> **解**：(1) 利用 $u(t)$ 描述分段函数，可把几段函数用矩形脉冲形式写出来。矩形脉冲 $u(t-a)-u(t-b)$ 自然限定了有值范围 (a,b)，得到
>
> $$f(t)=\left(\frac{1}{2}t+1\right)[u(t+2)-u(t)]-\left(\frac{1}{2}t-1\right)[u(t)-u(t-2)]。$$
>
> 通常还可以在此基础上将函数展开，将同类项合并，写为
>
> $$f(t)=\left(\frac{1}{2}t+1\right)u(t+2)-tu(t)+\left(\frac{1}{2}t-1\right)u(t-2)。$$
>
> (2) $f(t)=u(t)+u(t-1)+u(t-2)$。
>
> (3) $f(t)=E\sin\left(\frac{\pi}{T}t\right)[u(t)-u(t-T)]$。

6. 绘出下列各时间函数的波形图，注意它们的区别(其中 $t_0=\frac{\pi}{2\omega}$)：

(1) $f_1(t)=\sin(\omega t)\cdot u(t)$； (2) $f_2(t)=\sin[\omega(t-t_0)]\cdot u(t)$；

(3) $f_3(t)=\sin(\omega t)\cdot u(t-t_0)$； (4) $f_4(t)=\sin[\omega(t-t_0)]\cdot u(t-t_0)$。

解：(1)

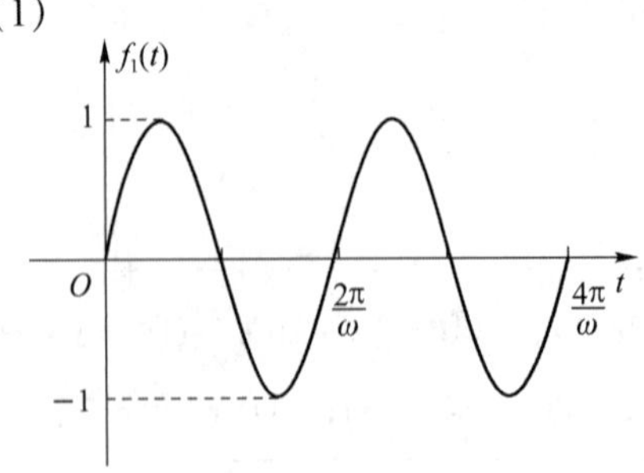

(2)

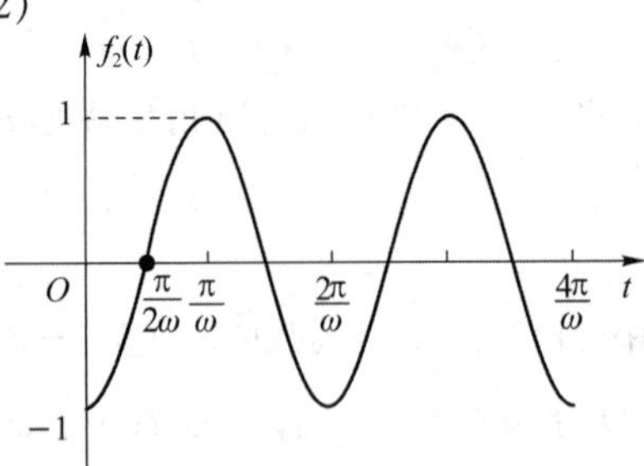

(3)

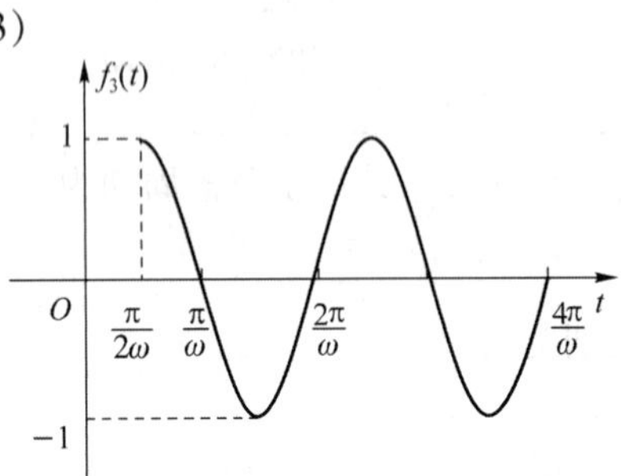

(4)

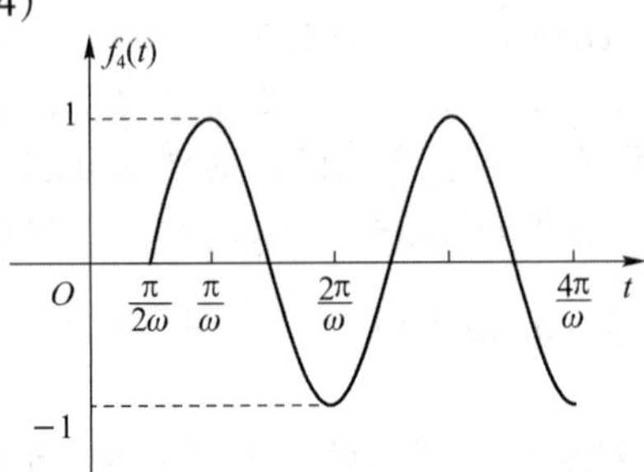

7. 画出以下信号波形图：

(1) $te^{-t}u(t)$；

(2) $e^{-(t-1)}[u(t-1)-u(t-2)]$；

(3) $e^{-t}\cdot\sin t\cdot u(t)$；

(4) $u(t)-2u(t-1)+u(t-2)$；

(5) $\dfrac{\sin(t-\pi)}{t-\pi}$；

(6) $\dfrac{d}{dt}[\cos t\cdot u(t)]$。

解：(1)

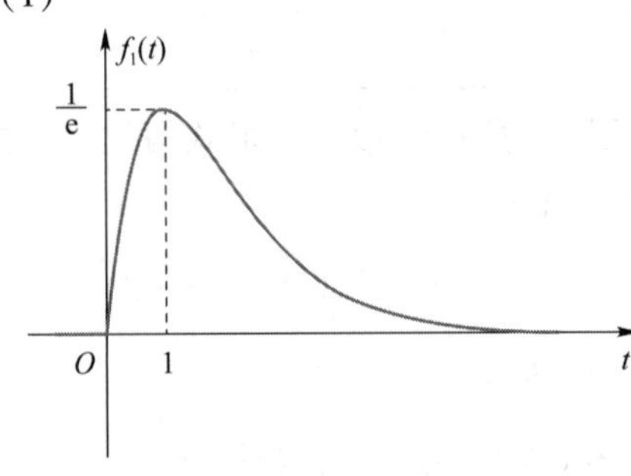

(2)

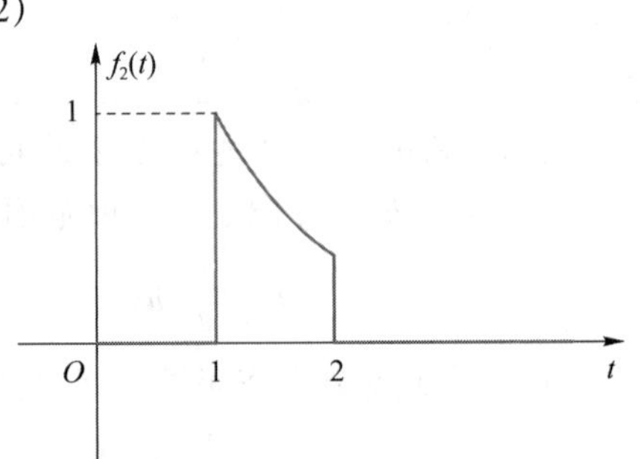

(3)

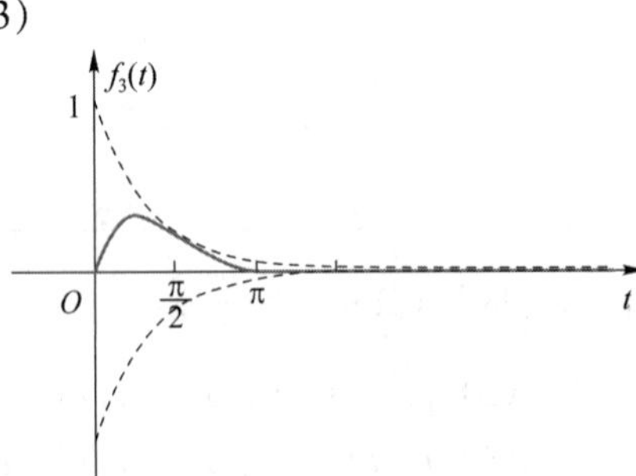

(4)

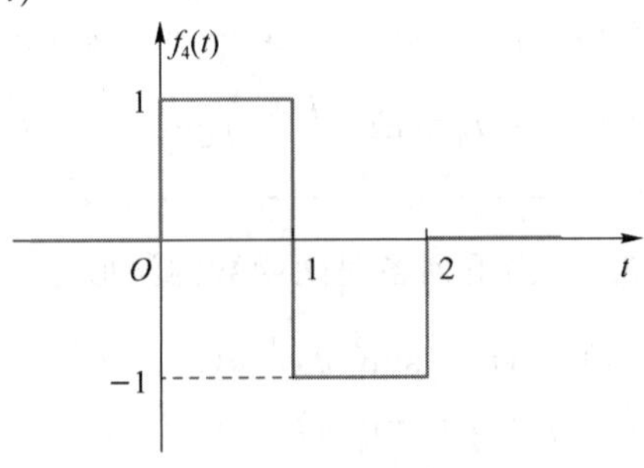

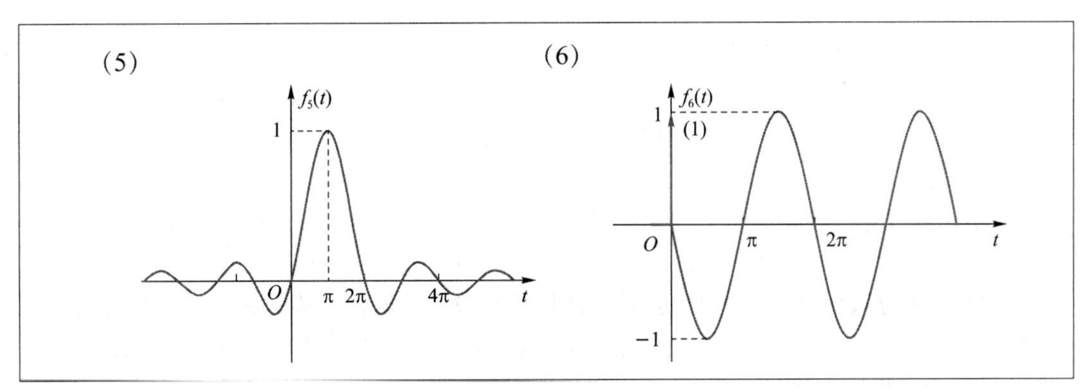

8. 对于题 8 图所示信号 $f(t)$,画出以下所求信号的波形图。

(1) $f(3t)$；　　(2) $f[3(t-2)]$；

(3) $f(3t-2)$；　　(4) $f(-3t-2)$。

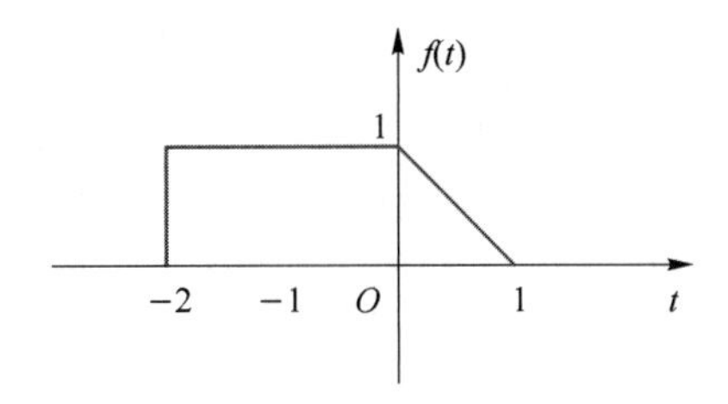

题 8 图

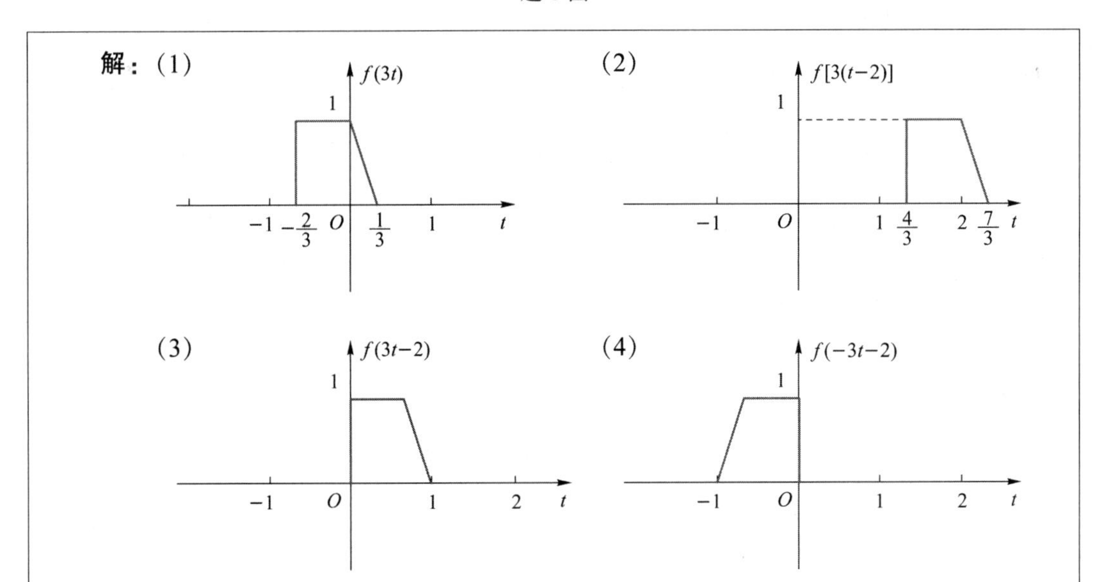

9. 已知连续信号 $f(t)=\begin{cases}|2t|, & |t|<1\\ 0, & |t|\geqslant 1\end{cases}$：

(1) 求信号 $f'(t)$的表达式。

(2) 画出 $f'(t)$和 $f'(2t)$的波形图。

解:(1) $f(t)$用阶跃信号表示为

$$f(t)=-2t[u(t+1)-u(t)]+2t[u(t)-u(t-1)]$$
$$=-2tu(t+1)+4tu(t)-2tu(t-1),$$

则其微分为

$$f'(t)=-2t\delta(t+1)-2u(t+1)+4t\delta(t)+4u(t)-2t\delta(t-1)-2u(t-1)$$
$$=2\delta(t+1)-2u(t+1)+4u(t)-2\delta(t-1)-2u(t-1)。$$

(2) 在求分段函数微分的时候,需要把信号写成用阶跃信号表示的形式。若用条件函数形式来运算,非常容易遗漏跳变点。另外,涉及冲激信号的波形变换时,注意冲激强度也可能会有相应变化。

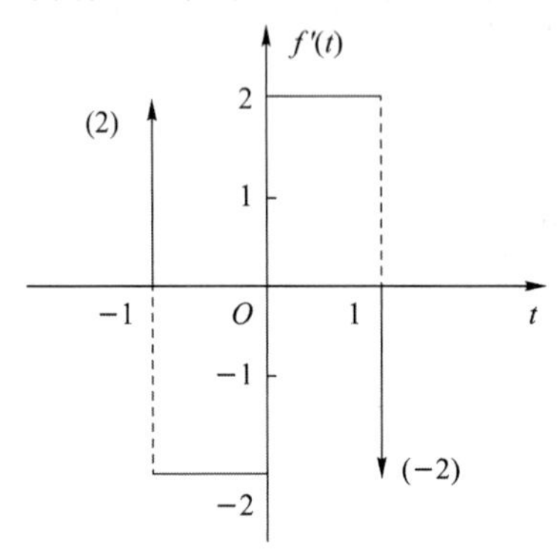

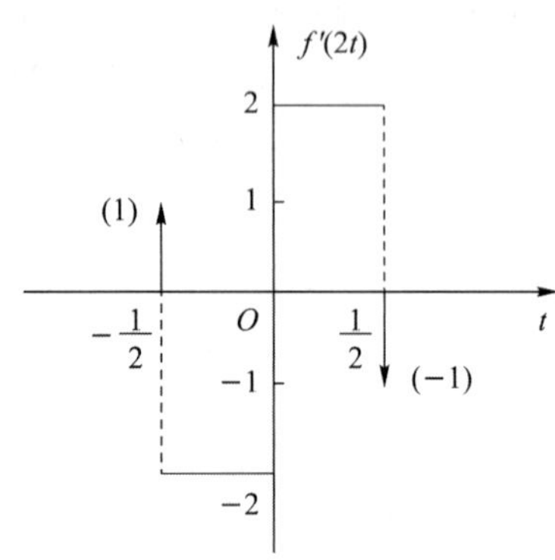

10. 求解以下各式:

(1) $\int_{-\infty}^{\infty} f(t-t_0)\delta(t)\mathrm{d}t=$ ________; (2) $\int_{-\infty}^{\infty} f(t_0-t)\delta(t)\mathrm{d}t=$ ________;

(3) $\int_{-\infty}^{\infty} \delta(t-t_0)u\left(t-\frac{t_0}{2}\right)\mathrm{d}t=$ ________; (4) $\int_{-\infty}^{\infty} \delta(t-t_0)u(t-2t_0)\mathrm{d}t=$ ______;

(5) $\int_{-\infty}^{\infty} (\mathrm{e}^{-t}+t)\delta(t+2)\mathrm{d}t=$ ________; (6) $\int_{-\infty}^{\infty} (t+\sin t)\delta\left(t-\frac{\pi}{6}\right)\mathrm{d}t=$ ______;

(7) $\int_{-\infty}^{\infty} \mathrm{e}^{-\mathrm{j}\omega t}[\delta(t)-\delta(t-t_0)]\mathrm{d}t=$ ________; (8) $\int_{-\infty}^{t} \mathrm{e}^{-2\tau}\delta(2\tau)\mathrm{d}\tau=$ ________。

解:

(1) $\int_{-\infty}^{\infty} f(t-t_0)\delta(t)\mathrm{d}t=f(-t_0)$; (2) $\int_{-\infty}^{\infty} f(t_0-t)\delta(t)\mathrm{d}t=f(t_0)$;

(3) $\int_{-\infty}^{\infty} \delta(t-t_0)u\left(t-\frac{t_0}{2}\right)\mathrm{d}t=u\left(\frac{t_0}{2}\right)$; (4) $\int_{-\infty}^{\infty} \delta(t-t_0)u(t-2t_0)\mathrm{d}t=u(-t_0)$;

(5) $\int_{-\infty}^{\infty} (\mathrm{e}^{-t}+t)\delta(t+2)\mathrm{d}t=\mathrm{e}^2-2$; (6) $\int_{-\infty}^{\infty} (t+\sin t)\delta\left(t-\frac{\pi}{6}\right)\mathrm{d}t=\frac{\pi}{6}+\frac{1}{2}$;

(7) $\int_{-\infty}^{\infty} \mathrm{e}^{-\mathrm{j}\omega t}[\delta(t)-\delta(t-t_0)]\mathrm{d}t=1-\mathrm{e}^{-\mathrm{j}\omega t_0}$;

(8) $\int_{-\infty}^{t} \mathrm{e}^{-2\tau}\delta(2\tau)\mathrm{d}\tau=\int_{-\infty}^{t}\frac{1}{2}\mathrm{e}^{-2\tau}\delta(\tau)\mathrm{d}\tau=\frac{1}{2}\int_{-\infty}^{t}\delta(\tau)\mathrm{d}\tau=\frac{1}{2}u(t)$,此为变上限积分。

11. 已知 $f(5-2t)$ 的波形如题11图所示，请画出 $f(t)$ 的波形，注意冲激函数波形变换后的强度。

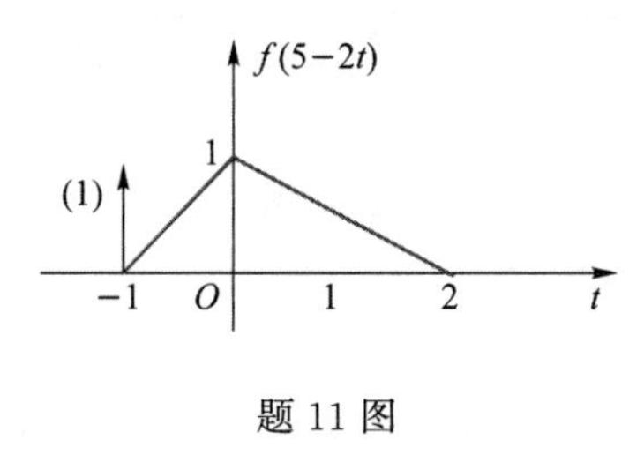

题11图

解：此题是普通波形变换的逆变换，直接求解容易混淆出错。所以可以设 $f(5-2t)=g(t)$，则 $f(t)=g\left(-\frac{1}{2}t+\frac{5}{2}\right)$，问题就转换为求 g 函数的波形变换，如下。

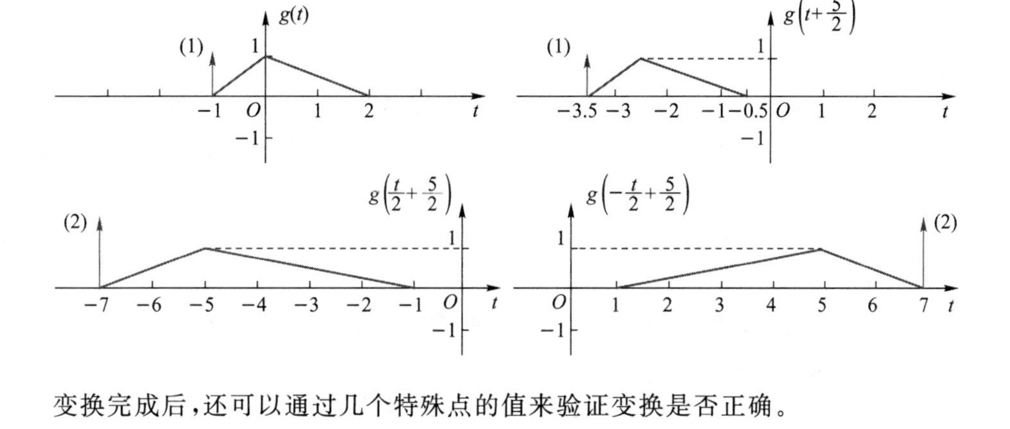

变换完成后，还可以通过几个特殊点的值来验证变换是否正确。

12. 证明因果信号（仅在 $t>0$ 时有值）$f(t)$ 的奇分量 $f_o(t)$ 和偶分量 $f_e(t)$ 之间存在如下关系：

$$f_o(t)=f_e(t)\operatorname{sgn}(t)。$$

证明：符号函数可用阶跃信号表示，$\operatorname{sgn}(t)=2u(t)-1$。则

$$f_e(t)\operatorname{sgn}(t)=\frac{1}{2}[f(t)+f(-t)][2u(t)-1]$$

$$=\frac{1}{2}[2f(t)u(t)+2f(-t)u(t)-f(t)-f(-t)],$$

由因果信号条件可知，$f(t)=f(t)u(t)$，$f(-t)u(t)=0$，则

$$f_e(t)\operatorname{sgn}(t)=\frac{1}{2}[2f(t)-f(t)-f(-t)]=\frac{1}{2}[f(t)-f(-t)]=f_o(t)。$$

13. 根据题13图所示的系统框图写出系统的微分方程。

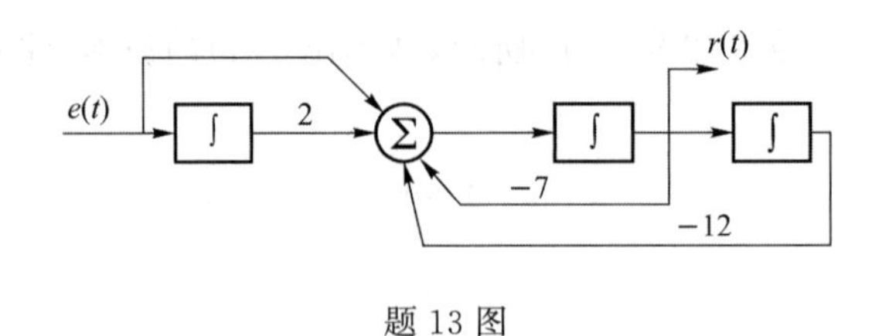

题 13 图

解:由加法器可列方程

$$r'(t)=e(t)+2\int e(t)\mathrm{d}t-7r(t)-12\int r(t)\mathrm{d}t,$$

移项并在方程两侧取微分可得

$$\frac{\mathrm{d}^2 r(t)}{\mathrm{d}t^2}+7\frac{\mathrm{d}r(t)}{\mathrm{d}t}+12r(t)=\frac{\mathrm{d}e(t)}{\mathrm{d}t}+2e(t)。$$

14. 已知系统的激励为 $e(t)$,响应为 $r(t)$,判断下列系统是否为线性的、时不变的、因果的,并写出判断过程。

(1) $r(t)=e(at), a>0$; (2) $r(t)=e(t)u(t)$。

解:以下设激励 $e_1(t)$的响应为 $r_1(t)$,激励 $e_2(t)$的响应为 $r_2(t)$,先进行线性组合 $c_1e_1(t)+c_2e_2(t)=e_3(t)$再过系统的响应为 $r_3(t)$,先过系统再进行线性组合的响应为 $c_1r_1(t)+c_2r_2(t)=r_4(t)$。

(1) ① $r_3(t)=e_3(at)$,而 $r_4(t)=c_1e_1(at)+c_2e_2(at)=e_3(at)$,满足 $r_3(t)=r_4(t)$,因此是线性系统。

② 先时移再过系统的响应为 $e(at-\tau)$,先过系统再时移的响应为 $r(t-\tau)=e[a(t-\tau)]$,二者不相等,因此是时变系统。

③ 当 $0<a\leqslant 1$ 时,系统响应并未超前于激励,是因果系统。当 $a>1$ 时,系统响应包含了未来激励,是非因果系统。

(2) ① $r_3(t)=e_3(t)u(t)$,而 $r_4(t)=c_1e_1(t)u(t)+c_2e_2(t)u(t)=e_3(t)u(t)$,满足 $r_3(t)=r_4(t)$, 因此是线性系统。

② 先时移再过系统的响应为 $e(t-\tau)u(t)$,先过系统再时移的响应为 $r(t-\tau)=e(t-\tau)u(t-\tau)$, 二者不相等,因此是时变系统。

③ 系统响应并未超前于激励,因此是因果系统。

15. 有一线性时不变系统,当激励 $e_1(t)=u(t)$时,响应 $r_1(t)=\mathrm{e}^{-\alpha t}u(t)$,试求当激励 $e_2(t)=\delta(t-\tau)$时, 响应 $r_2(t)$的表达式(假定起始时刻系统无储能)。

解:根据线性时不变系统的性质,当激励为

$$e_2(t)=\delta(t-\tau)=\frac{\mathrm{d}u(t-\tau)}{\mathrm{d}t}=\frac{\mathrm{d}e_1(t-\tau)}{\mathrm{d}t}$$

的时候,响应应该满足

$$r_2(t)=\frac{\mathrm{d}r_1(t-\tau)}{\mathrm{d}t}$$
$$=\frac{\mathrm{d}}{\mathrm{d}t}[\mathrm{e}^{-\alpha(t-\tau)}u(t-\tau)]$$
$$=\mathrm{e}^{-\alpha(t-\tau)}\delta(t-\tau)-\alpha\mathrm{e}^{-\alpha(t-\tau)}u(t-\tau)$$
$$=\delta(t-\tau)-\alpha\mathrm{e}^{-\alpha(t-\tau)}u(t-\tau)。$$

16. 已知序列 $x(n)$如题16图所示：

(1) 使用序列形式表示 $x(n)$。

(2) 使用单位样值信号加权与移位之和表示 $x(n)$。

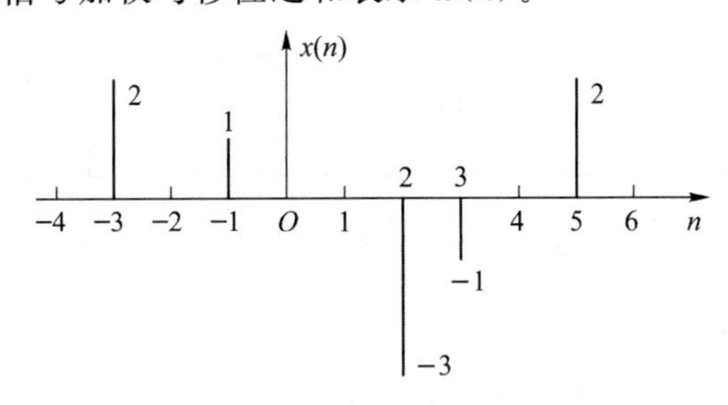

题16图

(1) $x(n)=\{2,0,1,\underset{n\hat{=}0}{0},0,-3,-1,0,2\}$。

(2) $x(n)=2\delta(n+3)+\delta(n+1)-3\delta(n-2)-\delta(n-3)+2\delta(n-5)$。

17. 确定下列信号是否是周期信号。如果是，确定其基波周期。

(1) $x_1(n)=\cos\left(\frac{1}{4}n\right)$；　　(2) $x_2(n)=\cos\left(\frac{\pi}{2}n\right)+\sin\left(\frac{\pi}{3}n\right)$。

解：(1) $\frac{2\pi}{0.25}=8\pi$ 是无理数，因此 $x_1(n)$不是周期信号。

(2) $\frac{2\pi}{0.5\pi}=4,\frac{2\pi}{\frac{1}{3}\pi}=6$，周期即最小公倍数12。

18. 分别绘出以下各序列的图形。

(1) $x_1(n)=n[u(n)-u(n-5)]$；　　(2) $x_2(n)=-nu(-n)$。

解： (1)

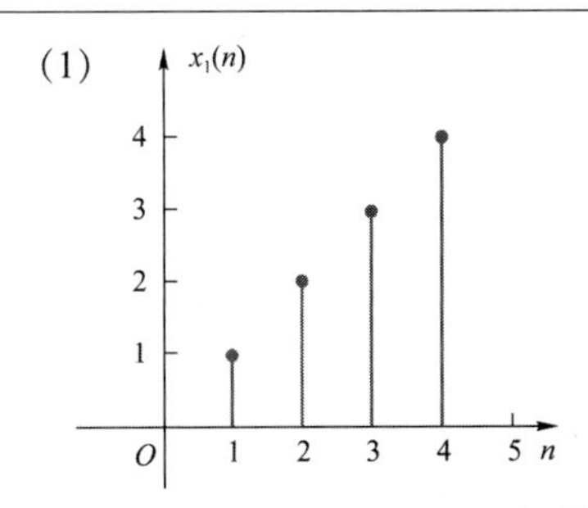

(2)

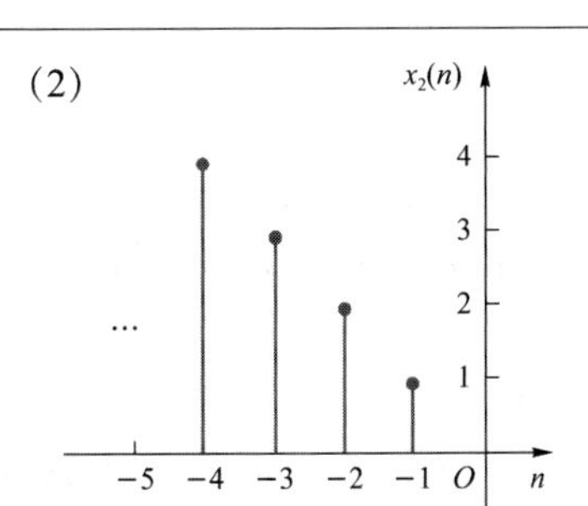

19. 计算信号 $x(n)=\cos\left(\frac{\pi}{2}n\right)+\sin\left(\frac{\pi}{3}n\right)$ 的平均功率。

解:(解法一)可以直接计算,首先可知 $x(n)$ 为周期序列,周期 $N=12$,因此任选 12 个连续样值求平均功率即可。

n	0	1	2	3	4	5	6	7	8	9	10	11
$\cos\left(\frac{\pi}{2}n\right)$	1	0	-1	0	1	0	-1	0	1	0	-1	0
$\sin\left(\frac{\pi}{3}n\right)$	0	$\frac{\sqrt{3}}{2}$	$\frac{\sqrt{3}}{2}$	0	$-\frac{\sqrt{3}}{2}$	$-\frac{\sqrt{3}}{2}$	0	$\frac{\sqrt{3}}{2}$	$\frac{\sqrt{3}}{2}$	0	$-\frac{\sqrt{3}}{2}$	$-\frac{\sqrt{3}}{2}$
$\lvert x(n)\rvert^2$	1	$\frac{3}{4}$	$\frac{7-4\sqrt{3}}{4}$	0	$\frac{7-4\sqrt{3}}{4}$	$\frac{3}{4}$	1	$\frac{3}{4}$	$\frac{7+4\sqrt{3}}{4}$	0	$\frac{7+4\sqrt{3}}{4}$	$\frac{3}{4}$

$$P[x(n)]=\frac{1}{N}\sum_{k=0}^{N-1}\lvert x(k)\rvert^2=\frac{1}{12}\times\left(2\times 1+4\times\frac{3}{4}+4\times\frac{7}{4}\right)=1。$$

(解法二)可以分解计算,

$$\lvert x(n)\rvert^2=\cos^2\left(\frac{\pi}{2}n\right)+\sin^2\left(\frac{\pi}{3}n\right)+2\cos\left(\frac{\pi}{2}n\right)\sin\left(\frac{\pi}{3}n\right)。$$

其中第 1,2 项容易得到,

$$\frac{1}{N}\sum_{k=0}^{N-1}\cos^2\left(\frac{\pi}{2}k\right)=\frac{1}{2},\quad \frac{1}{N}\sum_{k=0}^{N-1}\sin^2\left(\frac{\pi}{3}k\right)=\frac{1}{2}。$$

第 3 项可以利用函数奇偶性,选择以零点为中心(较中心)的周期进行求解。这一项的周期为 12,选择 $-5\sim6$ 这个周期进行运算得到

$$\frac{1}{12}\sum_{k=-5}^{6}2\cos\left(\frac{\pi}{2}k\right)\sin\left(\frac{\pi}{3}k\right),$$

由于这一项是奇函数,当 $k=\pm1,\pm2,\pm3,\pm4,\pm5$ 时两两相消,$k=0,6$ 时均为零,所以交叉项为零。总功率即前两项,也即正弦、余弦各自的功率相加。

20. 离散时间系统如题 20 图所示,写出系统的差分方程式。

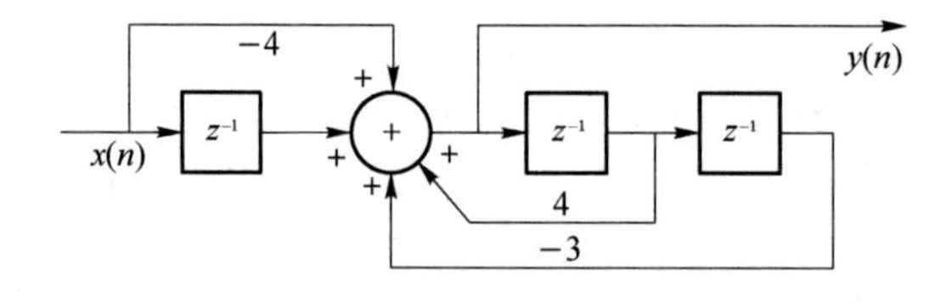

题 20 图

解:由加法器建立等价关系可得

$$y(n)=-4x(n)+x(n-1)+4y(n-1)-3y(n-2),$$

整理为差分方程

$$y(n)-4y(n-1)+3y(n-2)=-4x(n)+x(n-1)。$$

第2章

系统的时域分析方法

知识背景

人们对于信号最直观的描述方式就是表达为信号值随时间的变化，这种以时间为自变量的分析方法统称为时域分析方法。对于线性时不变系统，时域分析方法的主要形式是求解微分方程和差分方程，而主要思路是把激励分解为基本信号单元，也就是单位冲激响应和单位样值响应，再根据单位冲激响应和单位样值响应分析系统的特点，求解任意激励的响应。

学习要点

1. 掌握常系数微分方程的经典解法，清楚齐次解、特解、完全解的区别。掌握特解、齐次解的一般形式及系数求解方法。掌握零输入响应和零状态响应的区分方法。

2. 掌握求解单位冲激响应的方法，能够根据微分方程两侧的阶数得到完整的单位冲激响应解的一般形式。掌握使用奇异信号相平衡法求解单位冲激响应系数的方法。

3. 掌握卷积的图形法运算、解析式法运算。掌握卷积的性质。

4. 掌握利用单位冲激响应和卷积计算零状态响应的方法，掌握各种响应分量的划分方式。

5. 掌握差分方程的求解思路。掌握齐次解、特解的一般形式列法以及系数求解方法。掌握单位样值响应的一般形式及系数求解方法。了解由单位样值响应分析系统的因果性和稳定性。

6. 掌握离散时间卷积和的运算方法和基本性质。

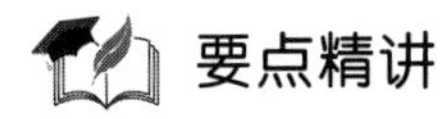

要点精讲

2.1 微分方程的基本求解方法

很多物理量之间存在微分关系，它们组成的系统可以用微分方程来描述。最简单的微分方程即线性常系数微分方程，方程包含函数与函数的各阶微分，它们通过确定系数线性组合起来，在本课程中可简称为常微分方程。设激励信号为 $e(t)$，响应信号为 $r(t)$，则它们组成的常微分方程可写为

$$\sum_{n=0}^{N} a_n \cdot r^{(n)}(t) = \sum_{m=0}^{M} b_m \cdot e^{(m)}(t), \quad a_N a_0 \neq 0, \tag{2.1.1}$$

形式上通常把两种信号分置方程两侧，按照微分阶数依次排列(习惯上是按照阶数从高到低的顺序排列)。常微分方程的求解方法可大体分为数学基础解法和工程经典解法，以及在本课程中重点介绍的针对有起点信号的零状态与零输入响应分解法。前两种解法并非本课程的重点，通常认为学生在前序数学课和电路课上学习过，但在多年的教学实践中，我们发现这一部分的实际衔接情况并不好，很多学生都觉得知识脱节，因此本书将这一部分补充一下。

2.1.1 数学基础解法

首先考虑最简单的常微分方程：

$$\frac{\mathrm{d}}{\mathrm{d}t} r(t) + a \cdot r(t) = 0。\tag{2.1.2}$$

此方程仅包含信号 $r(t)$ 及其各阶微分，不包含激励信号项，方程右侧为 0，这种形式的微分方程称为齐次方程，齐次方程的解是求解各种更复杂的微分方程的基础。使用分离变量法可以得到方程的解为

$$r(t) = c \cdot \mathrm{e}^{-at}, \tag{2.1.3}$$

容易验证，对于任意实常系数 c，这个解都可以使微分方程(2.1.2)成立，可称为通解。若要得到确定的、唯一的解，则需要额外的条件，如 $r(t)$ 在某一个时刻的值，通常称为初状态、起始条件或者边界条件。通过代入初状态，就可以确定系数 c 的具体值。

【例 2-1】 已知 $\frac{\mathrm{d}}{\mathrm{d}t} r(t) + 2 \cdot r(t) = 0, r(0) = 1$，求 $r(t)$。

解：利用式(2.1.3)可得通解为

$$r(t) = c \cdot \mathrm{e}^{-2t},$$

代入起始条件，

$$r(0) = c \cdot \mathrm{e}^{-2t}\Big|_{t=0} = 1,$$

解得 $c=1$，所以

$$r(t) = \mathrm{e}^{-2t}。$$

然后考虑一种稍微复杂一些的常微分方程：

$$\frac{\mathrm{d}}{\mathrm{d}t} r(t) + a \cdot r(t) = x(t)。\tag{2.1.4}$$

此方程右侧包含另一个函数 $x(t)$。这种方程无法直接使用分离变量法，需要引入常数变易法来求解。利用常数变易法得到的通解形式为

$$r(t)=\left[\int e^{at}x(t)\mathrm{d}t+c\right]e^{-at}=e^{-at}\cdot\int e^{at}x(t)\mathrm{d}t+c\cdot e^{-at},\tag{2.1.5}$$

将这个解代入式(2.1.4)，容易验证其可以使方程成立。式中第一项需要求出 $e^{at}x(t)$的原函数，当 $x(t)$为常数或指数函数时，求解过程比较简单，当 $x(t)$为其他函数时，则需通过分部积分做进一步分析，可以得到

$$e^{-at}\cdot\int e^{at}x(t)\mathrm{d}t=\frac{1}{a}e^{-at}\cdot\int x(t)\mathrm{d}e^{at}=\frac{1}{a}x(t)-\frac{1}{a}e^{-at}\cdot\int e^{at}x'(t)\mathrm{d}t。\tag{2.1.6}$$

这样，问题就变为求 $e^{at}x'(t)$的原函数。利用同样的思路，可以将表达式继续推进为求 $e^{at}x''(t)$甚至 $x(t)$的更高阶形式：

$$\begin{aligned}e^{-at}\cdot\int e^{at}x(t)\mathrm{d}t&=\frac{1}{a}x(t)-\frac{1}{a}e^{-at}\cdot\int e^{at}x'(t)\mathrm{d}t\\&=\frac{1}{a}x(t)-\frac{1}{a^2}x'(t)+\frac{1}{a^2}e^{-at}\cdot\int e^{at}x''(t)\mathrm{d}t\\&=\frac{1}{a}x(t)-\frac{1}{a^2}x'(t)+\frac{1}{a^3}x''(t)-\frac{1}{a^3}e^{-at}\cdot\int e^{at}x^{(3)}(t)\mathrm{d}t\\&=\cdots。\end{aligned}\tag{2.1.7}$$

这种递推有两种终结方式，一种是 $x(t)$的某阶微分为 0，另一种是 $x(t)$的某阶微分与 $x(t)$的形式相同，在这两种情况下都可以把未知积分项消掉。

【例 2-2】 已知$\frac{\mathrm{d}}{\mathrm{d}t}r(t)+2\cdot r(t)=t$，求 $r(t)$。

解：利用式(2.1.5)可得

$$r(t)=e^{-2t}\cdot\int e^{2t}t\,\mathrm{d}t+c\cdot e^{-2t},$$

其中

$$e^{-2t}\cdot\int e^{2t}t\,\mathrm{d}t=\frac{1}{2}e^{-2t}\cdot\int t\,\mathrm{d}e^{2t}=\frac{1}{2}t-\frac{1}{2}e^{-2t}\cdot\int e^{2t}\mathrm{d}t=\frac{1}{2}t-\frac{1}{4},$$

所以

$$r(t)=\frac{1}{2}t-\frac{1}{4}+c\cdot e^{-2t}。$$

【例 2-3】 已知$\frac{\mathrm{d}}{\mathrm{d}t}r(t)+2\cdot r(t)=\sin t$，求 $r(t)$。

解：利用式(2.1.5)可得

$$r(t)=e^{-2t}\cdot\int e^{2t}\sin t\,\mathrm{d}t+c\cdot e^{-2t},$$

其中

$$\begin{aligned}e^{-2t}\cdot\int e^{2t}\sin t\,\mathrm{d}t&=\frac{1}{2}e^{-2t}\cdot\int \sin t\,\mathrm{d}e^{2t}\\&=\frac{1}{2}\sin t-\frac{1}{2}e^{-2t}\cdot\int e^{2t}\cos t\,\mathrm{d}t\\&=\frac{1}{2}\sin t-\frac{1}{2}e^{-2t}\cdot\left(\frac{1}{2}\cos t\,e^{2t}+\frac{1}{2}\int e^{2t}\sin t\,\mathrm{d}t\right)\\&=\frac{1}{2}\sin t-\frac{1}{4}\cos t-\frac{1}{4}e^{-2t}\cdot\int e^{2t}\sin t\,\mathrm{d}t,\end{aligned}$$

在利用了两次分部积分后，表达式中又出现了 $e^{-2t}\cdot\int e^{2t}\sin t\mathrm{d}t$ 项，可以将这一项移至方程左侧，解得

$$\begin{aligned}e^{-2t}\cdot\int e^{2t}\sin t\mathrm{d}t &= \frac{4}{5}\cdot\left(\frac{1}{2}\sin t-\frac{1}{4}\cos t\right)\\ &= \frac{2}{5}\sin t-\frac{1}{5}\cos t,\end{aligned}$$

所以

$$r(t)=\frac{2}{5}\sin t-\frac{1}{5}\cos t+c\cdot e^{-2t}。$$

最后考虑高阶的常微分方程。事实上，高阶的常微分方程问题可以通过引入特征方程和设中间函数来拆分为式(2.1.2)和式(2.1.4)形式的子问题。考虑以下二阶常微分方程：

$$\frac{\mathrm{d}^2}{\mathrm{d}t^2}r(t)+3\cdot\frac{\mathrm{d}}{\mathrm{d}t}r(t)+2\cdot r(t)=x(t)。\tag{2.1.8}$$

引入特征方程的方法是，将微分方程右端设为 0，变为齐次方程。引入变量 α，将微分方程左端的 $r(t)$ 及其各阶微分转换为 α 的各阶幂函数，从而得到

$$\alpha^2+3\alpha+2=0,\tag{2.1.9}$$

这就是微分方程对应的特征方程。求解得

$$\alpha_1=-2,\quad \alpha_2=-1,\tag{2.1.10}$$

特征方程的根称为微分方程的特征根。然后就可以将二阶微分方程转化为分别包含这两个特征根的一阶微分方程，引入中间函数 $r_1(t)$，使其满足

$$\frac{\mathrm{d}}{\mathrm{d}t}r(t)+2\cdot r(t)=r_1(t),\tag{2.1.11}$$

则原方程(2.1.8)可转化为

$$\frac{\mathrm{d}}{\mathrm{d}t}r_1(t)+r_1(t)=x(t)。\tag{2.1.12}$$

式(2.1.11)和式(2.1.12)这两个方程都属于式(2.1.4)这种形式，可以套用式(2.1.5)进行求解，从而得到 $r(t)$ 的表达式。

2.1.2 工程经典解法

数学基础解法有很好的普遍适用性，但是计算步骤较多，尤其是处理高阶微分方程时，一阶一阶的求解运算起来非常烦琐。在积累了很多具体问题的求解经验后，人们总结出了一些规律，发现常微分方程左右两侧的形式对最终解的影响具有一定独立性，可以分开考虑，由此形成了工程经典解法。其特点是，根据微分方程左右两侧的形式，直接判断解中包含哪些函数项，将函数项组合起来得到解的一般形式，再通过其他方法确定函数项的系数。

首先是求齐次解的一般形式。保留微分方程左端，将右端设为 0，得到齐次方程，进而列特征方程，并求解特征根，根据特征根类型确定解中包含的函数项。由于通过这种方法得到的解都为齐次方程的解，因此通常称为齐次解，常见形式如表 2-1 所示。

表 2-1　常微分方程常见齐次解形式

特征根类型	齐次解包含的函数项
单实根 α_1	$c_1 \cdot e^{\alpha_1 t}$
二重根 $\alpha_1=\alpha_2$	$c_1 \cdot te^{\alpha_1 t}+c_2 \cdot e^{\alpha_1 t}$
三重根 $\alpha_1=\alpha_2=\alpha_3$	$c_1 \cdot t^2 e^{\alpha_1 t}+c_2 \cdot te^{\alpha_1 t}+c_3 \cdot e^{\alpha_1 t}$
共轭复根 $\alpha_1=\alpha_2^*=\beta+j\omega$	$c_1 \cdot e^{\alpha_1 t}+c_1^* \cdot e^{\alpha_2 t}=c_1 \cdot e^{\alpha_1 t}+[c_1 \cdot e^{\alpha_1 t}]^*$ 或 $c_3 \cdot e^{\beta t}\cos(\omega t)+c_4 \cdot e^{\beta t}\sin(\omega t)$

通过对式(2.1.8)进行拆分的过程，容易理解单实根对应的齐次解形式。但是多重根对应的齐次解为什么会多出 $te^{\alpha_1 t}$ 以及更高次幂的项呢？在此举一个二重根的例子进行说明，如以下二阶常微分方程：

$$\frac{d^2}{dt^2}r(t)+2 \cdot \frac{d}{dt}r(t)+r(t)=0。\tag{2.1.13}$$

其特征方程为

$$\alpha^2+2\alpha+1=0,\tag{2.1.14}$$

特征根为

$$\alpha_1=\alpha_2=-1,\tag{2.1.15}$$

引入适当的中间函数 $r_1(t)$ 使得

$$\frac{d}{dt}r(t)+r(t)=r_1(t),\tag{2.1.16}$$

则原方程可化为

$$\frac{d}{dt}r_1(t)+r_1(t)=0,\tag{2.1.17}$$

根据式(2.1.3)可得式(2.1.17)的解为 $r_1(t)=c_1 \cdot e^{-t}$，代入式(2.1.16)并套用式(2.1.5)可得

$$\begin{aligned} r(t) &= e^{-t} \cdot \int e^t c_1 \cdot e^{-t}dt + c_2 \cdot e^{-t} \\ &= e^{-t} \cdot (c_1 \cdot t + c_3) + c_2 \cdot e^{-t} \\ &= c_1 \cdot te^{-t} + (c_2 + c_3) \cdot e^{-t}。\end{aligned}\tag{2.1.18}$$

在此过程中，使用了角标不同的 c 来表示不同的常数项，以免混淆。在得出最终结果后，可以将纯常数项(如多常数项相乘或相加等)合并简化为单个常数。在对式(2.1.18)进行纯常数项简化处理并重新编号后可得表 2-1 中的对应形式 $c_1 \cdot te^{\alpha_1 t}+c_2 \cdot e^{\alpha_1 t}$。

再举一个例子对共轭复根的情况进行说明，如以下二阶常微分方程：

$$\frac{d^2}{dt^2}r(t)+2 \cdot \frac{d}{dt}r(t)+5 \cdot r(t)=0。\tag{2.1.19}$$

其特征方程为

$$\alpha^2+2\alpha+5=0,\tag{2.1.20}$$

特征根为

$$\alpha_1=-1+2j,\quad \alpha_2=-1-2j,\tag{2.1.21}$$

如果将特征根视为两个独立单根，容易得到

$$r(t)=c_1 \cdot e^{(-1+2j)t}+c_2 \cdot e^{(-1-2j)t}。\tag{2.1.22}$$

如果考虑 $r(t)$ 为真实物理信号，其取值为实值，则 $r(t)$ 中两个复函数项必须互为共轭才能消去虚部，所以 $c_2=c_1^*$，$r(t)$ 可表示为

$$r(t)=c_1 \cdot e^{(-1+2j)t}+c_1^* \cdot e^{(-1-2j)t}=c_1 \cdot e^{(-1+2j)t}+[c_1 \cdot e^{(-1+2j)t}]^*,\tag{2.1.23}$$

进一步处理，设 $c_1=|c_1| \cdot e^{j\varphi}$，可得

$$\begin{aligned} r(t) &= 2\mathrm{Re}[c_1 \cdot e^{(-1+2j)t}] \\ &= 2|c_1|e^{-t} \cdot \mathrm{Re}[e^{(2t+\varphi)j}] \\ &= 2|c_1|e^{-t} \cdot \cos(2t+\varphi) \\ &= 2|c_1|e^{-t}[\cos\varphi \cdot \cos(2t)-\sin\varphi \cdot \sin(2t)] \\ &= 2|c_1|\cos\varphi \cdot e^{-t}\cos(2t)-2|c_1|\sin\varphi \cdot e^{-t}\sin(2t), \end{aligned}\tag{2.1.24}$$

其中，$2|c_1|\cos\varphi$ 和 $-2|c_1|\sin\varphi$ 是纯常数项，合并简化并重新编号后可得

$$r(t)=c_3 \cdot e^{-t}\cos(2t)+c_4 \cdot e^{-t}\sin(2t)。\tag{2.1.25}$$

齐次解是把原微分方程设为齐次方程后得到的解，当微分方程右侧非0时，微分方程的完全解中还包含受方程右侧函数影响的部分，这部分称为特解。在本课程中，主要考虑方程右侧由几种初等函数组成的情况，如表2-2所示，其特点是函数的某阶微分项为0，或某阶微分项与原函数形式相同，满足式(2.1.7)的可解条件。

表 2-2　常微分方程常见特解形式

微分方程右侧函数	特解包含的函数项
常数函数 E	c_1
正整数幂函数 t^n	$c_1 \cdot t^n+c_2 \cdot t^{n-1}+\cdots+c_n \cdot t+c_{n+1}$
三角函数 $\sin(\omega t)$ 或 $\cos(\omega t)$	$c_1 \cdot \cos(\omega t)+c_2 \cdot \sin(\omega t)$
指数函数 $e^{\beta t}$，β 不是特征根	$c_1 \cdot e^{\beta t}$
指数函数 $e^{\alpha t}$，α 是特征根	$c_1 \cdot te^{\alpha t}$

最后是求各函数项系数。通过表2-1和表2-2可以快速得出微分方程的齐次解和特解的一般形式，将两部分组合在一起即可得到完全解的一般形式，不过完全解中包含的各函数项的系数仍未确定。对于特解包含的函数项的系数，可以将特解代入微分方程中，利用系数平衡法求得；对于齐次解包含的函数项的系数，则需要在确定特解函数项的系数后，利用初状态求得。

【例 2-4】 已知 $\frac{d^2}{dt^2}r(t)+3\frac{d}{dt}r(t)+2r(t)=-20\sin(2t)$，初状态 $r(0)=6$，$r'(0)=-2$，求 $r(t)$。

解：① 首先根据特征根得到齐次解的一般形式。特征方程为

$$\alpha^2+3\alpha+2=0,$$

特征根为

$$\alpha_1=-2,\quad \alpha_2=-1,$$

齐次解的一般形式为

$$r_h(t)=c_1 \cdot e^{-2t}+c_2 \cdot e^{-t}。$$

② 根据激励函数得到特解的一般形式。激励函数包含一个三角函数，对应特解的一般形式为

$$r_{\mathrm{p}}(t)=c_3\cdot\cos(2t)+c_4\cdot\sin(2t)。$$

③ 将特解代入微分方程中，利用系数平衡法求系数。将

$$\begin{cases}r_{\mathrm{p}}(t)=c_3\cdot\cos(2t)+c_4\cdot\sin(2t)\\ r_{\mathrm{p}}'(t)=-2c_3\cdot\sin(2t)+2c_4\cdot\cos(2t)\\ r_{\mathrm{p}}''(t)=-4c_3\cdot\cos(2t)-4c_4\cdot\sin(2t)\end{cases}$$

代入原方程

$$r_{\mathrm{p}}''(t)+3\cdot r_{\mathrm{p}}'(t)+2\cdot r_{\mathrm{p}}(t)=-20\sin(2t),$$

可得

$$(-2c_4-6c_3)\cdot\sin(2t)+(-2c_3+6c_4)\cdot\cos(2t)=-20\sin(2t),$$

根据左右两侧系数平衡可得

$$\begin{cases}-6c_3-2c_4=-20\\ -2c_3+6c_4=0\end{cases},$$

解得

$$\begin{cases}c_3=3\\ c_4=1\end{cases}。$$

所以特解为

$$r_{\mathrm{p}}(t)=3\cdot\cos(2t)+\sin(2t)。$$

目前的完全解为

$$r(t)=r_{\mathrm{h}}(t)+r_{\mathrm{p}}(t)=c_1\cdot\mathrm{e}^{-2t}+c_2\cdot\mathrm{e}^{-t}+3\cdot\cos(2t)+\sin(2t)。$$

④ 代入初状态求得齐次解系数。根据初状态 $r(0)=6, r'(0)=-2$ 可得

$$\begin{cases}r(0)=\left[c_1\cdot\mathrm{e}^{-2t}+c_2\cdot\mathrm{e}^{-t}+3\cdot\cos(2t)+\sin(2t)\right]\Big|_{t=0}=c_1+c_2+3=6\\ r'(0)=\left[-2c_1\cdot\mathrm{e}^{-2t}-c_2\cdot\mathrm{e}^{-t}-6\cdot\sin(2t)+2\cdot\cos(2t)\right]\Big|_{t=0}=-2c_1-c_2+2=-2\end{cases},$$

解得

$$\begin{cases}c_1=1\\ c_2=2\end{cases},$$

即完全解为

$$r(t)=r_{\mathrm{h}}(t)+r_{\mathrm{p}}(t)=\mathrm{e}^{-2t}+2\cdot\mathrm{e}^{-t}+3\cdot\cos(2t)+\sin(2t)。$$

2.2　有起点激励信号的经典解法

通过 2.1 节的介绍可以了解到常微分方程的数学基础解法和工程经典解法，可以看出工程经典解法主要针对全时域下几种特殊初等函数激励的情况，当激励信号为有起点信号时，经常会产生新的问题。考虑如下例子。

有一个 RC 电路如图 2-1 所示，设电容值为 $C=1$ F(现代电子电路的弱电领域中，常见电容元件的电容值多为 pF～μF 量级。本课程为了突出原理性关系，简化运算及单位换算难度，元件值一般设置在国际单位制同量级)，电阻值为 $R=1\ \Omega$，电池电压为 $E=1$ V，开关闭合前电阻电压为 0，开关在 0 时刻闭合，求电阻电压信号 $v_R(t)$。

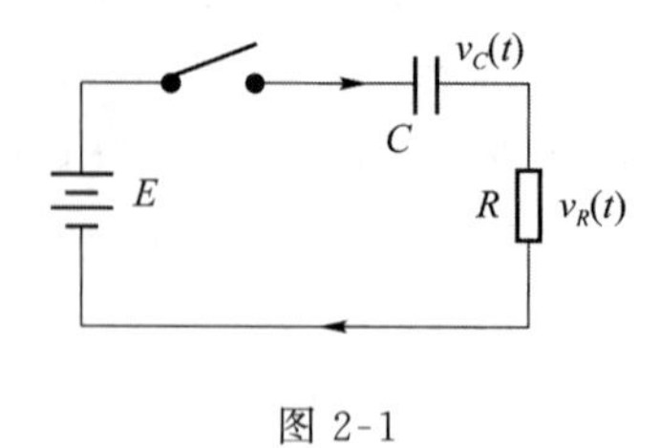

图 2-1

解：将 RC 两端电压设为激励信号 $e(t)$，则

$$e(t)=Eu(t),$$

电路电流关系为

$$\frac{v_R(t)}{R}=C\frac{\mathrm{d}}{\mathrm{d}t}v_C(t),$$

电路电压关系为

$$v_C(t)+v_R(t)=e(t),$$

可得系统微分方程

$$\frac{\mathrm{d}}{\mathrm{d}t}v_R(t)+\frac{1}{RC}v_R(t)=E\frac{\mathrm{d}}{\mathrm{d}t}u(t)。$$

所求响应信号 $r(t)=v_R(t)$，将元件值代入微分方程可得

$$\frac{\mathrm{d}}{\mathrm{d}t}r(t)+r(t)=\delta(t)。\tag{2.2.1}$$

工程经典解法在考虑这种问题时，通常是把微分方程的定义域限制为激励信号引入后，如 $t>0$，得到新的微分方程

$$\frac{\mathrm{d}}{\mathrm{d}t}r(t)+r(t)=0,\quad t>0,\tag{2.2.2}$$

这时方程仍可以依据 2.1 节中的全时域微分方程解法来求解，可得

$$r(t)=c\cdot \mathrm{e}^{-t},\quad t>0。\tag{2.2.3}$$

进一步确定系数则需要利用初状态条件，不过此时的初状态必须使用定义域之内的有效值。本题给出了开关闭合前电阻电压为 0 的条件，可知 $\lim\limits_{t\to 0_-}r(t)=0$，即 t 从时间轴左侧趋近 0 时 $r(t)$ 的极限值为 0，通常使用一种略失严谨但非常简便的形式来描述这个极限值，即 $r(0_-)=0$。与之相对的则为 $r(0_+)$，其完整意义是 $\lim\limits_{t\to 0_+}r(t)$，即 t 从时间轴右侧趋近 0 时 $r(t)$ 的极限值。很明显，当微分方程的定义域限制为 $t>0$ 之后，$r(0_-)$ 并不在定义域中，无法用来求解系数，而 $r(0_+)$ 是可以作为初状态条件来求解微分方程的。之所以做 $r(0_-)$ 与 $r(0_+)$ 的区分，是因为当激励信号为有起点信号时，相关响应信号在 0 时刻未必是连续的，极限也不一定相同，所以左右两侧的极限值要分别表示。

利用工程经典解法求解有起点激励信号的微分方程时，通常需要判断 $r(0_-)$ 到 $r(0_+)$ 是否有跳变，从而确定初状态 $r(0_+)$ 的具体值，这是传统线性系统分析中的一个小重点。大

体有两种解决思路：一是通过物理关系判断，如本例中，通过电容的电压缓变特征可知 $v_C(0_+)=0$，在开关闭合后的一瞬间，电阻获得全部分压，所以 $r(0_+)=v_R(0_+)=e(0_+)=1$；二是通过数学关系判断，方程(2.2.1)右侧包含 $\delta(t)$，这个冲激只可能存在于 $r'(t)$中，所以 $r(t)$必然包含一个跳变，$r(0_+)-r(0_-)=1$。对于式(2.2.3)，由初状态 $r(0_+)=1$ 可得

$$r(0_+)=c=1,$$

所以

$$r(t)=\mathrm{e}^{-t},\quad t>0。\tag{2.2.4}$$

随着线性系统分析方法的发展，$r(0_-)$到 $r(0_+)$的跳变问题求解方法越来越多，例如，后面要学到的拉普拉斯变换法可以利用初值定理直接得到 $r(0_+)$，本书接下来要介绍的响应分解方法则可以绕过 $r(0_+)$直接求解系数，所以本书对更复杂的跳变问题不做进一步展开。

2.3　零输入响应与零状态响应

通过第 1 章中对线性时不变系统的分析我们知道，若响应信号与激励信号满足线性时不变关系，就可以从多个角度对信号进行分解，很多时候都能简化问题。考虑如下问题。

【例 2-5】 已知系统微分方程$\frac{\mathrm{d}}{\mathrm{d}t}r(t)+r(t)=e(t)$，激励信号 $e(t)=Eu(t)$，初状态 $r(0_-)=K$，求 $r(t)$。

解：(解法一)如果 $r(t)$包含跳变，那么 $r'(t)$会包含冲激信号，方程右侧也应该包含冲激信号。现在激励侧不含冲激信号，所以 $r(t)$不包含跳变，$r(0_+)=r(0_-)=K$。考虑 $t>0$ 的情况，方程变为

$$\frac{\mathrm{d}}{\mathrm{d}t}r(t)+r(t)=E,\quad t>0,$$

齐次解 $r_\mathrm{h}(t)=c_1\cdot\mathrm{e}^{-t}$，特解 $r_\mathrm{p}(t)=c_2$，完全解 $r(t)=c_1\cdot\mathrm{e}^{-t}+c_2,t>0$。

将特解 $r_\mathrm{p}(t)=c_2$ 代入微分方程可得 $c_2=E$，完全解变为

$$r(t)=c_1\cdot\mathrm{e}^{-t}+E,\quad t>0,$$

由 $r(0_+)=K$ 可得 $c_1=K-E$，所以

$$r(t)=(K-E)\cdot\mathrm{e}^{-t}+E,\quad t>0。$$

由这个结果可以发现一个问题，虽然微分方程中涉及的都是一些线性运算，但响应信号 $r(t)$与激励信号幅值 E 并非线性关系，二者之间掺杂了初状态 K 的干扰。所以我们需要排除干扰，找出其中的线性关系。由于例 2-5 比较简单，容易发现，当激励信号为 0 时，响应信号 $r(t)$与初状态 K 呈线性；而当初状态 $K=0$ 时，响应信号 $r(t)$与激励信号幅值 E 呈线性。依照例 2-5，我们可以把系统的响应分为零输入响应与零状态响应两个部分。

零输入响应：外加激励信号为零，仅由初状态引起的响应分量。零输入响应与初状态呈线性关系，通常用 $r_{\mathrm{zi}}(t)$表示。

零状态响应：系统初状态为零，仅由外加激励信号引起的响应分量。零状态响应与激励信号呈线性时不变关系，通常用 $r_{\mathrm{zs}}(t)$表示。

【续例 2-5】 (解法二)将微分方程拆分为两个方程：

$$\begin{cases}\frac{\mathrm{d}}{\mathrm{d}t}r_{zi}(t)+r_{zi}(t)=0, & r_{zi}(0_-)=K\\ \frac{\mathrm{d}}{\mathrm{d}t}r_{zs}(t)+r_{zs}(t)=Eu(t), & r_{zs}(0_-)=0\end{cases}。$$

对于零输入响应 $r_{zi}(t)$,齐次解为 $r_{zi\_h}(t)=c_1\cdot e^{-t}$,特解为 $r_{zi\_p}(t)=0$,完全解为

$$r_{zi}(t)=r_{zi\_h}(t)+r_{zi\_p}(t)=c_1\cdot e^{-t},$$

由初状态 $r_{zi}(0_-)=K$ 可得 $c_1=K$,所以零输入响应

$$r_{zi}(t)=K\cdot e^{-t}。$$

对于零状态响应 $r_{zs}(t)$,把定义域限制为激励信号引入后,可得

$$\frac{\mathrm{d}}{\mathrm{d}t}r_{zs}(t)+r_{zs}(t)=E,\quad t>0,$$

齐次解为 $r_{zs\_h}(t)=c_2\cdot e^{-t}$,特解为 $r_{zs\_p}(t)=c_3$,完全解为

$$r_{zs}(t)=r_{zs\_h}(t)+r_{zs\_p}(t)=c_2\cdot e^{-t}+c_3,$$

将特解 $r_{zs\_p}(t)=c_3$ 代入微分方程可得 $c_3=E$,完全解变为

$$r_{zs}(t)=c_2\cdot e^{-t}+E。$$

激励侧不含冲激信号,所以 $r_{zs}(t)$不包含跳变,$r_{zs}(0_+)=r_{zs}(0_-)=0$,由初状态 $r_{zs}(0_+)=0$ 可得 $c_2=-E$,所以零状态响应

$$r_{zs}(t)=-E\cdot e^{-t}+E,\quad t>0。$$

完全响应则为

$$r(t)=r_{zi}(t)+r_{zs}(t)=(K-E)\cdot e^{-t}+E,\quad t>0。$$

使用这种分解方法求得的响应,在激励信号发生改变(如比例放大/缩小、微分/积分、时域平移)时,可以方便地利用线性时不变性质得到新的零状态响应 $r_{zs}(t)$,进而快速得到新的完全响应。

2.4 单位冲激响应

在处理线性时不变系统的响应问题时,把完全响应分解为零输入响应与零状态响应进行分析,可以有效利用线性时不变性简化不同激励信号条件下的响应求解。只要求得一种基本激励信号条件下的响应,那么与这种信号有关的各种线性变形信号的响应也就容易求解了。其中最重要的一种基本激励信号就是单位冲激信号,根据第 1 章的讨论,我们知道所有有界信号都可以分解为许多冲激信号的线性组合,只要求得了冲激信号的零状态响应,就可以通过不同的组合方式得到几乎所有有界激励信号经过系统的零状态响应。我们把激励信号为单位冲激信号 $\delta(t)$时系统产生的零状态响应称为“单位冲激响应”,或简称为“冲激响应”,通常用 $h(t)$来表示。单位冲激响应的求解和使用是本课程的重点内容。

有线性时不变因果系统的微分方程为

$$\frac{\mathrm{d}^2}{\mathrm{d}t^2}r(t)+3\frac{\mathrm{d}}{\mathrm{d}t}r(t)+2r(t)=e(t), \tag{2.4.1}$$

其中激励信号为 $e(t)$，求系统单位冲激响应 $h(t)$。

解：单位冲激响应即激励信号 $e(t)$ 为单位冲激信号 $\delta(t)$ 时系统产生的零状态响应，可知单位冲激响应 $h(t)$ 应满足方程

$$\frac{\mathrm{d}^2}{\mathrm{d}t^2}h(t)+3\frac{\mathrm{d}}{\mathrm{d}t}h(t)+2h(t)=\delta(t), \tag{2.4.2}$$

这种情况下 $h(t)$ 的一般形式为

$$h(t)=(c_1\cdot\mathrm{e}^{-2t}+c_2\cdot\mathrm{e}^{-t})u(t)。 \tag{2.4.3}$$

说明：关于这种一般形式的由来，一种通俗的解释是单位冲激响应方程的突出特点是方程右侧仅包含单位冲激信号或单位冲激信号的各阶微分，方程右侧除了0时刻外均为0，类似于齐次方程，所以 $h(t)$ 应该具有齐次解形式；且由于是因果系统，所以仅在 $t>0$ 时有值，要加上 $u(t)$。这种解释容易理解、记忆。下面我们再从数学角度分析这种一般形式的由来。

首先参考数学基础解法中的高阶微分方程处理办法，把二阶微分方程依照特征根拆为两个一阶微分方程，引入中间函数 $h_1(t)$，得到

$$\begin{cases}\dfrac{\mathrm{d}}{\mathrm{d}t}h(t)+2h(t)=h_1(t)\\ \dfrac{\mathrm{d}}{\mathrm{d}t}h_1(t)+h_1(t)=\delta(t)\end{cases}, \tag{2.4.4}$$

然后 $h_1(t)$ 的求解可以套用式(2.1.5)，表示为

$$\begin{aligned}h_1(t)&=\mathrm{e}^{-t}\cdot\int\mathrm{e}^{t}\delta(t)\mathrm{d}t+c_1\cdot\mathrm{e}^{-t}\\&=\mathrm{e}^{-t}\cdot\int\delta(t)\mathrm{d}t+c_1\cdot\mathrm{e}^{-t}\\&=\mathrm{e}^{-t}\cdot[u(t)+c_2]+c_1\cdot\mathrm{e}^{-t}\\&=\mathrm{e}^{-t}\cdot u(t)+(c_1+c_2)\cdot\mathrm{e}^{-t},\end{aligned} \tag{2.4.5}$$

可见，当微分方程激励侧为冲激信号时，确实会产生与特征根有关的函数项，一部分包含 $u(t)$，另一部分则是全时域存在。由于 $h(t)$ 是因果系统的零状态响应，所以 $h(t)=0$，$t<0$，因此 $h_1(t)=0$，$t<0$，可得 $c_1+c_2=0$，

$$h_1(t)=\mathrm{e}^{-t}\cdot u(t)。$$

最后进一步套用式(2.1.5)可得

$$h(t)=\mathrm{e}^{-2t}\cdot\int\mathrm{e}^{2t}h_1(t)\mathrm{d}t+c_3\cdot\mathrm{e}^{-2t}, \tag{2.4.6}$$

其中

$$\begin{aligned}\mathrm{e}^{-2t}\cdot\int\mathrm{e}^{2t}h_1(t)\mathrm{d}t&=\frac{1}{2}h_1(t)+\frac{1}{2}\mathrm{e}^{-2t}\cdot\int\mathrm{e}^{2t}h'_1(t)\mathrm{d}t\\&=\frac{1}{2}h_1(t)+\frac{1}{2}\mathrm{e}^{-2t}\cdot\int\mathrm{e}^{2t}[-h_1(t)+\delta(t)]\mathrm{d}t\\&=\frac{1}{2}h_1(t)-\frac{1}{2}\mathrm{e}^{-2t}\cdot\int\mathrm{e}^{2t}h_1(t)\mathrm{d}t+\frac{1}{2}\mathrm{e}^{-2t}\cdot\int\mathrm{e}^{2t}\delta(t)\mathrm{d}t\\&=\frac{1}{2}h_1(t)-\frac{1}{2}\mathrm{e}^{-2t}\cdot\int\mathrm{e}^{2t}h_1(t)\mathrm{d}t+\frac{1}{2}\mathrm{e}^{-2t}\cdot[u(t)+c_4],\end{aligned} \tag{2.4.7}$$

将具有相同形式的不定积分项合并可得

$$e^{-2t}\cdot\int e^{2t}h_1(t)\mathrm{d}t=\frac{2}{3}\cdot\left[\frac{1}{2}e^{-t}u(t)+\frac{1}{2}e^{-2t}u(t)+\frac{1}{2}c_4e^{-2t}\right]$$

$$=\frac{1}{3}(e^{-t}+e^{-2t})u(t)+\frac{1}{3}c_4e^{-2t},\tag{2.4.8}$$

代入式(2.4.6)可得

$$h(t)=\frac{1}{3}(e^{-t}+e^{-2t})u(t)+\left(\frac{1}{3}c_4+c_3\right)\cdot e^{-2t},\tag{2.4.9}$$

同样产生了与特征根有关的函数项，一部分包含 $u(t)$，另一部分则是全时域存在。利用 $h(t)=0,t<0$，可得$\frac{1}{3}c_4+c_3=0$，所以

$$h(t)=\frac{1}{3}(e^{-t}+e^{-2t})u(t)。\tag{2.4.10}$$

当然，这种针对单位冲激响应方程的数学解法是非常烦琐的，此处仅为解释其内部逻辑才详细展开。在处理具体问题时，更多的是直接套用解中包含函数项的规律，根据微分方程的特点得到解的一般形式〔如式(2.4.3)〕，最后再统一求系数。

单位冲激响应的一般形式的规律是，针对单位冲激响应方程

$$\sum_{n=0}^{N}a_n\cdot h^{(n)}(t)=\sum_{m=0}^{M}b_m\cdot\delta^{(m)}(t),\quad a_Na_0\neq 0,\tag{2.4.11}$$

设 $r_{ph}(t)$具有其齐次解的一般形式，则 $h(t)$的一般形式为

$$\begin{cases}h(t)=r_{ph}(t)u(t), & M<N\\ h(t)=r_{ph}(t)u(t)+\sum_{i=0}^{M-N}c_i\cdot\delta^{(i)}(t), & M\geqslant N\end{cases}。\tag{2.4.12}$$

本书将式中的 $r_{ph}(t)u(t)$称为“特解齐次项”，意思是特解中有齐次解形式的函数项，以避免与全时域存在的齐次解产生混淆。$\sum_{i=0}^{M-N}c_i\cdot\delta^{(i)}(t)$ 称为冲激项，它存在与否、存在几阶由方程左右阶数的差值情况决定。

【例 2-6】 有线性时不变因果系统的微分方程为

$$\frac{\mathrm{d}}{\mathrm{d}t}r(t)+2\cdot r(t)=\frac{\mathrm{d}}{\mathrm{d}t}e(t)+e(t),$$

其中激励信号为 $e(t)$，求系统单位冲激响应 $h(t)$。

解:(解法一)使激励信号 $e(t)=\delta(t)$，得到冲激响应方程

$$\frac{\mathrm{d}}{\mathrm{d}t}h(t)+2\cdot h(t)=\frac{\mathrm{d}}{\mathrm{d}t}\delta(t)+\delta(t)。$$

方程左右最高微分阶数相等，根据式(2.4.12)得到单位冲激响应 $h(t)$的一般形式为

$$h(t)=r_{ph}(t)u(t)+c_2\cdot\delta(t),\quad 其中\ r_{ph}(t)=c_1\cdot e^{-2t}。$$

将 $h(t)$及各阶微分代入冲激响应方程，

$$\begin{cases} h'(t)=r'_{ph}(t)u(t)+r_{ph}(0)\delta(t)+c_2\cdot\delta'(t) \\ h(t)=r_{ph}(t)u(t)+c_2\cdot\delta(t) \end{cases},$$

$$[r'_{ph}(t)+2\cdot r_{ph}(t)]u(t)+[r_{ph}(0)+2\cdot c_2]\delta(t)+c_2\cdot\delta'(t)=\frac{d}{dt}\delta(t)+\delta(t),$$

根据函数项系数平衡可得

$$\begin{cases} r_{ph}(0)+2\cdot c_2=1 \\ c_2=1 \end{cases}\Rightarrow\begin{cases} r_{ph}(0)=-1=c_1 \\ c_2=1 \end{cases},$$

所以单位冲激响应为

$$h(t)=-e^{-2t}u(t)+\delta(t)。$$

（解法二）根据微分方程构建一个激励侧形式更加简单的方程，设方程右侧仅有 $\delta(t)$，则此时的响应可称为齐次冲激响应，通常用 $\hat{h}(t)$ 表示，列方程

$$\frac{d}{dt}\hat{h}(t)+2\cdot\hat{h}(t)=\delta(t)。$$

此时方程响应侧最高微分阶数一定大于激励侧，根据式(2.4.12)得到 $\hat{h}(t)$ 的一般形式为

$$\hat{h}(t)=r_{ph}(t)u(t),\quad 其中\ r_{ph}(t)=c_1\cdot e^{-2t}。$$

对于因果系统，激励信号出现前的零状态响应值必为 0，所以

$$\hat{h}'(0_-)=\hat{h}(0_-)=0。$$

方程右侧包含 $\delta(t)$，为保证方程平衡，方程左侧只能是最高阶微分项包含 $\delta(t)$，因此次高阶微分项包含 $u(t)$，可知初状态

$$\hat{h}(0_+)=\hat{h}(0_-)+1=1。$$

由初状态可得

$$\hat{h}(0_+)=c_1\cdot e^{-2t}u(t)\Big|_{t\to 0_+}=c_1=1,$$

所以

$$\hat{h}(t)=e^{-2t}u(t)。$$

当方程激励侧为 $\delta(t)$ 时，系统的零状态响应为 $\hat{h}(t)=e^{-2t}u(t)$；当激励信号 $e(t)=\delta(t)$，方程激励侧为 $\frac{d}{dt}\delta(t)+\delta(t)$ 时，根据线性时不变性质，系统的零状态响应，即单位冲激响应为 $\hat{h}(t)$ 的相应线性组合：

$$h(t)=\frac{d}{dt}\hat{h}(t)+\hat{h}(t)=-e^{-2t}u(t)+\delta(t)。$$

以上解法一可称为奇异函数系数平衡法，解法二可称为齐次冲激响应法。齐次冲激响应 $\hat{h}(t)$ 的特点是一般形式固定，无须比较方程左右微分阶数，且初状态恒定，除最高阶微分项外，次高阶微分初状态恒定为 $\hat{h}^{(N-1)}(0_+)=1$，其他阶微分初状态恒定为 0，可直接用于计算系数。

2.5 卷积

2.5.1 卷积的定义

第 1 章我们介绍了信号的脉冲分量分解，可将普通信号分解为无穷多冲激信号的线性组合，即

$$e(t)=\int_{-\infty}^{\infty}e(\tau)\delta(t-\tau)\mathrm{d}\tau, \tag{2.5.1}$$

可以理解为在时间轴的任意 τ 位置处都有强度为 $e(\tau)$ 的冲激信号，把全时间轴上的冲激信号叠加起来，或者说把任意 τ 位置处的冲激信号 $\delta(t-\tau)$ 以 $e(\tau)$ 为系数线性组合起来就得到了 $e(t)$。这种分解和组合的方法提供了一种求解线性时不变系统零状态响应的一般性思路：激励信号为 $\delta(t)$ 时，系统的零状态响应为单位冲激响应 $h(t)$；激励信号为 $\delta(t)$ 的线性组合 $e(t)$ 时，根据线性时不变性质，系统的零状态响应应为单位冲激响应 $h(t)$ 的相同线性组合，即

$$r_{zs}(t)=\int_{-\infty}^{\infty}e(\tau)h(t-\tau)\mathrm{d}\tau。 \tag{2.5.2}$$

证明：线性时不变系统用 $H[\cdot]$表示，已知 $h(t)=H[\delta(t)]$，$e(t)=\int_{-\infty}^{\infty}e(\tau)\delta(t-\tau)\mathrm{d}\tau$，则

$$r_{zs}(t)=H[e(t)]=H\left[\int_{-\infty}^{\infty}e(\tau)\delta(t-\tau)\mathrm{d}\tau\right]。$$

根据线性性质，先线性组合再过系统等于先过系统再线性组合，

$$r_{zs}(t)=\int_{-\infty}^{\infty}e(\tau)H[\delta(t-\tau)]\mathrm{d}\tau。$$

根据时不变性质，先时移再过系统等于先过系统再时移，

$$r_{zs}(t)=\int_{-\infty}^{\infty}e(\tau)h(t-\tau)\mathrm{d}\tau。$$

定义卷积运算：具有相同自变量 t 的函数 $f_1(t)$和 $f_2(t)$，经过运算

$$s(t)=f_1(t)*f_2(t)=\int_{-\infty}^{\infty}f_1(\tau)f_2(t-\tau)\mathrm{d}\tau, \tag{2.5.3}$$

得到具有相同自变量 t 的新函数 $s(t)$，这种运算称为卷积运算。所以，已知线性时不变系统的单位冲激响应 $h(t)$，任意有界有起点激励 $e(t)$经过系统的零状态响应 $r_{zs}(t)$可以写为

$$r_{zs}(t)=e(t)*h(t)=\int_{-\infty}^{\infty}e(\tau)h(t-\tau)\mathrm{d}\tau。 \tag{2.5.4}$$

在本课程中，卷积运算的符号 $*$ 也可以写为$\otimes$，是通用的。理解卷积运算的第一个关键点在于看清变量的区别：积分项包含了两个变量，一个是积分变量，一个是函数自变量。在进行积分运算时，函数自变量可以视为一个常数，积分运算完成后，函数自变量仍有可能存在。积分变量则只存在于积分项中，积分运算完成后一定不会存在。我们主要通过一些典型的算例来辅助进行理解，并总结卷积运算的相关性质。

2.5.2　基本卷积运算

与单位冲激信号的卷积：

$$f(t)*\delta(t)=\int_{-\infty}^{\infty}f(\tau)\delta(t-\tau)\mathrm{d}\tau=f(t)。\tag{2.5.5}$$

任何信号与单位冲激信号的卷积都是其本身，包括单位冲激信号，即

$$\delta(t)*\delta(t)=\int_{-\infty}^{\infty}\delta(\tau)\delta(t-\tau)\mathrm{d}\tau=\delta(t)。\tag{2.5.6}$$

说明：按照卷积的定义，两个单位冲激信号卷积时会出现二者相乘的形式。当两冲激信号错开时相乘得 0，这比较容易理解，但可能有人会问，当 $t=0$ 时，会出现单位冲激信号的平方，该如何运算呢？事实上，这个问题是无解的。冲激信号 $\delta(t)$ 出现后数十年都在数学上充满争议，直到二十世纪四五十年代才建立起相对严谨的数学定义，归为一种广义函数，与目前高等数学教材中古典函数的定义（自变量到因变量的值与值映射）有很大的不同。在广义函数的体系中，$\delta(t)$ 有明确的运算法则，但消去了传统意义上“值”的概念，不能被赋值 $t=0$，所以不会产生以上问题。不过为了降低学习难度，本书的叙述中大部分还是会对 $\delta(t)$ 进行通俗化处理，如采用 $t\neq0$ 时 $\delta(t)=0$ 之类的说法。此处的说明是为了让同学们在发现通俗化处理带来的无法解释的问题时，不必过于纠结。

与阶跃信号的卷积：

$$f(t)*u(t)=\int_{-\infty}^{\infty}f(\tau)u(t-\tau)\mathrm{d}\tau=\int_{-\infty}^{t}f(\tau)\mathrm{d}\tau。\tag{2.5.7}$$

可见，信号与阶跃信号的卷积就是理想积分运算。由此可知，积分器的单位冲激响应就是 $u(t)$。

因果信号的卷积：

$$f_1(t)u(t)*f_2(t)u(t)=\int_{0}^{t}f_1(\tau)f_2(t-\tau)\mathrm{d}\tau\cdot u(t)。\tag{2.5.8}$$

证明：按照卷积运算的定义写为

$$\begin{aligned}f_1(t)u(t)*f_2(t)u(t)&=\int_{-\infty}^{\infty}f_1(\tau)f_2(t-\tau)u(\tau)u(t-\tau)\mathrm{d}\tau\\&=\int_{-\infty}^{t}f_1(\tau)f_2(t-\tau)u(\tau)\mathrm{d}\tau,\end{aligned}$$

这是一个有起点信号的理想积分运算，根据式(1.3.10)可得

$$f_1(t)u(t)*f_2(t)u(t)=\int_{0}^{t}f_1(\tau)f_2(t-\tau)\mathrm{d}\tau\cdot u(t)。$$

除了以上证明过程，有起点信号的卷积公式也可以通过不等式组定性判定得到。根据卷积定义列写的积分式中包含 $u(\tau)u(t-\tau)$，这一项若取非零值需要满足

$$u(\tau)u(t-\tau)\neq0\Rightarrow\begin{cases}\tau>0\\t-\tau>0\end{cases},$$

因此可得

$$0<\tau<t,\quad ①$$

$$t>0,\quad ②$$

这就是 $u(\tau)u(t-\tau)$ 所包含的信息，所以根据式①把积分上下限调整为 $(0,t)$，根据式②，积分外需乘以 $u(t)$，然后就可以去掉 $u(\tau)u(t-\tau)$ 了。

【例 2-7】 计算 $f(t)=u(t)*\mathrm{e}^{-t}u(t)$。

解：根据式(2.5.8)，

$$\begin{aligned}f(t) &= u(t)*\mathrm{e}^{-t}u(t)\\ &= \int_0^t 1\cdot \mathrm{e}^{-(t-\tau)}\mathrm{d}\tau\cdot u(t)\\ &= \mathrm{e}^{-t}\int_0^t \mathrm{e}^{\tau}\mathrm{d}\tau\cdot u(t)\\ &= \mathrm{e}^{-t}\cdot(\mathrm{e}^{t}-1)\cdot u(t)\\ &= (1-\mathrm{e}^{-t})\cdot u(t)。\end{aligned}$$

2.6 卷积运算性质

2.6.1 代数运算性质

卷积的代数运算性质如下。

交换律：

$$f_1(t)*f_2(t)=f_2(t)*f_1(t)。\tag{2.6.1}$$

分配律：

$$f_1(t)*[f_2(t)+f_3(t)]=f_1(t)*f_2(t)+f_1(t)*f_3(t)。\tag{2.6.2}$$

结合律：

$$f_1(t)*f_2(t)*f_3(t)=f_1(t)*[f_2(t)*f_3(t)]。\tag{2.6.3}$$

由卷积的代数运算性质可以得到子系统组合时的一些规律：由交换律可知，串联子系统交换次序，总单位冲激响应相同；由分配律可知，并联子系统总单位冲激响应是子系统单位冲激响应之和；由结合律可知，串联子系统时，总的冲激响应等于子系统冲激响应的卷积。

2.6.2 时移性质与边界性质

卷积运算的时移性质是指，若 $g(t)=f_1(t)*f_2(t)$，则

$$\begin{aligned}g(t-t_0) &= f_1(t-t_0)*f_2(t)\\ &= f_1(t)*f_2(t-t_0)\\ &= f_1(t-t_1)*f_2(t-t_2),\end{aligned}\tag{2.6.4}$$

其中，$t_0=t_1+t_2$。可见卷积结果的时移是参与卷积运算的信号时移量之和。此处很多同学容易犯的错误是把方程中所有的 t 都变换为 $t-t_0$，得到错误结果：

$$g(t)=f_1(t)*f_2(t)\xrightarrow{\text{错误}}g(t-t_0)=f_1(t-t_0)*f_2(t-t_0)。$$

本来在加法、乘法中，所有自变量同时平移是一种很正常的操作，但在卷积运算中会出错。这个问题来源于卷积运算形式的特殊，从定义式中可以看出，虽然 $f_1(t)*f_2(t)$ 中出现

了两个自变量 t，但其运算式 $\int_{-\infty}^{\infty} f_1(\tau) f_2(t-\tau)\mathrm{d}\tau$ 实际上只包含一个自变量 t。由于这种特殊性的存在，非常建议在处理包含时移的卷积运算时，把所有的时移统一移出去，写为

$$f_1(t-t_1) * f_2(t-t_2) = f_1(t) * f_2(t) * \delta(t-t_1-t_2)。\tag{2.6.5}$$

这样能够减少一些由平移导致的错误。

由时移性质可以得到卷积运算中的信号有值区间的变化规律。若 $x(t)$ 的有值区间为 $[A,C]$，$y(t)$ 的有值区间为 $[B,D]$，则 $f(t)=x(t) * y(t)$ 的有值区间为 $[A+B,C+D]$。

证明：设 $x(t)$ 和 $y(t)$ 的起点平移至 0 时刻得到 $x_0(t)$ 和 $y_0(t)$，则有

$$\begin{cases} x(t)=x_0(t) * \delta(t-A) \\ y(t)=y_0(t) * \delta(t-B) \end{cases},$$

所以

$$\begin{aligned} f(t) &= x(t) * y(t) \\ &= x_0(t) * \delta(t-A) * y_0(t) * \delta(t-B) \\ &= x_0(t) * y_0(t) * \delta(t-A-B)。 \end{aligned}$$

根据式(2.5.8)可知，两个起点为 0 的信号的卷积结果起点也是 0，所以 $x_0(t) * y_0(t)$ 的起点为 0，而 $x_0(t) * y_0(t) * \delta(t-A-B)$ 信号的有值时刻起点为 $A+B$。

同理可证 $f(t)$ 有值区间的截止位置为 $C+D$。

【例 2-8】 已知 $f_1(t)=u(t)-u(t-2)$，$f_2(t)=u(t)-u(t-1)$，求 $g(t)=f_1(t) * f_2(t)$。

解：利用卷积代数性质，

$$\begin{aligned} g(t) &= [u(t)-u(t-2)] * [u(t)-u(t-1)] \\ &= u(t) * u(t) - u(t-2) * u(t) - u(t) * u(t-1) + u(t-2) * u(t-1) \\ &= u(t) * u(t) - u(t) * u(t) * \delta(t-2) - u(t) * u(t) * \delta(t-1) + \\ &\quad u(t) * u(t) * \delta(t-3) \\ &= u(t) * u(t) * [1-\delta(t-1)-\delta(t-2)+\delta(t-3)]。 \end{aligned}$$

可见只需计算卷积 $u(t) * u(t)$ 即可，利用式(2.5.8)可得

$$u(t) * u(t) = \int_0^t 1\mathrm{d}\tau \cdot u(t) = tu(t),$$

所以

$$\begin{aligned} g(t) &= tu(t) * [1-\delta(t-1)-\delta(t-2)+\delta(t-3)] \\ &= tu(t)-(t-1)u(t-1)-(t-2)u(t-2)+(t-3)u(t-3), \end{aligned}$$

整理为条件函数形式，

$$g(t)=\begin{cases} t, & 0<t<1 \\ 1, & 1<t<2 \\ 3-t, & 2<t<3 \\ 0, & t<0 \cup t>3 \end{cases},$$

如图 2-2 所示。

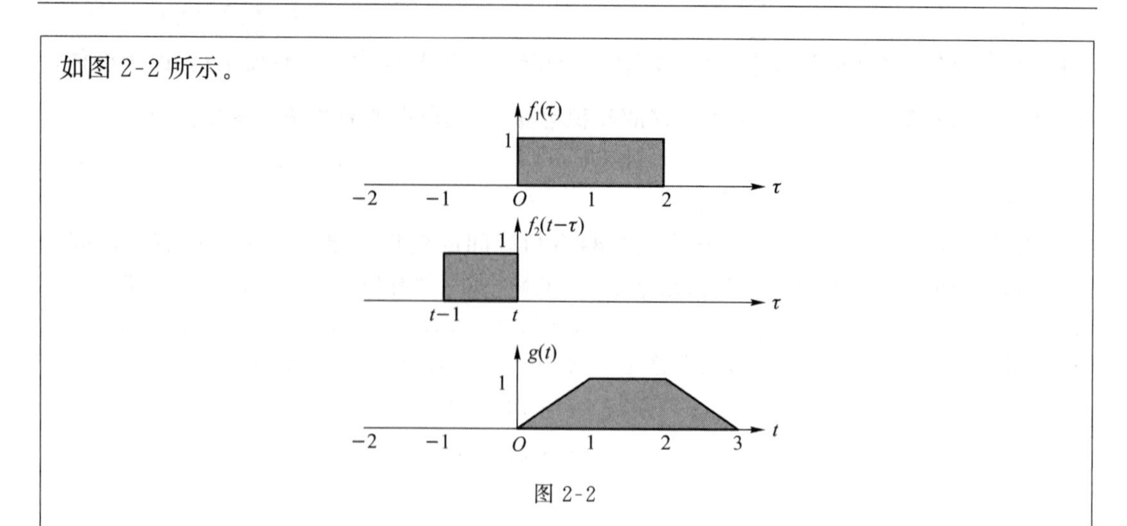

图 2-2

2.6.3 微积分性质

对于有起点信号 $f(t)$和 $h(t)$，若 $g(t)=f(t)*h(t)$，则

$$g'(t)=f'(t)*h(t)=f(t)*h'(t)。\tag{2.6.6}$$

证明：根据卷积运算的定义，

$$g(t)=\int_{-\infty}^{\infty}f(\tau)h(t-\tau)\mathrm{d}\tau,$$

在方程两侧对 t 求导得

$$\frac{\mathrm{d}}{\mathrm{d}t}g(t)=\frac{\mathrm{d}}{\mathrm{d}t}\int_{-\infty}^{\infty}f(\tau)h(t-\tau)\mathrm{d}\tau,$$

因为只有 $h(t-\tau)$包含变量 t，所以

$$\frac{\mathrm{d}}{\mathrm{d}t}g(t)=\int_{-\infty}^{\infty}f(\tau)\frac{\mathrm{d}}{\mathrm{d}t}h(t-\tau)\mathrm{d}\tau,$$

也就是

$$g'(t)=f(t)*h'(t)。$$

再利用交换律可得 $g'(t)=f'(t)*h(t)$。

微积分性质的推论是，对于有起点信号 $f(t)$和 $h(t)$，若 $g(t)=f(t)*h(t)$，则

$$g^{(m+n)}(t)=f^{(m)}(t)*h^{(n)}(t)。\tag{2.6.7}$$

即卷积结果的微积分阶数等于参与卷积运算的信号的微积分阶数之和。

2.7 差分方程与单位样值响应

2.7.1 差分方程的经典求解方法概述

大量离散时间系统的输入和输出关系可以用差分方程描述：

$$\sum_{i=0}^{N} a_i y(n-i) = \sum_{j=0}^{M} b_j x(n-j), \quad a_N a_0 \neq 0。 \tag{2.7.1}$$

差分方程的习惯性写法与微分方程有相似之处，都是把输入和输出分置方程两侧，按照差分阶数顺序排列，不同点则在于差分方程中的阶数顺序是从小到大。差分方程有一种独特的基本求解方式，称为迭代法，根据已知初状态条件和方程，迭代计算出每一个样值。

【例 2-9】 已知 $y(n)-0.9y(n-1)=u(n)$，且 $y(-1)=0$，求 $y(n)$。

解：把 $n=0$ 代入方程，可得 $y(0)=0.9y(-1)+1=1$；把 $n=1$ 代入方程，可得 $y(1)=0.9y(0)+1=1.9$；把 $n=2$ 代入方程，可得 $y(2)=0.9y(1)+1=2.71$；把 $n=3$ 代入方程，可得 $y(3)=0.9y(2)+1=3.439$……

迭代法的思路非常简单，但是缺点也很明显，它无法得到解析形式的结果，通常只是用于初值求解或结果验证。差分方程的经典求解方法也是分为齐次解和特解，基本思路与微分方程的求解一致，只是解的具体函数形式不同。

差分方程的齐次解求法也是把方程右侧置为 0 以齐次化，然后利用特征方程求出特征根，并得到齐次解的一般形式。对于齐次差分方程

$$y(n)+a_1 y(n-1)+\cdots+a_{k-1} y(n-k+1)+a_k y(n-k)=0, \tag{2.7.2}$$

其特征方程为

$$r^k+a_1 r^{k-1}+\cdots+a_{k-1} r+a_k \cdot 1=0。 \tag{2.7.3}$$

特征方程的幂次数并非对应差分项阶数，而是最高阶数与对应差分项阶数的差值。由特征方程解得特征根后，根据特征根的类型可以得到对应的齐次解的一般形式，如表 2-3 所示。

表 2-3　差分方程的齐次解

特征根类型	齐次解包含的函数项
单实根 r_1	$A_1(r_1)^n$
单实根 r_1, r_2	$A_1(r_1)^n+A_2(r_2)^n$
二重根 $r_1=r_2$	$(A_1 n+A_0)(r_1)^n$
共轭复根 $r_{1,2}=E\mathrm{e}^{\pm j\omega}$	$[A_1\cos(\omega n)+A_2\sin(\omega n)]E^n$

可见差分方程齐次解的一般形式主要是以特征根为底的指数序列，只是在特征根为多重根和共轭复根时会有些变化。在线性时不变系统的差分方程中，零输入响应方程就是一个齐次方程，仅包含齐次解。

【例 2-10】 已知系统差分方程为 $y(n)+2y(n-1)=x(n)$，初状态为 $y(-1)=1$，求系统的零输入响应。

解：设零输入响应为 $y_{zi}(n)$，则零输入响应方程为

$$y_{zi}(n)+2y_{zi}(n-1)=0,$$

其特征方程为 $r+2=0$，特征根为 $r=-2$，对应的齐次解一般形式为

$$y_{zi}(n)=C_1(-2)^n,$$

由初状态 $y(-1)=1$ 解得 $C_1=-2$，所以零输入响应为

$$y_{zi}(n)=-2\times(-2)^n。$$

此处建议保留这种系数乘以函数项的形式，不要化简，这是为了使运算结果的组成结构更加清晰。

差分方程的特解与微分方程的特解类似，都是由激励侧的函数形式决定的，并且激励信号仍然只考虑有限的几种初等函数，包括常数、指数函数、正整数幂函数、三角函数。这几种函数形式对应的特解大体与激励信号是同一类型，如表 2-4 所示。

表 2-4　差分方程的特解

差分方程右侧激励函数	特解包含的函数项
常数 E	K
指数序列 a^n	$A\cdot a^n$（$A\cdot na^n$，若 a 为特征根）
正整数幂序列 n^k	$A_kn^k+A_{k-1}n^{k-1}+\cdots+A_1n+A_0$
三角函数序列 $\sin(\omega n)$ 或 $\cos(\omega n)$	$A_1\cos(\omega n)+A_2\sin(\omega n)$

不过，当激励信号为有起点序列时，其特解对应的就不是这种形式了。我们不再赘述经典解法如何处理有起点序列的差分方程求解，而是直接按照零状态响应与零输入响应划分思路，引入以单位样值响应为核心的普遍性求解方法。

2.7.2　单位样值响应

单位样值响应就是激励信号为单位样值时系统的零状态响应。因为离散时间信号可以写为单位样值的移位和加权组合，即线性组合，而且常系数差分方程描述的系统都是线性时不变系统，所以只需求得单位样值响应，进而任意激励信号的响应都可以使用单位样值响应进行移位和加权组合得到。

根据式(2.7.1)所描述的系统差分方程可以得到系统的单位样值响应方程：

$$\sum_{i=0}^{N}a_ih(n-i)=\sum_{j=0}^{M}b_j\delta(n-j),\quad a_Na_0\neq 0。\tag{2.7.4}$$

这个方程的求解方法至少有两种：

一是根据方程激励侧与响应侧的阶数差直接写出对应的单位样值响应的一般形式，

$$h(n)=r_{ph}(n)u(n)+\sum_{i=0}^{M-N}A_i\delta(n-i),\tag{2.7.5}$$

其中，$r_{ph}(n)$是差分方程特征根所对应的齐次解形式，$\sum_{i=0}^{M-N}A_i\delta(n-i)$ 是可能存在的单位样值项，存在个数由激励侧与响应侧的阶数差决定。然后利用 $h(n)$的零状态条件迭代出几个样值，代入一般形式中求解系数。

二是把方程进一步化为齐次单位样值响应方程

$$\sum_{i=0}^{N}a_i\hat{h}(n-i)=\delta(n),\quad a_Na_0\neq 0,\tag{2.7.6}$$

齐次单位样值响应 $\hat{h}(n)$ 的一般形式是固定的：

$$\hat{h}(n)=r_{\mathrm{ph}}(n)u(n)。\tag{2.7.7}$$

求得系数后，再根据线性时不变性质，把 $\hat{h}(n)$ 按照原激励侧的线性组合方式组合起来就得到单位样值响应：

$$h(n)=\sum_{j=0}^{M}b_j\hat{h}(n-j)。\tag{2.7.8}$$

【例 2-11】 已知系统差分方程为 $y(n)-\frac{1}{2}y(n-1)=x(n)+x(n-1)$，求系统的单位样值响应。

解：单位样值响应方程为

$$h(n)-\frac{1}{2}h(n-1)=\delta(n)+\delta(n-1),$$

其齐次解形式为

$$r_{\mathrm{ph}}(n)=A\cdot\left(\frac{1}{2}\right)^n。$$

（解法一）激励侧与响应侧差分阶数相等，包含一阶单位样值项，$h(n)$ 的一般形式为

$$h(n)=B_1\left(\frac{1}{2}\right)^n u(n)+B_2\delta(n),$$

其中包含两个未知系数，利用迭代法求得 $h(n)$ 的两个初值：

- 把 $n=0$ 代入方程，可得 $h(0)-0.5h(-1)=\delta(0)+\delta(-1)$，解得 $h(0)=1$；
- 把 $n=1$ 代入方程，可得 $h(1)-0.5h(0)=\delta(1)+\delta(0)$，解得 $h(1)=1.5$。

把初值代入 $h(n)$ 的一般形式得到

$$\begin{cases}h(0)=B_1+B_2=1\\h(1)=0.5B_1=1.5\end{cases},$$

解得

$$\begin{cases}B_1=3\\B_2=-2\end{cases},$$

所以系统单位样值响应为

$$h(n)=3\times\left(\frac{1}{2}\right)^n u(n)-2\cdot\delta(n)。$$

（解法二）将单位样值响应方程激励侧替换为 $\delta(n)$，得到齐次单位样值响应方程：

$$\hat{h}(n)-\frac{1}{2}\hat{h}(n-1)=\delta(n)。$$

$\hat{h}(n)$ 的一般形式为

$$\hat{h}(n)=C\left(\frac{1}{2}\right)^n u(n),$$

其中包含一个未知系数，利用迭代法求得 $\hat{h}(n)$ 的一个初值：把 $n=0$ 代入方程，可得 $\hat{h}(0)-0.5\hat{h}(-1)=\delta(0)$，解得 $\hat{h}(0)=1$。

把初值代入 $\hat{h}(n)$ 的一般形式得到 $C=1$，所以 $\hat{h}(n)=\left(\frac{1}{2}\right)^n u(n)$。

把 $\hat{h}(n)$ 按照原激励侧结构组合起来，得到系统的单位样值响应为

$$h(n)=\hat{h}(n)+\hat{h}(n-1)=\left(\frac{1}{2}\right)^n u(n)+\left(\frac{1}{2}\right)^{n-1} u(n-1)。$$

由第二种解法得到的结果可变形为

$$\begin{aligned}\left(\frac{1}{2}\right)^n u(n)+\left(\frac{1}{2}\right)^{n-1} u(n-1)&=\left(\frac{1}{2}\right)^n u(n)+2\times\left(\frac{1}{2}\right)^n [u(n)-\delta(n)]\\&=3\times\left(\frac{1}{2}\right)^n u(n)-2\cdot\delta(n),\end{aligned}$$

可见由两种解法得到的单位样值响应是相同的。这里也提示同学们，离散时间信号的表达形式多种多样，并没有固定的格式标准或化简要求。一般情况下，大家尽量按照运算逻辑保留原始结构，以方便认读。

2.8 卷积和与卷积和运算性质

2.8.1 卷积和的定义

任意离散时间信号都可以表示为单位样值信号的加权移位之和，所以任意激励信号 $x(n)$ 都可以写为 $\delta(n)$ 的线性组合：

$$x(n)=\sum_{m=-\infty}^{\infty} x(m)\delta(n-m)。\tag{2.8.1}$$

只要计算出 $\delta(n)$ 激励下的系统单位样值响应 $h(n)$，那么根据系统的线性时不变性质，激励信号 $x(n)$ 对应的响应是

$$y(n)=\sum_{m=-\infty}^{\infty} x(m)h(n-m)。\tag{2.8.2}$$

于是就得到了一种利用单位样值响应求任意激励信号响应的通用方法。我们把 $y(n)$，$x(n)$，$h(n)$ 三者的这种运算关系定义为卷积和运算，表示为

$$y(n)=x(n)*h(n)=\sum_{m=-\infty}^{\infty} x(m)h(n-m)。\tag{2.8.3}$$

卷积和运算与连续时间系统中的卷积运算有非常大的相似性，所以在介绍卷积和的过程中，一些共性的内容不再重复展开讲述。

2.8.2 基本卷积和运算

基本的卷积和运算包括任意离散时间信号与单位样值信号的卷积和运算：

$$x(n)*\delta(n)=\sum_{m=-\infty}^{\infty}x(m)\delta(n-m)=x(n)。\tag{2.8.4}$$

与时移单位样值信号的卷积和运算：

$$x(n)*\delta(n-k)=x(n-k)。\tag{2.8.5}$$

因果信号的卷积和运算：

$$x_1(n)u(n)*x_2(n)u(n)=u(n)\cdot\sum_{m=0}^{n}x_1(m)x_2(n-m)。\tag{2.8.6}$$

说明：根据卷积和定义，

$$\begin{aligned}x_1(n)u(n)*x_2(n)u(n)&=\sum_{m=-\infty}^{\infty}x_1(m)u(m)x_2(n-m)u(n-m)\\&=\sum_{m=-\infty}^{\infty}x_1(m)x_2(n-m)\,u(m)u(n-m),\end{aligned}$$

根据 $u(m)u(n-m)$有值的条件可以得到

$$\begin{cases}m\geqslant 0\\m\leqslant n\end{cases}\Rightarrow\begin{cases}0\leqslant m\leqslant n & ①\\n\geqslant 0 & ②\end{cases},$$

式①的影响是求和上、下限分别化为 n 和 0，式②的影响是结果中包含 $u(n)$。

2.8.3　卷积和的代数运算性质

卷积和的代数运算性质与卷积的一致，如下。

交换律：

$$f_1(n)*f_2(n)=f_2(n)*f_1(n)。\tag{2.8.7}$$

分配律：

$$f_1(n)*[f_2(n)+f_3(n)]=f_1(n)*f_2(n)+f_1(n)*f_3(n)。\tag{2.8.8}$$

结合律：

$$f_1(n)*f_2(n)*f_3(n)=f_1(n)*[f_2(n)*f_3(n)]。\tag{2.8.9}$$

2.8.4　卷积和的移位性质和边界性质

卷积和的移位性质是指，若 $y(n)=x(n)*h(n)$，则

$$y(n-m_1-m_2)=x(n-m_1)*h(n-m_2)。\tag{2.8.10}$$

同样地，卷积和的运算表达式中也有两个变量，但实际求和运算式中只有一个变量，所以也不能做所有变量同时平移的操作。

卷积和的边界性质基于移位性质，具体表示为，若 $x(n)$的有值区间为$[A,C]$，$h(n)$的有值区间为$[B,D]$，则 $y(n)=x(n)*h(n)$的有值区间为$[A+B,C+D]$。此外，与卷积运算不同的是，如果 $x(n)$的有值区间宽度为 N_1，$h(n)$的有值区间宽度为 N_2，那么其卷积和$y(n)$的有值区间宽度为 N_1+N_2-1，而并非简单的宽度相加。

2.8.5 对位相乘法

对于有限长序列的卷积和运算，还有一种非常简便的计算方法，即通过类似于乘法竖式的形式快速得到卷积和序列，称为对位相乘法，其步骤如下。

① 两序列右对齐，列乘法竖式。

② 逐个样值对应相乘但不进位。

③ 同列乘积值相加得到卷积和。

④ 根据边界性质确定序列起点，在卷积和中标出 $n=0$ 的位置。

【例 2-12】 已知 $x_1(n)=\{4,\underset{n=0}{\hat{3}},2,1\}$，$x_2(n)=\{\underset{n=0}{\hat{3}},2,1\}$，求 $y(n)=x_1(n)*x_2(n)$。

解：列乘法竖式：

	$x_1(n)$	:			4	3	2	1
						↑ $n=0$		
×	$x_2(n)$	:				3	2	1
						↑ $n=0$		
					4	3	2	1
				8	6	4	2	
+			12	9	6	3		
	$y(n)$	:	12	17	16	10	4	1
				↑ $n=0$				

由卷积和的边界性质可知，$y(n)$的第一个样值对应的是 $n=-1$，所以第二个样值所在位置就是 $n=0$ 点。

典型习题

1. 已知 $r(0)=4$，$r'(0)=-1$，求微分方程$\frac{\mathrm{d}^2 r(t)}{\mathrm{d}t^2}-r(t)=1$ 的齐次解、特解、完全解。

解：① 特解。方程右侧为常数，查表得特解也为常数，$r_{\mathrm{p}}(t)=C$。

② 特解系数可根据微分方程得到。将特解代入微分方程，得$-C=1$，解得 $C=-1$。

③ 齐次解。列特征方程 $\alpha^2-1=0$，特征根为 $\alpha_1=1$，$\alpha_2=-1$，齐次解的一般形式是 $r_{\mathrm{h}}(t)=A\mathrm{e}^t+B\mathrm{e}^{-t}$。

④ 完全解。完全解为齐次解加特解，$r(t)=r_{\mathrm{h}}(t)+r_{\mathrm{p}}(t)=A\mathrm{e}^t+B\mathrm{e}^{-t}-1$。

⑤ 最后求齐次解系数，由初状态，得

$$\begin{cases} r(0)=A+B-1=4 \\ r'(0)=A-B=-1 \end{cases},$$

解得

$$\begin{cases}A=2\\B=3\end{cases},$$

所以完全解的最终形式为 $r(t)=2e^{t}+3e^{-t}-1$。

2. 已知系统方程及初状态，$\frac{d^2r(t)}{dt^2}+2\frac{dr(t)}{dt}+r(t)=e(t)$，$r(0_-)=1$，$r'(0_-)=2$，求系统的零输入响应。

解：零输入响应满足$\frac{d^2r_{zi}(t)}{dt^2}+2\frac{dr_{zi}(t)}{dt}+r_{zi}(t)=0$，仅有齐次解。

① 根据特征方程 $\alpha^2+2\alpha+1=0$，解得特征根 $\alpha_{1,2}=-1$，因此齐次解的一般形式为

$$r_{zi}(t)=(A_1t+A_0)e^{-t}。$$

② 可知

$$\begin{cases}r_{zi}(t)=(A_1t+A_0)e^{-t}\\r'_{zi}(t)=(-A_1t+A_1-A_0)e^{-t}\end{cases},$$

由初状态可得

$$\begin{cases}r_{zi}(0)=A_0=1\\r'_{zi}(0)=A_1-A_0=2\end{cases},$$

解得

$$\begin{cases}A_0=1\\A_1=3\end{cases}。$$

③ 零输入响应 $r_{zi}(t)=(3t+1)e^{-t}$。

3. 已知微分方程为$\frac{d^2r(t)}{dt^2}+3\frac{dr(t)}{dt}+2r(t)=2t+1+2e^{-3t}$，求微分方程的特解。

解：① 根据激励信号表达式，特解的一般形式为 $r_p(t)=A_1t+A_2+A_3e^{-3t}$。

② 将特解代入微分方程求解系数。

$$\begin{cases}2r_p(t)=2A_1t+2A_2+2A_3e^{-3t}\\3r'_p(t)=3A_1-9A_3e^{-3t}\\r''_p(t)=9A_3e^{-3t}\end{cases},$$

代入微分方程后根据各函数项系数平衡可得方程组

$$\begin{cases}2A_1=2\\3A_1+2A_2=1,\\2A_3=2\end{cases}$$

解得

$$\begin{cases}A_1=1\\A_2=-1,\\A_3=1\end{cases}$$

所以特解为 $r_p(t)=t-1+e^{-3t}$。

4. 求由微分方程$\frac{d^2}{dt^2}r(t)+4\frac{d}{dt}r(t)+3r(t)=2\frac{d}{dt}e(t)$描述的因果系统的单位冲激响应 $h(t)$。

解:单位冲激响应方程为

$$\frac{d^2}{dt^2}h(t)+4\frac{d}{dt}h(t)+3h(t)=2\delta'(t)。$$

① 列单位冲激响应的一般形式。根据响应阶数大于激励阶数可判断冲激响应中不包含冲激项,根据特征方程可得齐次项。$h(t)=(A_1e^{-t}+A_2e^{-3t})u(t)$。

② 将一般形式代入微分方程求解系数。设 $r_{ph}(t)=A_1e^{-t}+A_2e^{-3t}$,

$$\begin{cases}3h(t)=3r_{ph}(t)u(t)\\4h'(t)=4r'_{ph}(t)u(t)+4r_{ph}(0)\delta(t)\\h''(t)=r''_{ph}(t)u(t)+r'_{ph}(0)\delta(t)+r_{ph}(0)\delta'(t)\end{cases},$$

根据奇异函数项系数平衡可得

$$\begin{cases}r'_{ph}(0)+4r_{ph}(0)=0\\r_{ph}(0)=2\end{cases},$$

即

$$\begin{cases}r'_{ph}(0)=-8=-A_1-3A_2\\r_{ph}(0)=2=A_1+A_2\end{cases},$$

解得

$$\begin{cases}A_1=-1\\A_2=3\end{cases}。$$

③ 单位冲激响应为 $h(t)=(-e^{-t}+3e^{-3t})u(t)$。

5. 已知连续系统的微分方程$\frac{d}{dt}r(t)+2r(t)=\frac{d^2}{dt^2}e(t)$:

(1) 用奇异函数相平衡法求单位冲激响应 $h(t)$。

(2) 用齐次冲激响应法求单位冲激响应 $h(t)$。

解:(1) 单位冲激响应方程为

$$\frac{d}{dt}h(t)+2h(t)=\delta''(t)。$$

① 列单位冲激响应的一般形式。根据响应阶数小于激励阶数可判断冲激响应中包

含冲激项，根据特征方程可得齐次项。$h(t)=A_1e^{-2t}u(t)+B_1\delta(t)+B_2\delta'(t)$。

② 将一般形式代入微分方程求解系数。设 $r_{ph}(t)=A_1e^{-2t}$，

$$\begin{cases}2h(t)=2r_{ph}(t)u(t)+2B_1\delta(t)+2B_2\delta'(t)\\h'(t)=r'_{ph}(t)u(t)+r_{ph}(0)\delta(t)+B_1\delta'(t)+B_2\delta''(t)\end{cases},$$

根据冲激项系数平衡可得

$$\begin{cases}r_{ph}(0)+2B_1=A_1+2B_1=0\\B_1+2B_2=0\\B_2=1\end{cases},$$

即

$$\begin{cases}A_1=4\\B_1=-2,\\B_2=1\end{cases}$$

所以单位冲激响应为 $h(t)=4e^{-2t}u(t)-2\delta(t)+\delta'(t)$。

(2) 齐次冲激响应方程为$\frac{d}{dt}\hat{h}(t)+2\hat{h}(t)=\delta(t)$。

① 列齐次冲激响应的一般形式。不必判断冲激项，$\hat{h}(t)=Ae^{-2t}u(t)$。

② 根据齐次冲激响应初状态规律(次高阶 0_+ 时刻值为1，其余低阶 0_+ 时刻值为0)求系数，

$$\hat{h}(0_+)=1=A,$$

所以 $\hat{h}(t)=e^{-2t}u(t)$。

③ 根据激励侧的组合形式求单位冲激响应，$h(t)=\hat{h}''(t)$。

$$\frac{d}{dt}\hat{h}(t)=-2e^{-2t}u(t)+e^{-2t}\delta(t)=-2e^{-2t}u(t)+\delta(t),$$

$$\frac{d}{dt}\hat{h}'(t)=4e^{-2t}u(t)-2e^{-2t}\delta(t)+\delta'(t)=4e^{-2t}u(t)-2\delta(t)+\delta'(t),$$

所以 $h(t)=4e^{-2t}u(t)-2\delta(t)+\delta'(t)$。

6. 根据卷积的定义求函数 $f_1(t)=u(t)$ 和 $f_2(t)=e^{-t}u(t)$ 的卷积 $s(t)$，并画出 $s(t)$ 的波形。

解：卷积定义式为

$$s(t)=f_1(t)*f_2(t)=\int_{-\infty}^{\infty}e^{-\tau}u(\tau)u(t-\tau)d\tau,$$

根据有起点信号的卷积运算法

$$f_1(t)u(t)*f_2(t)u(t)=\int_0^t f_1(\tau)f_2(t-\tau)d\tau\cdot u(t),$$

可得

$$s(t)=u(t)\int_0^t e^{-\tau}d\tau$$

$$=u(t)(-e^{-\tau})\Big|_0^t$$

$$=(1-e^{-t})u(t)。$$

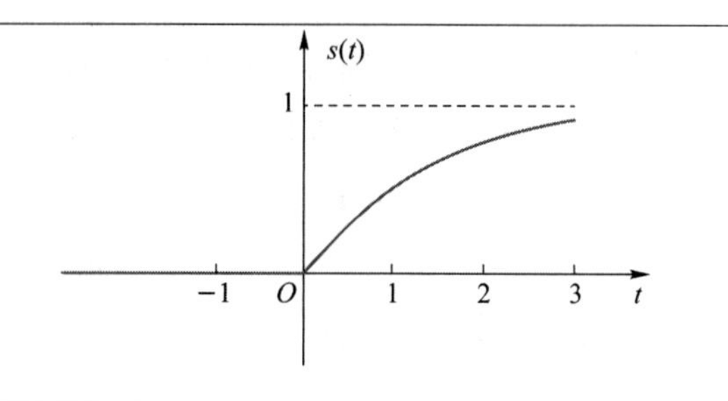

7. 已知信号 $f_1(t)=u(t+1)-u(t-1)$，$f_2(t)=\delta(t+5)+\delta(t-5)$，求解并画出 $s_1(t)$，$s_2(t)$以及 $s(t)$的波形：

(1) $s_1(t)=f_1(t)*f_2(t)$；

(2) $s_2(t)=s_1(t)[u(t+5)-u(t-5)]$；

(3) $s(t)=s_2(t)*f_2(t)$。

解：(1)

$$s_1(t)=f_1(t)*f_2(t)$$

$$=f_1(t)*\delta(t+5)+f_1(t)*\delta(t-5)$$

$$=f_1(t+5)+f_1(t-5)$$

$$=u(t+6)-u(t+4)+u(t-4)-u(t-6)。$$

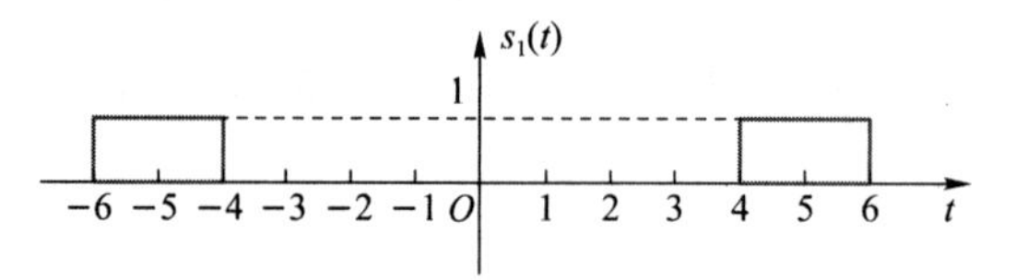

(2)

$$s_2(t)=s_1(t)[u(t+5)-u(t-5)]$$

$$=u(t+5)-u(t+4)+u(t-4)-u(t-5),$$

这个结果可以借助于信号波形直接得到。

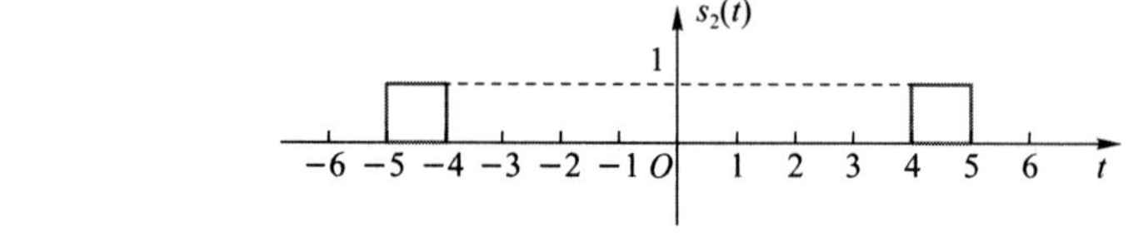

(3)

$$s(t)=s_2(t)*f_2(t)$$

$$=s_2(t)*\delta(t+5)+s_2(t)*\delta(t-5)$$

$$=s_2(t+5)+s_2(t-5)。$$

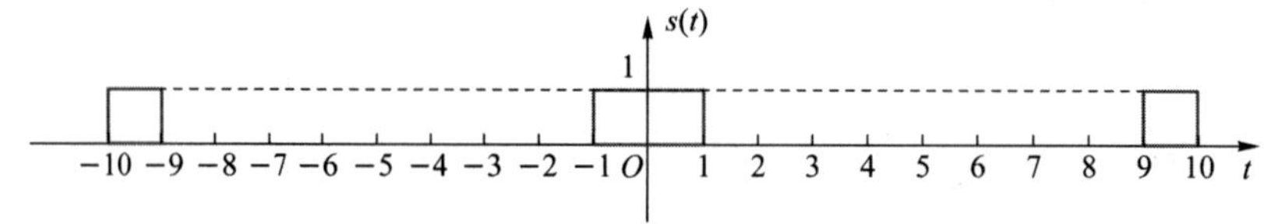

8. 对于题8图所示的函数，计算卷积 $s(t)=f_1(t)*f_2(t)$，并画出 $s(t)$的波形。

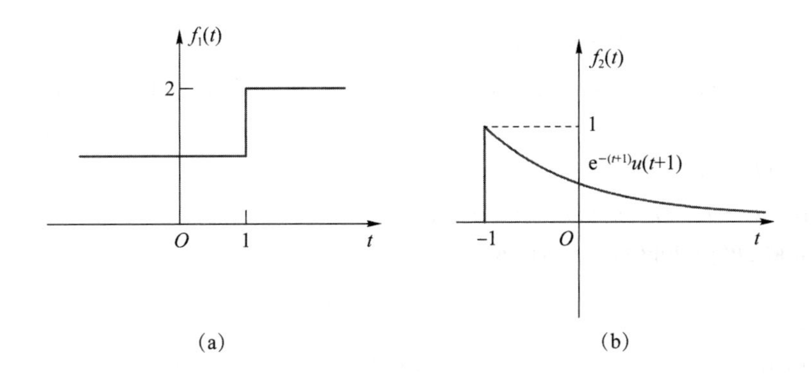

题 8 图

解:两个信号的跳变点都不在 0 时刻。为了运算简便,利用卷积的时移性质将其跳变全部调整至零起点。

$$s(t)=f_1(t)*f_2(t)=f_1(t+1)*f_2(t-1)=u(t)*[e^{-t}u(t)]+1*[e^{-t}u(t)],$$

设 $s_1(t)=u(t)*[e^{-t}u(t)]$,$s_2(t)=1*[e^{-t}u(t)]$,则

$$\begin{aligned} s_1(t) &= u(t)*[e^{-t}u(t)] \\ &= u(t)\int_0^t e^{-\tau}d\tau \\ &= (1-e^{-t})u(t)。\end{aligned}$$

而对于 $s_2(t)$,注意不要把与常数的卷积下意识当成与常数的乘法。按照定义计算如下,

$$s_2(t)=1*[e^{-t}u(t)]=\int_{-\infty}^{\infty}e^{-\tau}u(\tau)d\tau=\int_0^{\infty}e^{-\tau}d\tau=(-e^{-\tau})\Big|_0^{\infty}=1,$$

或者

$$s_2(t)=1*[e^{-t}u(t)]=\int_{-\infty}^{\infty}e^{-(t-\tau)}u(t-\tau)d\tau=e^{-t}\int_{-\infty}^{t}e^{\tau}d\tau=e^{-t}(e^{\tau})\Big|_{-\infty}^{t}=1。$$

所以

$$s(t)=s_1(t)+s_2(t)=(1-e^{-t})u(t)+1。$$

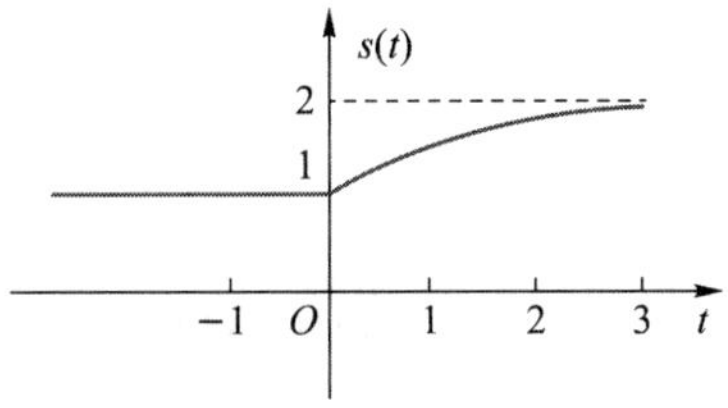

9. 题 9 图中的系统由子系统组成,$h_1(t)=u(t)$,$h_2(t)=\delta(t-1)$,$h_3(t)=-\delta(t)$。设激励信号为 $e(t)$,响应信号为 $r(t)$,求总系统单位冲激响应。

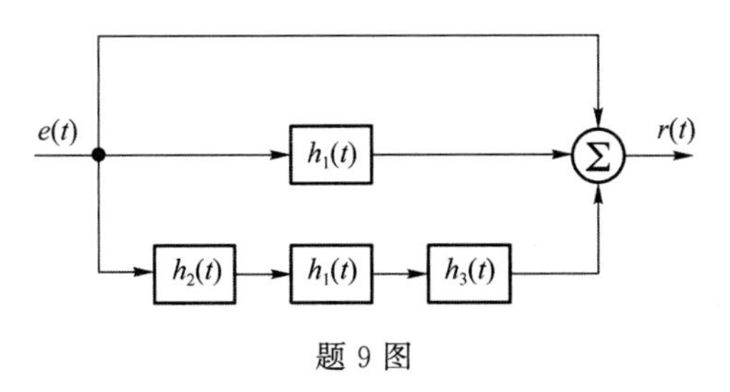

题 9 图

解：上、中、下三路的冲激响应分别如下。

上路：$\delta(t)$，注意不要忘记这一路，也不要把这种直传系统的单位冲激响应当成常数。

中路：$h_1(t)=u(t)$。

下路：$h_2(t)*h_1(t)*h_3(t)=-u(t-1)$。

三路并联，单位冲激响应相加，所以

$$h(t)=\delta(t)+u(t)-u(t-1)。$$

10. 已知因果系统微分方程为 $\frac{\mathrm{d}^2r(t)}{\mathrm{d}t^2}+3\frac{\mathrm{d}r(t)}{\mathrm{d}t}+2r(t)=\frac{\mathrm{d}e(t)}{\mathrm{d}t}+3e(t)$，且对于有起点激励信号，有初状态 $r(0_-)=1,r'(0_-)=2$。求激励为 $e(t)=u(t)$ 的全响应，并指出其零状态响应与零输入响应分量、自由响应与强迫响应分量、暂态响应与稳态响应分量。

解：零输入响应方程为

$$\frac{\mathrm{d}^2r_{zi}(t)}{\mathrm{d}t^2}+3\frac{\mathrm{d}r_{zi}(t)}{\mathrm{d}t}+2r_{zi}(t)=0,$$

特征根为 $-1,-2$，所以零输入响应的一般形式为 $r_{zi}(t)=A_1\mathrm{e}^{-t}+A_2\mathrm{e}^{-2t}$。由初状态可得

$$\begin{cases}r_{zi}(0_-)=A_1+A_2=1\\ r'_{zi}(0_-)=-A_1-2A_2=2\end{cases},$$

解得

$$\begin{cases}A_1=4\\ A_2=-3\end{cases},$$

所以 $r_{zi}(t)=4\mathrm{e}^{-t}-3\mathrm{e}^{-2t}$。

零状态单位冲激响应方程为

$$\frac{\mathrm{d}^2h(t)}{\mathrm{d}t^2}+3\frac{\mathrm{d}h(t)}{\mathrm{d}t}+2h(t)=\delta'(t)+3\delta(t),$$

冲激响应的一般形式为 $h(t)=r_{ph}(t)u(t)$，其中 $r_{ph}(t)=B_1\mathrm{e}^{-t}+B_2\mathrm{e}^{-2t}$。各阶表达式为

$$\begin{cases}h(t)=r_{ph}(t)u(t)\\ h'(t)=r'_{ph}(t)u(t)+r_{ph}(0)\delta(t)\\ h''(t)=r''_{ph}(t)u(t)+r'_{ph}(0)\delta(t)+r_{ph}(0)\delta'(t)\end{cases},$$

代入微分方程，根据奇异项系数平衡可得

$$\begin{cases}r'_{ph}(0)+3r_{ph}(0)=3=-B_1-2B_2+3B_1+3B_2\\ r_{ph}(0)=1=B_1+B_2\end{cases},$$

解得

$$\begin{cases}B_1=2\\ B_2=-1\end{cases},$$

所以 $h(t)=(2\mathrm{e}^{-t}-\mathrm{e}^{-2t})u(t)$。

激励为 $e(t)=u(t)$ 的零状态响应为

$$
\begin{aligned}
r_{zs}(t) &= u(t) * h(t) \\
&= 2e^{-t}u(t) * u(t) - e^{-2t}u(t) * u(t) \\
&= \left[2 \cdot \int_0^t e^{-\tau}d\tau - \int_0^t e^{-2\tau}d\tau\right]u(t) \\
&= \left[-2e^{-t} + 2 + \frac{1}{2}e^{-2t} - \frac{1}{2}\right]u(t) \\
&= \left[-2e^{-t} + \frac{1}{2}e^{-2t} + \frac{3}{2}\right]u(t),
\end{aligned}
$$

因此

$$r(t)=r_{zi}(t)+r_{zs}(t)=4e^{-t}-3e^{-2t}+\left[-2e^{-t}+\frac{1}{2}e^{-2t}+\frac{3}{2}\right]u(t)。$$

零状态响应与零输入响应在运算过程中已做区分。

在 $t>0_+$ 区间可表示为 $r(t)=2e^{-t}-\frac{5}{2}e^{-2t}+\frac{3}{2}, t>0_+$，其中：$2e^{-t}-\frac{5}{2}e^{-2t}$ 是自由响应，$\frac{3}{2}$ 是强迫响应；$2e^{-t}-\frac{5}{2}e^{-2t}$ 是暂态响应，$\frac{3}{2}$ 是稳态响应。

11. 根据题11图列出差分方程________，已知边界条件 $y(-1)=3$，求出输入序列 $x(n)=\delta(n)$ 的总输出 $y(n)$（零输入、零状态分别求解）。

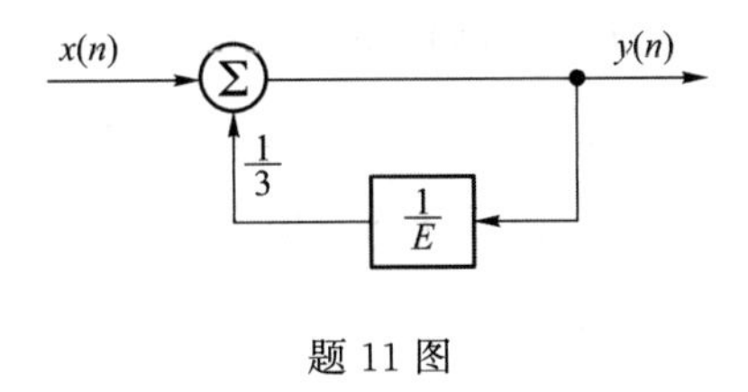

题11图

解：差分方程为 $y(n)-\frac{1}{3}y(n-1)=x(n)$。

① 零输入响应方程为 $y_{zi}(n)-\frac{1}{3}y_{zi}(n-1)=0$。

a. 特征方程为 $r-\frac{1}{3}=0$，解得特征根 $r=\frac{1}{3}$，所以零输入响应的一般形式为 $y_{zi}(n)=A\left(\frac{1}{3}\right)^n$。

b. 边界条件 $y(-1)=3$ 是 $n<0$ 时的值，不包含输入响应，所以零输入响应可代入此条件求解系数。$y_{zi}(-1)=A\left(\frac{1}{3}\right)^{-1}=3$，解得 $A=1$，所以 $y_{zi}(n)=\left(\frac{1}{3}\right)^n$。

② 零状态响应方程为 $y_{zs}(n)-\frac{1}{3}y_{zs}(n-1)=x(n)$。

a. 输入序列 $x(n)=\delta(n)$，最高阶数小于响应侧最高阶数，所以零状态响应的一般形式不包含单位样值项，仅有齐次项，$y_{zs}(n)=B\left(\frac{1}{3}\right)^n u(n)$。

b. 根据零状态条件，$y_{zs}(n)=0,n<0$，要求解零状态响应系数，需迭代出有值区域的响应值。设 $n=0$，则 $y_{zs}(0)-\frac{1}{3}y_{zs}(-1)=\delta(0)$，解得 $y_{zs}(0)=1$，代入零状态响应的一般形式，$y_{zs}(0)=B\left(\frac{1}{3}\right)^0u(0)=B=1$，系数解得。零状态响应为 $y_{zs}(n)=\left(\frac{1}{3}\right)^n u(n)$。

③ 所以总输出 $y(n)=y_{zi}(n)+y_{zs}(n)=\left(\frac{1}{3}\right)^n+\left(\frac{1}{3}\right)^n u(n)$。

12. 系统的单位样值响应 $h(n)=3^n u(-n)$，试讨论该系统的因果性与稳定性。

解：$h(n)=3^n u(-n)$ 在 $n<0$ 时有响应，所以是非因果的。$\sum\limits_{k=-\infty}^{\infty}|h(k)|=\sum\limits_{k=-\infty}^{0}3^k=\sum\limits_{k=0}^{\infty}\left(\frac{1}{3}\right)^k=\frac{3}{2}$ 为有限值，所以系统稳定。

13. 对于线性时不变系统：

(1) 已知零状态阶跃响应是 $g(n)=\left(\frac{1}{3}\right)^n u(n)$，试求单位样值响应 $h(n)$。

(2) 已知零状态单位样值响应 $h(n)=(-1)^n u(n)$，试求阶跃响应 $g(n)$。

解：(1) 单位样值信号与阶跃信号满足差分关系，$\delta(n)=u(n)-u(n-1)$，

$$h(n)=g(n)-g(n-1)=\left(\frac{1}{3}\right)^n u(n)-\left(\frac{1}{3}\right)^{n-1}u(n-1)=-2\times\left(\frac{1}{3}\right)^n u(n)+3\delta(n)。$$

(2) 阶跃响应即激励为 $u(n)$ 时的零状态响应，$g(n)=h(n)*u(n)$，

$$g(n)=\sum_{k=-\infty}^{n}h(k)=\sum_{k=-\infty}^{n}(-1)^k u(k)=u(n)\cdot\sum_{k=0}^{n}(-1)^k=\left[\frac{1}{2}+\frac{1}{2}\times(-1)^n\right]u(n)。$$

14. 使用要求的方法求解下列卷积和 $y(n)=x(n)*h(n)$：

(1) (单位样值展开法) $x(n)$ 和 $h(n)$ 如题 14 图所示。

(2) (解析式法) $x(n)=\alpha^n u(n),0<\alpha<1$；$h(n)=\beta^n u(n),0<\beta<1$；$\alpha\neq\beta$。

(3) (对位相乘求和法) $x(n)=u(n+1)-u(n-2)$，$h(n)=x(n-1)$。

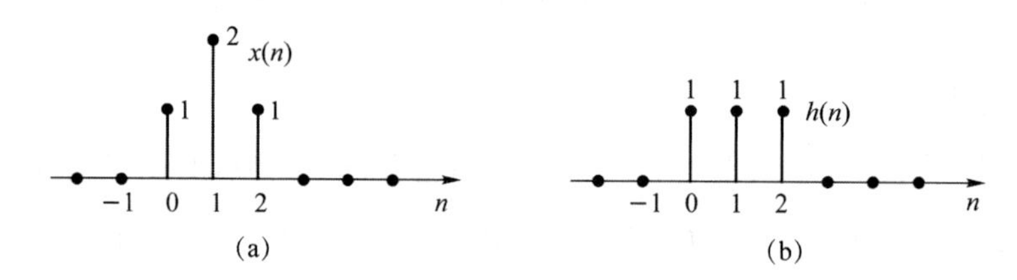

题 14 图

解：(1)

$$x(n)=\delta(n)+2\delta(n-1)+\delta(n-2),$$

$$\begin{aligned}y(n)&=x(n)*[\delta(n)+\delta(n-1)+\delta(n-2)]\\&=x(n)+x(n-1)+x(n-2)\\&=\delta(n)+3\delta(n-1)+4\delta(n-2)+3\delta(n-3)+\delta(n-4)。\end{aligned}$$

（2）

$$
\begin{aligned}
y(n) &= \sum_{m=-\infty}^{\infty} x(m)h(n-m) \\
&= \sum_{m=-\infty}^{\infty} \alpha^m \beta^{n-m} u(m)u(n-m) \\
&= \beta^n u(n) \sum_{m=0}^{n} \left(\frac{\alpha}{\beta}\right)^m \\
&= \beta^n u(n) \frac{1-\left(\frac{\alpha}{\beta}\right)^{n+1}}{1-\frac{\alpha}{\beta}} \\
&= \frac{\beta^{n+1}-\alpha^{n+1}}{\beta-\alpha} u(n)。
\end{aligned}
$$

（3）

	$x(n)$:			1	1 ($\uparrow n=0$)	1
×	$h(n)$:			1 ($\uparrow n=0$)	1	1
				1	1	1
			1	1	1	
+		1	1	1		
	$y(n)=\{$	1	2 ($\uparrow n=0$)	3	2	$1\}$

需要注意，序列右对齐，不要进位，零点前的个数总和不变：如本题中 $x(n)$，$h(n)$ 零点前仅有 1 个值，卷积后零点前仍有 1 个值。

第3章

连续时间信号的频域分析

知识背景

真实物理系统在对信号的发射、传输、接收过程中体现出了非常鲜明的频率特征：一根琴弦，不管拨动的力度多大，发出的音调是固定的；长波、中波、短波等无线电波段的电磁波信号可以穿透一些建筑物进行传输，但光频的电磁波却会被墙壁阻挡；人的耳朵可以听到频率为 20 Hz～20 kHz 的声音，无法听到频率更低的次声波和频率更高的超声波。类似的现象在利用信号传递信息的过程中是广泛存在的，因此，分析信号的频率特征是非常必要的，而且有助于进一步理解信号与真实系统的本质关系。

学习要点

1. 掌握三角函数形式的傅里叶级数的展开方法，包括基底函数的选择、系数的求法。

2. 掌握三角函数形式的傅里叶级数与简谐形式/余弦形式的傅里叶级数的转换方法，掌握单边频谱图(幅频图、相频图)的画法和意义。

3. 掌握复指数形式的傅里叶级数的意义和双边频谱图(幅频图、相频图)。

4. 掌握信号正交的概念。了解正交函数集，了解完备性及简单的判定。初步掌握帕塞瓦尔定理，会根据频谱图求信号功率。

5. 掌握傅里叶变换的意义，掌握典型信号傅里叶变换的运算，尤其是熟练掌握矩形脉冲信号、矩形脉冲组合信号等信号的傅里叶变换。熟练掌握 Sa 函数信号的傅里叶变换。

6. 熟练掌握傅里叶变换的性质：线性、对称性、奇偶虚实性、尺度变换性、时移性、频移性、时域微分性质、频域微分性质、时域积分性质。学会主要利用性质而非直接积分求解傅里叶变换的思路。

7. 熟练掌握时域卷积性质和频域卷积性质。

8. 熟练掌握正弦/余弦、冲激序列的傅里叶变换，掌握周期信号的傅里叶变换求解方法。

9. 掌握傅里叶变换的帕塞瓦尔定理，掌握通过能量谱密度求信号能量的方法。

要点精讲

3.1　周期信号的傅里叶级数展开

3.1.1　投影系数与正交分解

分析信号的频率特征，一个比较直接的思路是分析信号包含哪些频率分量，如有信号 $f(t)$，通过计算信号中不同角频率对应的 $\cos(\omega t)$、$\sin(\omega t)$信号含量，就可以得到信号 $f(t)$ 的频率组成。

那么如何计算一个信号中包含多少另一个信号分量呢？设有信号 $f_1(t)$，如何判断其是否包含分量 $f_2(t)$？如果包含的话，如何求分量系数？一个比较合理的方法是通过能量变化判断。在区间(t_1,t_2)内，如果信号 $f_1(t)$包含分量 $f_2(t)$，那么从信号 $f_1(t)$中减去合适量的 $f_2(t)$，如 $f_e(t)=f_1(t)-x\cdot f_2(t)$，则所得信号 $f_e(t)$的能量应该可以比 $f_1(t)$的能量小。如果实数 x 取任意非零值，$f_e(t)$的能量都大于 $f_1(t)$的能量，则说明信号 $f_1(t)$中不包含分量 $f_2(t)$，与 $f_2(t)$的任意加减运算都引入了新的能量。

首先考虑以上信号都是实信号，设新信号能量 $\varepsilon=\int_{t_1}^{t_2}|f_1(t)-x\cdot f_2(t)|^2\mathrm{d}t$，考虑其随 x 的变化。因为实信号模方与平方相等，所以

$$
\begin{aligned}
\varepsilon &= \int_{t_1}^{t_2}[f_1(t)-x\cdot f_2(t)]^2\mathrm{d}t \\
&= \int_{t_1}^{t_2} f_1^2(t)\mathrm{d}t-\int_{t_1}^{t_2}2x\cdot f_1(t)f_2(t)\mathrm{d}t+\int_{t_1}^{t_2}x^2\cdot f_2^2(t)\mathrm{d}t \\
&= \int_{t_1}^{t_2} f_2^2(t)\mathrm{d}t\cdot x^2-2\int_{t_1}^{t_2}f_1(t)f_2(t)\mathrm{d}t\cdot x+\int_{t_1}^{t_2}f_1^2(t)\mathrm{d}t,
\end{aligned}
\tag{3.1.1}
$$

式中的一些定积分式不含外部变量，实际是常数，可以用字母代替，设

$$
\begin{cases}
A=\int_{t_1}^{t_2} f_2^2(t)\mathrm{d}t \\
B=\int_{t_1}^{t_2} f_1(t)f_2(t)\mathrm{d}t, \\
C=\int_{t_1}^{t_2} f_1^2(t)\mathrm{d}t
\end{cases}
\tag{3.1.2}
$$

则

$$\varepsilon=A\cdot x^2-2B\cdot x+C, \tag{3.1.3}$$

可以看出，ε 是一个与 x 有关的一元二次式，由于 $A>0$，因此随着 x 变化，ε 存在一个最小值，位于 $x=B/A$ 处，我们将这个最小值点设为 x_c，则

$$x_c=\frac{B}{A}=\frac{\int_{t_1}^{t_2} f_1(t)f_2(t)\mathrm{d}t}{\int_{t_1}^{t_2} f_2^2(t)\mathrm{d}t}。 \tag{3.1.4}$$

x 在 x_c 左右两侧移动，都只能让 ε 增加，这意味着 $f_1(t)$ 减去 $x_c f_2(t)$ 后就不再包含 $f_2(t)$ 分量了，所以 x_c 表示的就是 $f_1(t)$ 中 $f_2(t)$ 的含量，称为 $f_1(t)$ 中 $f_2(t)$ 分量的系数，也称为 $f_1(t)$ 在 $f_2(t)$ 上的投影系数。**如果 $x_c=0$，则说明 $f_1(t)$ 中不包含 $f_2(t)$ 分量，这种情况称为 $f_1(t)$ 与 $f_2(t)$ 正交。**

证明： 考虑如下积分：

$$\int_{t_1}^{t_2}[f_1(t)-x_c f_2(t)]f_2(t)\mathrm{d}t = \int_{t_1}^{t_2} f_1(t)f_2(t)\mathrm{d}t - x_c\int_{t_1}^{t_2} f_2^2(t)\mathrm{d}t$$

$$= B-\frac{B}{A}\cdot A$$

$$=0,$$

根据式(3.1.4)，$f_1(t)-x_c f_2(t)$ 与 $f_2(t)$ 正交，不包含 $f_2(t)$ 分量。

在分析信号特性的过程中，我们也经常把实信号分解为共轭复信号，也会涉及求复信号分量系数的问题。若要求复信号 $f_1(t)$ 在复信号 $g(t)$ 上的投影系数，其公式则是

$$c=\frac{\int_{t_1}^{t_2} f_1(t)g^*(t)\mathrm{d}t}{\int_{t_1}^{t_2} g(t)g^*(t)\mathrm{d}t}。\tag{3.1.5}$$

证明： 设 $Q(c)=\int_{t_1}^{t_2}|f_1(t)-cg(t)|^2\mathrm{d}t$，则投影系数即为使 $Q(c)$ 最小的 c 值，

$$\begin{aligned}Q(c) &= \int_{t_1}^{t_2}|f_1(t)-cg(t)|^2\mathrm{d}t\\ &= \int_{t_1}^{t_2} f_1(t)f_1^*(t)\mathrm{d}t-\int_{t_1}^{t_2} f_1(t)g^*(t)\mathrm{d}t\cdot c^*-\int_{t_1}^{t_2} f_1^*(t)g(t)\mathrm{d}t\cdot c+\\ &\quad \int_{t_1}^{t_2} g(t)g^*(t)\mathrm{d}t\cdot cc^*\\ &= X-Y\cdot c^*-Y^*\cdot c+Z\cdot cc^*,\end{aligned}$$

其中

$$\begin{cases}X=\int_{t_1}^{t_2} f_1(t)f_1^*(t)\mathrm{d}t\\ Y=\int_{t_1}^{t_2} f_1(t)g^*(t)\mathrm{d}t,\\ Z=\int_{t_1}^{t_2} g(t)g^*(t)\mathrm{d}t\end{cases}$$

设 $c=E\mathrm{e}^{\mathrm{j}\varphi}$，则

$$Q(c)=X-Y\cdot E\mathrm{e}^{-\mathrm{j}\varphi}-Y^*\cdot E\mathrm{e}^{\mathrm{j}\varphi}+ZE^2,$$

其最小值应同时满足

$$\begin{cases}\dfrac{\partial Q(c)}{\partial E}=-Y\cdot \mathrm{e}^{-\mathrm{j}\varphi}-Y^*\cdot \mathrm{e}^{\mathrm{j}\varphi}+2ZE=0, & ①\\ \dfrac{\partial Q(c)}{\partial \varphi}=\mathrm{j}E(Y\mathrm{e}^{-\mathrm{j}\varphi}-Y^*\mathrm{e}^{\mathrm{j}\varphi})=0, & ②\end{cases}$$

由式①可得

$$E=\frac{Y\cdot \mathrm{e}^{-\mathrm{j}\varphi}+Y^*\cdot \mathrm{e}^{\mathrm{j}\varphi}}{2Z},\quad ③$$

式②中 $Y\mathrm{e}^{-\mathrm{j}\varphi}-Y^*\mathrm{e}^{\mathrm{j}\varphi}=0$,共轭项相减得 0 说明 $Y\mathrm{e}^{-\mathrm{j}\varphi}$ 和 $Y^*\mathrm{e}^{\mathrm{j}\varphi}$ 的虚部为 0,即

$$\varphi=\mathrm{Arg}(Y),$$

代入式③可得

$$E=\frac{Y\cdot \mathrm{e}^{-\mathrm{jArg}(Y)}+Y^*\cdot \mathrm{e}^{\mathrm{jArg}(Y)}}{2Z}=\frac{|Y|}{Z},$$

所以使 $Q(c)$ 最小的 c 值,即投影系数为

$$c=\frac{|Y|\mathrm{e}^{\mathrm{jArg}(Y)}}{Z}=\frac{Y}{Z}。$$

了解了投影与正交,可以引入函数空间的概念。函数空间即满足一定条件的所有函数的集合。在一个函数空间中,如果一系列函数组成的函数集 $\{g_n(t)\}$ 中任意两个函数互相正交,则这个函数集就称为此函数空间的一个正交函数集。如果把这个函数空间内的函数 $f(t)$ 投影在 $g_1(t),g_2(t),g_3(t),\cdots$ 上的分量依次减去,$f(t)$ 的剩余信号能量就会越来越小,这个过程称为正交分量提取。如果利用一个正交函数集对函数空间内的任意函数进行正交分量提取,都能使函数剩余信号能量趋于零,那么这个正交函数集就称为这个函数空间的完备正交函数集,也称为基底函数。函数可以写为在基底函数上投影的组合形式,称为正交分解:

$$f(t)=\sum_{i=1}^{n}c_i g_i(t),\tag{3.1.6}$$

其中,c_i 是 $f(t)$ 在 $g_i(t)$ 上的投影系数。

3.1.2　周期信号的谐波分量

利用投影系数可以分析信号中所包含的分量,现在考虑基波周期为 T_0 的周期信号 $f(t)$ 中包含的 $\cos(\omega t)$ 频率分量的系数。根据投影系数公式,$f(t)$ 中所包含的角频率为 ω 的余弦分量系数为

$$c_\omega=\frac{\int_{-\infty}^{\infty}f(t)\cos(\omega t)\mathrm{d}t}{\int_{-\infty}^{\infty}\cos^2(\omega t)\mathrm{d}t}。\tag{3.1.7}$$

分析:式中分母趋于正无穷,暂不处理,先分析分子部分。我们把积分区间分为无穷多个长度为 T_0 的时间段进行求和,可得

$$\begin{aligned}\int_{-\infty}^{\infty}f(t)\cos(\omega t)\mathrm{d}t &= \sum_{n=-\infty}^{\infty}\int_{nT_0}^{nT_0+T_0}f(t)\cos(\omega t)\mathrm{d}t\\ &=\sum_{n=-\infty}^{\infty}\int_{0}^{T_0}f(t+nT_0)\cos(\omega t+n\omega T_0)\mathrm{d}t\\ &=\int_0^{T_0}f(t)\sum_{n=-\infty}^{\infty}\cos(\omega t+n\omega T_0)\mathrm{d}t。\quad ①\end{aligned}$$

下面分析这个余弦序列的求和式，根据和差化积公式可得

$$\sum_{n=-\infty}^{\infty}\cos(\omega t+n\omega T_0)=\sum_{n=-\infty}^{\infty}[\cos(\omega t)\cos(n\omega T_0)-\sin(\omega t)\sin(n\omega T_0)]$$

$$=\cos(\omega t)\sum_{n=-\infty}^{\infty}\cos(n\omega T_0)-\sin(\omega t)\sum_{n=-\infty}^{\infty}\sin(n\omega T_0)。$$

其中的正弦序列为奇函数，求和为零，

$$\sum_{n=-\infty}^{\infty}\sin(n\omega T_0)=0。$$

$$\sum_{n=-\infty}^{\infty}\cos(\omega t+n\omega T_0)=\cos(\omega t)\sum_{n=-\infty}^{\infty}\cos(n\omega T_0)。\quad ②$$

下面分析剩下的余弦序列。我们先考虑 ωT_0 不是 2π 的整数倍的情况，这时有

$$\sum_{n=-\infty}^{\infty}\cos(n\omega T_0)=1+\sum_{n=1}^{\infty}2\cos(n\omega T_0)=\lim_{k\to\infty}\left[1+2\sum_{n=1}^{k}\cos(n\omega T_0)\right]。$$

这个序列求和的结果可以通过配一个 $\sin\left(\frac{\omega T_0}{2}\right)$项，再利用积化和差公式展开、消项得到，

$$1+2\sum_{n=1}^{k}\cos(n\omega T_0)=1+\frac{1}{\sin\left(\frac{1}{2}\omega T_0\right)}\sum_{n=1}^{k}2\cos(n\omega T_0)\sin\left(\frac{\omega T_0}{2}\right)$$

$$=1+\frac{1}{\sin\left(\frac{1}{2}\omega T_0\right)}\sum_{n=1}^{k}\left\{-\sin\left[\left(n-\frac{1}{2}\right)\omega T_0\right]+\sin\left[\left(n+\frac{1}{2}\right)\omega T_0\right]\right\}$$

$$=1+\frac{1}{\sin\left(\frac{1}{2}\omega T_0\right)}\left\{-\sin\left(\frac{1}{2}\omega T_0\right)+\sin\left(\frac{3}{2}\omega T_0\right)-\sin\left(\frac{3}{2}\omega T_0\right)+\sin\left(\frac{5}{2}\omega T_0\right)-\cdots+\sin\left[\left(k-\frac{1}{2}\right)\omega T_0\right]-\sin\left[\left(k-\frac{1}{2}\right)\omega T_0\right]+\sin\left[\left(k+\frac{1}{2}\right)\omega T_0\right]\right\}$$

$$=\frac{\sin\left[\left(k+\frac{1}{2}\right)\omega T_0\right]}{\sin\left(\frac{1}{2}\omega T_0\right)},$$

所以

$$\sum_{n=-\infty}^{\infty}\cos(n\omega T_0)=\lim_{k\to\infty}\frac{\sin\left[\left(k+\frac{1}{2}\right)\omega T_0\right]}{\sin\left(\frac{\omega T_0}{2}\right)},$$

在 ωT_0 不是 2π 的整数倍的情况下，这是一个有界值，用 $M=\sum_{n=-\infty}^{\infty}\cos(n\omega T_0)$ 来表示，代入式②可得

$$\sum_{n=-\infty}^{\infty}\cos(\omega t+n\omega T_0)=M\cdot\cos(\omega t),$$

再代入式 ① 可得

$$\int_{-\infty}^{\infty}f(t)\cos(\omega t)\mathrm{d}t=M\cdot\int_0^{T_0}f(t)\cos(\omega t)\mathrm{d}t。$$

化为这种形式后容易看出，c_ω 表达式中分子的值有界。

通过以上分析可以看出，当 ωT_0 不是 2π 的整数倍时，c_ω 的分母趋于正无穷，分子的值有界，在这种情况下，$c_\omega=0$。即 $\omega T_0\neq 2n\pi,\omega\neq n\dfrac{2\pi}{T_0}$时，$f(t)$中不包含 $\cos(\omega t)$分量。同理，也可以证得 $f(t)$中不包含 $\omega\neq n\dfrac{2\pi}{T_0}$频率的 $\sin(\omega t)$分量。

设 $\omega_0=\dfrac{2\pi}{T_0}$，称为周期函数 $f(t)$的基波角频率，$n\omega_0=n\dfrac{2\pi}{T_0}$为周期函数 $f(t)$的 n 次谐波角频率，角频率为周期函数 $f(t)$的谐波角频率的三角函数，如 $\cos(n\omega_0 t)$和 $\sin(n\omega_0 t)$，称为周期函数 $f(t)$的 n 次谐波，则以上结论可以表述为，周期信号 $f(t)$中不包含非谐波分量，$f(t)$与非谐波分量正交。也就是说，周期信号 $f(t)$可能包含的频率分量只能是直流和各次谐波分量，即 $f(t)$可以写为直流、$\cos(n\omega_0 t)$和 $\sin(n\omega_0 t)$分量的组合形式，这个组合即周期为 T_0 的函数空间中的完备正交函数集$\{\cos(n\omega_0 t),\sin(n\omega_0 t)\}$，$n\geqslant 0$。

3.1.3 傅里叶级数展开

根据以上分析，周期信号 $f(t)$可以分解为以下三角函数的组合形式：

$$f(t)=a_0+\sum_{n=1}^{\infty}[a_n\cos(n\omega_0 t)+b_n\sin(n\omega_0 t)],\tag{3.1.8}$$

其中，$\omega_0=\dfrac{2\pi}{T_0}$为基波角频率。式中的分量系数可以利用投影系数公式得到，并且在计算过程中，没有必要做全时域积分，任取一个周期 T_0 内的信号求分量系数即可。这是因为信号和各次谐波分量均满足以周期 T_0 重复出现，所以一个周期内的分量系数与全时域的分量系数相等。由此得到 $f(t)$中直流、$\cos(n\omega_0 t)$和 $\sin(n\omega_0 t)$分量的系数为

$$\begin{cases}a_0=\dfrac{\int_{T_0}f(t)\cdot 1\mathrm{d}t}{\int_{T_0}1\cdot 1\mathrm{d}t}=\dfrac{1}{T_0}\int_{T_0}f(t)\mathrm{d}t\\ a_n=\dfrac{\int_{T_0}f(t)\cdot\cos(n\omega_0 t)\mathrm{d}t}{\int_{T_0}\cos^2(n\omega_0 t)\mathrm{d}t}=\dfrac{2}{T_0}\int_{T_0}f(t)\cos(n\omega_0 t)\mathrm{d}t,\\ b_n=\dfrac{\int_{T_0}f(t)\cdot\sin(n\omega_0 t)\mathrm{d}t}{\int_{T_0}\sin^2(n\omega_0 t)\mathrm{d}t}=\dfrac{2}{T_0}\int_{T_0}f(t)\sin(n\omega_0 t)\mathrm{d}t\end{cases}\tag{3.1.9}$$

式(3.1.8)称为**三角函数形式的傅里叶级数展开式**。

在古典函数领域中，函数做傅里叶级数展开的充要条件是满足狄利克雷条件。狄利克雷条件是指：函数绝对可积，有限区间内的间断点有限，有限区间内的极值个数有限。不过随着广义函数论的建立，狄利克雷条件不再是傅里叶级数展开的必要条件。

【例 3-1】 求图 3-1 所示周期矩形脉冲的三角函数形式的傅里叶级数展开。

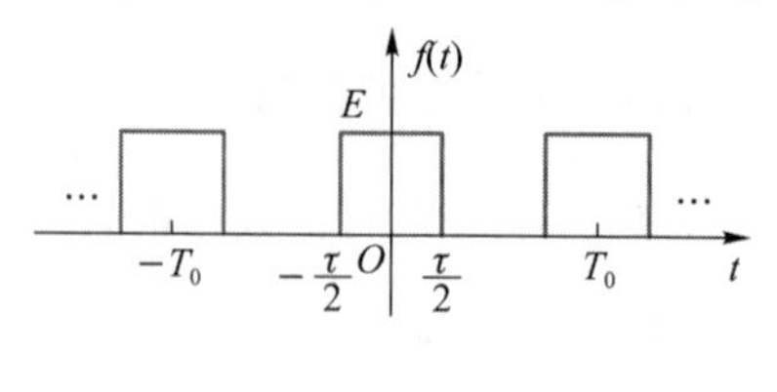

图 3-1

解：信号周期为 T_0，基波角频率为 $\omega_0=2\pi/T_0$，三角函数形式的基底函数为

$$\{\cos(n\omega_0 t),\sin(n\omega_0 t)\},\quad n=0,1,2,\cdots,$$

则信号可以展开为

$$f(t)=a_0+\sum_{n=1}^{\infty}[a_n\cos(n\omega_0 t)+b_n\sin(n\omega_0 t)],$$

其中直流分量为

$$a_0=\frac{1}{T_0}\int_{-\frac{T_0}{2}}^{\frac{T_0}{2}}f(t)\mathrm{d}t=\frac{E\tau}{T_0},$$

第 n 次余弦谐波分量系数为

$$\begin{aligned}a_n&=\frac{2}{T_0}\int_{-\frac{T_0}{2}}^{\frac{T_0}{2}}f(t)\cos(n\omega_0 t)\mathrm{d}t\\&=\frac{2E}{T_0}\int_{-\frac{\tau}{2}}^{\frac{\tau}{2}}\cos(n\omega_0 t)\mathrm{d}t\\&=\frac{2E}{T_0}\cdot\frac{1}{n\omega_0}\sin(n\omega_0 t)\Big|_{-\frac{\tau}{2}}^{\frac{\tau}{2}}\\&=\frac{2E}{T_0}\cdot\frac{2}{n\omega_0}\sin\left(\frac{n\omega_0\tau}{2}\right)\\&=\frac{2E\tau}{T_0}\cdot\frac{2}{n\omega_0\tau}\sin\left(\frac{n\omega_0\tau}{2}\right)\\&=\frac{2E\tau}{T_0}\cdot\mathrm{Sa}\left(\frac{n\omega_0\tau}{2}\right),\end{aligned}$$

第 n 次正弦谐波分量系数为

$$b_n=\frac{2}{T_0}\int_{-\frac{T_0}{2}}^{\frac{T_0}{2}}f(t)\sin(n\omega_0 t)\mathrm{d}t=0。$$

三角函数形式的傅里叶级数展开式向我们展示了周期信号的频率组成情况，可以帮助我们进行信号的频率特性分析。不过这种展开式尚有不足之处，一个明显的问题就是每一个频率分量包含正弦、余弦两个分量，而且这两个分量的系数并无直接联系，哪怕仅是简单的时移都会让展开式产生很大的不同。为解决这一问题，可以把展开式改写为另外一种形

式，对同频率的三角函数进行合并，得到

$$f(t)=c_0+\sum_{n=1}^{\infty}c_n\cos(n\omega_0 t+\theta_n),\tag{3.1.10}$$

其中，

$$\begin{cases}c_0=a_0\\ c_n=\sqrt{a_n^2+b_n^2}\\ \theta_n=\arg(a_n-\mathrm{j}b_n)\end{cases}。\tag{3.1.11}$$

式(3.1.10)称为**简谐形式的傅里叶级数展开式**。c_n 和 θ_n 是两个以序数 n 为变量的序列，分别表示原信号的第 n 次谐波分量的幅度和相位。相对于三角函数形式，简谐形式的一个显著优点是，当信号仅进行简单时移的时候，只有相位发生改变，幅度不变。

通过简谐形式的傅里叶级数展开式可以得到信号的频谱。所谓频谱，是以频率为自变量的函数或图形表示方法的统称。根据所选择的因变量不同可以细分为很多种不同的频谱，但是对于大多数情况，每一个频率分量都至少包含幅度和相位两个参数，所以大多数频谱图都包含幅频图和相频图两部分。

【例 3-2】 画出信号 $f(t)=-0.5\cos(\pi t)+2\cos\left(2\pi t+\frac{\pi}{4}\right)+\cos\left(3\pi t-\frac{\pi}{3}\right)$ 的傅里叶级数单边频谱。

解：傅里叶级数单边频谱是每一个谐波频率分量的幅度和相位的图形，需要注意的是，频率分量的幅度只能是非负值，所以式中的 $-0.5\cos(\pi t)$ 要转换为 $0.5\cos(\pi t+\pi)$，幅度为 0.5，相位为 π。$f(t)$ 的频谱图如图 3-2 所示。

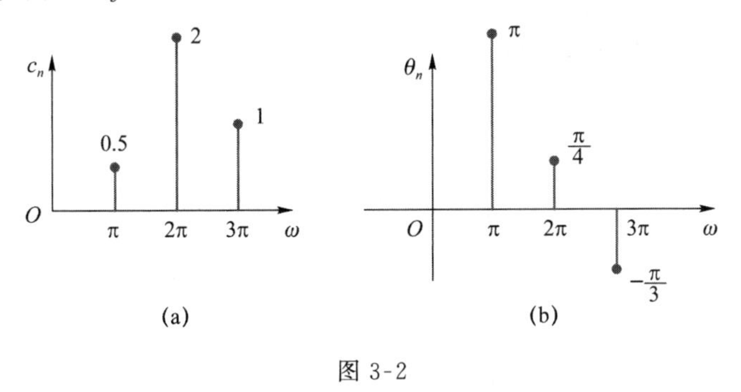

图 3-2

通过欧拉公式，我们可以把简谐形式进一步转换为复指数形式，使其形式上更加统一。

$$\begin{aligned}f(t)&=c_0+\sum_{n=1}^{\infty}c_n\cos(n\omega_0 t+\theta_n)\\&=c_0+\sum_{n=1}^{\infty}c_n\cdot\frac{\mathrm{e}^{\mathrm{j}(n\omega_0 t+\theta_n)}+\mathrm{e}^{-\mathrm{j}(n\omega_0 t+\theta_n)}}{2}\\&=c_0+\sum_{n=1}^{\infty}\frac{c_n\mathrm{e}^{\mathrm{j}\theta_n}}{2}\cdot\mathrm{e}^{\mathrm{j}n\omega_0 t}+\sum_{n=-\infty}^{-1}\frac{c_{-n}\mathrm{e}^{\mathrm{j}\theta_{-n}}}{2}\cdot\mathrm{e}^{\mathrm{j}n\omega_0 t}\\&=\sum_{n=-\infty}^{\infty}F_n\cdot\mathrm{e}^{\mathrm{j}n\omega_0 t},\end{aligned}\tag{3.1.12}$$

其中，

$$F_n=|F_n|e^{j\varphi_n}=\begin{cases}\dfrac{1}{2}c_n e^{j\theta_n}, & n>0\\ c_0, & n=0\\ \dfrac{1}{2}c_{-n}e^{j\theta_{-n}}, & n<0\end{cases}。\tag{3.1.13}$$

事实上，式(3.1.12)的结果是把信号 $f(t)=\sum\limits_{n=-\infty}^{\infty}F_n\cdot e^{jn\omega_0 t}$ 按照完备正交函数集 $\{e^{jn\omega_0 t}\}$，$n=0,\pm1,\pm2,\cdots$ 进行了正交分解，因此，每个分量 $e^{jn\omega_0 t}$ 的系数 F_n 实际就是信号 $f(t)$ 在这个分量上的投影，所以还可以直接计算得到

$$F_n=\frac{\int_{T_0}f(t)e^{-jn\omega_0 t}dt}{\int_{T_0}e^{jn\omega_0 t}e^{-jn\omega_0 t}dt}=\frac{1}{T_0}\int_{T_0}f(t)e^{-jn\omega_0 t}dt。\tag{3.1.14}$$

3.1.4 帕塞瓦尔约束

把信号正交分解为完备正交函数集的线性组合过程中，信号的总能量是不变的。若 $\{g_n(t)\}$ 为完备正交函数集，且 $f(t)=\sum\limits_{n=1}^{\infty}c_n\cdot g_n(t)$，那么

$$\int_{t_1}^{t_2}|f(t)|^2dt=\sum_{n=1}^{\infty}\int_{t_1}^{t_2}|c_n g_n(t)|^2dt。\tag{3.1.15}$$

这一约束规律称为帕塞瓦尔定理：一个信号所含有的能量(功率)恒等于此信号在完备正交函数集中各分量能量(功率)之和。

证明：由信号能量的定义可知

$$\begin{aligned}\int_{t_1}^{t_2}|f(t)|^2dt&=\int_{t_1}^{t_2}f(t)f^*(t)dt\\&=\int_{t_1}^{t_2}\Big[\sum_{n=1}^{\infty}c_n g_n(t)\Big]\Big[\sum_{m=1}^{\infty}c_m g_m(t)\Big]^*dt\\&=\int_{t_1}^{t_2}\Big[\sum_{n=1}^{\infty}c_n g_n(t)c_n^*g_n^*(t)+\sum_{n\neq m}^{\infty}c_n g_n(t)c_m^*g_m^*(t)\Big]dt\\&=\sum_{n=1}^{\infty}\int_{t_1}^{t_2}|c_n g_n(t)|^2dt。\end{aligned}$$

因此，周期信号的功率可以转换到频域上进行计算，即用傅里叶级数展开式各项的功率求和来计算：

$$P=\frac{1}{T_0}\int_0^{T_0}f(t)\cdot f^*(t)dt=\begin{cases}a_0^2+\sum\limits_{n=1}^{\infty}\left(\dfrac{a_n^2}{2}+\dfrac{b_n^2}{2}\right)\\ c_0^2+\sum\limits_{n=1}^{\infty}\dfrac{c_n^2}{2}\\ \sum\limits_{n=-\infty}^{\infty}|F_n|^2\end{cases}。\tag{3.1.16}$$

3.2　周期矩形脉冲信号的傅里叶级数频谱

3.1 节的例子中已经完成了周期矩形脉冲的三角函数形式的傅里叶级数展开，下面通过其复指数形式的傅里叶级数展开来分析周期矩形脉冲信号的频谱。不同于单边频谱，复指数形式中的基底函数包含负频率分量，其频谱图包含正负频率双边，因此可称为双边频谱。

【例 3-3】 求图 3-1 所示周期矩形脉冲的复指数形式的傅里叶级数展开。

解：信号周期为 T_0，基波角频率为 $\omega_0=2\pi/T_0$，复指数形式的基底函数为 $\{e^{jn\omega_0 t}\}$，其中 n 为所有整数。则信号可以展开为

$$f(t)=\sum_{n=-\infty}^{\infty}F_n\cdot e^{jn\omega_0 t},$$

其中，频谱系数为

$$\begin{aligned}
F_n&=\frac{1}{T_0}\int_{T_0}f(t)e^{-jn\omega_0 t}dt\\
&=\frac{E}{T_0}\int_{-\frac{\tau}{2}}^{\frac{\tau}{2}}e^{-jn\omega_0 t}dt\\
&=\frac{E}{T_0}\cdot\frac{1}{-jn\omega_0}e^{-jn\omega_0 t}\Big|_{-\frac{\tau}{2}}^{\frac{\tau}{2}}\\
&=\frac{E}{T_0}\cdot\frac{2}{n\omega_0}\cdot\frac{1}{2j}\left(e^{j\frac{n\omega_0\tau}{2}}-e^{-j\frac{n\omega_0\tau}{2}}\right)\\
&=\frac{E\tau}{T_0}\cdot\frac{2}{n\omega_0\tau}\sin\left(\frac{n\omega_0\tau}{2}\right)\\
&=\frac{E\tau}{T_0}\mathrm{Sa}\left(\frac{n\omega_0\tau}{2}\right)。
\end{aligned}$$

对于这个信号，其傅里叶级数系数 F_n 恰为实数序列，F_n 与频率的关系可以直接用一张图画出，如图 3-3 所示。

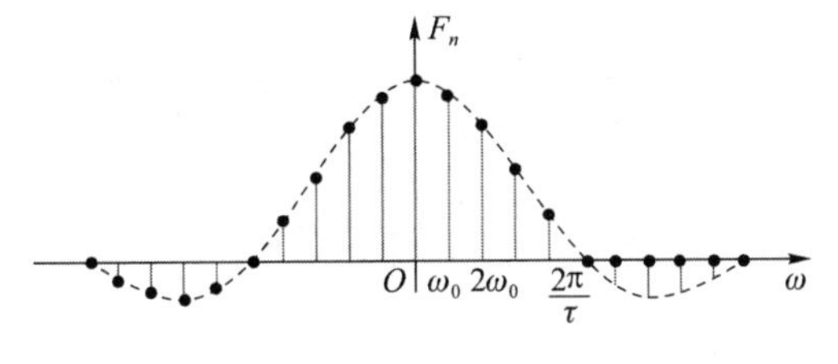

图 3-3

但是在更普遍的情况中，F_n 是复数序列，无法用一张图来表示。复数的图形化表示通常是把 F_n 写为模和辐角的形式，即复数极坐标形式 $|F_n|e^{j\varphi_n}$，此时 $|F_n|$ 和 φ_n 都是实序列，可以分别用一张图来表示，也就是前面提过的幅频图和相频图，如图 3-4 所示。实数序列可以视作复数序列的一种特例，同样可以用模和辐角来表示，对应的模即实数的

绝对值，非负实数对应的辐角为 0，负实数对应的辐角为 π 或 $-\pi$，习惯上正频率部分对应的负实数辐角取 π，负频率部分对应的负实数辐角取 $-\pi$，以形成奇对称关系。

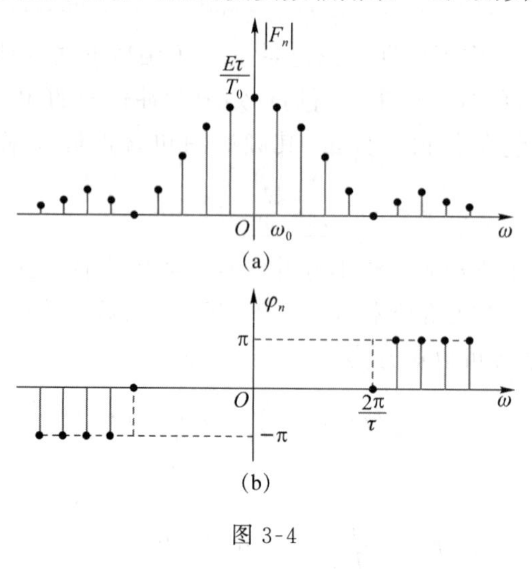

图 3-4

通过频谱图可以直观地看出信号的频率组成特点。周期矩形脉冲的频谱包络为一个 Sa 函数，函数主峰集中在零附近，可知信号的主要频率分量集中在低频部分，随着频率增加，分量系数的模大趋势是逐渐变小，直至趋近于零，满足收敛性。周期矩形脉冲的频谱仅在直流和基波角频率的整数倍位置处，也即谐波频率处有值，满足离散性和谐波性。

改变时域上信号的特征，如改变脉宽 τ 和重复周期 T_0，信号频谱也会产生对应的变化。例如，先维持脉宽 τ 不变，而把重复周期 T_0 增大，可以观察到频谱的变化趋势，如图 3-5 所示，谐波变得越来越密集，分量系数的模变得越来越小，但是包络 Sa 函数的第一个零点的位置不变。

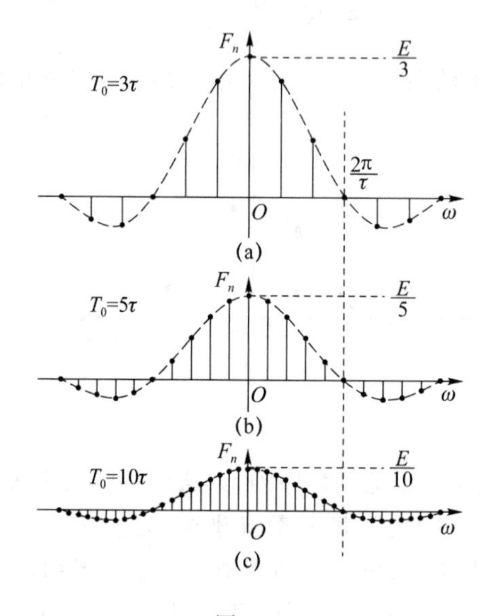

图 3-5

在实际系统中，不可能保留所有频率分量，失真总是存在的。在失真程度可接受的条件下，信号可以用有限频率范围内的信号来近似表示，此频率范围称为信号频带宽度。对于矩形脉冲信号，其频谱的 Sa 函数包络第一个零点之内，也即主瓣之内频率分量的总能量占比均在 90%以上，一般可以认为周期矩形脉冲信号的频带宽度就是 0 频率到第一个零点频率的宽度。注意，负频率是正频率分量的数学共轭项，其物理特性则是一致的，因此在讨论频带宽度时，只需考虑正频率段的宽度即可。矩形脉冲的频带宽度为

$$B_\omega=\frac{2\pi}{\tau} \quad 或 \quad B_f=\frac{1}{\tau}, \tag{3.2.1}$$

时域脉宽与频域带宽呈反比。

【例 3-4】 已知周期矩形脉冲信号的脉宽 $\tau=\frac{1}{20}$ s，周期 $T_0=\frac{1}{4}$ s，计算频谱主瓣信号的功率占比。

解：可以先在时域上计算周期矩形脉冲信号的总平均功率，

$$P=\frac{1}{T_0}\int_{-\frac{T_0}{2}}^{\frac{T_0}{2}} f^2(t)\mathrm{d}t=\frac{1}{T_0}\int_{-\frac{\tau}{2}}^{\frac{\tau}{2}} E^2\mathrm{d}t=0.2E^2,$$

而频谱主瓣内的信号功率则为

$$P_5=\sum_{n=-5}^{5}|F_n|^2\approx 0.181E^2,$$

可见主瓣内信号功率与总信号功率之比约为 90%。

3.3 傅里叶变换

3.3.1 傅里叶变换的定义

对于周期信号，可以用傅里叶级数展开的办法找出其所包含的所有频率分量的系数，从而得到信号的频率组成情况。但是大量实际信号都不是周期的，也不是功率信号，不能做傅里叶级数展开。这些信号同样包含频率特征，也需要做频域转换，以了解其频域性质，于是引入了傅里叶变换分析法。

可以把一个非周期信号 $f(t)$ 视作周期 T_0 无限大的周期信号，其谱系数为

$$F_n=\frac{1}{T_0}\int_{T_0} f(t)\mathrm{e}^{-\mathrm{j}n\omega_0 t}\mathrm{d}t。 \tag{3.3.1}$$

周期 T_0 无限大造成的影响则是 F_n 和基波角频率 ω_0 全都趋于 0。$F_n\to 0$ 使得谱系数不再适用于此处的频谱分析，于是引入新的物理概念 F_nT_0；$\omega_0\to 0$ 使得离散的谐波频率 $n\omega_0$ 变成了连续频率 ω，于是得到

$$F(\omega)=\lim_{T_0\to\infty}T_0F_n=\lim_{T_0\to\infty}\int_{T_0} f(t)\mathrm{e}^{-\mathrm{j}n\omega_0 t}\mathrm{d}t=\int_{-\infty}^{\infty} f(t)\mathrm{e}^{-\mathrm{j}\omega t}\mathrm{d}t, \tag{3.3.2}$$

这就是傅里叶变换的定义。因为 $F_nT_0=\frac{F_n}{f_0}$，可以理解为单位频段内的谱系数，所以傅里叶

变换 $F(\omega)$ 又被称作频谱密度函数。时域信号 $f(t)$ 与频谱密度函数 $F(\omega)$ 之间一一对应，其变换关系可以表示为

$$\begin{cases} F(\omega)=\int_{-\infty}^{\infty} f(t)\mathrm{e}^{-\mathrm{j}\omega t}\,\mathrm{d}t=\mathscr{F}[f(t)] \\ f(t)=\dfrac{1}{2\pi}\int_{-\infty}^{\infty} F(\omega)\mathrm{e}^{\mathrm{j}\omega t}\,\mathrm{d}\omega=\mathscr{F}^{-1}[F(\omega)] \end{cases}。\tag{3.3.3}$$

二者组成了傅里叶变换对，也可以写作

$$f(t)\xleftrightarrow{\text{FT}}F(\omega)。\tag{3.3.4}$$

3.3.2 矩形脉冲信号

矩形脉冲信号的时域表达式为

$$f(t)=E\left[u\left(t+\frac{\tau}{2}\right)-u\left(t-\frac{\tau}{2}\right)\right],\tag{3.3.5}$$

其傅里叶变换为

$$\begin{aligned} F(\omega)&=\int_{-\infty}^{\infty} f(t)\mathrm{e}^{-\mathrm{j}\omega t}\,\mathrm{d}t \\ &=\int_{-\frac{\tau}{2}}^{\frac{\tau}{2}} E\mathrm{e}^{-\mathrm{j}\omega t}\,\mathrm{d}t \\ &=\frac{E}{-\mathrm{j}\omega}\mathrm{e}^{-\mathrm{j}\omega t}\Big|_{-\frac{\tau}{2}}^{\frac{\tau}{2}} \\ &=\frac{2E}{\omega}\cdot\frac{1}{2\mathrm{j}}(\mathrm{e}^{\mathrm{j}\frac{\tau\omega}{2}}-\mathrm{e}^{-\mathrm{j}\frac{\tau\omega}{2}}) \\ &=E\tau\,\frac{2}{\tau\omega}\sin\left(\frac{\tau\omega}{2}\right) \\ &=E\tau\,\mathrm{Sa}\left(\frac{\tau}{2}\cdot\omega\right)。\end{aligned}\tag{3.3.6}$$

偶对称的矩形脉冲信号的傅里叶变换 $F(\omega)$ 是一个关于 ω 的实函数，因此可以使用 $F(\omega)\sim\omega$ 作图以表示其频谱，如图 3-6 所示。但是在更多情况下，$F(\omega)$ 是复数函数，其图形必须分为幅频图 $|F(\omega)|\sim\omega$ 和相频图 $\varphi(\omega)\sim\omega$ 来表示，矩形脉冲信号的幅频图和相频图如图 3-7 所示。

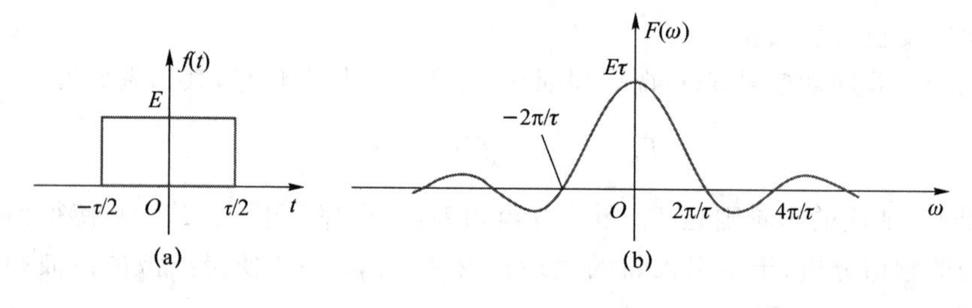

图 3-6

3.3.3 单边指数信号

傅里叶变换能够分析的指数信号特指单边指数衰减信号，以右边指数衰减信号为例，

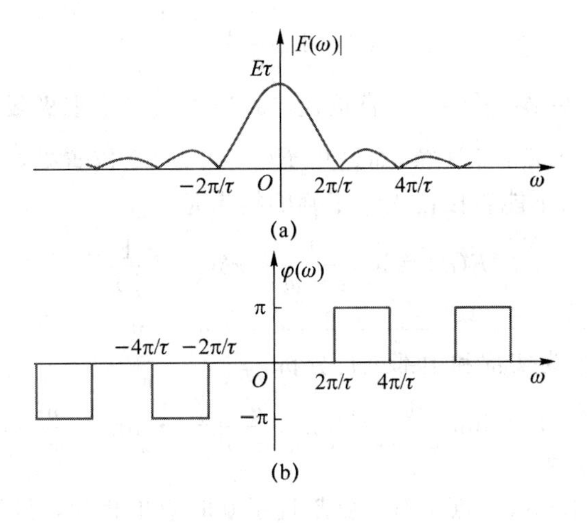

图 3-7

$$f(t)=E\mathrm{e}^{-\alpha t}u(t),\quad \alpha>0, \tag{3.3.7}$$

其傅里叶变换为

$$\begin{aligned}F(\omega)&=\int_{-\infty}^{\infty}f(t)\mathrm{e}^{-\mathrm{j}\omega t}\mathrm{d}t\\&=\int_{-\infty}^{\infty}E\mathrm{e}^{-\alpha t}u(t)\mathrm{e}^{-\mathrm{j}\omega t}\mathrm{d}t\\&=\int_{0}^{\infty}E\mathrm{e}^{-(\alpha+\mathrm{j}\omega)t}\mathrm{d}t\\&=\frac{E}{-(\alpha+\mathrm{j}\omega)}\mathrm{e}^{-(\alpha+\mathrm{j}\omega)t}\Big|_0^{\infty}\\&=\frac{E}{\alpha+\mathrm{j}\omega}。\end{aligned} \tag{3.3.8}$$

计算过程中使用到了一个极限：

$$\lim_{t\to\infty}\mathrm{e}^{-(\alpha+\mathrm{j}\omega)t}=0。 \tag{3.3.9}$$

复指数函数可以按照指数的实部和虚部划分为两个指数函数相乘，$\mathrm{e}^{-(\alpha+\mathrm{j}\omega)t}=\mathrm{e}^{-\alpha t}\cdot\mathrm{e}^{-\mathrm{j}\omega t}$，其中影响收敛情况的只有实指数部分 $\mathrm{e}^{-\alpha t}$，而 $\mathrm{e}^{-\mathrm{j}\omega t}$ 仅是一个模固定为 1，在复平面上旋转的函数，不影响收敛。所以在此例中，$\alpha<0$ 时的傅里叶变换不存在。单边指数衰减信号的幅频图和相频图如图 3-8 所示。

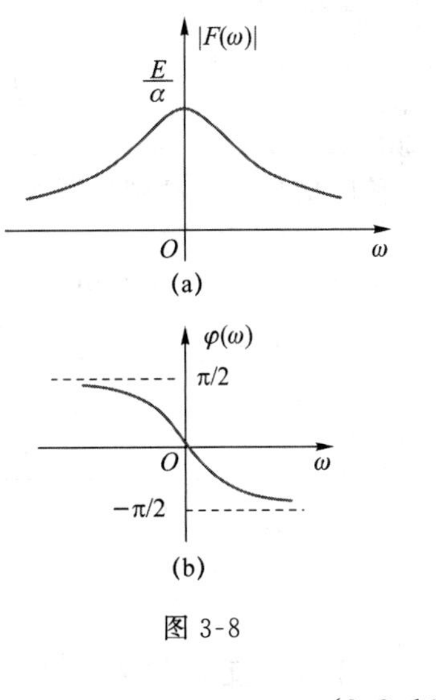

图 3-8

3.3.4　阶跃信号

阶跃信号并非绝对可积信号，不能通过傅里叶变换的定义直接求解。可以使用单边指数衰减信号来逼近求解：

$$f(t)=\lim_{\alpha\to 0_+}\mathrm{e}^{-\alpha t}u(t), \tag{3.3.10}$$

所以其傅里叶变换为

$$F(\omega)=\lim_{\alpha\to 0_+}\frac{1}{\alpha+\mathrm{j}\omega}。\tag{3.3.11}$$

这里非常容易犯的一个错误是把 $\alpha=0$ 直接代入式(3.3.11)中求极限。需要注意$\lim\limits_{x\to a}f(x)=f(a)$成立的前提是 $f(x)$在 a 点连续，而这里 $F(\omega)$在 $\omega=0$ 位置处，α 从 0 点左右两侧趋近于 0 时显然不连续，所以不能直接代入。正确的结果是

$$F(\omega)=\lim_{\alpha\to 0_+}\frac{1}{\alpha+\mathrm{j}\omega}=\pi\delta(\omega)+\frac{1}{\mathrm{j}\omega}。\tag{3.3.12}$$

证明：把复函数分为实部和虚部进行分析，

$$F(\omega)=\lim_{\alpha\to 0_+}\frac{1}{\alpha+\mathrm{j}\omega}=\lim_{\alpha\to 0_+}\frac{\alpha}{\alpha^2+\omega^2}-\mathrm{j}\cdot\lim_{\alpha\to 0_+}\frac{\omega}{\alpha^2+\omega^2},$$

其中虚部$\lim\limits_{\alpha\to 0_+}\frac{\omega}{\alpha^2+\omega^2}$在 α 从 0 点左右两侧趋近于 0 时效果相同，可以直接代入 $\alpha=0$ 得到

$$\lim_{\alpha\to 0_+}\frac{\omega}{\alpha^2+\omega^2}=\frac{1}{\omega},$$

而实部则可变形为

$$\frac{\alpha}{\alpha^2+\omega^2}=\frac{1}{\alpha}\cdot\frac{1}{1+\left(\frac{\omega}{\alpha}\right)^2}=\frac{\mathrm{d}}{\mathrm{d}\omega}\arctan\left(\frac{\omega}{\alpha}\right),$$

极限

$$\lim_{\alpha\to 0}\arctan\left(\frac{\omega}{\alpha}\right)=\frac{\pi}{2}\mathrm{sgn}(\omega),$$

所以

$$\lim_{\alpha\to 0}\frac{\mathrm{d}}{\mathrm{d}\omega}\arctan\left(\frac{\omega}{\alpha}\right)=\pi\delta(\omega),$$

于是得到

$$F(\omega)=\lim_{\alpha\to 0_+}\frac{1}{\alpha+\mathrm{j}\omega}=\pi\delta(\omega)+\frac{1}{\mathrm{j}\omega}。$$

阶跃信号的幅频图如图 3-9 所示。

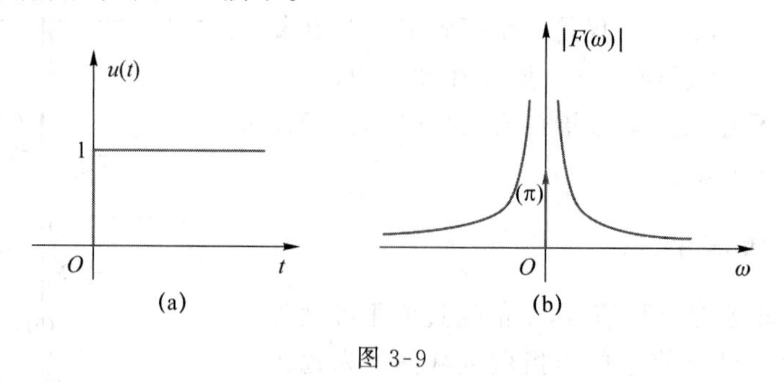

图 3-9

3.3.5 直流信号

直流信号同样不是绝对可积信号，也不能通过傅里叶变换的定义直接求解。可以使用矩形脉冲信号来逼近求解。设脉宽为 2τ 的偶对称矩形脉冲信号为

$$f_1(t)=u(t+\tau)-u(t-\tau),$$

其傅里叶变换为

$$F_1(\omega)=\mathscr{F}[f_1(t)]=2\tau\mathrm{Sa}(\tau\omega),$$

直流信号可以表示为

$$f(t)=\lim_{\tau\to\infty}f_1(t),$$

所以其傅里叶变换为

$$F(\omega)=\lim_{\tau\to\infty}2\tau\mathrm{Sa}(\tau\omega)。$$

这个极限是冲激函数的一种逼近形式，根据式(1.4.20)，

$$F(\omega)=\lim_{\tau\to\infty}2\tau\mathrm{Sa}(\tau\omega)=2\pi\cdot\lim_{\tau\to\infty}\frac{\tau}{\pi}\mathrm{Sa}(\tau\omega)=2\pi\cdot\delta(\omega)。\tag{3.3.13}$$

3.3.6　符号函数

符号函数也不满足绝对可积条件，可构造一个双边指数衰减信号

$$f_1(t)=-\mathrm{e}^{\alpha t}u(-t)+\mathrm{e}^{-\alpha t}u(t),$$

则符号函数可以用这个信号来逼近：

$$\mathrm{sgn}(t)=\lim_{\alpha\to 0}f_1(t)。$$

双边指数衰减信号 $f_1(t)$的傅里叶变换为

$$\begin{aligned}F_1(\omega)&=\int_{-\infty}^{0}-\mathrm{e}^{\alpha t}\mathrm{e}^{-\mathrm{j}\omega t}\,\mathrm{d}t+\int_{0}^{\infty}\mathrm{e}^{-\alpha t}\mathrm{e}^{-\mathrm{j}\omega t}\,\mathrm{d}t\\&=\frac{-1}{\alpha-\mathrm{j}\omega}+\frac{1}{\alpha+\mathrm{j}\omega}\\&=\frac{-\mathrm{j}2\omega}{\alpha^2+\omega^2},\end{aligned}$$

所以符号函数的傅里叶变换为

$$F(\omega)=\lim_{\alpha\to 0}F_1(\omega)=\lim_{\alpha\to 0}\frac{-\mathrm{j}2\omega}{\alpha^2+\omega^2}=\frac{2}{\mathrm{j}\omega}。\tag{3.3.14}$$

3.3.7　单位冲激信号及冲激偶

单位冲激信号的傅里叶变换容易根据定义计算得到：

$$\mathscr{F}[\delta(t)]=\int_{-\infty}^{\infty}\delta(t)\mathrm{e}^{-\mathrm{j}\omega t}\,\mathrm{d}t=\int_{-\infty}^{\infty}\delta(t)\,\mathrm{d}t=1。\tag{3.3.15}$$

冲激偶信号的傅里叶变换也容易根据冲激偶的性质得到：

$$\mathscr{F}[\delta'(t)]=\int_{-\infty}^{\infty}\delta'(t)\mathrm{e}^{-\mathrm{j}\omega t}\,\mathrm{d}t=-(-\mathrm{j}\omega\mathrm{e}^{-\mathrm{j}\omega t})\Big|_{t=0}=\mathrm{j}\omega。\tag{3.3.16}$$

3.4　傅里叶变换的性质

3.4.1　线性性质

若 n 个信号的傅里叶变换 $\mathscr{F}[f_i(t)]=F_i(\omega)$，$i=1,2,\cdots,n$，则

$$\mathscr{F}\left[\sum_{i=1}^{n} a_i f_i(t)\right] = \sum_{i=1}^{n} a_i F_i(\omega)。\tag{3.4.1}$$

【例 3-5】 根据直流信号和符号函数的傅里叶变换求阶跃信号的傅里叶变换。

解:已知

$$u(t)=\frac{1}{2}+\frac{1}{2}\mathrm{sgn}(t),$$

根据线性性质,

$$\begin{aligned}\mathscr{F}[u(t)]&=\mathscr{F}\left[\frac{1}{2}+\frac{1}{2}\mathrm{sgn}(t)\right]\\&=\frac{1}{2}\mathscr{F}[1]+\frac{1}{2}\mathscr{F}[\mathrm{sgn}(t)]\\&=\pi\delta(\omega)+\frac{1}{\mathrm{j}\omega}。\end{aligned}$$

3.4.2 对称性质

若存在傅里叶变换 $\mathscr{F}[f(t)]=F(\omega)$,则

$$\mathscr{F}[F(t)]=2\pi f(-\omega)。\tag{3.4.2}$$

证明:由傅里叶变换的定义式 $F(\omega)=\int_{-\infty}^{\infty} f(t)\mathrm{e}^{-\mathrm{j}\omega t}\mathrm{d}t$ 可知,

$$\begin{aligned}F(t)&=\int_{-\infty}^{\infty} f(\omega)\mathrm{e}^{-\mathrm{j}\omega t}\mathrm{d}\omega\\&=\int_{-\infty}^{\infty} f(-\omega)\mathrm{e}^{\mathrm{j}\omega t}\mathrm{d}\omega\\&=\frac{1}{2\pi}\int_{-\infty}^{\infty} \underline{2\pi f(-\omega)}\mathrm{e}^{\mathrm{j}\omega t}\mathrm{d}\omega,\end{aligned}$$

所以 $\mathscr{F}^{-1}[2\pi f(-\omega)]=F(t)$,反之,$\mathscr{F}[F(t)]=2\pi f(-\omega)$ 也成立。

【例 3-6】 已知 $\mathscr{F}[\mathrm{sgn}(t)]=\frac{2}{\mathrm{j}\omega}$,求 $\mathscr{F}\left[\frac{1}{t}\right]$。

解:根据对称性,

$$\mathscr{F}\left[\frac{2}{\mathrm{j}t}\right]=-2\pi\mathrm{sgn}(\omega),$$

两侧乘以系数 $\frac{\mathrm{j}}{2}$ 得

$$\mathscr{F}\left[\frac{1}{t}\right]=-\mathrm{j}\pi\mathrm{sgn}(\omega)。$$

【例 3-7】 求信号 $\mathrm{Sa}(\omega_c t)$ 的傅里叶变换。

解:Sa 函数的直接积分非常难以计算,但是我们知道矩形脉冲信号的傅里叶变换就是 Sa 函数形状,所以考虑使用对称性质,构造一个合适的矩形脉冲信号辅助计算。

已知脉宽为 τ 的矩形脉冲 $G_\tau(t)$ 的傅里叶变换为

$$F_1(\omega)=\mathscr{F}[G_\tau(t)]=\tau\mathrm{Sa}\left(\frac{\tau}{2}\cdot\omega\right),$$

则根据对称性可知

$$\mathscr{F}\left[\mathrm{Sa}\left(\frac{\tau}{2}\cdot t\right)\right]=\frac{1}{\tau}\cdot 2\pi G_\tau(-\omega),$$

令 $\frac{\tau}{2}=\omega_c$ 则得到

$$\mathscr{F}[\mathrm{Sa}(\omega_c t)]=\frac{\pi}{\omega_c}\cdot G_{2\omega_c}(\omega)=\frac{\pi}{\omega_c}[u(\omega+\omega_c)-u(\omega-\omega_c)]。$$

3.4.3　奇偶虚实性

若存在傅里叶变换 $\mathscr{F}[f(t)]=F(\omega)$,则频谱密度函数可以写为实部加虚部的形式,

$$F(\omega)=|F(\omega)|\mathrm{e}^{\mathrm{j}\varphi(\omega)}=R(\omega)+\mathrm{j}X(\omega),\tag{3.4.3}$$

若 $f(t)$ 为实信号,则

$$\begin{cases}R(\omega)=R(-\omega)\\X(\omega)=-X(-\omega)\end{cases}。\tag{3.4.4}$$

证明:信号可分解为奇分量和偶分量,$f(t)=f_e(t)+f_o(t)$,

$$\begin{aligned}F(\omega)&=\int_{-\infty}^{\infty}f(t)\mathrm{e}^{-\mathrm{j}\omega t}\mathrm{d}t\\&=\int_{-\infty}^{\infty}[f_e(t)+f_o(t)]\cdot[\cos(\omega t)-\mathrm{j}\sin(\omega t)]\mathrm{d}t\\&=\int_{-\infty}^{\infty}f_e(t)\cos(\omega t)\mathrm{d}t+\int_{-\infty}^{\infty}f_o(t)\cos(\omega t)\mathrm{d}t-\\&\quad\mathrm{j}\int_{-\infty}^{\infty}f_e(t)\sin(\omega t)\mathrm{d}t-\mathrm{j}\int_{-\infty}^{\infty}f_o(t)\sin(\omega t)\mathrm{d}t,\end{aligned}$$

而 $\int_{-\infty}^{\infty}f_o(t)\cos(\omega t)\mathrm{d}t$ 和 $\int_{-\infty}^{\infty}f_e(t)\sin(\omega t)\mathrm{d}t$ 都是奇函数在对称区间内积分,等于 0,所以

$$R(\omega)=2\int_0^{\infty}f_e(t)\cos(\omega t)\mathrm{d}t,$$

$$X(\omega)=-2\int_0^{\infty}f_o(t)\sin(\omega t)\mathrm{d}t,$$

$R(\omega)$ 是偶函数,$X(\omega)$ 是奇函数。

从分析中也可以看到,如果 $f(t)$ 是偶函数,奇分量为零,则傅里叶变换的虚部 $X(\omega)=0$,其变换式就是一个实函数 $R(\omega)$。

3.4.4 尺度变换性质

若存在傅里叶变换 $\mathscr{F}[f(t)]=F(\omega)$，则

$$\mathscr{F}[f(at)]=\frac{1}{|a|}F\left(\frac{\omega}{a}\right)。\tag{3.4.5}$$

证明：根据傅里叶变换的定义和定积分换元公式，

$$\begin{aligned}\mathscr{F}[f(at)]&=\int_{-\infty}^{\infty}f(at)\mathrm{e}^{-\mathrm{j}\omega t}\mathrm{d}t\\&=\lim_{x\to\infty}\frac{1}{a}\int_{-x}^{x}f(at)\mathrm{e}^{-\mathrm{j}\left(\frac{\omega}{a}\right)at}\cdot a\mathrm{d}t\\&=\lim_{x\to\infty}\frac{1}{a}\int_{-ax}^{ax}f(t)\mathrm{e}^{-\mathrm{j}\left(\frac{\omega}{a}\right)t}\mathrm{d}t。\end{aligned}$$

当 $a>0$ 时，

$$\lim_{x\to\infty}\frac{1}{a}\int_{-ax}^{ax}f(t)\mathrm{e}^{-\mathrm{j}\left(\frac{\omega}{a}\right)t}\mathrm{d}t=\frac{1}{a}\int_{-\infty}^{\infty}f(t)\mathrm{e}^{-\mathrm{j}\left(\frac{\omega}{a}\right)t}\mathrm{d}t=\frac{1}{a}F\left(\frac{\omega}{a}\right);$$

当 $a<0$ 时，

$$\lim_{x\to\infty}\frac{1}{a}\int_{-ax}^{ax}f(t)\mathrm{e}^{-\mathrm{j}\left(\frac{\omega}{a}\right)t}\mathrm{d}t=\frac{1}{a}\int_{\infty}^{-\infty}f(t)\mathrm{e}^{-\mathrm{j}\left(\frac{\omega}{a}\right)t}\mathrm{d}t=-\frac{1}{a}F\left(\frac{\omega}{a}\right)。$$

所以

$$\mathscr{F}[f(at)]=\frac{1}{|a|}F\left(\frac{\omega}{a}\right)。$$

3.4.5 时移性质

若存在傅里叶变换 $\mathscr{F}[f(t)]=F(\omega)$，则

$$\mathscr{F}[f(t-t_0)]=F(\omega)\mathrm{e}^{-\mathrm{j}\omega t_0}。\tag{3.4.6}$$

证明：根据傅里叶变换的定义，

$$\begin{aligned}\int_{-\infty}^{\infty}f(t-t_0)\mathrm{e}^{-\mathrm{j}\omega t}\mathrm{d}t&=\mathrm{e}^{-\mathrm{j}\omega t_0}\int_{-\infty}^{\infty}f(t-t_0)\mathrm{e}^{-\mathrm{j}\omega(t-t_0)}\mathrm{d}t\\&=\mathrm{e}^{-\mathrm{j}\omega t_0}\int_{-\infty}^{\infty}f(t)\mathrm{e}^{-\mathrm{j}\omega t}\mathrm{d}t\\&=F(\omega)\mathrm{e}^{-\mathrm{j}\omega t_0}。\end{aligned}$$

【例 3-8】 求图 3-10 所示三脉冲信号的频谱。

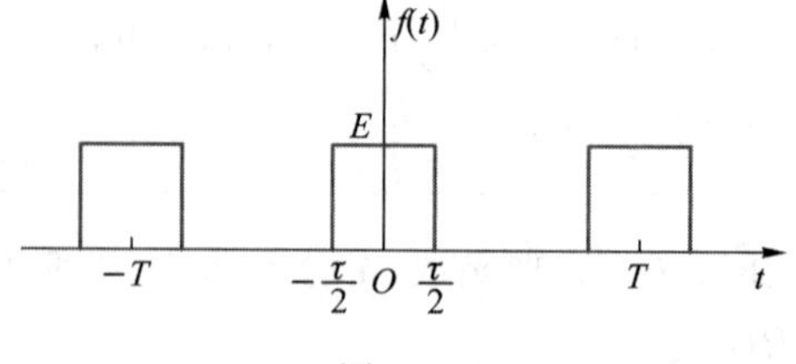

图 3-10

解:图 3-10 所示三脉冲信号可以用门函数表示为

$$f(t)=E[G_\tau(t+T)+G_\tau(t)+G_\tau(t-T)],$$

已知门函数的傅里叶变换

$$F_0(\omega)=\mathscr{F}[G_\tau(t)]=\tau\mathrm{Sa}\left(\frac{\tau}{2}\omega\right),$$

根据时移性质可得

$$\begin{aligned}\mathscr{F}[f(t)]&=E\cdot F_0(\omega)[\mathrm{e}^{\mathrm{j}T\omega}+1+\mathrm{e}^{-\mathrm{j}T\omega}]\\&=E\tau\mathrm{Sa}\left(\frac{\tau}{2}\omega\right)[1+2\cos(T\omega)]。\end{aligned}$$

3.4.6　频移性质

若存在傅里叶变换 $\mathscr{F}[f(t)]=F(\omega)$,则

$$\begin{cases}\mathscr{F}[f(t)\mathrm{e}^{\mathrm{j}\omega_0 t}]=F(\omega-\omega_0)\\\mathscr{F}[f(t)\mathrm{e}^{-\mathrm{j}\omega_0 t}]=F(\omega+\omega_0)\end{cases}。\tag{3.4.7}$$

证明:根据傅里叶变换的定义,

$$\begin{aligned}\mathscr{F}[f(t)\mathrm{e}^{\mathrm{j}\omega_0 t}]&=\int_{-\infty}^{\infty}[f(t)\mathrm{e}^{\mathrm{j}\omega_0 t}]\mathrm{e}^{-\mathrm{j}\omega t}\mathrm{d}t\\&=\int_{-\infty}^{\infty}f(t)\mathrm{e}^{-\mathrm{j}(\omega-\omega_0)t}\mathrm{d}t\\&=F(\omega-\omega_0)。\end{aligned}$$

【例 3-9】　已知 $F_0(\omega)=\mathscr{F}[f_0(t)]$,求信号 $f(t)=f_0(t)\cos(\omega_0 t)$的频谱。

解:根据欧拉公式,三角函数信号可以展开为复指数形式,则

$$f(t)=\frac{1}{2}f_0(t)\mathrm{e}^{\mathrm{j}\omega_0 t}+\frac{1}{2}f_0(t)\mathrm{e}^{-\mathrm{j}\omega_0 t}。$$

根据频移性质,其频谱为

$$F(\omega)=\frac{1}{2}F_0(\omega-\omega_0)+\frac{1}{2}F_0(\omega+\omega_0)。$$

可见,信号与三角函数信号相乘,其频谱会被搬移至三角函数信号的角频率附近。这一过程在后面的调制解调章节中非常重要。

3.4.7　时域微分性质

若存在傅里叶变换 $\mathscr{F}[f(t)]=F(\omega)$,则

$$\mathscr{F}[f'(t)]=\mathrm{j}\omega F(\omega)。\tag{3.4.8}$$

证明:根据傅里叶反变换的定义

$$f(t)=\frac{1}{2\pi}\int_{-\infty}^{\infty}F(\omega)\mathrm{e}^{\mathrm{j}\omega t}\mathrm{d}\omega,$$

对两侧做微分可得

$$\begin{aligned}f'(t)&=\frac{\mathrm{d}}{\mathrm{d}t}\left[\frac{1}{2\pi}\int_{-\infty}^{\infty}F(\omega)\mathrm{e}^{\mathrm{j}\omega t}\mathrm{d}\omega\right]\\&=\frac{1}{2\pi}\int_{-\infty}^{\infty}F(\omega)\frac{\mathrm{d}}{\mathrm{d}t}(\mathrm{e}^{\mathrm{j}\omega t})\mathrm{d}\omega\\&=\frac{1}{2\pi}\int_{-\infty}^{\infty}\underline{\mathrm{j}\omega F(\omega)}\mathrm{e}^{\mathrm{j}\omega t}\mathrm{d}\omega,\end{aligned}$$

所以有

$$f'(t)=\mathscr{F}^{-1}[\mathrm{j}\omega F(\omega)],$$

即

$$\mathscr{F}[f'(t)]=\mathrm{j}\omega F(\omega)。$$

【例 3-10】 求$\frac{1}{t^2}$的傅里叶变换。

解:已知 $\mathscr{F}\left[\frac{1}{t}\right]=-\mathrm{j}\pi\mathrm{sgn}(\omega)$,根据傅里叶变换的时域微分性质,

$$\mathscr{F}\left[\frac{1}{t^2}\right]=-\mathscr{F}\left[\frac{\mathrm{d}}{\mathrm{d}t}\left(\frac{1}{t}\right)\right]=-\mathrm{j}\omega\cdot[-\mathrm{j}\pi\mathrm{sgn}(\omega)]=-\pi\omega\mathrm{sgn}(\omega)。$$

3.4.8 时域积分性质

若存在傅里叶变换 $\mathscr{F}[f(t)]=F(\omega)$,则

$$\mathscr{F}\left[\int_{-\infty}^{t}f(\tau)\mathrm{d}\tau\right]=\pi F(0)\delta(\omega)+\frac{F(\omega)}{\mathrm{j}\omega}。\tag{3.4.9}$$

证明:利用定义式可得

$$\begin{aligned}\mathscr{F}\left[\int_{-\infty}^{t}f(\tau)\mathrm{d}\tau\right]&=\int_{-\infty}^{\infty}\left[\int_{-\infty}^{t}f(\tau)\mathrm{d}\tau\right]\mathrm{e}^{-\mathrm{j}\omega t}\mathrm{d}t\\&=\int_{-\infty}^{\infty}\left[\int_{-\infty}^{\infty}f(\tau)u(t-\tau)\mathrm{d}\tau\right]\mathrm{e}^{-\mathrm{j}\omega t}\mathrm{d}t\\&=\int_{-\infty}^{\infty}f(\tau)\underline{\int_{-\infty}^{\infty}u(t-\tau)\mathrm{e}^{-\mathrm{j}\omega t}\mathrm{d}t}\mathrm{d}\tau\\&=\int_{-\infty}^{\infty}f(\tau)\underline{\left[\pi\delta(\omega)+\frac{1}{\mathrm{j}\omega}\right]\mathrm{e}^{-\mathrm{j}\omega\tau}}\mathrm{d}\tau\\&=\left[\pi\delta(\omega)+\frac{1}{\mathrm{j}\omega}\right]\int_{-\infty}^{\infty}f(\tau)\mathrm{e}^{-\mathrm{j}\omega\tau}\mathrm{d}\tau\\&=\left[\pi\delta(\omega)+\frac{1}{\mathrm{j}\omega}\right]\cdot F(\omega)\\&=\pi F(0)\delta(\omega)+\frac{F(\omega)}{\mathrm{j}\omega}。\end{aligned}$$

【例 3-11】 求图 3-11 所示信号 $f(t)$的傅里叶变换。

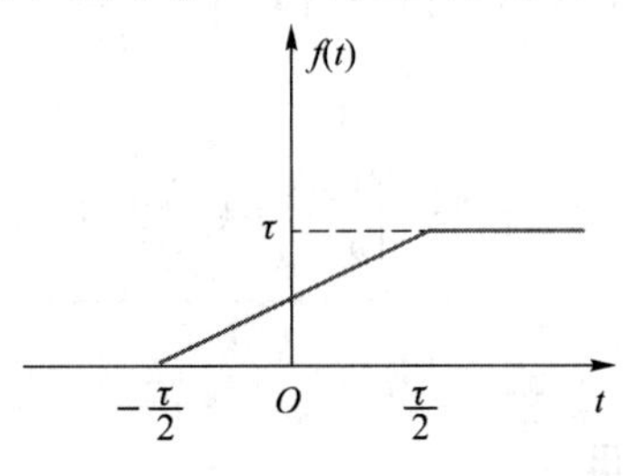

图 3-11

解:已知 $f(t)=\int_{-\infty}^{t}G_\tau(\lambda)\mathrm{d}\lambda$,且 $\mathscr{F}[G_\tau(t)]=\tau\mathrm{Sa}\left(\frac{\tau}{2}\omega\right)$,所以根据傅里叶变换的时域积分性质,

$$F(\omega)=\tau\mathrm{Sa}\left(\frac{\tau}{2}\omega\right)\left[\pi\delta(\omega)+\frac{1}{\mathrm{j}\omega}\right]$$

$$=\tau\pi\delta(\omega)+\frac{\tau}{\mathrm{j}\omega}\mathrm{Sa}\left(\frac{\tau}{2}\omega\right)。$$

3.4.9 频域微分性质

若存在傅里叶变换 $\mathscr{F}[f(t)]=F(\omega)$,则

$$\mathscr{F}[tf(t)]=\mathrm{j}\,\frac{\mathrm{d}F(\omega)}{\mathrm{d}\omega}。\tag{3.4.10}$$

证明:根据傅里叶变换的定义,对频谱密度函数做微分可得

$$\frac{\mathrm{d}}{\mathrm{d}\omega}F(\omega)=\frac{\mathrm{d}}{\mathrm{d}\omega}\left[\int_{-\infty}^{\infty}f(t)\mathrm{e}^{-\mathrm{j}\omega t}\mathrm{d}t\right]$$

$$=\int_{-\infty}^{\infty}f(t)\,\frac{\mathrm{d}}{\mathrm{d}\omega}(\mathrm{e}^{-\mathrm{j}t\omega})\mathrm{d}t$$

$$=\int_{-\infty}^{\infty}[-\mathrm{j}tf(t)]\mathrm{e}^{-\mathrm{j}\omega t}\mathrm{d}t,$$

所以

$$\mathscr{F}[-\mathrm{j}tf(t)]=\frac{\mathrm{d}F(\omega)}{\mathrm{d}\omega}。$$

【例 3-12】 求信号 t^n 的傅里叶变换。

解:已知 $\mathscr{F}[1]=2\pi\delta(\omega)$,根据傅里叶变换的频域微分性质,

$$\mathscr{F}[t\cdot 1]=\mathrm{j}\,\frac{\mathrm{d}F(\omega)}{\mathrm{d}\omega},$$

$$\mathscr{F}[t \cdot (t \cdot 1)] = \mathrm{j} \cdot \left[\mathrm{j}\frac{\mathrm{d}^2 F(\omega)}{\mathrm{d}\omega^2}\right],$$

所以

$$\mathscr{F}[t^n] = (\mathrm{j})^n \frac{\mathrm{d}^n F(\omega)}{\mathrm{d}\omega^n} = (\mathrm{j})^n 2\pi\delta^{(n)}(\omega)。$$

3.5 卷积定理

卷积定理描述卷积运算在变换域中所对应的运算法则。若 $\mathscr{F}[f_1(t)] = F_1(\omega)$，$\mathscr{F}[f_2(t)] = F_2(\omega)$，则

$$\mathscr{F}[f_1(t) * f_2(t)] = F_1(\omega) \cdot F_2(\omega), \tag{3.5.1}$$

$$\mathscr{F}[f_1(t) \cdot f_2(t)] = \frac{1}{2\pi} F_1(\omega) * F_2(\omega)。 \tag{3.5.2}$$

证明:卷积运算的定义是

$$f_1(t) * f_2(t) = \int_{-\infty}^{\infty} f_1(\tau) f_2(t-\tau)\mathrm{d}\tau,$$

代入傅里叶变换的定义式中得到

$$\begin{aligned}
\mathscr{F}[f_1(t) * f_2(t)] &= \int_{-\infty}^{\infty} \left[\int_{-\infty}^{\infty} f_1(\tau) f_2(t-\tau)\mathrm{d}\tau\right] \mathrm{e}^{-\mathrm{j}\omega t}\mathrm{d}t \\
&= \int_{-\infty}^{\infty} f_1(\tau) \underline{\left[\int_{-\infty}^{\infty} f_2(t-\tau)\mathrm{e}^{-\mathrm{j}\omega t}\mathrm{d}t\right]} \mathrm{d}\tau \\
&= \int_{-\infty}^{\infty} f_1(\tau)\, \underline{\mathrm{e}^{-\mathrm{j}\omega\tau}} \mathrm{d}\tau \cdot \underline{F_2(\omega)} \\
&= F_1(\omega) \cdot F_2(\omega)。
\end{aligned}$$

若一线性时不变系统的单位冲激响应为 $h(t)$，激励信号为 $e(t)$，零状态响应为 $r(t)$，则其时域关系满足 $r(t) = e(t) * h(t)$。设 $\mathscr{F}[r(t)] = R(\omega)$，$\mathscr{F}[e(t)] = E(\omega)$，$\mathscr{F}[h(t)] = H(\omega)$，则根据卷积定理，三者在频域上的关系为

$$R(\omega) = E(\omega) \cdot H(\omega)。 \tag{3.5.3}$$

转到频域视角后，线性时不变系统对激励信号的影响变得非常直观、简洁。

傅里叶变换中的很多性质都可以用一个简单系统模块来表示。例如，微分器的单位冲激响应为 $\delta'(t)$，其傅里叶变换为 $\mathrm{j}\omega$，那么傅里叶变换的微分性质可以表示为

$$\mathscr{F}[f'(t)] = \mathscr{F}[f(t) * \delta'(t)] = \mathrm{j}\omega F(\omega)。 \tag{3.5.4}$$

积分器的单位冲激响应为 $u(t)$，其傅里叶变换为 $\pi\delta(\omega) + \frac{1}{\mathrm{j}\omega}$，那么傅里叶变换的积分性质可以表示为

$$\mathscr{F}\left[\int_{-\infty}^{t} f(\tau)\mathrm{d}\tau\right] = \mathscr{F}[f(t) * u(t)] = F(\omega)\left[\pi\delta(\omega) + \frac{1}{\mathrm{j}\omega}\right]。 \tag{3.5.5}$$

延时器的单位冲激响应为 $\delta(t-\tau)$，其傅里叶变换为 $\mathrm{e}^{-\mathrm{j}\omega\tau}$，那么傅里叶变换的时移性质可以

表示为

$$\mathscr{F}[f(t-\tau)]=\mathscr{F}[f(t)*\delta(t-\tau)]=F(\omega)\mathrm{e}^{-\mathrm{j}\omega\tau}。\tag{3.5.6}$$

3.6　周期信号的傅里叶变换

周期信号可以利用傅里叶级数展开的方法进行频域分析，而非周期信号则可以通过傅里叶变换求频谱密度函数，从而进行频域分析。以冲激信号为代表的广义函数被引入之后，绝对可积不再是傅里叶变换存在的必要条件，周期信号也可以进行傅里叶变换，所以傅里叶变换就成为一种既能分析周期信号频谱，又能分析非周期信号频谱的通用方法。

3.6.1　三角函数的傅里叶变换

最简单的周期信号是单频三角波信号，如 $\cos(\omega_0 t)$，可以利用欧拉公式将其展开为复指数形式：

$$\cos(\omega_0 t)=\frac{1}{2}(\mathrm{e}^{\mathrm{j}\omega_0 t}+\mathrm{e}^{-\mathrm{j}\omega_0 t})。\tag{3.6.1}$$

结合直流信号的傅里叶变换 $\mathscr{F}[1]=2\pi\delta(\omega)$ 以及频移性质，可得

$$\mathscr{F}[\cos(\omega_0 t)]=\pi[\delta(\omega+\omega_0)+\delta(\omega-\omega_0)],\tag{3.6.2}$$

同理可得

$$\mathscr{F}[\sin(\omega_0 t)]=\mathrm{j}\pi[\delta(\omega+\omega_0)-\delta(\omega-\omega_0)]。\tag{3.6.3}$$

信号频谱图如图 3-12 所示。

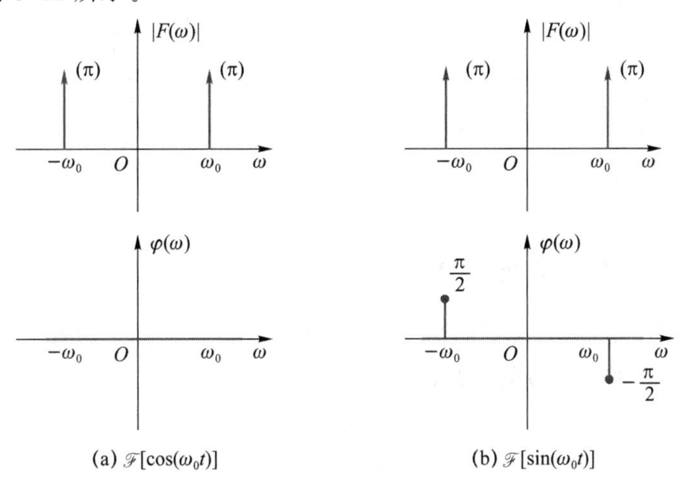

图 3-12

3.6.2　周期冲激脉冲序列的傅里叶变换

定义周期为 T_0 的冲激脉冲序列为

$$\delta_{T_0}(t)=\sum_{n=-\infty}^{\infty}\delta(t-nT_0),\tag{3.6.4}$$

求其傅里叶变换，可以先把这个周期信号做傅里叶级数展开。其基波角频率 $\omega_0=\frac{2\pi}{T_0}$，展开

式为

$$\delta_{T_0}(t) = \sum_{n=-\infty}^{\infty} F_n \cdot e^{jn\omega_0 t}, \tag{3.6.5}$$

其谱系数为

$$F_n = \frac{1}{T_0}\int_{-\frac{T_0}{2}}^{\frac{T_0}{2}} \delta(t) e^{-jn\omega_0 t} dt = \frac{1}{T_0}, \tag{3.6.6}$$

所以

$$\delta_{T_0}(t) = \frac{1}{T_0}\sum_{n=-\infty}^{\infty} e^{jn\omega_0 t}。 \tag{3.6.7}$$

同样结合直流信号的傅里叶变换 $\mathscr{F}[1]=2\pi\delta(\omega)$ 以及频移性质，可得

$$\mathscr{F}[e^{jn\omega_0 t}] = 2\pi\delta(\omega - n\omega_0), \tag{3.6.8}$$

所以其傅里叶变换为

$$F(\omega) = \frac{1}{T_0}\sum_{n=-\infty}^{\infty} 2\pi\delta(\omega - n\omega_0) = \omega_0 \sum_{n=-\infty}^{\infty} \delta(\omega - n\omega_0)。 \tag{3.6.9}$$

可见，时域周期冲激脉冲序列的频谱同样是周期冲激脉冲，如图 3-13 所示。时域上周期越长，频域上的重复频率越小，冲激强度也越小。

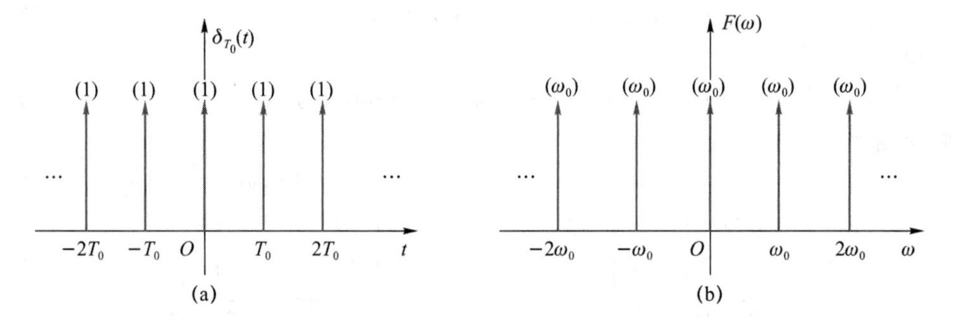

图 3-13

3.6.3 一般周期信号的傅里叶变换

对于一般周期信号 $f(t)$，其周期为 T_0，那么其傅里叶变换的求解有两种思路：一种思路是首先把周期信号做傅里叶级数展开，

$$f(t) = \sum_{n=-\infty}^{\infty} F_n \cdot e^{jn\omega_0 t}, \tag{3.6.10}$$

然后根据式(3.6.8)可得

$$F(\omega) = \sum_{n=-\infty}^{\infty} 2\pi \cdot F_n \cdot \delta(\omega - n\omega_0)。 \tag{3.6.11}$$

另一种思路是把周期信号的一个周期取出来设为 $f_0(t)$，则原周期信号可表示为

$$f(t) = f_0(t) * \delta_{T_0}(t), \tag{3.6.12}$$

若 $F_0(\omega)=\mathscr{F}[f_0(t)]$，则根据卷积定理，

$$F(\omega) = F_0(\omega) \cdot \omega_0 \sum_{n=-\infty}^{\infty} \delta(\omega - n\omega_0) = \sum_{n=-\infty}^{\infty} \omega_0 \cdot F_0(n\omega_0)\delta(\omega - n\omega_0)。 \tag{3.6.13}$$

【例 3-13】 求周期矩形脉冲信号的傅里叶变换。

解：选择周期矩形脉冲信号中一个周期内的信号，设为 $f_0(t)$，如图 3-14 所示，则

$$f(t)=f_0(t)*\delta_{T_0}(t),$$

求其傅里叶变换可得

$$F_0(\omega)=\mathscr{F}[f_0(t)]=E\tau \mathrm{Sa}\left(\frac{\tau}{2}\cdot\omega\right)。$$

根据傅里叶变换的时域卷积定理，

$$\begin{aligned}F(\omega)&=E\tau \mathrm{Sa}\left(\frac{\tau}{2}\cdot\omega\right)\cdot\frac{2\pi}{T_0}\sum_{n=-\infty}^{\infty}\delta(\omega-n\omega_0)\\&=\sum_{n=-\infty}^{\infty}2\pi\frac{E\tau}{T_0}\cdot \mathrm{Sa}\left(\frac{n\omega_0\tau}{2}\right)\delta(\omega-n\omega_0)。\end{aligned}$$

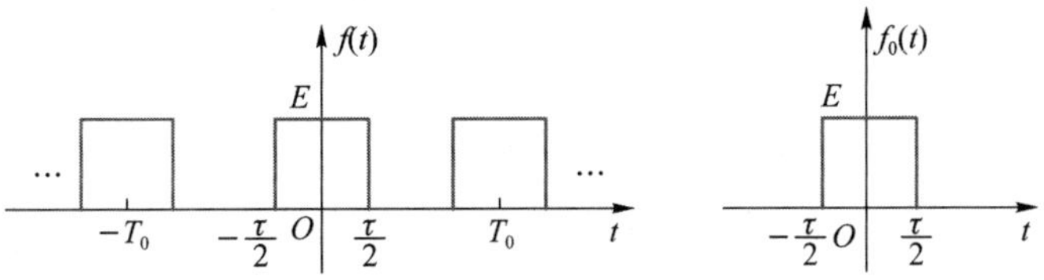

$f(t)$　E　…　…　$-T_0$　$-\frac{\tau}{2}$　O　$\frac{\tau}{2}$　T_0　t

(a)

$f_0(t)$　E　$-\frac{\tau}{2}$　O　$\frac{\tau}{2}$　t

(b)

图 3-14

傅里叶级数与傅里叶变换在频域分析中的区别和联系如表 3-1 所示。傅里叶级数展开方法无法分析非周期信号的频谱，而引入广义函数之后，傅里叶变换可以分析周期信号的频谱，所以傅里叶变换频域分析方法适用范围更广。同时，周期信号有傅里叶级数展开和傅里叶变换两种频域分析方法，要注意它们的区别。

表 3-1　傅里叶级数频谱与傅里叶变换频谱

	傅里叶级数频谱	傅里叶变换频谱
非周期信号 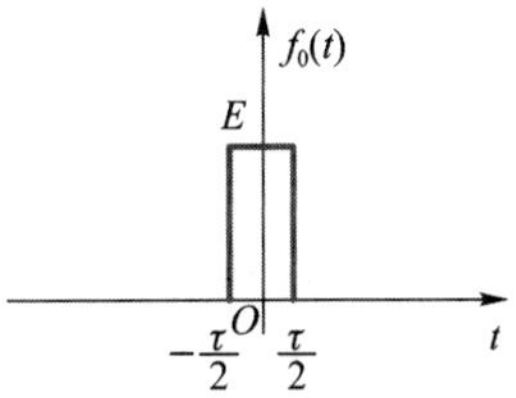 $f_0(t)$　E　$-\frac{\tau}{2}$　O　$\frac{\tau}{2}$　t	不存在	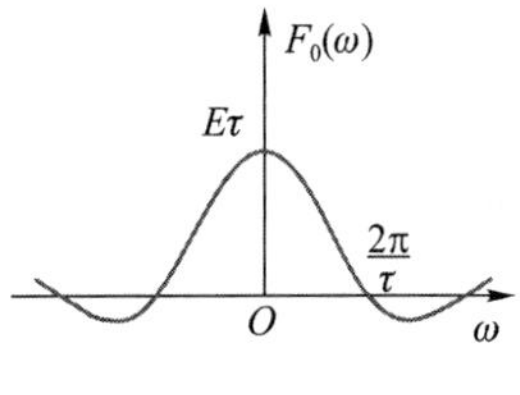 $F_0(\omega)$　$E\tau$　$\frac{2\pi}{\tau}$　O　ω
周期信号 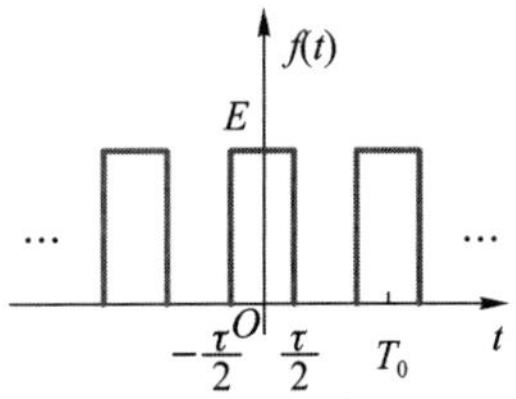 $f(t)$　E　…　…　$-\frac{\tau}{2}$　O　$\frac{\tau}{2}$　T_0　t	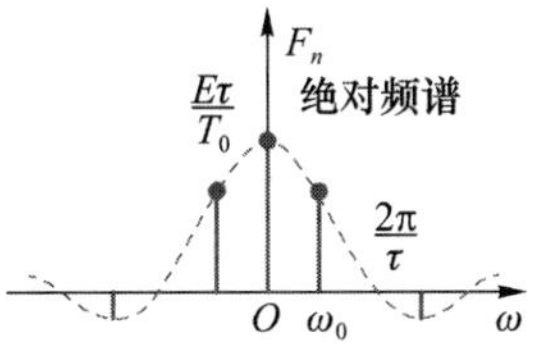 F_n　$\frac{E\tau}{T_0}$　绝对频谱　$\frac{2\pi}{\tau}$　O　ω_0　ω	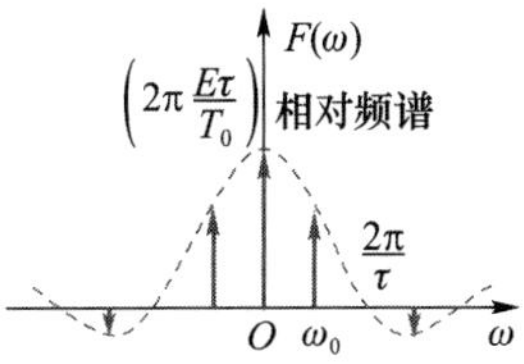 $F(\omega)$　$\left(2\pi\frac{E\tau}{T_0}\right)$　相对频谱　$\frac{2\pi}{\tau}$　O　ω_0　ω

3.7 功率谱与能量谱

在周期信号的傅里叶级数展开中我们介绍过帕塞瓦尔定理，是时域信号与其对应的傅里叶级数展开式之间的功率相等关系。时域信号与傅里叶变换式之间同样存在能量或功率上的对应关系，也满足帕塞瓦尔定理。

若 $f(t)$ 为能量有限信号，其傅里叶变换式为 $F(\omega)$，则信号总能量为

$$E=\int_{-\infty}^{\infty}|f(t)|^2\mathrm{d}t=\frac{1}{2\pi}\int_{-\infty}^{\infty}|F(\omega)|^2\mathrm{d}\omega。\tag{3.7.1}$$

证明：根据时域信号能量的定义，

$$E=\int_{-\infty}^{\infty}f(t)f^*(t)\mathrm{d}t,$$

由傅里叶反变换式可得

$$\begin{cases}f(t)=\dfrac{1}{2\pi}\displaystyle\int_{-\infty}^{\infty}F(\omega)\mathrm{e}^{\mathrm{j}\omega t}\mathrm{d}\omega\\ f^*(t)=\dfrac{1}{2\pi}\displaystyle\int_{-\infty}^{\infty}F^*(\omega)\mathrm{e}^{-\mathrm{j}\omega t}\mathrm{d}\omega\end{cases},$$

代入能量的定义式得到

$$\begin{aligned}E&=\frac{1}{2\pi}\int_{-\infty}^{\infty}\int_{-\infty}^{\infty}f(t)F^*(\omega)\mathrm{e}^{-\mathrm{j}\omega t}\mathrm{d}\omega\mathrm{d}t\\&=\frac{1}{2\pi}\int_{-\infty}^{\infty}F^*(\omega)\int_{-\infty}^{\omega}f(t)\mathrm{e}^{-\mathrm{j}\omega t}\mathrm{d}t\mathrm{d}\omega\\&=\frac{1}{2\pi}\int_{-\infty}^{\infty}F^*(\omega)\cdot F(\omega)\mathrm{d}\omega\\&=\frac{1}{2\pi}\int_{-\infty}^{\infty}|F(\omega)|^2\mathrm{d}\omega。\end{aligned}$$

可定义 $\varepsilon(\omega)=|F(\omega)|^2$，称为能量谱密度，则信号能量可写为

$$E=\frac{1}{2\pi}\int_{-\infty}^{\infty}\varepsilon(\omega)\mathrm{d}\omega。\tag{3.7.2}$$

【例 3-14】 求积分 $S=\int_{-\infty}^{\infty}\mathrm{Sa}^2(t)\mathrm{d}t$。

解：这个积分很难用直接积分运算求解，不过利用信号与系统课程的相关概念来分析的话，可以看出这是在求 $\mathrm{Sa}(t)$信号的能量。在介绍傅里叶变换对称性质时曾计算过 $\mathrm{Sa}(t)$信号的频谱为

$$F(\omega)=\mathscr{F}[\mathrm{Sa}(t)]=\pi[u(\omega+1)-u(\omega-1)]。$$

根据帕塞瓦尔定理，$\mathrm{Sa}(t)$信号的能量可以通过能量谱密度积分得到，

$$\begin{aligned}S&=\frac{1}{2\pi}\int_{-\infty}^{\infty}|F(\omega)|^2\mathrm{d}\omega\\&=\frac{1}{2\pi}\int_{-1}^{1}\pi^2\mathrm{d}\omega\\&=\pi。\end{aligned}$$

在有关通信系统的分析中，还存在另外一种形式的傅里叶变换。我们介绍的傅里叶变换是把时域信号转换到以角频率为横坐标的频率域中，实际上也可以转换到以频率（单位为Hz）为横坐标的频率域中，在这种单位下的傅里叶变换对为

$$\begin{cases} F_f(f)=\int_{-\infty}^{\infty} f(t)\mathrm{e}^{-\mathrm{j}2\pi ft}\,\mathrm{d}t \\ f(t)=\int_{-\infty}^{\infty} F_f(f)\mathrm{e}^{\mathrm{j}2\pi ft}\,\mathrm{d}f \end{cases}, \tag{3.7.3}$$

以这种傅里叶变换得到的帕塞瓦尔方程为

$$E=\int_{-\infty}^{\infty}|f(t)|^2\mathrm{d}t=\int_{-\infty}^{\infty}|F_f(f)|^2\mathrm{d}f。 \tag{3.7.4}$$

对于功率有限信号，其能量是无穷的，只能先截取有限时间段内的信号计算平均功率，然后把这个时间段扩展到全时域，以求极限的形式得到全时域平均功率。若 $f(t)$ 为功率有限信号，截取其中长度为 T 的一段得到 $f_T(t)$，

$$f_T(t)=f(t)\left[u\left(t+\frac{T}{2}\right)-u\left(t-\frac{T}{2}\right)\right]。 \tag{3.7.5}$$

设 $f_T(t)\xleftrightarrow{\mathrm{FT}}F_T(\omega)$，则

$$E_T=\int_{-\frac{T}{2}}^{\frac{T}{2}}|f_T(t)|^2\mathrm{d}t=\frac{1}{2\pi}\int_{-\frac{T}{2}}^{\frac{T}{2}}|F_T(\omega)|^2\mathrm{d}\omega。 \tag{3.7.6}$$

信号功率则可以表示为

$$P=\lim_{T\to\infty}\frac{1}{T}\int_{-\frac{T}{2}}^{\frac{T}{2}}|f_T(t)|^2\mathrm{d}t=\frac{1}{2\pi}\int_{-\infty}^{\infty}\lim_{T\to\infty}\frac{|F_T(\omega)|^2}{T}\mathrm{d}\omega, \tag{3.7.7}$$

可定义 $\rho(\omega)=\lim\limits_{T\to\infty}\frac{|F_T(\omega)|^2}{T}$，称为功率谱密度，则信号功率可写为

$$P=\frac{1}{2\pi}\int_{-\infty}^{\infty}\rho(\omega)\mathrm{d}\omega。 \tag{3.7.8}$$

典型习题

1. 已知信号 $f(t)=2+\sqrt{3}\sin t+\cos t-2\cos(2t)-2\sin(2t)-\sin(3t)$：

（1）写出信号的简谐形式表达式。

（2）写出指数傅里叶级数形式。

（3）分别画出单边频谱和双边频谱图。

（4）求信号 $f(t)$ 的功率。

解：(1) 简谐形式中各项系数不为负，符号通过初相位调节。

$$f(t)=2+2\cos\left(t-\frac{\pi}{3}\right)+2\sqrt{2}\cos\left(2t+\frac{3\pi}{4}\right)+\cos\left(3t+\frac{\pi}{2}\right)。$$

(2) 复指数形式中各项系数为复数，通常写为极坐标形式。其模值同样不为负，符号通过复系数辐角（同样可称为相位）调节。其基底函数为复指数形式，每一个非直流频率项拆分为正频率和负频率两项，且互为共轭。

$$f(t)=2+\mathrm{e}^{-\mathrm{j}\frac{\pi}{3}}\mathrm{e}^{\mathrm{j}t}+\mathrm{e}^{\mathrm{j}\frac{\pi}{3}}\mathrm{e}^{-\mathrm{j}t}+\sqrt{2}\mathrm{e}^{\mathrm{j}\frac{3\pi}{4}}\mathrm{e}^{\mathrm{j}2t}+\sqrt{2}\mathrm{e}^{-\mathrm{j}\frac{3\pi}{4}}\mathrm{e}^{-\mathrm{j}2t}+\frac{1}{2}\mathrm{e}^{\mathrm{j}\frac{\pi}{2}}\mathrm{e}^{\mathrm{j}3t}+\frac{1}{2}\mathrm{e}^{-\mathrm{j}\frac{\pi}{2}}\mathrm{e}^{-\mathrm{j}3t}。$$

(3) 通过简谐形式可画出信号单边频谱，通过复指数形式可画出信号双边频谱。双边频谱是把单边频谱中的每一个非直流频率项拆分为共轭的两项，所以非直流频率项模值均分两半，而相位一正一负，表现在双边频谱图上，即实信号的频谱图中，幅频图为偶函数，相频图为奇函数。

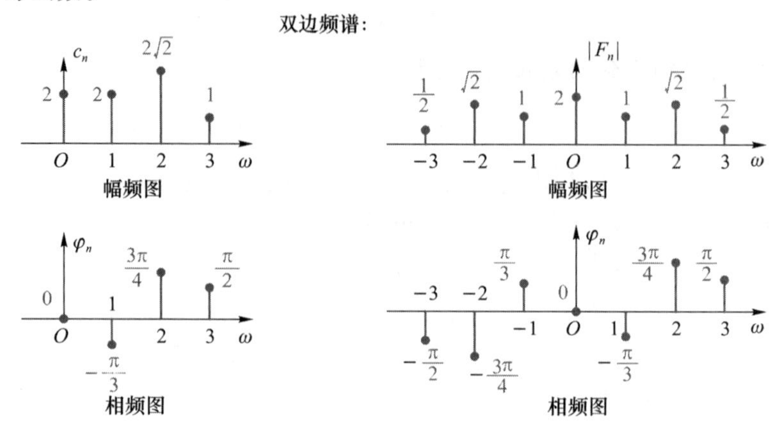

(4) 根据帕塞瓦尔方程，信号功率等于各正交分量功率之和。简谐形式中分量的功率由幅值 c_n 决定，直流项功率为 c_0^2，非直流项功率为 $c_n^2/2$，与初相位无关。复指数形式中分量的功率由复系数的模值 $|F_n|$ 决定，各项功率为 $|F_n|^2$，与辐角/相位无关。

$$P=c_0^2+\sum_{n=1}^{\infty}\frac{c_n^2}{2}=\sum_{n=-\infty}^{\infty}|F_n|^2=10.5。$$

2. 已知 $T_0\omega_0=2\pi$:

(1) 证明 $\{\mathrm{e}^{\mathrm{j}n\omega_0 t}\}$，$n=0,1,2,\cdots$ 在周期 T_0 时间内是正交函数集。

(2) 讨论此函数集在周期为 T_0 的函数空间内是否完备。

解: (1) 注意复变函数的正交性是信号乘以另一个信号的共轭，

$$\int_{T_0}\mathrm{e}^{\mathrm{j}n\omega_0 t}\mathrm{e}^{-\mathrm{j}m\omega_0 t}\mathrm{d}t=\begin{cases}\int_{T_0}1\mathrm{d}t=T_0, & n=m\\ \int_{T_0}\{\cos[(n-m)\omega_0 t]+\mathrm{j}\sin[(n-m)\omega_0 t]\}\mathrm{d}t=0, & n\neq m\end{cases},$$

在 $n\neq m$ 时，积分式内的三角函数项周期为 $\frac{2\pi}{(n-m)\omega_0}=\frac{T_0}{n-m}$，即积分时间是其周期的整数倍，所以积分为 0。即集内函数 $\mathrm{e}^{\mathrm{j}n\omega_0 t}$ 与任意其他函数项 $\mathrm{e}^{\mathrm{j}m\omega_0 t}$ 正交。

(2) 正面证明正交函数集完备涉及很多复杂的数学概念，本课程不予讨论。我们仅需了解反向验证的方法即可，即在这个函数集外，是否还存在与集内函数正交的函数，如果存在，则该函数集不完备。易证得

$$\int_{T_0}\mathrm{e}^{\mathrm{j}1\omega_0 t}[\mathrm{e}^{\mathrm{j}(-1)\omega_0 t}]^*\mathrm{d}t=\int_{T_0}\mathrm{e}^{\mathrm{j}2\omega_0 t}\mathrm{d}t=\int_{T_0}[\cos(2\omega_0 t)+\mathrm{j}\sin(2\omega_0 t)]\mathrm{d}t=0,$$

即至少存在集外函数 $\mathrm{e}^{\mathrm{j}(-1)\omega_0 t}$ 与集内函数正交，所以此函数集不完备。此题主要提醒大家注意，复指数形式的傅里叶级数是包含负频率项的。

3. 已知周期信号 $f(t)$ 如题 3 图所示，求其三角函数形式的傅里叶级数展开式。当 $E=1$，$T_0=2\pi$ 时，借助于数学计算软件，得出其三次以内谐波组成的信号，观察其图形与原信号的差异。

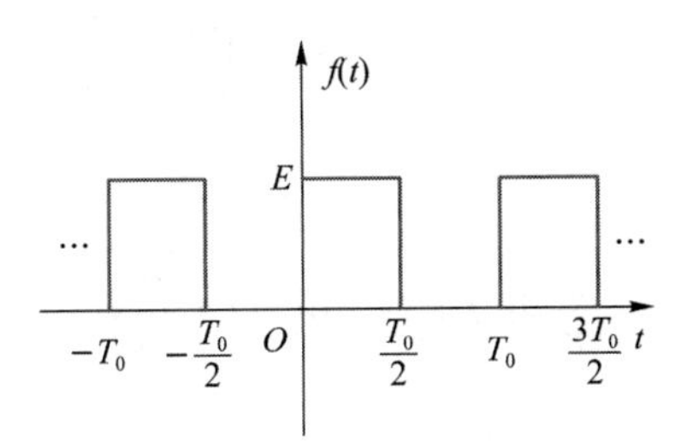

题 3 图

解：① 信号 $f(t)$ 的周期为 T_0，所以基波角频率 $\omega_0=\frac{2\pi}{T_0}$，其傅里叶级数展开式为

$$f(t)=a_0+\sum_{n=1}^{\infty}[a_n\cos(n\omega_0 t)+b_n\sin(n\omega_0 t)]。$$

② 计算系数 a_0。在 $(0,T_0)$ 周期内，仅 $(0,T_0/2)$ 内有值，因此积分区域可选 $(0,T_0/2)$，

$$a_0=\frac{1}{T_0}\int_{T_0}f(t)\mathrm{d}t=\frac{1}{T_0}\int_0^{\frac{T_0}{2}}E\mathrm{d}t=\frac{E}{2}。$$

③ 计算系数 a_n。

$$\begin{aligned}a_n&=\frac{2}{T_0}\int_{T_0}f(t)\cos(n\omega_0 t)\mathrm{d}t\\&=\frac{2E}{T_0}\int_0^{\frac{T_0}{2}}\cos(n\omega_0 t)\mathrm{d}t\\&=\frac{2E\sin(n\omega_0 t)}{n\omega_0 T_0}\Bigg|_0^{\frac{T_0}{2}}\\&=\frac{2E\sin\left(\frac{n\omega_0 T_0}{2}\right)}{n\omega_0 T_0}\\&=\frac{E\sin(n\pi)}{n\pi}\\&=0。\end{aligned}$$

④ 计算系数 b_n。

$$\begin{aligned}b_n&=\frac{2}{T_0}\int_{T_0}f(t)\sin(n\omega_0 t)\mathrm{d}t\\&=\frac{2E}{T_0}\int_0^{\frac{T_0}{2}}\sin(n\omega_0 t)\mathrm{d}t\\&=-\frac{2E\cos(n\omega_0 t)}{n\omega_0 T_0}\Bigg|_0^{\frac{T_0}{2}}\\&=E\cdot\frac{1-\cos(n\pi)}{n\pi}\\&=\begin{cases}\frac{2E}{n\pi}, & n=1,3,5,7,\cdots\\0, & n=2,4,6,8,\cdots\end{cases}。\end{aligned}$$

所以

$$f(t)=\frac{E}{2}+\frac{2E}{\pi}\sin\left(\frac{2\pi t}{T_0}\right)+\frac{2E}{3\pi}\sin\left(\frac{6\pi t}{T_0}\right)+\frac{2E}{5\pi}\sin\left(\frac{10\pi t}{T_0}\right)+\cdots。$$

当 $E=1, T_0=2\pi$ 时，

$$f(t)=\frac{1}{2}+\frac{2}{\pi}\sin t+\frac{2}{3\pi}\sin(3t)+\frac{2}{5\pi}\sin(5t)+\cdots。$$

4. 信号 $f(t)=\mathrm{e}^{-\alpha t}u(t)$（$\alpha$ 为正实数）：

（1）画出该信号的波形图。

（2）求其傅里叶变换 $F(\omega)$，并画出该信号的幅度谱和相位谱。

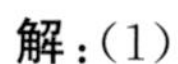

解：(1)

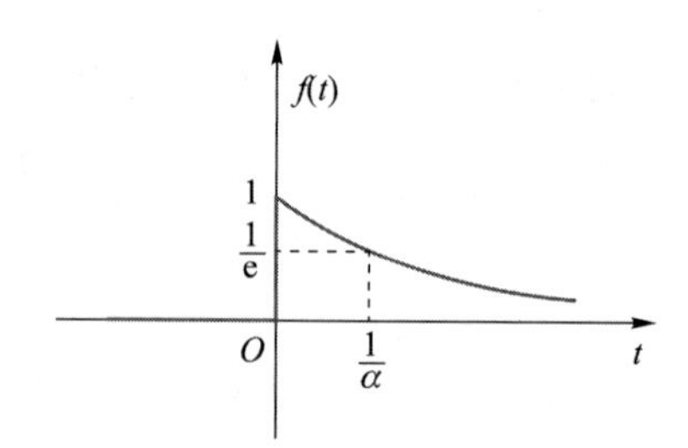

（2）根据定义式，

$$\begin{aligned}F(\omega) &= \int_{-\infty}^{\infty} f(t)\mathrm{e}^{-\mathrm{j}\omega t}\,\mathrm{d}t \\ &= \int_{-\infty}^{\infty} \mathrm{e}^{-\alpha t}u(t)\mathrm{e}^{-\mathrm{j}\omega t}\,\mathrm{d}t \\ &= \int_{0}^{\infty} \mathrm{e}^{-(\alpha+\mathrm{j}\omega)t}\,\mathrm{d}t \\ &= \frac{1}{-(\alpha+\mathrm{j}\omega)}\mathrm{e}^{-(\alpha+\mathrm{j}\omega)t}\Big|_0^{\infty} \\ &= \frac{1}{-(\alpha+\mathrm{j}\omega)}(0-1) \\ &= \frac{1}{\alpha+\mathrm{j}\omega}。\end{aligned}$$

画频谱图需要把 $F(\omega)$ 转换为模和辐角的形式，

$$\frac{1}{\alpha+\mathrm{j}\omega}=\frac{1}{\sqrt{\alpha^2+\omega^2}}\cdot \mathrm{e}^{\mathrm{j}\arctan\left(-\frac{\omega}{\alpha}\right)},$$

所以 $|F(\omega)|=\dfrac{1}{\sqrt{\alpha^2+\omega^2}}, \varphi(\omega)=\arctan\left(-\dfrac{\omega}{\alpha}\right)$。

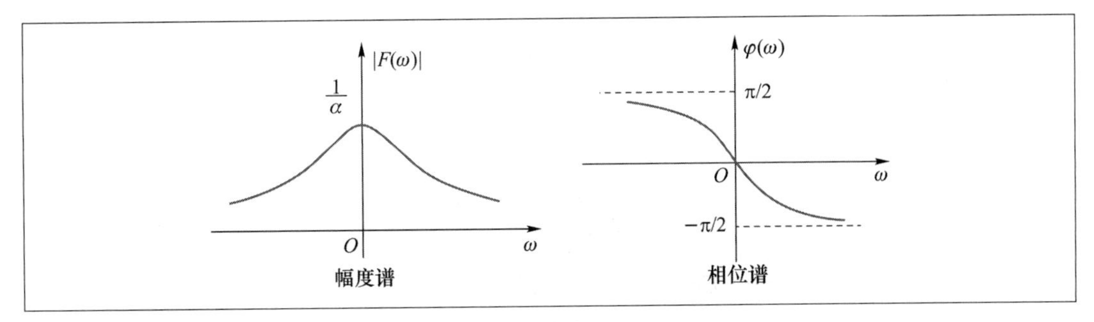

5. 矩形脉冲信号 $f_1(t)$，$f_2(t)$ 如题 5 图所示。

(1) 求 $f_1(t)$ 的傅里叶变换 $F_1(\omega)$。提示：$\frac{1}{2\mathrm{j}}(\mathrm{e}^{\mathrm{j}x}-\mathrm{e}^{-\mathrm{j}x})=\sin x$，$\frac{\sin x}{x}=\mathrm{Sa}(x)$。

(2) 仿照(1)求 $f_2(t)$ 的傅里叶变换 $F_2(\omega)$。提示：$\mathrm{e}^{\mathrm{j}x}-\mathrm{e}^{\mathrm{j}y}=\mathrm{e}^{\mathrm{j}\frac{x+y}{2}}(\mathrm{e}^{\mathrm{j}\frac{x-y}{2}}-\mathrm{e}^{-\mathrm{j}\frac{x-y}{2}})$。

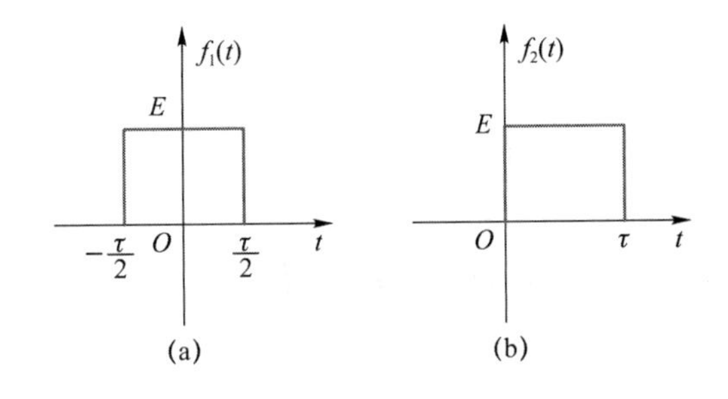

题 5 图

解：(1) 根据定义式，

$$
\begin{aligned}
F_1(\omega) &= \int_{-\infty}^{\infty} f_1(t)\mathrm{e}^{-\mathrm{j}\omega t}\,\mathrm{d}t \\
&= \int_{-\frac{\tau}{2}}^{\frac{\tau}{2}} E\mathrm{e}^{-\mathrm{j}\omega t}\,\mathrm{d}t \\
&= \frac{E}{-\mathrm{j}\omega}\mathrm{e}^{-\mathrm{j}\omega t}\Big|_{-\frac{\tau}{2}}^{\frac{\tau}{2}} \\
&= \frac{2E}{\omega}\cdot\frac{1}{2\mathrm{j}}(\mathrm{e}^{\mathrm{j}\frac{\tau\omega}{2}}-\mathrm{e}^{-\mathrm{j}\frac{\tau\omega}{2}}) \\
&= E\tau\,\frac{2}{\tau\omega}\sin\left(\frac{\tau\omega}{2}\right) \\
&= E\tau\,\mathrm{Sa}\left(\frac{\tau}{2}\cdot\omega\right)。
\end{aligned}
$$

(2)

$$
\begin{aligned}
F_2(\omega) &= \int_{-\infty}^{\infty} f_2(t)\mathrm{e}^{-\mathrm{j}\omega t}\,\mathrm{d}t \\
&= \int_{0}^{\tau} E\mathrm{e}^{-\mathrm{j}\omega t}\,\mathrm{d}t \\
&= \frac{E}{-\mathrm{j}\omega}\mathrm{e}^{-\mathrm{j}\omega t}\Big|_{0}^{\tau}
\end{aligned}
$$

$$=\frac{2E}{\omega}\cdot\frac{1}{2\mathrm{j}}(1-\mathrm{e}^{-\mathrm{j}\tau\omega})$$

$$=\frac{2E}{\omega}\cdot\frac{1}{2\mathrm{j}}(\mathrm{e}^{\mathrm{j}\frac{\tau\omega}{2}}-\mathrm{e}^{-\mathrm{j}\frac{\tau\omega}{2}})\cdot\mathrm{e}^{-\mathrm{j}\frac{\tau\omega}{2}}$$

$$=E\tau\,\frac{2}{\tau\omega}\sin\left(\frac{\tau\omega}{2}\right)\cdot\mathrm{e}^{-\mathrm{j}\frac{\tau\omega}{2}}$$

$$=E\tau\,\mathrm{Sa}\left(\frac{\tau}{2}\cdot\omega\right)\cdot\mathrm{e}^{-\mathrm{j}\frac{\tau}{2}\omega}。$$

信号时移,其傅里叶变换仅发生相位改变,其幅频特性不改变。

6. 已知 $\mathscr{F}[f(t)]=F(\omega)$,用性质求下列各函数的傅里叶变换式。

(1) $tf(2t)$; (2) $(t-2)f(-2t)$; (3) $t\dfrac{\mathrm{d}f(t)}{\mathrm{d}t}$;

(4) $(3-t)f(3-t)$; (5) $f(0.5t)\mathrm{e}^{-\mathrm{j}t}$; (6) $(t-2)f(t)\mathrm{e}^{\mathrm{j}\omega_0(t-5)}$。

解:求解步骤及利用的性质如下。

(1) 尺度变换性质:

$$\mathscr{F}[f(2t)]=\frac{1}{2}F\left(\frac{\omega}{2}\right),$$

频域微分性质:

$$\mathscr{F}[tf(2t)]=\mathrm{j}\,\frac{\mathrm{d}}{\mathrm{d}\omega}\left[\frac{1}{2}F\left(\frac{\omega}{2}\right)\right]=\frac{\mathrm{j}}{4}F'\left(\frac{\omega}{2}\right)。$$

(2) 尺度变换性质:

$$\mathscr{F}[f(-2t)]=\frac{1}{2}F\left(-\frac{\omega}{2}\right),$$

频域微分性质:

$$\mathscr{F}[tf(-2t)]=\mathrm{j}\,\frac{\mathrm{d}}{\mathrm{d}\omega}\left[\frac{1}{2}F\left(-\frac{\omega}{2}\right)\right]=-\frac{\mathrm{j}}{4}F'\left(-\frac{\omega}{2}\right),$$

线性性质:

$$\mathscr{F}[(t-2)f(-2t)]=-\frac{\mathrm{j}}{4}F'\left(-\frac{\omega}{2}\right)-F\left(-\frac{\omega}{2}\right)。$$

(3) 时域微分性质:

$$\mathscr{F}\left[\frac{\mathrm{d}f(t)}{\mathrm{d}t}\right]=\mathrm{j}\omega F(\omega),$$

频域微分性质:

$$\mathscr{F}\left[t\,\frac{\mathrm{d}f(t)}{\mathrm{d}t}\right]=\mathrm{j}\,\frac{\mathrm{d}}{\mathrm{d}\omega}[\mathrm{j}\omega F(\omega)]=-F(\omega)-\omega F'(\omega)。$$

(4) 频域微分性质:设 $g(t)=tf(t)$,则

$$\mathscr{F}[g(t)]=\mathrm{j}\,\frac{\mathrm{d}}{\mathrm{d}\omega}F(\omega)=\mathrm{j}F'(\omega)。$$

尺度变换及时移性质:

$$\mathscr{F}[(3-t)f(3-t)]=\mathscr{F}\{g[-(t-3)]\}=\mathrm{j}F'(-\omega)\mathrm{e}^{\mathrm{j}(-3)\omega}。$$

(5) 尺度变换性质：

$$\mathscr{F}[f(0.5t)]=2F(2\omega),$$

频移性质：

$$\mathscr{F}[f(0.5t)\mathrm{e}^{-\mathrm{j}t}]=2F[2(\omega+1)]。$$

(6) 频域微分及线性性质：

$$\mathscr{F}[(t-2)f(t)]=\mathrm{j}\,\frac{\mathrm{d}}{\mathrm{d}\omega}F(\omega)-2F(\omega)=\mathrm{j}F'(\omega)-2F(\omega),$$

频移性质：

$$\mathscr{F}[(t-2)f(t)\mathrm{e}^{\mathrm{j}\omega_0 t}]=\mathrm{j}F'(\omega-\omega_0)-2F(\omega-\omega_0),$$

线性性质：

$$\begin{aligned}\mathscr{F}[(t-2)f(t)\mathrm{e}^{\mathrm{j}\omega_0 t}\mathrm{e}^{-\mathrm{j}5\omega_0}]&=\mathrm{e}^{-\mathrm{j}5\omega_0}\mathscr{F}[(t-2)f(t)\mathrm{e}^{\mathrm{j}\omega_0 t}]\\&=\mathrm{e}^{-\mathrm{j}5\omega_0}[\mathrm{j}F'(\omega-\omega_0)-2F(\omega-\omega_0)]。\end{aligned}$$

以上部分结果使用了以下微分性质进行化简：

$$\frac{\mathrm{d}}{\mathrm{d}x}[f(x)g(x)]=f(x)\frac{\mathrm{d}}{\mathrm{d}x}g(x)+g(x)\frac{\mathrm{d}}{\mathrm{d}x}f(x),$$

$$\frac{\mathrm{d}}{\mathrm{d}x}g[f(x)]=f'(x)\cdot g'[f(x)]。$$

7. 已知信号 $f(t)$ 的傅里叶变换是 $F(\omega)$，其频谱如题7图1所示，求 $f(t)$ 的表达式(提示：利用傅里叶变换的对称性)。

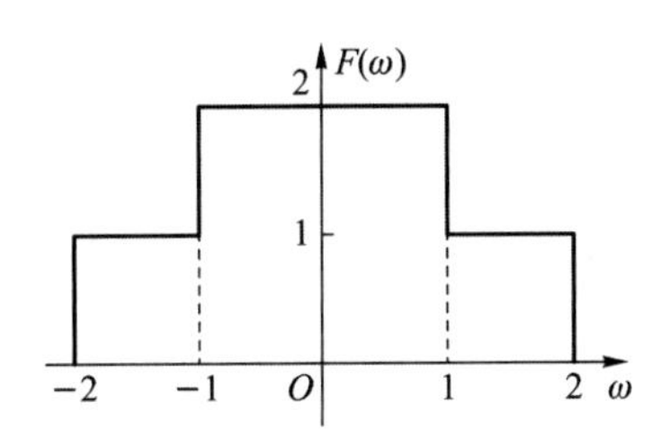

题7图1

解：已知 $\mathscr{F}[f(t)]=F(\omega)$，则根据对称性质，有

$$\mathscr{F}[F(t)]=2\pi f(-\omega), \quad ①$$

信号 $F(t)$ 可分解为两个分量信号，如题7图2所示，则 $F(t)=g_1(t)+g_2(t)$，其傅里叶变换为

$$\mathscr{F}[F(t)]=\mathscr{F}[g_1(t)]+\mathscr{F}[g_2(t)]=2\mathrm{Sa}(\omega)+4\mathrm{Sa}(2\omega)。\quad ②$$

(a) (b)

题7图2

由式①、②可得方程

$$2\pi f(-\omega)=2\mathrm{Sa}(\omega)+4\mathrm{Sa}(2\omega)\Rightarrow f(\omega)=\frac{1}{\pi}\mathrm{Sa}(\omega)+\frac{2}{\pi}\mathrm{Sa}(2\omega)。$$

所以 $f(t)$ 的表达式应该是

$$f(t)=\frac{1}{\pi}\mathrm{Sa}(t)+\frac{2}{\pi}\mathrm{Sa}(2t)。$$

8. 已知信号 $f(t)=\begin{cases}E\mathrm{e}^{-at}(a>0), & 0<t<\tau\\ 0, & t\text{ 为其他}\end{cases}$，如题 8 图所示，求其傅里叶变换 $F(\omega)$。

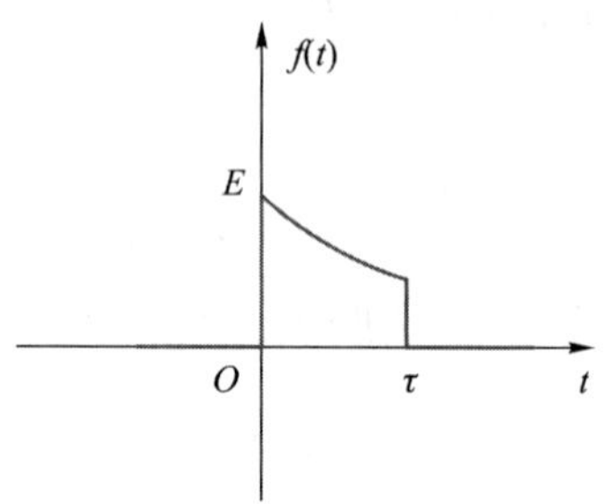

题 8 图

解：由于信号仅在 $(0,\tau)$ 区间内有值，所以

$$\begin{aligned}F(\omega)&=\int_{-\infty}^{\infty}f(t)\mathrm{e}^{-\mathrm{j}\omega t}\mathrm{d}t\\&=\int_{0}^{\tau}E\mathrm{e}^{-at}\mathrm{e}^{-\mathrm{j}\omega t}\mathrm{d}t\\&=E\int_{0}^{\tau}\mathrm{e}^{-(a+\mathrm{j}\omega)t}\mathrm{d}t\\&=-\frac{E}{a+\mathrm{j}\omega}\left[\mathrm{e}^{-(a+\mathrm{j}\omega)\tau}-\mathrm{e}^{-(a+\mathrm{j}\omega)0}\right]\\&=\frac{E}{a+\mathrm{j}\omega}(1-\mathrm{e}^{-a\tau}\cdot\mathrm{e}^{-\mathrm{j}\tau\omega})。\end{aligned}$$

9. 已知信号 $f(t)$ 如题 9 图所示，且 $\mathscr{F}[f(t)]=F(\omega)$。无须求解 $F(\omega)$ 的表达式，利用傅里叶变换的定义及性质求解：

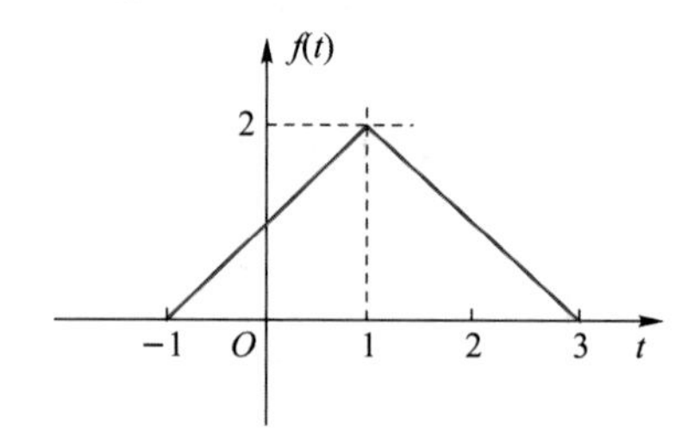

题 9 图

(1) $F(0)$。

(2) $\int_{-\infty}^{\infty} F(\omega)\mathrm{d}\omega$。

(3) $\mathscr{F}^{-1}\{\mathrm{Re}[F(\omega)]\}$的图形。

解：(1) 傅里叶变换式 $F(\omega)=\int_{-\infty}^{\infty} f(t)\mathrm{e}^{-\mathrm{j}\omega t}\mathrm{d}t$，这是一个以 ω 为变量的函数。将$\omega=0$代入可得

$$F(0)=\int_{-\infty}^{\infty} f(t)\mathrm{e}^{-\mathrm{j}0t}\mathrm{d}t=\int_{-\infty}^{\infty} f(t)\mathrm{d}t=4。$$

(2) 傅里叶反变换式 $f(t)=\frac{1}{2\pi}\int_{-\infty}^{\infty} F(\omega)\mathrm{e}^{\mathrm{j}\omega t}\mathrm{d}\omega$，这是一个以 t 为变量的函数。将 $t=0$代入可得

$$f(0)=\frac{1}{2\pi}\int_{-\infty}^{\infty} F(\omega)\mathrm{e}^{\mathrm{j}\omega 0}\mathrm{d}\omega=\frac{1}{2\pi}\int_{-\infty}^{\infty} F(\omega)\mathrm{d}\omega。$$

已知 $f(0)=1$，所以$\int_{-\infty}^{\infty} F(\omega)\mathrm{d}\omega=2\pi f(0)=2\pi$。

(3) 根据实信号傅里叶变换的奇偶虚实性，$\mathrm{Re}[F(\omega)]=\mathscr{F}[f_{\mathrm{e}}(t)]$，其中 $f_{\mathrm{e}}(t)$为信号 $f(t)$的偶分量。所以 $\mathscr{F}^{-1}\{\mathrm{Re}[F(\omega)]\}=f_{\mathrm{e}}(t)=\frac{1}{2}[f(t)+f(-t)]$。

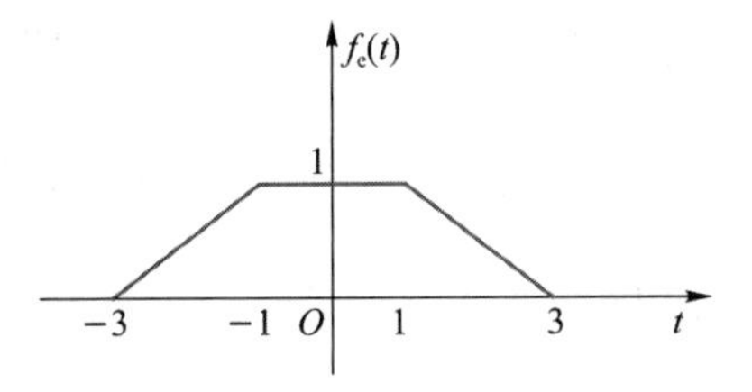

10. 已知信号的频谱如题 10 图 1 所示，分别求题 10 图 1(a)、题 10 图 1(b)中 $F(\omega)$的傅里叶反变换 $f(t)$。

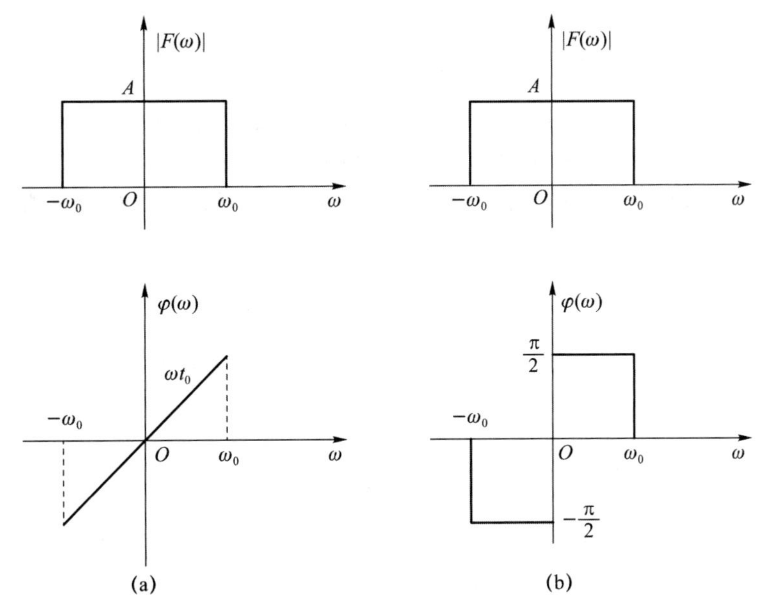

题 10 图 1

解:(解法一)(a) $F(\omega)=A[u(\omega+\omega_0)-u(\omega-\omega_0)]e^{j\omega t_0}$,其傅里叶反变换为

$$
\begin{aligned}
f(t) &= \frac{1}{2\pi}\int_{-\infty}^{\infty}F(\omega)e^{j\omega t}d\omega \\
&= \frac{1}{2\pi}\int_{-\omega_0}^{\omega_0}Ae^{j\omega t_0}e^{j\omega t}d\omega \\
&= \frac{A}{2\pi}\cdot\frac{1}{j(t+t_0)}[e^{j(t+t_0)\omega_0}-e^{-j(t+t_0)\omega_0}] \\
&= \frac{A}{\pi}\cdot\frac{1}{t+t_0}\sin[\omega_0(t+t_0)] \\
&= \frac{A\omega_0}{\pi}Sa[\omega_0(t+t_0)]。
\end{aligned}
$$

(b) $F(\omega)=\begin{cases}Ae^{-j\frac{\pi}{2}}, & -\omega_0<\omega<0\\ 0, & |\omega|>\omega_0\\ Ae^{+j\frac{\pi}{2}}, & 0<\omega<\omega_0\end{cases}$,其傅里叶反变换为

$$
\begin{aligned}
f(t) &= \frac{1}{2\pi}\left[\int_{-\omega_0}^{0}Ae^{-j\frac{\pi}{2}}e^{j\omega t}d\omega+\int_{0}^{\omega_0}Ae^{j\frac{\pi}{2}}e^{j\omega t}d\omega\right] \\
&= \frac{A}{2\pi}\left[-j\cdot\int_{-\omega_0}^{0}e^{j\omega t}d\omega+j\cdot\int_{0}^{\omega_0}e^{j\omega t}d\omega\right] \\
&= \frac{A}{2\pi}\left[-j\cdot\frac{1}{jt}(e^{jt0}-e^{-jt\omega_0})+j\cdot\frac{1}{jt}(e^{jt\omega_0}-e^{jt0})\right] \\
&= \frac{A}{2\pi t}(e^{j\omega_0 t}+e^{-j\omega_0 t}-2) \\
&= \frac{A}{\pi t}[\cos(\omega_0 t)-1] \\
&= -\frac{2A}{\pi t}\sin^2\left(\frac{\omega_0 t}{2}\right) \\
&= -\frac{A\omega_0}{\pi}Sa\left(\frac{\omega_0 t}{2}\right)\sin\left(\frac{\omega_0 t}{2}\right)。
\end{aligned}
$$

(解法二)本题也可以利用变换性质来求。首先构造题 10 图 1(a)、题 10 图 1(b)各自对应的辅助函数,分别如题 10 图 2(a)、题 10 图 2(b)所示。

(a) $F(\omega)$可以用新构造的辅助函数表示为 $F(\omega)=F_0(\omega)e^{j\omega t_0}$,辅助函数的原函数易求得为

$$f_0(t)=\mathscr{F}^{-1}[F_0(\omega)]=\frac{1}{2\pi}\cdot 2A\omega_0\cdot Sa(\omega_0 t)=\frac{A\omega_0}{\pi}Sa(\omega_0 t)。$$

根据时移性质,$\mathscr{F}[f_0(t+t_0)]=F_0(\omega)e^{j\omega t_0}$,所以 $F(\omega)$的原函数为

$$f(t)=f_0(t+t_0)=\frac{A\omega_0}{\pi}Sa[\omega_0(t+t_0)]。$$

(b) $F(\omega)$可以用新构造的辅助函数表示为

$$F(\omega)=F_0\left(\omega+\frac{\omega_0}{2}\right)e^{-j\frac{\pi}{2}}+F_0\left(\omega-\frac{\omega_0}{2}\right)e^{j\frac{\pi}{2}}=-jF_0\left(\omega+\frac{\omega_0}{2}\right)+jF_0\left(\omega-\frac{\omega_0}{2}\right),$$

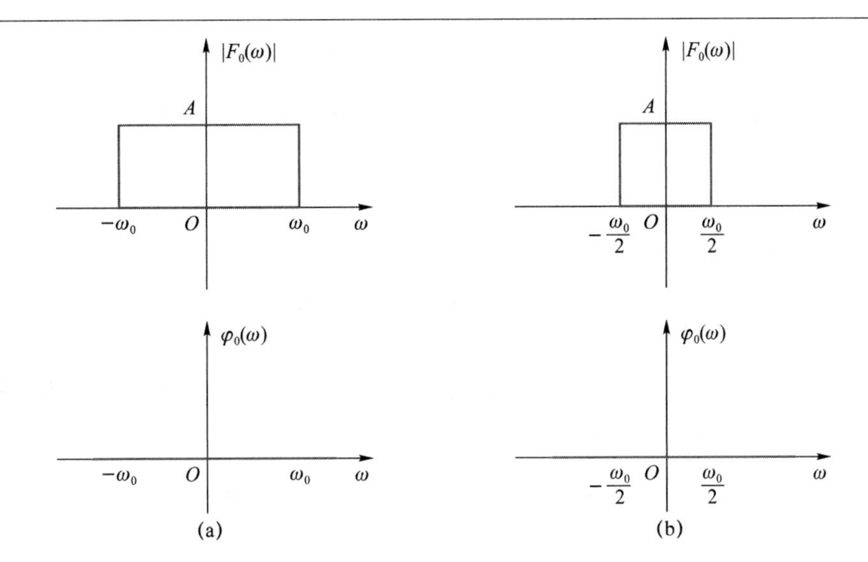

题 10 图 2

辅助函数的原函数易求得为

$$f_0(t)=\mathscr{F}^{-1}[F_0(\omega)]=\frac{1}{2\pi}\cdot A\omega_0\cdot \mathrm{Sa}\left(\frac{\omega_0}{2}t\right)=\frac{A\omega_0}{2\pi}\mathrm{Sa}\left(\frac{\omega_0}{2}t\right)。$$

根据频移性质，

$$\mathscr{F}[f_0(t)\mathrm{e}^{-\mathrm{j}\frac{\omega_0}{2}t}]=F_0\left(\omega+\frac{\omega_0}{2}\right),\quad \mathscr{F}[f_0(t)\mathrm{e}^{\mathrm{j}\frac{\omega_0}{2}t}]=F_0\left(\omega-\frac{\omega_0}{2}\right),$$

$F(\omega)$的原函数为

$$\begin{aligned}f(t)&=-\mathrm{j}f_0(t)\mathrm{e}^{-\mathrm{j}\frac{\omega_0}{2}t}+\mathrm{j}f_0(t)\mathrm{e}^{\mathrm{j}\frac{\omega_0}{2}t}\\&=-2f_0(t)\frac{1}{2\mathrm{j}}(\mathrm{e}^{\mathrm{j}\frac{\omega_0}{2}t}-\mathrm{e}^{-\mathrm{j}\frac{\omega_0}{2}t})\\&=-\frac{A\omega_0}{\pi}\mathrm{Sa}\left(\frac{\omega_0}{2}t\right)\sin\left(\frac{\omega_0}{2}t\right)。\end{aligned}$$

11. 已知信号 $f(t)=\frac{\sin t}{t}$：

(1) 求其傅里叶变换 $F(\omega)$。

(2) 求 $\int_0^{\infty}f(t)\mathrm{d}t$。

(3) 画出 $f(t)\cdot f(2t)$，$f(t)*f(2t)$的幅频图。

解：(1) 构造门函数 $f_0(t)=\frac{1}{2}[u(t+1)-u(t-1)]$，则

$$F_0(\omega)=\mathscr{F}[f_0(t)]=\mathrm{Sa}(\omega),$$

由对称性可知，

$$F(\omega)=\mathscr{F}[\mathrm{Sa}(t)]=2\pi f_0(-\omega)=2\pi f_0(\omega)=\pi u(\omega+1)-\pi u(\omega-1)。$$

(2) 根据傅里叶变换式 $F(\omega)=\int_{-\infty}^{\infty}f(t)\mathrm{e}^{-\mathrm{j}\omega t}\mathrm{d}t$,将 $\omega=0$ 代入可得

$$F(0)=\int_{-\infty}^{\infty}f(t)\mathrm{e}^{-\mathrm{j}0t}\mathrm{d}t=\int_{-\infty}^{\infty}f(t)\mathrm{d}t,$$

又由于 $f(t)$是偶函数,所以

$$\int_{0}^{\infty}f(t)\mathrm{d}t=\frac{1}{2}\cdot F(0)=\frac{\pi}{2}。$$

(3) 设 $f(t)\cdot f(2t)$,$f(t)*f(2t)$的频谱密度分别为 $F_1(\omega)$和 $F_2(\omega)$。根据傅里叶变换的尺度变换性质及卷积定理,

$$F_1(\omega)=\frac{1}{2\pi}F(\omega)*\frac{1}{2}F\left(\frac{\omega}{2}\right)=\frac{1}{4\pi}F(\omega)*F\left(\frac{\omega}{2}\right),$$

$$F_2(\omega)=F(\omega)\cdot\frac{1}{2}F\left(\frac{\omega}{2}\right)=\frac{1}{2}F(\omega)\cdot F\left(\frac{\omega}{2}\right)。$$

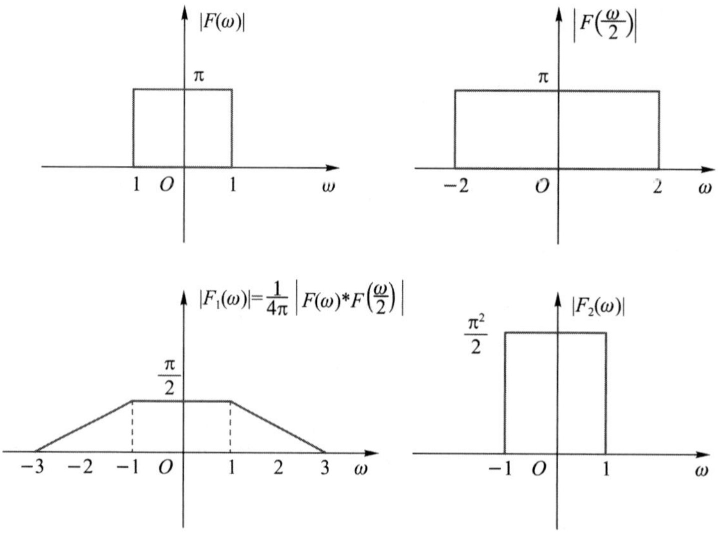

12. 分别求 $\cos(\omega_0 t)$,$\sin(\omega_0 t)$,$\cos(\omega_0 t)+\sin(\omega_0 t)$的傅里叶变换,并画出各自的幅频谱和相频谱。

解:根据欧拉公式,$\cos(\omega_0 t)=\frac{1}{2}\cdot(\mathrm{e}^{\mathrm{j}\omega_0 t}+\mathrm{e}^{-\mathrm{j}\omega_0 t})$,$\sin(\omega_0 t)=\frac{1}{2\mathrm{j}}\cdot(\mathrm{e}^{\mathrm{j}\omega_0 t}-\mathrm{e}^{-\mathrm{j}\omega_0 t})$,再根据傅里叶变换的频移性质,

$$F_1(\omega)=\mathscr{F}[\cos(\omega_0 t)]=\pi\delta(\omega-\omega_0)+\pi\delta(\omega+\omega_0),$$

$$\begin{aligned}F_2(\omega)&=\mathscr{F}[\sin(\omega_0 t)]\\&=-\mathrm{j}\pi\delta(\omega-\omega_0)+\mathrm{j}\pi\delta(\omega+\omega_0)\\&=\pi\delta(\omega-\omega_0)\mathrm{e}^{-\mathrm{j}\frac{\pi}{2}}+\pi\delta(\omega+\omega_0)\mathrm{e}^{\mathrm{j}\frac{\pi}{2}},\end{aligned}$$

$$
\begin{aligned}
F_3(\omega) &= \mathscr{F}[\cos(\omega_0 t)+\sin(\omega_0 t)] \\
&= \pi(1-\mathrm{j})\delta(\omega-\omega_0)+\pi(1+\mathrm{j})\delta(\omega+\omega_0) \\
&= \sqrt{2}\pi\delta(\omega-\omega_0)\mathrm{e}^{-\mathrm{j}\frac{\pi}{4}}+\sqrt{2}\pi\delta(\omega+\omega_0)\mathrm{e}^{\mathrm{j}\frac{\pi}{4}}。
\end{aligned}
$$

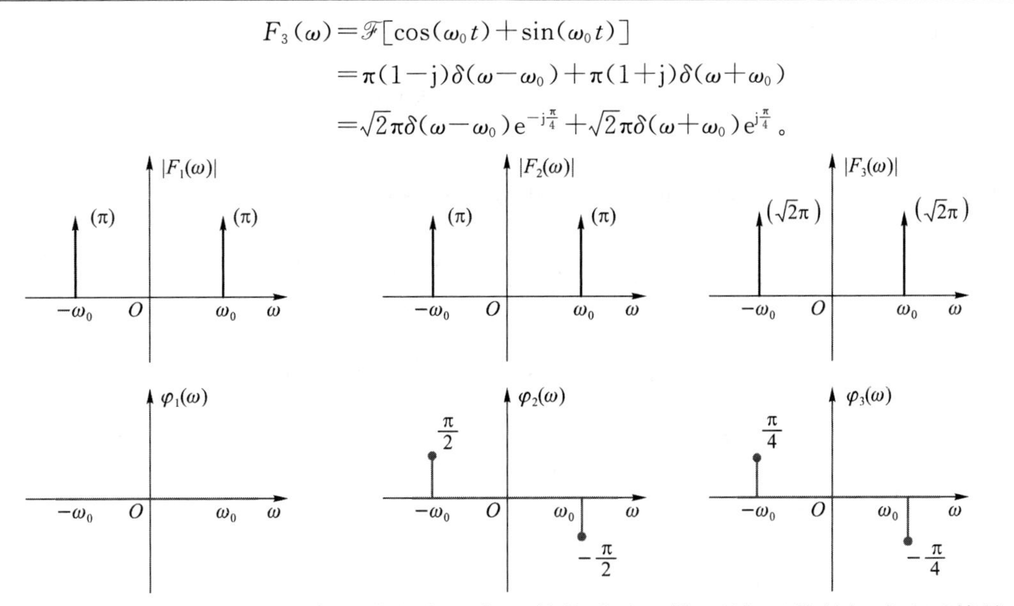

注意，本章常用的模相乘、相位相加是复函数的乘法运算；而复函数的加减法运算并非模和相位简单相加，要在直角坐标形式下完成加减法运算，再转为极坐标形式做幅频、相频图。

13. 已知周期信号 $f(t)$ 如题 13 图 1 所示，求其傅里叶变换式。

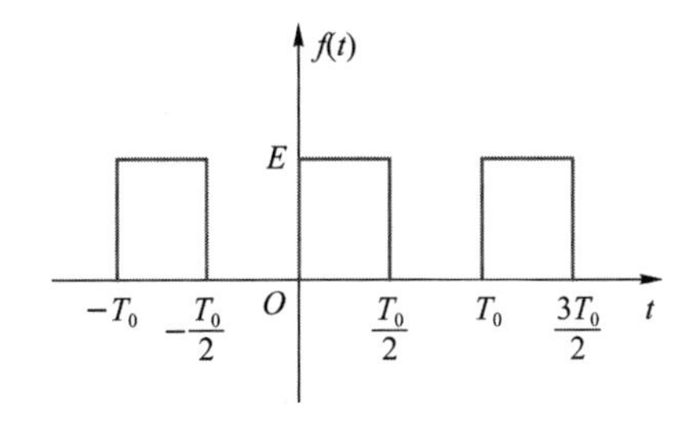

题 13 图 1

解：周期信号的傅里叶变换有两种求解思路，一种是根据傅里叶级数和频移性质来求，另一种是根据单脉冲傅里叶变换和卷积定理来求。本题使用第二种思路较直观。

构造单脉冲 $f_0(t)$，如题 13 图 2(a)所示，易得其傅里叶变换为

$$F_0(\omega)=\frac{ET_0}{2}\mathrm{Sa}\left(\frac{T_0}{4}\omega\right)。$$

构造冲激脉冲序列 $\delta_{T_0}(t)=\sum_{n=-\infty}^{\infty}\delta(t-nT_0)$，则其傅里叶变换为

$$P(\omega)=\frac{2\pi}{T_0}\sum_{n=-\infty}^{\infty}\delta\left(\omega-n\frac{2\pi}{T_0}\right)。$$

周期脉冲 $f_1(t)=f_0(t)*\delta_{T_0}(t)$，如题 13 图 2(b)所示，其傅里叶变换为

$$F_1(\omega)=\frac{ET_0}{2}\mathrm{Sa}\left(\frac{T_0}{4}\omega\right)\cdot\frac{2\pi}{T_0}\sum_{n=-\infty}^{\infty}\delta\left(\omega-n\frac{2\pi}{T_0}\right)。$$

由于 $f(t)=f_1\left(t-\frac{T_0}{4}\right)$，根据时移性质，其傅里叶变换为

$$\begin{aligned}F(\omega)&=\frac{ET_0}{2}\mathrm{Sa}\left(\frac{T_0}{4}\omega\right)\cdot\frac{2\pi}{T_0}\sum_{n=-\infty}^{\infty}\delta\left(\omega-n\frac{2\pi}{T_0}\right)\cdot \mathrm{e}^{-\mathrm{j}\frac{T_0}{4}\omega}\\&=E\pi\cdot\mathrm{e}^{-\mathrm{j}\frac{T_0}{4}\omega}\cdot\sum_{n=-\infty}^{\infty}\mathrm{Sa}\left(\frac{n\pi}{2}\right)\delta\left(\omega-n\frac{2\pi}{T_0}\right)。\end{aligned}$$

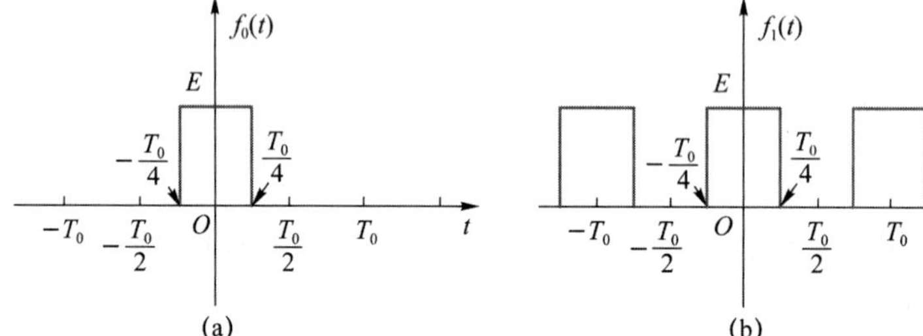

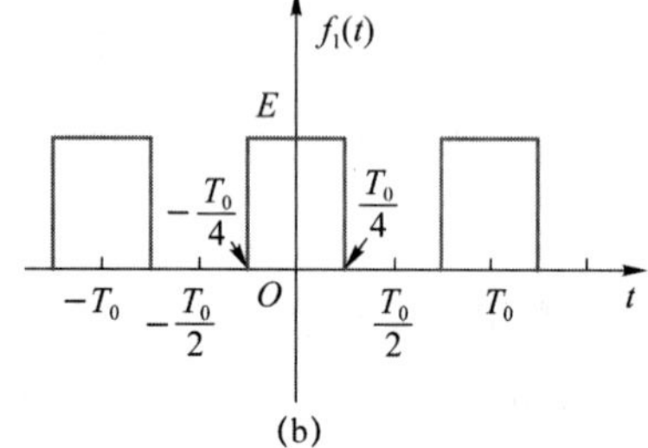

题 13 图 2

14.（1）求 $f_1(t)=\mathrm{Sa}(\pi t)$的傅里叶变换 $F_1(\omega)$，并画出其频谱图。

（2）已知冲激脉冲序列 $\delta_T(t)=\sum_{n=-\infty}^{\infty}\delta(t-nT)$ 的周期为 $T=1$，画出其傅里叶变换频谱。

（3）信号 $f_2(t)=\mathrm{Sa}(\pi t)\cdot\cos(2\pi t)$，画出其傅里叶变换频谱。

（4）信号 $f_3(t)=\mathrm{Sa}(\pi t)\cdot\delta_T(t)$，画出其傅里叶变换频谱。

解：(1)若有 $\mathscr{F}[f_0(t)]=\mathrm{Sa}(\pi\omega)$，则 $\mathscr{F}[\mathrm{Sa}(\pi t)]=2\pi f_0(-\omega)$。易得 $f_0(t)$是脉宽为 2π、面积为 1$\left(高度为\frac{1}{2\pi}\right)$的矩形脉冲，所以 $F_1(\omega)$是宽度为 2π、高度为 1 的矩形。

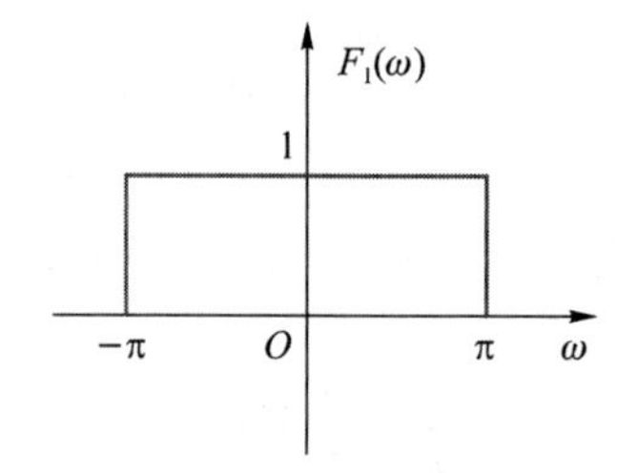

(2) $\mathscr{F}[\delta_T(t)] = \omega_0 \sum_{n=-\infty}^{\infty} \delta(\omega - n\omega_0)$，其中 $\omega_0 = \frac{2\pi}{T} = 2\pi$。

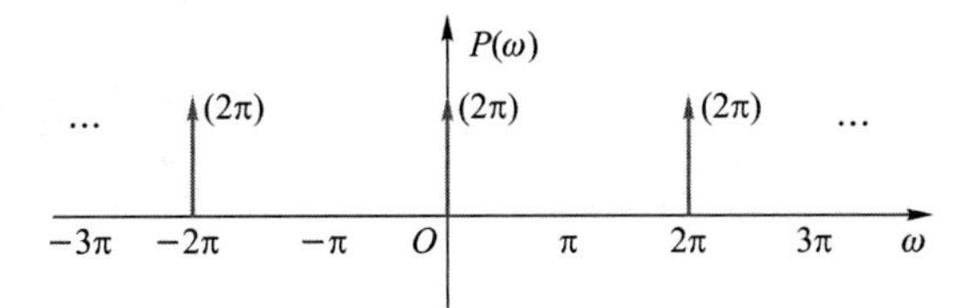

(3)

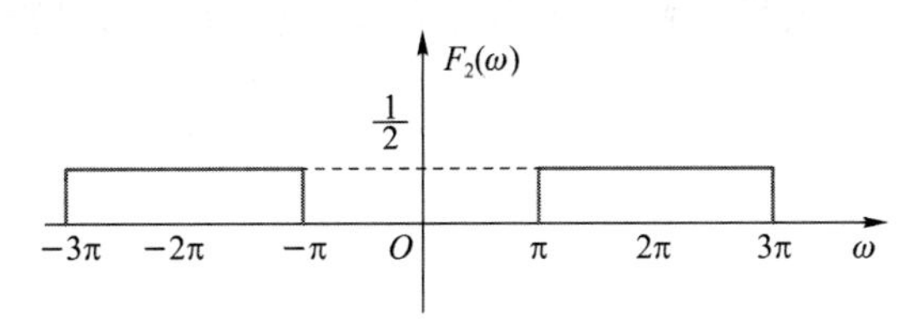

(4) 从频域上看，是一系列矩形脉冲紧贴在一起，组成直线；从时域上看，$f_3(t) = \mathrm{Sa}(\pi t) \cdot \delta_T(t) = \sum_{n=-\infty}^{\infty} \mathrm{Sa}(\pi nT) \cdot \delta(t-nT) = \delta(t)$，因为所有 $n \neq 0$ 的位置处 $\mathrm{Sa}(\pi n)=0$。

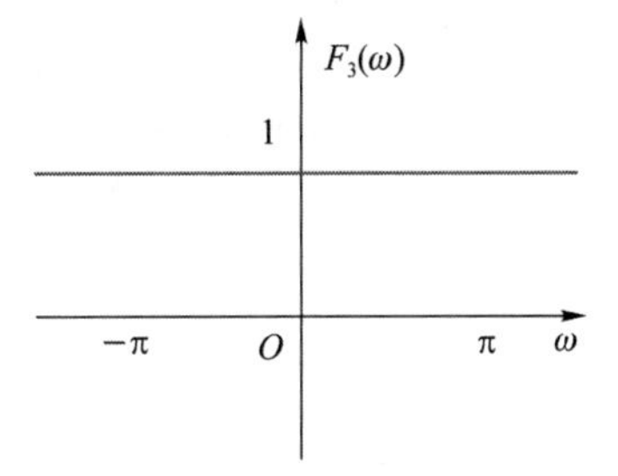

第4章

傅里叶变换在通信系统中的应用

知识背景

通过傅里叶变换方法，我们可以把信号转换到频域上进行分析，而之所以进行频域分析，是因为真实系统通常有着非常明显的频率特征。很多系统的频率特征可以通过其具体结构、材料特性，利用物理学原理进行直接运算，如弦的振动、天线对电磁波的接收和发射、光学谐振腔的模式等。而本课程对系统的分析更具有工程特点，是把系统作为一个黑盒子，而通过其对信号的响应结果来得到系统信息。这种方法更具有普遍性。

学习要点

1. 掌握系统频率响应的概念，掌握通过系统频率响应特性求解单频激励信号稳态响应的方法。

2. 掌握无失真传输系统、理想低通滤波器的时域和频域表达方式，掌握在频域上求解响应信号的方法。

3. 掌握抽样定理，学习在频域上分析问题的思路。

4. 掌握调制与解调的基本原理和基本方法，掌握信号在调制解调过程中时域、频域的变化情况。

5. 了解多路复用的基本概念，掌握频分复用的基本原理和方法，掌握理想带通滤波器的频率响应特性(幅频/相频)。

6. 掌握希尔伯特变换的时域、频域定义。掌握相频改变的运算方法。掌握系统中含有希尔伯特变换子系统时的响应求解。

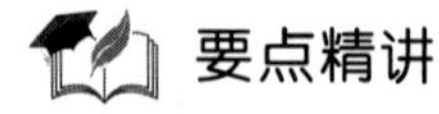

4.1 傅里叶变换形式的系统函数

对于一个稳定的线性时不变系统，设激励信号为 $e(t)$，单位冲激响应为 $h(t)$，零状态响

应为 $r(t)$，根据线性时不变系统的特点，我们知道

$$r(t)=e(t)*h(t)。\tag{4.1.1}$$

对时域信号分别做傅里叶变换可得

$$\begin{cases}\mathscr{F}[e(t)]=E(\mathrm{j}\omega)\\ \mathscr{F}[h(t)]=H(\mathrm{j}\omega),\\ \mathscr{F}[r(t)]=R(\mathrm{j}\omega)\end{cases}\tag{4.1.2}$$

在对系统进行频域分析时，习惯上会把 $\mathrm{j}\omega$ 绑定在一起，视作一个变量。根据傅里叶变换的时域卷积定理，可知这三者的关系为

$$R(\mathrm{j}\omega)=E(\mathrm{j}\omega)\cdot H(\mathrm{j}\omega),\tag{4.1.3}$$

稍作变形可得

$$H(\mathrm{j}\omega)=\frac{R(\mathrm{j}\omega)}{E(\mathrm{j}\omega)}。\tag{4.1.4}$$

可见线性时不变系统的响应与激励之间满足一个确定的比例关系，我们把 $H(\mathrm{j}\omega)$ 称为傅里叶变换形式的系统函数，把 $H(\mathrm{j}\omega)\sim\omega$ 的关系称为系统的频率响应特性，简称频响特性。$H(\mathrm{j}\omega)$ 可以写为极坐标形式 $|H(\mathrm{j}\omega)|\mathrm{e}^{\mathrm{j}\varphi(\omega)}$，$|H(\mathrm{j}\omega)|\sim\omega$ 的关系即系统的幅频响应特性，$\varphi(\omega)\sim\omega$ 的关系即系统的相频响应特性。若把激励和响应的傅里叶变换也写为极坐标形式

$$\begin{cases}E(\mathrm{j}\omega)=|E(\mathrm{j}\omega)|\cdot\mathrm{e}^{\mathrm{j}\varphi_e(\omega)}\\ R(\mathrm{j}\omega)=|R(\mathrm{j}\omega)|\cdot\mathrm{e}^{\mathrm{j}\varphi_r(\omega)}\end{cases},\tag{4.1.5}$$

容易得到

$$\begin{cases}|R(\mathrm{j}\omega)|=|E(\mathrm{j}\omega)|\cdot|H(\mathrm{j}\omega)|\\ \varphi_r(\omega)=\varphi_e(\omega)+\varphi(\omega)\end{cases}。\tag{4.1.6}$$

也就是说，激励信号通过线性时不变系统后，其各频率分量的幅度会乘以 $|H(\mathrm{j}\omega)|$，称为幅度加权，各频率分量的相位会加上 $\varphi(\omega)$，称为相位修正。

可以通过求解单频率三角波信号的响应来体会线性时不变系统的这种特点。

【例 4-1】 激励信号为 $\cos(\omega_0 t)$，其通过一个系统函数为 $H(\mathrm{j}\omega)$ 的线性时不变系统，求其稳态响应。

解：根据欧拉公式，

$$\cos(\omega_0 t)=\frac{\mathrm{e}^{\mathrm{j}\omega_0 t}+\mathrm{e}^{-\mathrm{j}\omega_0 t}}{2},$$

利用系统的线性性质，可以先求 $\mathrm{e}^{\mathrm{j}\omega_0 t}$ 的响应，

$$\begin{aligned}r_1(t)&=\int_{-\infty}^{\infty}h(\tau)\mathrm{e}^{\mathrm{j}\omega_0(t-\tau)}\mathrm{d}\tau\\&=\mathrm{e}^{\mathrm{j}\omega_0 t}\int_{-\infty}^{\infty}h(\tau)\mathrm{e}^{-\mathrm{j}\omega_0\tau}\mathrm{d}\tau\\&=\mathrm{e}^{\mathrm{j}\omega_0 t}H(\mathrm{j}\omega_0)\\&=\mathrm{e}^{\mathrm{j}\omega_0 t}|H(\mathrm{j}\omega_0)|\mathrm{e}^{\mathrm{j}\varphi(\omega_0)}\\&=\mathrm{e}^{\mathrm{j}[\omega_0 t+\varphi(\omega_0)]}|H(\mathrm{j}\omega_0)|。\end{aligned}$$

同理可得

$$r_2(t)=\mathrm{e}^{-\mathrm{j}\omega_0 t}|H(-\mathrm{j}\omega_0)|\mathrm{e}^{\mathrm{j}\varphi(-\omega_0)}。$$

对于 $h(t)$ 为实函数的系统，其系统函数 $H(\mathrm{j}\omega)$ 的幅频特性为偶函数，相频特性为奇函数，所以

$$r_2(t)=\mathrm{e}^{-\mathrm{j}[\omega_0 t+\varphi(\omega_0)]}\left|H(\mathrm{j}\omega_0)\right|,$$

根据线性性质，$\cos(\omega_0 t)$ 的响应为

$$\begin{aligned}r(t)&=\frac{1}{2}[r_1(t)+r_2(t)]\\&=\frac{1}{2}\mathrm{e}^{\mathrm{j}[\omega_0 t+\varphi(\omega_0)]}\left|H(\mathrm{j}\omega_0)\right|+\frac{1}{2}\mathrm{e}^{-\mathrm{j}[\omega_0 t+\varphi(\omega_0)]}\left|H(\mathrm{j}\omega_0)\right|\\&=\left|H(\mathrm{j}\omega_0)\right|\cos[\omega_0 t+\varphi(\omega_0)]。\end{aligned}$$

这个结果说明，角频率为 ω_0 的单频三角波信号通过线性时不变系统后仅会改变幅度和相位，其幅度加权即系统函数 $H(\mathrm{j}\omega)$ 在 ω_0 处的模 $\left|H(\mathrm{j}\omega_0)\right|$，其相位修正即 $H(\mathrm{j}\omega)$ 在 ω_0 处的辐角 $\varphi(\omega_0)$。因此，在求解单频信号通过线性时不变系统的响应时，就可以直接利用系统函数得到，这样更加简单。

【例 4-2】 已知线性时不变系统的系统函数 $H(\mathrm{j}\omega)=\dfrac{1}{1+\mathrm{j}\omega}$，求输入为 $\cos(2t)$ 时的稳态响应 $y(t)$。

解：信号角频率为 2，根据线性时不变系统的频率响应特性，其稳态响应为

$$y(t)=\left|H(\mathrm{j}2)\right|\cos[2t+\varphi(2)]。$$

只需将 $\omega=2$ 代入系统函数，求得因变量复数的模和辐角即可。复数的形式变换推荐使用复平面图形来运算。

$$\begin{aligned}H(\mathrm{j}2)&=\frac{1}{1+\mathrm{j}2}\\&=\frac{1}{\underline{\mathrm{j}2}-\underline{(-1)}}\\&=\frac{1}{\sqrt{5}\mathrm{e}^{\mathrm{j}\arctan 2}}\\&=\frac{1}{\sqrt{5}}\mathrm{e}^{\mathrm{j}(-\arctan 2)}。\end{aligned}$$

如图 4-1 所示，其分母 1+j2 可以视作复平面上的两个点相减，此处转为 j2−(−1)，根据矢量运算法则，即−1 点指向 j2 点的矢量，这个矢量的模和辐角可以很容易地利用几何方法得到。

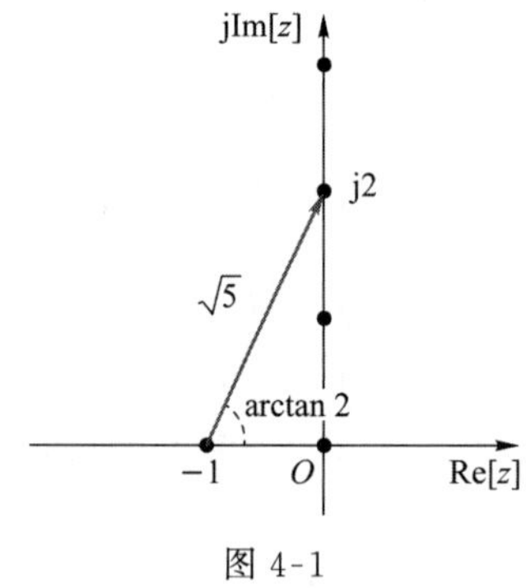

图 4-1

所以最终响应结果为

$$y(t)=\frac{1}{\sqrt{5}}\cos(2t-\arctan 2)。$$

下面介绍几种简单且基础的系统来说明系统函数与系统特性的关系，然后再学习利用这几种基本系统组成常见的通信系统结构，并使用频域分析方法了解通信的基本过程。

4.2　无失真传输系统

信号的失真是指组成信号的各频率分量之间的相对关系发生了改变。线性系统引起的信号失真主要由两方面的因素造成，一是幅度失真：各频率分量幅度产生不同程度的加权；二是相位失真：各频率分量产生的相移不与频率呈正比，不同频率分量的时移不同。如果所有频率分量的幅度加权一致（0 除外），且时移量相同，那么信号只是发生了放大、衰减、时移，仍然是无失真的。由这种失真的定义及线性时不变系统的频率响应特性可知，单频率三角波信号通过任意线性时不变系统都不会产生失真，除非系统在这个频率处幅度加权为 0。

如果一个系统对于任意激励信号得到的响应都没有失真，则称这个系统为无失真传输系统。根据无失真的定义，系统对任意信号仅能放大、衰减或整体时移，所以系统满足

$$r(t)=Ke(t-t_0),\tag{4.2.1}$$

其中 K 和 t_0 均为常数。通过这个激励与响应的关系可以得到无失真传输系统的单位冲激响应

$$h(t)=K\delta(t-t_0),\tag{4.2.2}$$

于是可得无失真传输系统的系统函数为

$$H(\mathrm{j}\omega)=K\mathrm{e}^{-\mathrm{j}t_0\omega}。\tag{4.2.3}$$

其幅频响应为 $|H(\mathrm{j}\omega)|=K$，相频响应为 $\varphi(\omega)=-t_0\omega$，作频谱图可得图 4-2。

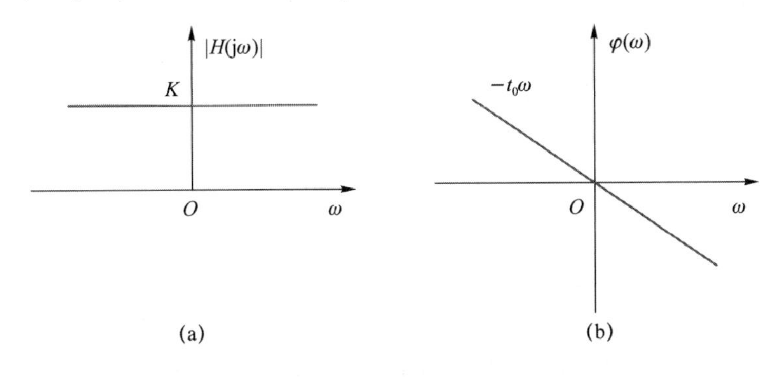

图 4-2

这就是无失真传输系统的频谱特点。对于幅频特性，这种对所有频率分量的幅度加权都相同的性质称为全通性质，有全通性质的系统称为全通系统，全通性质是无失真系统的必要条件。对于相频特性，这种相位与频率呈线性关系的特点称为线性相位，这是无失真系统的另一个必要条件。

【例 4-3】 已知 $f(t)=\cos t+\cos(2t)+\cos(3t)$，求信号延时 1 以后各频率分量的相位变化。

解：延时仅作用在时间 t 上，所以

$$\begin{aligned}f(t-1)&=\cos(t-1)+\cos[2(t-1)]+\cos[3(t-1)]\\&=\cos(t-1)+\cos(2t-2)+\cos(3t-3),\end{aligned}$$

可见，各频率分量的延时相同时，相位变化却不同，而且与各自的频率呈正比，这就是整体时移与线性相位的关系。

4.3 理想低通滤波器

另一种非常基础的线性时不变系统是理想低通滤波器，其频谱图有明显特点，是一个频域上的矩形，如图 4-3 所示。

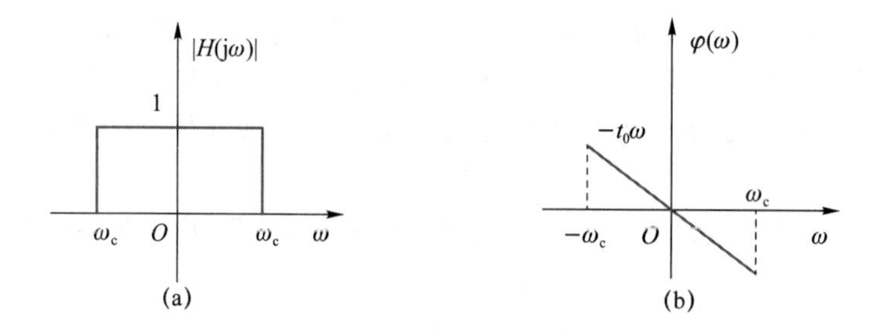

图 4-3

其系统函数的表达式为

$$H(\mathrm{j}\omega)=\begin{cases}1\cdot \mathrm{e}^{-\mathrm{j}t_0\omega}, & |\omega|<\omega_c\\ 0, & |\omega|>\omega_c\end{cases}, \tag{4.3.1}$$

其幅频特性和相频特性的表达式为

$$|H(\mathrm{j}\omega)|=\begin{cases}1, & |\omega|<\omega_c\\ 0, & |\omega|>\omega_c\end{cases}, \tag{4.3.2}$$

$$\varphi(\omega)=-t_0\omega。 \tag{4.3.3}$$

理想低通滤波器的幅频响应特点是在 0 至截止频率 ω_c 的一段低频带内，各频率分量的幅度加权相同，而高于截止频率 ω_c 的频率分量不会产生响应，也即高频分量被滤除。理想低通滤波器的相频响应同样是线性相位，以确保通带内的信号通过系统时不失真。

【例 4-4】 输入信号 $e(t)=\cos t+\cos(3t)$ 经过图 4-4 所示的理想低通滤波器 $H(\mathrm{j}\omega)$，求输出信号 $r(t)$。

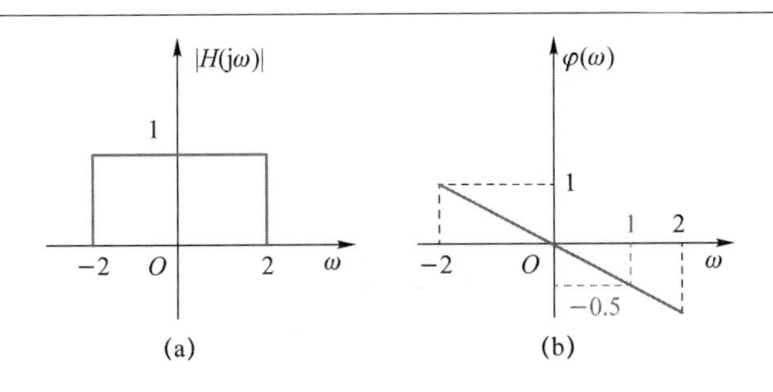

图 4-4

解:信号包含角频率为 1 和 3 的两个频率分量,根据线性时不变系统的频率响应特性,只需计算系统函数在这两个频率位置处的取值,就可以得到两个频率分量各自的幅度加权和相位修正。由理想低通滤波器的频率响应特性可以得到:$\omega=1$ 处的幅频响应为 1,相频响应为 -0.5;而 $\omega=3$ 处的幅频响应为 0,输出信号中不再包含这个分量。所以

$$r(t)=\cos(t-0.5)。$$

根据理想低通滤波器的频率响应特性,可以反推出其单位冲激响应为

$$h(t)=\frac{\omega_c}{\pi}\cdot \mathrm{Sa}[\omega_c(t-t_0)]。\tag{4.3.4}$$

证明:理想低通滤波器的系统函数可借助门函数写为

$$H(j\omega)=e^{-jt_0\omega}[u(\omega+\omega_c)-u(\omega-\omega_c)]。$$

可以利用傅里叶反变换公式直接计算得到

$$\begin{aligned}
h(t) &= \mathscr{F}^{-1}[H(j\omega)] \\
&= \frac{1}{2\pi}\int_{-\infty}^{\infty} H(j\omega)e^{j\omega t}\,d\omega \\
&= \frac{1}{2\pi}\int_{-\omega_c}^{\omega_c} 1\cdot e^{-j\omega t_0}e^{j\omega t}\,d\omega \\
&= \frac{1}{2\pi}\int_{-\omega_c}^{\omega_c} 1\cdot e^{j(t-t_0)\omega}\,d\omega \\
&= \frac{1}{2\pi}\cdot\frac{1}{j(t-t_0)}e^{j(t-t_0)\omega}\Big|_{-\omega_c}^{\omega_c} \\
&= \frac{1}{\pi}\cdot\frac{1}{t-t_0}\cdot\frac{1}{2j}\left[e^{j\omega_c(t-t_0)}-e^{-j\omega_c(t-t_0)}\right] \\
&= \frac{\omega_c}{\pi}\cdot\frac{\sin[\omega_c(t-t_0)]}{\omega_c(t-t_0)} \\
&= \frac{\omega_c}{\pi}\cdot \mathrm{Sa}[\omega_c(t-t_0)]。
\end{aligned}$$

如图 4-5 所示。

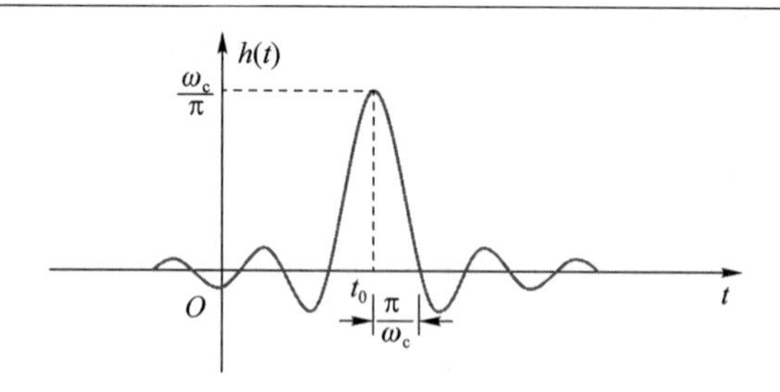

图 4-5

也可以通过构造中间函数，然后借助于傅里叶变换性质得到，设

$$H_0(\mathrm{j}\omega)=u(\omega+\omega_c)-u(\omega-\omega_c),$$

这是一个矩形，易得

$$\mathscr{F}[H_0(t)]=2\omega_c\mathrm{Sa}(\omega_c\omega)=2\pi h_0(-\omega),$$

则根据傅里叶变换的对称性，

$$h_0(t)=\frac{\omega_c}{\pi}\mathrm{Sa}(\omega_c t)。$$

又因为 $H(\mathrm{j}\omega)=H_0(\mathrm{j}\omega)\mathrm{e}^{-\mathrm{j}t_0\omega}$，根据傅里叶变换的时移性质可得

$$h(t)=h_0(t-t_0)=\frac{\omega_c}{\pi}\mathrm{Sa}[\omega_c(t-t_0)]。$$

从时域信号波形中可以看出，理想低通滤波器的单位冲激响应覆盖全时域，在 $t<0$ 区间也有响应，因此理想低通滤波器并非因果系统，物理不可实现。真实的滤波器系统分析是信号处理领域的重要内容，相关专业的同学可以在其他课程中进一步学习，本课程的重点则是理想化的基本概念的理解。

阶跃响应是系统性能的另一个重要表征，当激励信号为 $u(t)$ 时，理想低通滤波器的响应为

$$g(t)=\frac{1}{2}+\frac{1}{\pi}\mathrm{Si}[\omega_c(t-t_0)], \tag{4.3.5}$$

其中，

$$\mathrm{Si}(y)=\int_0^y\frac{\sin x}{x}\mathrm{d}x=\int_0^y\mathrm{Sa}(x)\mathrm{d}x \tag{4.3.6}$$

是一种新定义的函数，名为 sinint 函数或正弦积分函数。

证明：激励为阶跃信号，其傅里叶变换为

$$e(t)=u(t)\leftrightarrow\pi\delta(\omega)+\frac{1}{\mathrm{j}\omega},$$

理想低通滤波器单位冲激响应的傅里叶变换即为系统函数，

$$h(t)\leftrightarrow H(\mathrm{j}\omega)=\mathrm{e}^{-\mathrm{j}t_0\omega}[u(\omega+\omega_c)-u(\omega-\omega_c)],$$

根据时域卷积定理，可知响应的傅里叶变换为

$$R(\omega)=\left[\pi\delta(\omega)+\frac{1}{\mathrm{j}\omega}\right]\cdot\mathrm{e}^{-\mathrm{j}\omega t_0}\cdot[u(\omega+\omega_c)-u(\omega-\omega_c)],$$

求傅里叶反变换可得

$$\begin{aligned} g(t) &= \frac{1}{2\pi}\int_{-\omega_c}^{\omega_c}\left[\pi\delta(\omega)+\frac{1}{j\omega}\right]e^{-j\omega t_0}e^{j\omega t}d\omega \\ &= \frac{1}{2\pi}\int_{-\omega_c}^{\omega_c}\pi\delta(\omega)\cdot e^{j\omega(t-t_0)}d\omega+\frac{1}{2\pi}\int_{-\omega_c}^{\omega_c}\frac{e^{j\omega(t-t_0)}}{j\omega}d\omega \\ &= \frac{1}{2}+\frac{1}{2\pi}\int_{-\omega_c}^{\omega_c}\frac{\cos[(t-t_0)\omega]+j\sin[(t-t_0)\omega]}{j\omega}d\omega \\ &= \frac{1}{2}+\frac{2}{2\pi}\int_{0}^{\omega_c}\frac{\sin[(t-t_0)\omega]}{\omega}d\omega \\ &= \frac{1}{2}+\frac{1}{\pi}\int_{0}^{\omega_c}\frac{\sin[(t-t_0)\omega]}{(t-t_0)\omega}(t-t_0)d\omega \\ &= \frac{1}{2}+\frac{1}{\pi}\int_{0}^{\omega_c(t-t_0)}\mathrm{Sa}(\omega)d\omega。\end{aligned}$$

正弦积分函数如图 4-6 所示，其特征主要有以下几点：

- 正弦积分函数是一个奇函数，$\mathrm{Si}(y)=-\mathrm{Si}(-y)$；
- 正弦积分函数在正、负极限位置分别收敛于$\frac{\pi}{2}$和$-\frac{\pi}{2}$；
- 正弦积分函数的最大值和最小值分别位于 π 和 $-\pi$ 处，对应原抽样函数主峰左右零点；
- 正弦积分函数的极值点对应原抽样函数的零点。

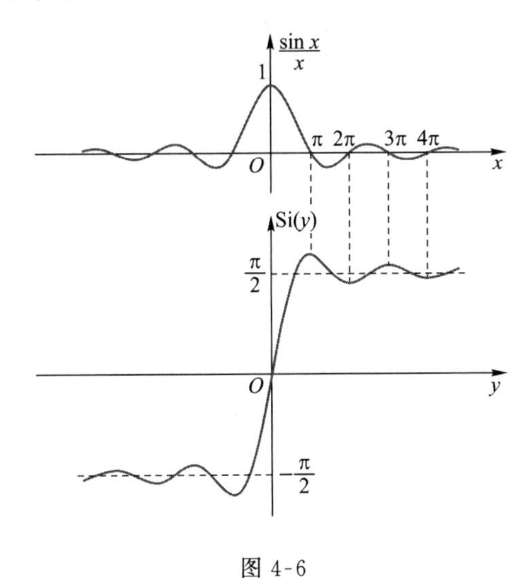

图 4-6

对于正弦积分函数，定义从最小值点上升至最大值点的区间宽度为上升时间，对应的阶跃响应区间为

$$-\pi<\omega_c(t-t_0)<\pi, \tag{4.3.7}$$

也即

$$-\frac{\pi}{\omega_c}+t_0<t<\frac{\pi}{\omega_c}+t_0。\tag{4.3.8}$$

所以理想低通滤波器的阶跃响应上升时间为$\frac{2\pi}{\omega_c}$,与截止频率呈反比。可知截止频率越低,滤掉的高频分量越多,阶跃信号的跳变过程就越长,变化过程更加平缓;反之,截止频率越高,跳变过程就越短,变化更迅速。这就是高频信号和低频信号在时域中所体现的不同。

4.4 抽样及抽样定理

连续时间信号可以类比于连续函数,其在任意时刻都有定义,在任意区间内都有无穷多的数据值,而且数据值可取任意实数或复数,其精度也可以有无穷多位。而现代通信和计算系统基于二进制体系,只能通过有限的比特数来存储数据,并通过时序控制一步一步地进行运算。因此连续时间信号需要完成两种处理才可以被现代通信和计算系统存储和计算:一是时间离散化,有限时间内的数据数量必须是有限的;二是数值离散化,或称为精度量化,使用有限的比特数来近似数据值。连续时间信号进行了这两种处理后就成为数字信号,可以采用模数转换器同时完成。不过,在转换过程中需要考虑如何才能使数字信号最大限度地保留原始连续时间信号的信息,而时间离散化和数值离散化对信号造成的影响是不一样的,所以在分析时还是要把二者区分开,把时间离散化过程称为抽样,把数值离散化过程称为量化。本课程仅分析抽样过程应该遵循哪些准则,以尽可能保留信号的信息。

如图 4-7 所示,抽样就是把连续时间信号 $f(t)$ 中的部分值取出来形成离散时间信号 $x(n)$ 的过程,最基本的抽样是按照等时间间隔进行取值,这个时间间隔也称为抽样周期,设为 T_s,则有

$$x(n)=f(nT_s)。\tag{4.4.1}$$

抽样间隔的倒数称为抽样频率 f_s,表示单位时间内的平均抽样个数,还有对应的抽样角频率 ω_s,三者的关系为

$$\begin{cases} f_s=\dfrac{1}{T_s} \\ \omega_s=2\pi f_s=\dfrac{2\pi}{T_s} \end{cases}。\tag{4.4.2}$$

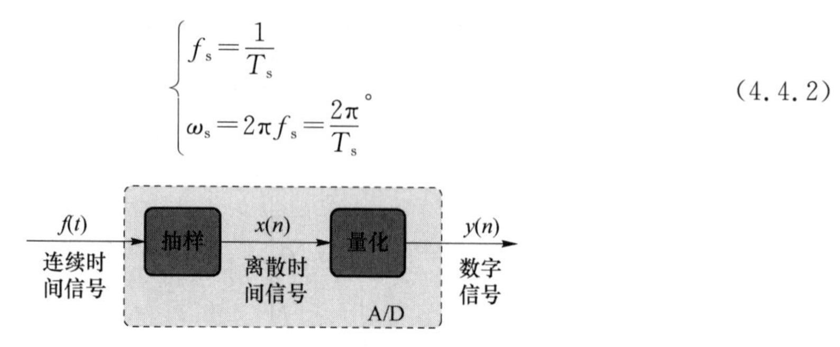

图 4-7

由抽样频率可知,原连续时间信号在单位时间内的数据个数从无穷多个降为 f_s 个,在这种数据量大幅缩减的情况下,信息会丢失多少是一个需要关注的问题。然而这个问题的答案是,如果原连续时间信号 $f(t)$ 是频带有限信号,最高频率设为 f_m,那么对其进行等时间间隔抽样,只需要满足

$$f_s>2f_m,\tag{4.4.3}$$

就可以保证抽样后的离散时间信号 $x(n)$ 包含 $f(t)$ 的所有信息,或者说,通过 $x(n)$ 和 f_s 可以完整地恢复出原信号 $f(t)$,这就是奈奎斯特抽样定理。

在时域上看，这个结论似乎有些违反直觉，但是通过傅里叶变换频域分析方法，把视角转到频域上，就容易理解其合理性了。下面构造一个理想抽样过程，如图 4-8 所示。

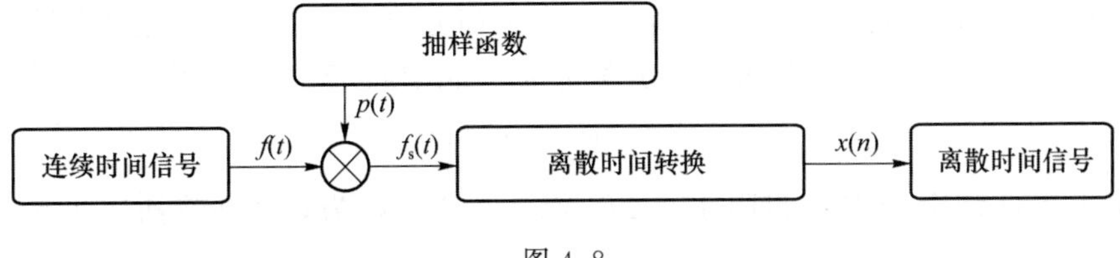

图 4-8

抽样函数 $p(t)$ 是一个周期冲激序列，其周期即抽样周期 T_s，有

$$p(t)=\sum_{n=-\infty}^{\infty}\delta(t-nT_s)。\tag{4.4.4}$$

与连续时间信号相乘后可得

$$f_s(t)=f(t)\cdot p(t)=\sum_{n=-\infty}^{\infty}f(nT_s)\delta(t-nT_s)=\sum_{n=-\infty}^{\infty}x(n)\delta(t-nT_s)。\tag{4.4.5}$$

把相乘运算得到的冲激脉冲序列的强度值组成序列可得离散时间信号 $x(n)$。容易看出用 $x(n)$ 和抽样周期 T_s 可以完整地恢复 $f_s(t)$，所以要判断 $x(n)$ 能否恢复出 $f(t)$，问题转变为使用 $f_s(t)$ 能否恢复出 $f(t)$。

下面分析信号在频域上的关系，已知

$$P(\omega)=\mathscr{F}[p(t)]=\omega_s\sum_{n=-\infty}^{\infty}\delta(\omega-n\omega_s),\tag{4.4.6}$$

根据傅里叶变换的频域卷积定理，

$$\begin{aligned}F_s(\omega)&=\mathscr{F}[f_s(t)]\\&=\frac{1}{2\pi}\mathscr{F}[f(t)]*\mathscr{F}[p(t)]\\&=\frac{1}{2\pi}F(\omega)*\left[\omega_s\sum_{n=-\infty}^{\infty}\delta(\omega-n\omega_s)\right]\\&=\frac{1}{T_s}\sum_{n=-\infty}^{\infty}F(\omega-n\omega_s)。\end{aligned}\tag{4.4.7}$$

可见，对连续时间信号进行等间隔抽样后，时域上 $f_s(t)$ 的数据量确实减少了，但是频域上 $F_s(\omega)$ 仍然包含 $F(\omega)$ 的信息，表现为 $F(\omega)$ 在频域上的周期性延拓。图形化表示如图 4-9 所示。

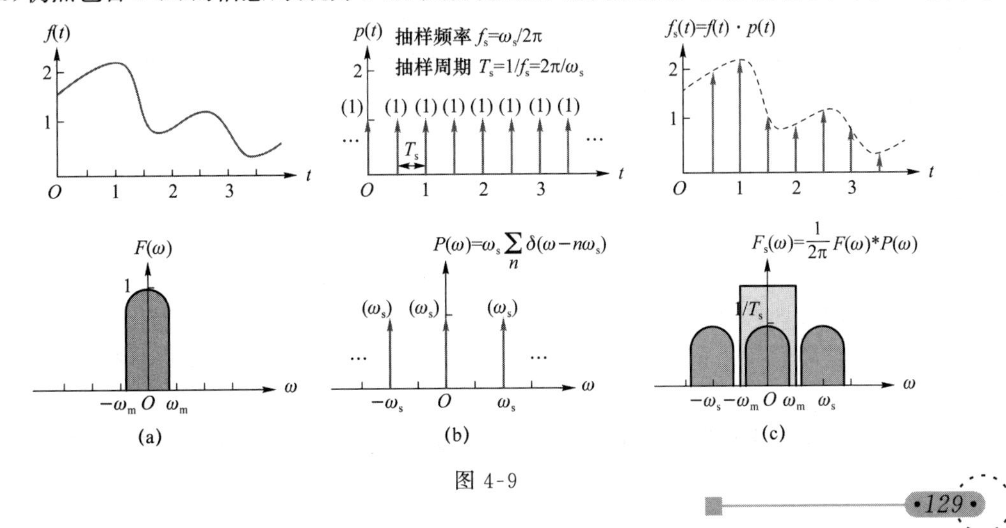

图 4-9

对频带有限信号 $f(t)$进行理想抽样后得到的信号 $f_s(t)$，其频谱 $F_s(\omega)$的低频段是原信号频谱 $F(\omega)$的等比例变化。只要其延拓后的频谱之间不发生混叠，就可以利用理想低通滤波器把高频部分的延拓频谱滤除，仅剩余 $F(\omega)$，从而完成 $f(t)$的恢复。已知原信号最高角频率为 ω_m，其相邻延拓频谱的最低频率分量为 $\omega_s-\omega_m$，所以不发生混叠的条件就是

$$\omega_m<\omega_s-\omega_m \Rightarrow \omega_s>2\omega_m, \tag{4.4.8}$$

也即式(4.4.3)的结论，通常把界限 $f_s=2f_m$ 或 $\omega_s=2\omega_m$ 称为奈奎斯特抽样频率，$T_s=\dfrac{1}{2f_m}$ 称为奈奎斯特抽样间隔或抽样周期。

若离散时间信号 $x(n)$是在满足抽样定理的前提下得到的，那么可以利用一个理想低通滤波器 $H(j\omega)$恢复原连续时间信号 $f(t)$，通常把理想低通滤波器的截止频率设为抽样频率的一半，以保证完全覆盖 $f(t)$的频谱。

$$H(j\omega)=\begin{cases} T_s, & |\omega|<\dfrac{\omega_s}{2} \\ 0, & |\omega|>\dfrac{\omega_s}{2} \end{cases}, \tag{4.4.9}$$

从频谱图上可以看出，

$$F(\omega)=F_s(\omega)\cdot H(j\omega), \tag{4.4.10}$$

而时域上则是 $f_s(t)$与理想低通滤波器的单位冲激响应卷积，其单位冲激响应为

$$h(t)=\mathscr{F}^{-1}[H(j\omega)]=\frac{\omega_s T_s}{2\pi}\mathrm{Sa}\left(\frac{\omega_s}{2}t\right)=\mathrm{Sa}\left(\frac{\omega_s}{2}t\right), \tag{4.4.11}$$

所以

$$\begin{aligned} f(t) &= f_s(t) * h(t) \\ &= \sum_{n=-\infty}^{\infty} x(n)\delta(t-nT_s) * \mathrm{Sa}\left(\frac{\omega_s}{2}t\right) \\ &= \sum_{n=-\infty}^{\infty} x(n)\cdot \mathrm{Sa}\left[\frac{\omega_s}{2}(t-nT_s)\right] \\ &= \sum_{n=-\infty}^{\infty} x(n)\cdot \mathrm{Sa}[\pi(f_s\cdot t-n)]。 \end{aligned} \tag{4.4.12}$$

可见，在满足抽样定理的前提下得到的离散时间信号 $x(n)$加上抽样频率 f_s 就可以完整地恢复出原信号 $f(t)$。抽样定理的分析过程向我们展示了频域分析方法的强大之处，它为理解信号的变化提供了一个全新的视角，有助于发现在时域上无法发现的结论。此外，抽样定理本身也是信号处理领域非常重要的基本概念之一，为时间离散化过程如何确定抽样频率提供了重要依据。

4.5 调制与解调

调制与解调是现代通信系统中的基本组成结构，调制的基本内涵是把信号的频谱搬移到任何所需的较高频段上的过程，解调则是把较高频段上的信号搬移回原频段并恢复的过程。

要理解通信系统中调制与解调的必要性，需要先了解一些无线电传输的基本概念。首

先，无线电需要通过天线来发射和接收，而不同尺寸的天线所能高效发射和接收的无线电波频率范围（或称频带）是不同的。其次，不同频率的无线电波的物理特性也是不同的，频率会影响其在不同介质、障碍物中的透射和绕射性能。所以通常来说，通信环境决定了无线电的频率选择，决定了天线尺寸。而要传输的信号本身频率未必在适合通信的频带内，所以需要先把信号调制到天线发射和接收的频带来进行传输。

除了适合传输这一基本目的，调制还可以增大信道利用率、提高抗噪性能、增强有效性和可靠性等。不同调制方式的区别和特点将在“通信原理”课程中讲授，本课程介绍一种最简单的双边带抑制载波幅度调制方式，使用傅里叶变换频域分析方法学习和理解调制与解调的基本实现过程。

调制过程如图 4-10 所示，假设需要传输的基带信号为 $g(t)$，其最高频率为 ω_m，双边带抑制载波幅度调制则是让信号乘以一个适合传输的单频振荡信号 $\cos(\omega_0 t)$，在这个过程中，$g(t)$称为调制信号，其借助于 $\cos(\omega_0 t)$进行频谱搬移以便进行传输，好像把 $\cos(\omega_0 t)$作为一种运载工具，所以把这个单频振荡信号称为载波。调制后得到的信号 $f(t)=g(t)\cos(\omega_0 t)$称为已调信号。设 $g(t)$，$f(t)$的频谱分别为 $G(\omega)$，$F(\omega)$，则根据傅里叶变换的频域卷积定理，

$$
\begin{aligned}
F(\omega)&=\frac{1}{2\pi}G(\omega)*\pi[\delta(\omega+\omega_0)+\delta(\omega-\omega_0)]\\
&=\frac{1}{2}[G(\omega-\omega_0)+G(\omega+\omega_0)]。
\end{aligned}
\tag{4.5.1}
$$

图 4-10

图 4-11 所示是调制过程中各信号的时域波形图和频谱图，可以看出，原本位于零频率附近的基带调制信号与载波相乘后，其频谱被搬移到了载波频率 ω_0 附近。

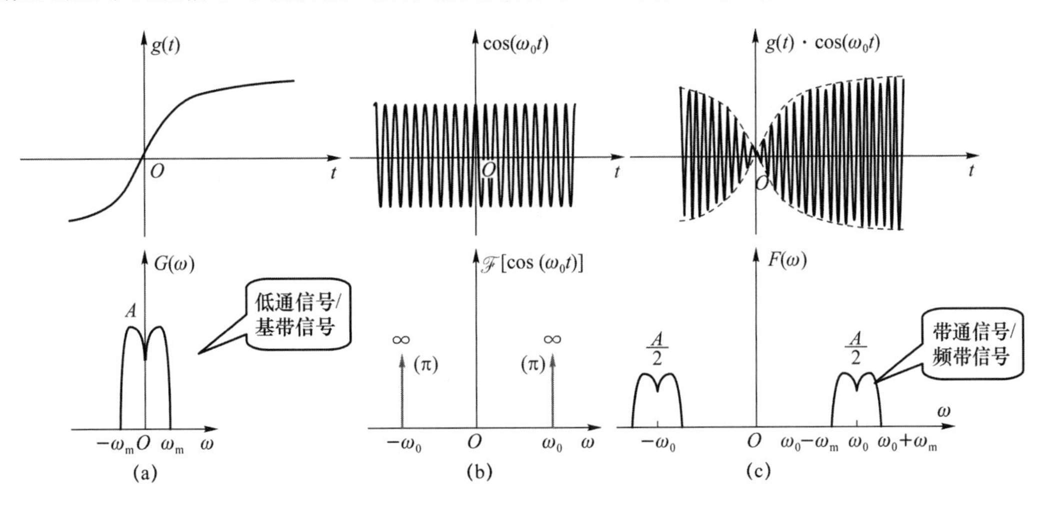

图 4-11

已调信号经过传输后，在接收端被天线接收并转为电信号，然后从中恢复出原信号 $g(t)$ 的过程称为解调。图 4-12 所示是使用与调制端载波同频同相的信号进行相乘运算的相干解调方式，得到的信号 $g_0(t)$ 为

$$g_0(t)=g(t)\cos^2(\omega_0 t)=\frac{1}{2}g(t)+\frac{1}{2}g(t)\cos(2\omega_0 t), \tag{4.5.2}$$

其傅里叶变换为

$$G_0(\omega)=\frac{1}{2}G(\omega)+\frac{1}{4}G(\omega-2\omega_0)+\frac{1}{4}G(\omega+2\omega_0)。 \tag{4.5.3}$$

只需要对 $g_0(t)$ 信号进行低通滤波，保留低频段内的频率分量，滤除高频分量，就可以恢复出原信号 $g(t)$。低通滤波器 $H(\mathrm{j}\omega)$ 的截止频率 ω_c 应满足 $\omega_m<\omega_c<\omega_0-\omega_m$，可得

$$G_0(\omega)H(\mathrm{j}\omega)=G(\omega)。 \tag{4.5.4}$$

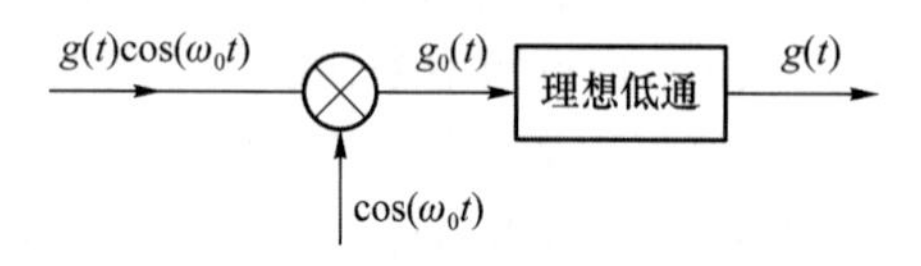

图 4-12

解调过程的频谱如图 4-13 所示，可知解调端又做了一次频谱搬移，从而使得调制时被搬移为正、负频带的频谱，又各自有一半在低频率位置处相加，从而得到原调制信号的频谱图。

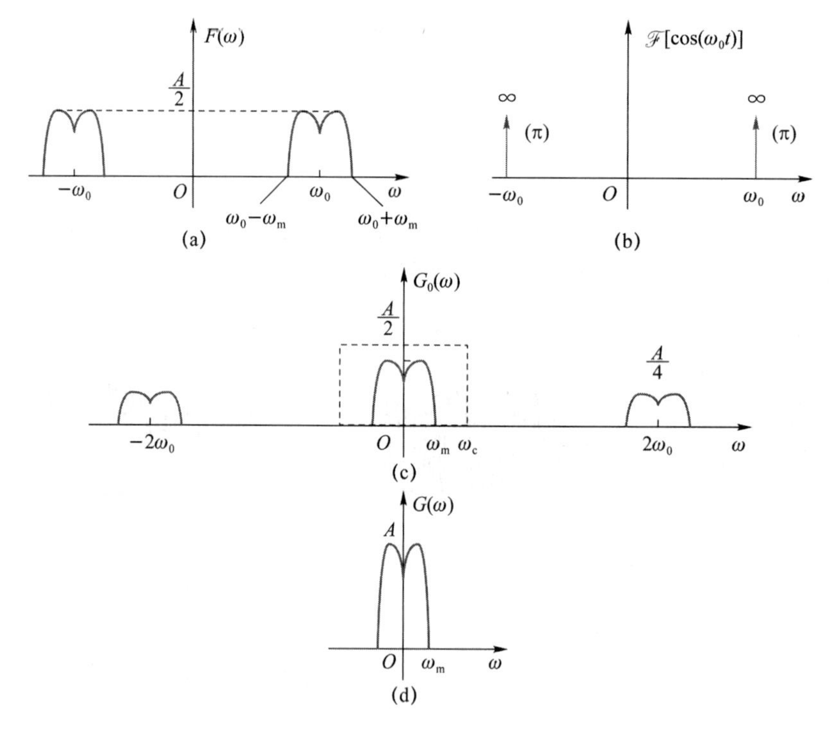

图 4-13

通过这样的调制解调过程，基带调制信号 $g(t)$ 就可以转换为高频率的、易于被天线发

射和接收的电磁波信号来完成传输，再在解调端恢复出原信号 $g(t)$，实现通信过程。

4.6　希尔伯特变换

4.6.1　解析信号

通过学习调制解调的原理，可知哪怕原信号 $g(t)$是低通型基带信号，在通信过程中也需要变成带通型频带信号 $f(t)=g(t)\cos(\omega_0 t)$进行传输。在频谱图中可以看到，频带信号包含相距很远的正、负频率分量，在进行运算和图示时多有不便，因此可以利用实信号正、负频率分量的对称性来对频带信号进行简化，为频带信号 $f(t)$设计一种转换方法，如图 4-14 所示，得到一种仅具有正频率分量的复信号形式 $z(t)=g(t)e^{j\omega_0 t}$（称为解析信号形式），以便进行运算和处理。

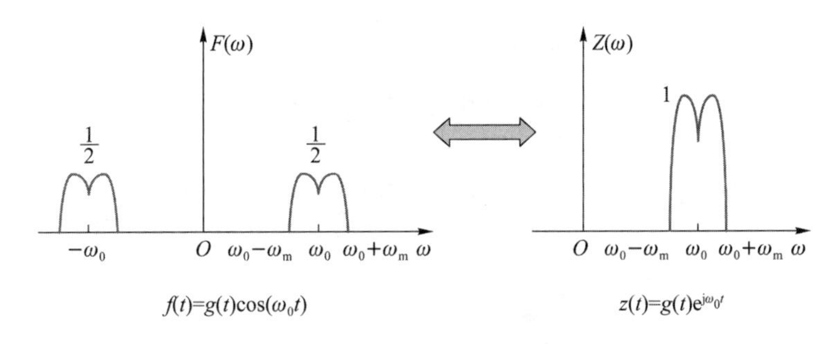

图 4-14

由图 4-14 可见，由频带信号得到其对应的解析信号，在频域上的处理办法是负频段频谱置 0，正频段频谱乘以 2，即

$$Z(\omega)=2F(\omega)u(\omega), \tag{4.6.1}$$

而根据傅里叶变换的时域卷积定理，几个信号在时域上的关系为

$$z(t)=f(t)+j\cdot f(t)*\frac{1}{\pi t}。 \tag{4.6.2}$$

证明：假设 $u(\omega)$的时域原函数为 $x(t)$，可知

$$z(t)=2f(t)*x(t),$$

可以通过傅里叶变换的对称性求 $x(t)$，根据

$$\mathscr{F}[u(t)]=\pi\delta(\omega)+\frac{1}{j\omega}=2\pi\cdot x(-\omega),$$

可得

$$x(t)=\frac{1}{2}\left[\delta(t)+j\frac{1}{\pi t}\right],$$

所以

$$z(t)=2f(t)*\frac{1}{2}\left[\delta(t)+j\frac{1}{\pi t}\right]=f(t)+j\cdot f(t)*\frac{1}{\pi t}。$$

在这个时域关系中涉及的特殊卷积运算被定义为希尔伯特变换，可以用 $\hat{f}(t)$ 来表示，即

$$\hat{f}(t)=f(t)*\frac{1}{\pi t}=H[f(t)]=\frac{1}{\pi}\int_{-\infty}^{\infty}\frac{f(\tau)}{t-\tau}\mathrm{d}\tau, \tag{4.6.3}$$

而频带信号与其解析信号在时域上的对应关系则可以表示为

$$z(t)=f(t)+\mathrm{j}\cdot\hat{f}(t), \tag{4.6.4}$$

$$f(t)=\mathrm{Re}[z(t)]。 \tag{4.6.5}$$

希尔伯特变换使得频带实信号 $f(t)=g(t)\cos(\omega_0 t)$ 与对应的解析信号 $z(t)=g(t)\mathrm{e}^{\mathrm{j}\omega_0 t}$ 之间的数学关系更加完整，不过很多时候，人们不会使用式(4.6.3)所示卷积运算方法，而是直接把频带信号的余弦形式载波变为虚指数形式，这样就可以得到其解析信号了。使用解析信号分析问题的一般流程如图 4-15 所示。

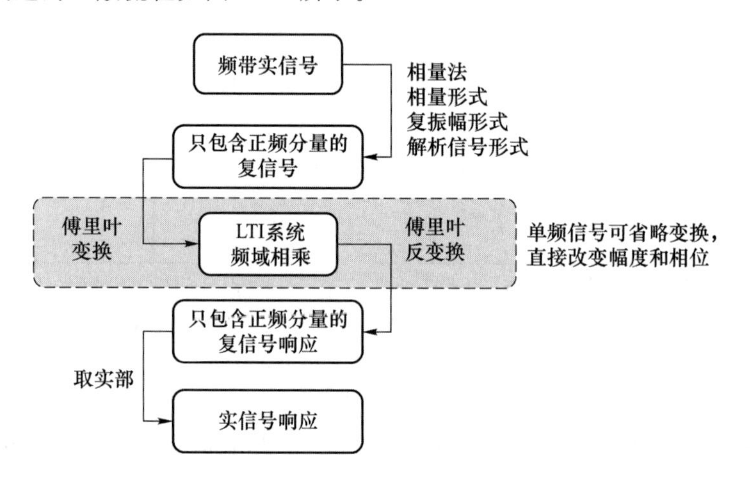

图 4-15

解析信号形式的优点在于可以直接利用半边频谱进行运算，而不必考虑负频率共轭项的影响。电气工程领域的相量法、相量形式，光学领域的复振幅形式，都是采用复指数信号替代三角函数的类似的处理思路，其优势在于线性时不变系统的幅度加权和相位修正可以直接通过复指数信号乘法完成：幅度加权即复数模相乘，相位修正即指数部分相加。

4.6.2 希尔伯特变换系统

能够对信号进行希尔伯特变换的线性时不变系统称为希尔伯特变换系统。根据式(4.6.3)容易知道希尔伯特变换系统的单位冲激响应为

$$h(t)=\frac{1}{\pi t}。 \tag{4.6.6}$$

对其做傅里叶变换可得系统函数

$$H(\mathrm{j}\omega)=-\mathrm{j}\mathrm{sgn}(\omega)=\begin{cases}-\mathrm{j}, & \omega>0\\ \mathrm{j}, & \omega<0\end{cases}。 \tag{4.6.7}$$

一般使用图 4-16 所示系统来表示。

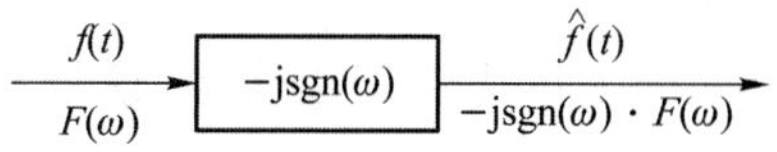

$f(t)$, $F(\omega)$ → $-\mathrm{j}\,\mathrm{sgn}(\omega)$ → $\hat{f}(t)$, $-\mathrm{j}\,\mathrm{sgn}(\omega)\cdot F(\omega)$

图 4-16

将其转换为幅频响应与相频响应：

$$|H(\mathrm{j}\omega)|=1,\quad \omega\neq 0, \tag{4.6.8}$$

$$\varphi(\omega)=\begin{cases}-\dfrac{\pi}{2}, & \omega>0\\ \dfrac{\pi}{2}, & \omega<0\end{cases}。 \tag{4.6.9}$$

频谱图如图 4-17 所示。可见希尔伯特变换系统是一种理想的移相器，可以对每个频率分量进行$-\frac{\pi}{2}$的移相。其通带特性可以算作全通，因为希尔伯特变换的主要应用对象是频带信号，不包含 $\omega=0$ 分量。

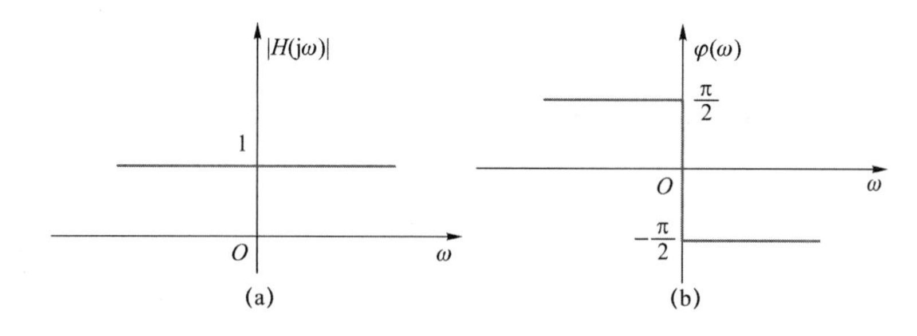

图 4-17

希尔伯特变换问题基本都使用频域分析方法来求解，需要通过时域的卷积运算求解的情况非常罕见。

【例 4-5】 已知基带信号 $g(t)$的最大频率为 ω_m，设载波频率 $\omega_0\gg\omega_m$，求已调信号 $g(t)\cos(\omega_0 t)$通过希尔伯特变换系统后的响应。

解：设 $g(t)$的频谱为 $G(\omega)$，则已调信号 $g(t)\cos(\omega_0 t)$的频谱为

$$\frac{1}{2}G(\omega+\omega_0)+\frac{1}{2}G(\omega-\omega_0)。$$

容易知道 $G(\omega+\omega_0)$对应的频谱都在负频率段，而 $G(\omega-\omega_0)$对应的频谱都在正频率段，可以用来判断这两项与 $\mathrm{sgn}(\omega)$相乘时的符号。其通过希尔伯特变换系统后的响应为

$$\begin{aligned}-\mathrm{j}\,\mathrm{sgn}(\omega)\cdot\left[\frac{1}{2}G(\omega+\omega_0)+\frac{1}{2}G(\omega-\omega_0)\right]&=\frac{\mathrm{j}}{2}G(\omega+\omega_0)-\frac{\mathrm{j}}{2}G(\omega-\omega_0)\\&=\frac{1}{2\pi}G(\omega)*\mathrm{j}\pi[\delta(\omega+\omega_0)-\delta(\omega-\omega_0)]。\end{aligned}$$

可见，利用傅里叶变换的频域卷积定理可以反推得到其时域表达式为 $g(t)\sin(\omega_0 t)$。

4.6.3 单边带调幅

希尔伯特变换系统常被用来产生单边带调幅信号,信号及具体系统结构如图 4-18 所示。输入信号 $g(t)$设定为最大频率为 ω_m 的基带信号。

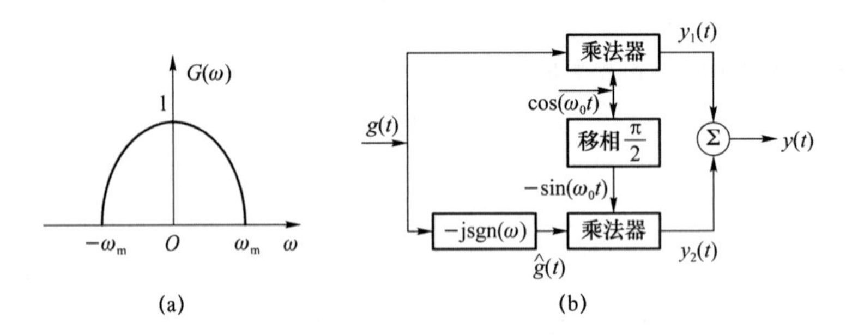

图 4-18

单边带调幅系统有上、下两路,首先容易知道上路信号

$$y_1(t)=g(t)\cos(\omega_0 t),$$

其频谱为

$$\mathscr{F}[y_1(t)]=Y_1(\omega)=\frac{1}{2}G(\omega+\omega_0)+\frac{1}{2}G(\omega-\omega_0),$$

频谱图如图 4-19 所示。

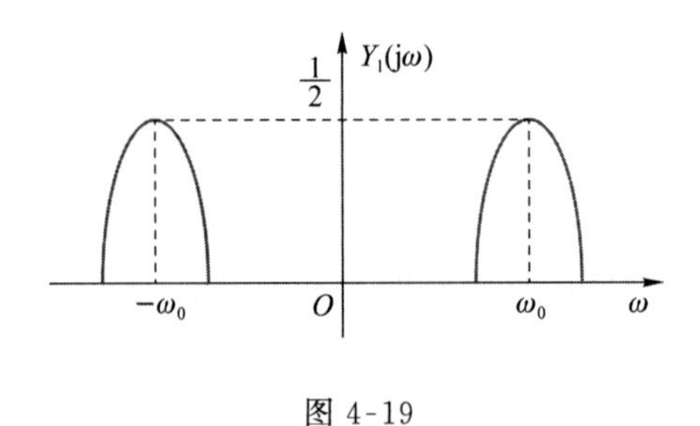

图 4-19

下路信号则可以暂时写作

$$y_2(t)=-\hat{g}(t)\sin(\omega_0 t)。$$

$g(t)$通过希尔伯特变换器之后的响应 $\hat{g}(t)$需要用频域分析方法求解,设 $g(t)$的频谱为 $G(\omega)$,则 $\hat{g}(t)$的频谱为$-\mathrm{j}G(\omega)\mathrm{sgn}(\omega)$,根据傅里叶变换的频域卷积定理,$y_2(t)$的频谱则是

$$\begin{aligned}Y_2(\omega)&=-\frac{1}{2\pi}[-\mathrm{j}G(\omega)\mathrm{sgn}(\omega)]*\mathscr{F}[\sin(\omega_0 t)]\\&=-\frac{1}{2\pi}[-\mathrm{j}\mathrm{sgn}(\omega)G(\omega)]*[\mathrm{j}\pi\delta(\omega+\omega_0)-\mathrm{j}\pi\delta(\omega-\omega_0)]\\&=\frac{1}{2}[\underline{\mathrm{sgn}(\omega)G(\omega)}]*[-\delta(\omega+\omega_0)+\delta(\omega-\omega_0)]。\end{aligned}$$

在涉及希尔伯特变换系统的问题分析中,通常把 $\mathrm{sgn}(\omega)$和已知频谱〔如 $G(\omega)$〕绑定在

一起进行处理，视作一个频谱，而不进行其他变形。$Y_2(\omega)$就是把 $\mathrm{sgn}(\omega)G(\omega)$进行了搬移，其频谱图如图 4-20 所示。

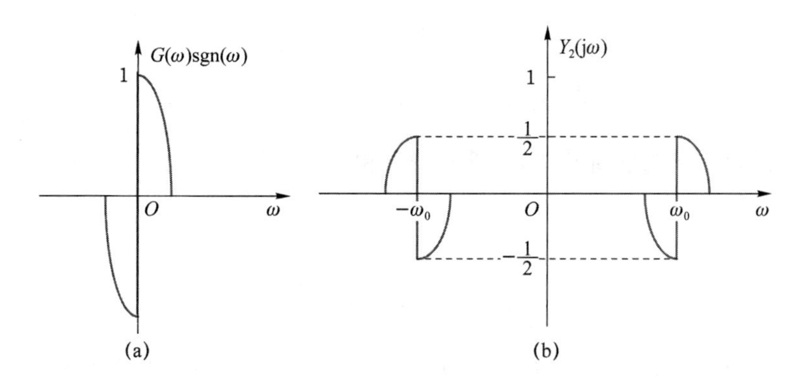

图 4-20

所以最终单边带调幅信号 $y(t)$的傅里叶变换 $Y(\omega)=Y_1(\omega)+Y_2(\omega)$可以直接利用图形运算得到，如图 4-21 所示。

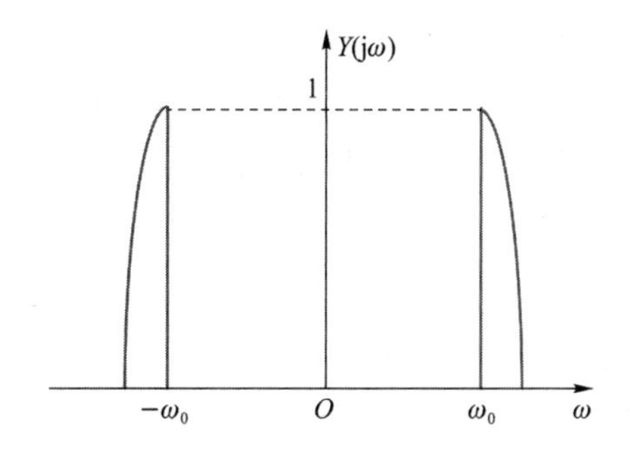

图 4-21

在这个结构中，$Y_1(\omega)$其实就是双边带抑制载波幅度调制方式得到的频谱，其频带范围在$[\omega_0-\omega_m,\omega_0+\omega_m]$区间，频带宽度为 $2\omega_m$；单边带幅度调制得到的信号频谱 $Y(\omega)$的频带范围在$[\omega_0,\omega_0+\omega_m]$区间，频带宽度为 ω_m，带宽缩小了一半，可以提高频带利用率。

4.6.4　因果系统的频域约束条件

对于因果的线性时不变系统，其傅里叶变换系统函数中也隐藏着一对希尔伯特变换关系。因果系统的单位冲激响应满足

$$h(t)=h(t)u(t), \tag{4.6.10}$$

其傅里叶变换满足

$$H(\omega)=\frac{1}{2}H(\omega)*\left[\delta(\omega)+\frac{1}{\mathrm{j}\pi\omega}\right]。 \tag{4.6.11}$$

把系统函数分为实部 $R(\omega)$和虚部 $\mathrm{j}X(\omega)$可得

$$H(\omega)=R(\omega)+\mathrm{j}X(\omega), \tag{4.6.12}$$

代入式(4.6.11)可得

$$\underline{R(\omega)}+\mathrm{j}\,\underline{\underline{X(\omega)}}=\frac{1}{2}[R(\omega)+\mathrm{j}X(\omega)]*\left[\delta(\omega)+\frac{1}{\mathrm{j}\pi\omega}\right]$$
$$=\frac{1}{2}\left[R(\omega)+X(\omega)*\frac{1}{\pi\omega}\right]+\frac{1}{2}\left[\mathrm{j}X(\omega)+\frac{1}{\mathrm{j}}R(\omega)*\frac{1}{\pi\omega}\right]$$
$$=\underline{\frac{1}{2}\left[R(\omega)+X(\omega)*\frac{1}{\pi\omega}\right]}+\mathrm{j}\cdot\underline{\underline{\frac{1}{2}\left[X(\omega)-R(\omega)*\frac{1}{\pi\omega}\right]}}。$$

以上等式应该满足实部与实部相等，虚部与虚部相等，所以

$$\begin{cases}R(\omega)=X(\omega)*\dfrac{1}{\pi\omega}\\ X(\omega)=-R(\omega)*\dfrac{1}{\pi\omega}\end{cases}。\tag{4.6.13}$$

也就是说，因果系统的系统函数实部与虚部之间满足希尔伯特变换约束关系。

典型习题

1. 无失真传输系统的单位冲激响应 $h(t)$ 可以表示为________，其系统函数/频率响应特性 $H(\mathrm{j}\omega)$ 可以表示为________。无失真传输系统的滤波特性具有________(高通/低通/带通/带阻/全通)特点。试描述其相频特性曲线的特点：________________。

> **解**：$h(t)$ 可以表示为 $\underline{K\delta(t-t_0)}$。
>
> $H(\mathrm{j}\omega)$ 可以表示为 $\underline{K\mathrm{e}^{-\mathrm{j}t_0\omega}}$。
>
> 无失真传输系统的滤波特性具有<u>　　全通　　</u>特点。
>
> 其相频特性曲线的特点：<u>　相频特性与频率呈线性关系　</u>。

2. 信号 $\cos(2t)$ 通过单位冲激响应为 $h(t)$ 的线性时不变系统后，得到的稳态响应为 $2\cos(2t-1)$。系统在 $\omega=2$ 处的幅频响应 $|H(\mathrm{j}2)|=$________，相频响应 $\varphi(2)=$________，相延时为________。若此系统为无失真传输系统，则频率响应函数 $H(\mathrm{j}\omega)=$________，单位冲激响应 $h(t)=$________。

> **解**：幅频响应 $|H(\mathrm{j}2)|=\underline{\;2\;}$，相频响应 $\varphi(2)=\underline{\;-1\;}$，相延时为 $\underline{\;\frac{1}{2}\;}$。
>
> 频率响应函数 $H(\mathrm{j}\omega)=\underline{\;2\mathrm{e}^{-\mathrm{j}\frac{1}{2}\omega}\;}$，单位冲激响应 $h(t)=\underline{\;2\delta\left(t-\frac{1}{2}\right)\;}$。

3. 理想低通滤波器的频率响应特性为 $H(\omega)=\begin{cases}1\cdot\mathrm{e}^{-\mathrm{j}\omega t_0}, & |\omega|<\omega_c\\ 0, & |\omega|>\omega_c\end{cases}$：

(1) 请画出该系统的频率响应特性曲线图。

(2) 求该系统的单位冲激响应。

(3) 此系统是否为因果的？________。此系统是否为无失真传输系统？________。若 $\omega_c=3, t_0=1$，则输入信号 $x(t)=\sin t+\cos(2t)$ 的稳态响应是________________，该系统传输此信号有无失真？________。

解：(1) 频率响应特性曲线分为幅频响应与相频响应，图形如下。

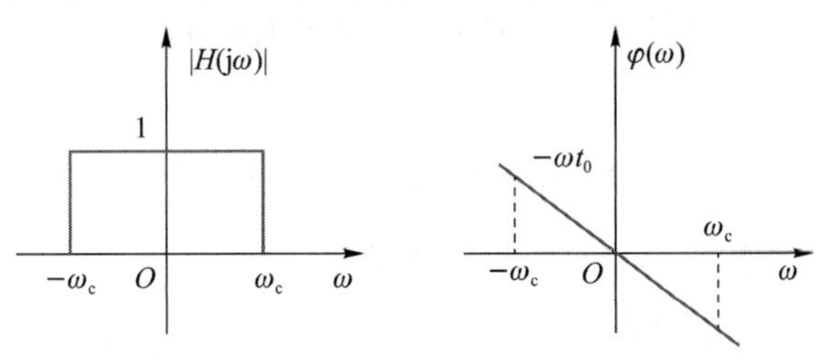

(2) 此处再写一下 Sa 函数信号与矩形脉冲信号之间变换关系的计算过程：构造时域信号 $f_0(t)$，设 $F_0(\omega)=\mathscr{F}[f_0(t)]=H(\omega)e^{j\omega t_0}=G_{2\omega_c}(\omega)$，易求得

$$\mathscr{F}[G_{2\omega_c}(t)]=2\omega_c\mathrm{Sa}(\omega_c\omega),$$

根据对称性，$2\omega_c\mathrm{Sa}(\omega_c\omega)=2\pi f_0(-\omega)$，所以

$$f_0(t)=\frac{\omega_c}{\pi}\mathrm{Sa}(\omega_c t),$$

$$\mathscr{F}[f_0(t-t_0)]=H(\omega)e^{j\omega t_0}e^{-j\omega t_0}=H(\omega)。$$

即系统的单位冲激响应 $h(t)=f_0(t-t_0)=\frac{\omega_c}{\pi}\mathrm{Sa}[\omega_c(t-t_0)]$。

(3) 此系统是否为因果的？<u>　否　</u>。此系统是否为无失真传输系统？<u>　否　</u>。稳态响应是<u>$r(t)=\sin(t-1)+\cos(2t-2)$</u>。有无失真？<u>　无　</u>。

4. 一个理想低通滤波器的系统函数为 $H(\omega)=|H(\omega)|e^{j\varphi(\omega)}$，幅度响应与相位响应特性如题 4 图所示：

(1) 有信号 $f_1(t)=\frac{\pi}{\omega_c}\delta(t)$ 和 $f_2(t)=\frac{\sin(\omega_c t)}{\omega_c t}$，求两个信号各自的频谱。

(2) 画出两信号的幅度谱，并标出带宽。

(3) 画出两信号通过该低通系统后的响应 $r_1(t)$ 和 $r_2(t)$。

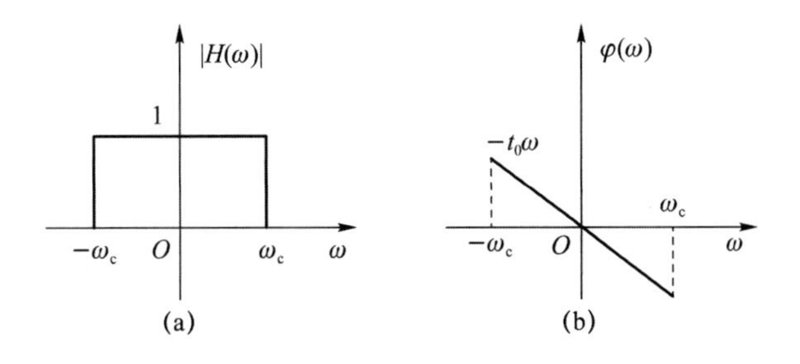

题 4 图

解:(1) $F_1(\omega)=\mathscr{F}[f_1(t)]=\frac{\pi}{\omega_c}\mathscr{F}[\delta(t)]=\frac{\pi}{\omega_c}$。

构造信号

$$f_0(t)=\frac{1}{2\omega_c}G_{2\omega_c}(t),$$

$$F_0(\omega)=\mathscr{F}[f_0(t)]=\mathrm{Sa}(\omega_c\omega),$$

则根据对称性,

$$F_2(\omega)=\mathscr{F}[\mathrm{Sa}(\omega_c t)]=2\pi f_0(-\omega)=\frac{\pi}{\omega_c}G_{2\omega_c}(\omega)。$$

(2) $f_1(t)$的频带无限宽,$f_2(t)$的频带宽度为 ω_c。

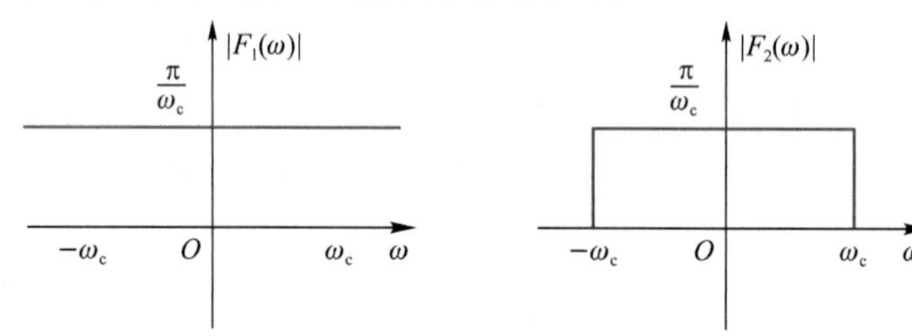

(3) 两信号通过低通滤波器后的频谱均为

$$R_1(\omega)=R_2(\omega)=F_1(\omega)\cdot H(\omega)=F_2(\omega)\cdot H(\omega)=\frac{\pi}{\omega_c}G_{2\omega_c}(\omega)\mathrm{e}^{-\mathrm{j}t_0\omega},$$

时域响应也相等,$r_1(t)=r_2(t)=\mathrm{Sa}[\omega_c(t-t_0)]$。

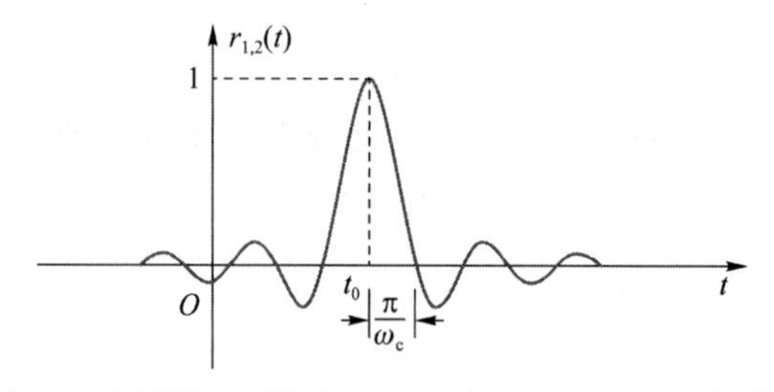

5. 已知信号 $f(t)=\mathrm{e}^{-2t}u(t)$:

(1) 求其频谱密度函数 $F(\omega)$。

(2) 求其能量谱密度函数,并计算该信号的能量。

(3) 若信号经过一截止频率为 ω_c 的理想低通滤波器,则截止频率为多少才能保证至少50%的能量通过系统?

解:(1) $F(\omega)=\mathscr{F}[f(t)]=\frac{1}{2+\mathrm{j}\omega}$。

(2) $\varepsilon(\omega)=|F(\omega)|^2=F(\omega)\cdot F^*(\omega)=\frac{1}{2+\mathrm{j}\omega}\cdot\frac{1}{2-\mathrm{j}\omega}=\frac{1}{4+\omega^2}$。

时域求法:

$$\int_{-\infty}^{\infty}|f(t)|^2\mathrm{d}t=\int_0^{\infty}\mathrm{e}^{-4t}\mathrm{d}t=\frac{1}{4}\ 。$$

频域求法$\left[\text{用到了}\int_a^b f(t)\mathrm{d}t = c\int_{a/c}^{b/c} f(ct)\mathrm{d}t \text{ 及}[\arctan(x)]' = \frac{1}{1+x^2}\right]$：

$$\begin{aligned}\frac{1}{2\pi}\int_{-\infty}^{\infty}\varepsilon(\omega)\mathrm{d}\omega &= \frac{1}{2\pi}\int_{-\infty}^{\infty}\frac{1}{4+\omega^2}\mathrm{d}\omega \\ &= \frac{1}{2\pi}\cdot\frac{1}{4}\int_{-\infty}^{\infty}\frac{1}{1+\left(\frac{\omega}{2}\right)^2}\mathrm{d}\omega \\ &= \frac{1}{2\pi}\cdot\frac{1}{2}\int_{-\infty}^{\infty}\frac{1}{1+\omega^2}\mathrm{d}\omega \\ &= \frac{1}{2\pi}\cdot\frac{1}{2}\arctan(\omega)\Big|_{-\infty}^{\infty} \\ &= \frac{1}{4}。\end{aligned}$$

(3) 信号通过理想低通滤波器后的频谱和能量谱变为

$$F_{\mathrm{LP}}(\omega) = \begin{cases} F(\omega), & |\omega| < \omega_c \\ 0, & |\omega| > \omega_c \end{cases},\quad \varepsilon_{\mathrm{LP}}(\omega) = \begin{cases} \varepsilon(\omega), & |\omega| < \omega_c \\ 0, & |\omega| > \omega_c \end{cases},$$

所以信号能量变为

$$\begin{aligned}\frac{1}{2\pi}\int_{-\infty}^{\infty}\varepsilon_{\mathrm{LP}}(\omega)\mathrm{d}\omega &= \frac{1}{2\pi}\int_{-\omega_c}^{\omega_c}\varepsilon(\omega)\mathrm{d}\omega \\ &= \frac{1}{2\pi}\int_{-\omega_c}^{\omega_c}\frac{1}{4+\omega^2}\mathrm{d}\omega \\ &= \frac{1}{2\pi}\cdot\frac{1}{4}\int_{-\omega_c}^{\omega_c}\frac{1}{1+\left(\frac{\omega}{2}\right)^2}\mathrm{d}\omega \\ &= \frac{1}{2\pi}\cdot\frac{1}{2}\int_{-\frac{\omega_c}{2}}^{\frac{\omega_c}{2}}\frac{1}{1+\omega^2}\mathrm{d}\omega \\ &= \frac{1}{2\pi}\cdot\frac{1}{2}\arctan(\omega)\Big|_{-\frac{\omega_c}{2}}^{\frac{\omega_c}{2}} \\ &= \frac{1}{2\pi}\arctan\left(\frac{\omega_c}{2}\right)。\end{aligned}$$

若要至少 50% 的能量通过系统，则$\frac{1}{2\pi}\arctan\left(\frac{\omega_c}{2}\right) = \frac{1}{8}$，即 $\omega_c = 2$。

6. 已知 $f_1(t) = \mathrm{Sa}(\pi t)$的傅里叶变换 $F_1(\omega) = u(t+\pi) - u(t-\pi)$，冲激脉冲序列 $\delta_T(t) = \sum_{n=-\infty}^{\infty}\delta(t-nT)$的周期为 $T=0.5$：

(1) 求解并画出信号 $f_2(t) = \mathrm{Sa}(\pi t)\cdot\delta_T(t)$的傅里叶变换 $F_2(\omega)$。

(2) $f_2(t)$通过一个截止频率为 $\omega_c = \pi/T$、相延时为 $t_0 = 0$ 的理想低通滤波器之后的响应为 $f_3(t)$，画出其傅里叶变换 $F_3(\omega)$。

(3) 思考 $f_3(t)$与 $f_1(t)$的关系，并考虑若 $T=1.5$，$f_3(t)$与 $f_1(t)$的关系是否存在。

解：(1) 冲激脉冲序列 $\delta_T(t)$ 的角频率为 $\omega_0=\frac{2\pi}{T}=4\pi$，根据频域卷积定理，

$$F_2(\omega)=\frac{1}{2\pi}F_1(\omega)*\omega_0\sum_{n=-\infty}^{\infty}\delta(\omega-n\omega_0)$$

$$=2\cdot\sum_{n=-\infty}^{\infty}F_1(\omega-4\pi n)。$$

(2) 截止频率 $\omega_c=\pi/T=2\pi$，带内频率分量通过，带外频率分量被消除。由傅里叶反变换可得 $f_3(t)=2\cdot\mathrm{Sa}(\pi t)$。

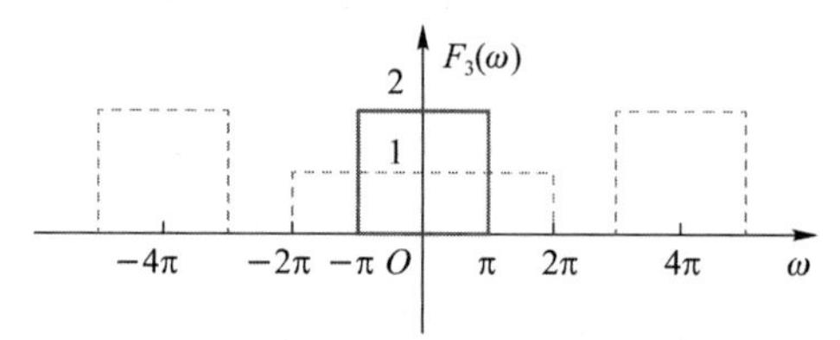

(3) 若冲激脉冲序列 $\delta_T(t)$ 的周期变为 $T=1.5$，则角频率变为 $\omega_0=\frac{2\pi}{T}=\frac{4\pi}{3}$，根据频域卷积定理，

$$F_2(\omega)=\frac{1}{2\pi}F_1(\omega)*\omega_0\sum_{n=-\infty}^{\infty}\delta(\omega-n\omega_0)$$

$$=\frac{2}{3}\cdot\sum_{n=-\infty}^{\infty}F_1\left(\omega-\frac{4\pi}{3}n\right)。$$

频谱出现重合，无法恢复出原信号。

7. (1) 信号 $f(t)$ 的傅里叶变换为 $F(\omega)$，则 $f(t)\cos(\omega_0 t)$ 的傅里叶变换为____________，$f(t)\sin(\omega_0 t)$ 的傅里叶变换为____________。

(2) 信号 $x(t)$ 的希尔伯特变换 $\hat{x}(t)$ 用 $x(t)$ 可以表示为____________。

(3) 希尔伯特变换器的单位冲激响应 $h(t)$ 可表示为____________，其频率响应特性 $H(\omega)$ 可表示为____________。

(4) $\sin(\omega_0 t)$ 的希尔伯特变换为____________。

(5) 对于因果系统，其单位冲激响应 $h(t)$ 在 $t<0$ 时等于 0，即 $h(t)=h(t)u(t)$。系统函数 $H(\omega)=R(\omega)+\mathrm{j}X(\omega)$，则 $R(\omega)$ 和 $X(\omega)$ 构成了一个____________变换对，其实部 $R(\omega)$ 可用其虚部 $X(\omega)$ 表示为____________。

解:(1) $f(t)\cos(\omega_0 t)$的傅里叶变换为$\underline{\frac{1}{2}[F(\omega+\omega_0)+F(\omega-\omega_0)]}$,$f(t)\sin(\omega_0 t)$的傅里叶变换为$\underline{\frac{\mathrm{j}}{2}[F(\omega+\omega_0)-F(\omega-\omega_0)]}$。

(2) 信号 $x(t)$的希尔伯特变换 $\hat{x}(t)$用 $x(t)$可以表示为$\underline{x(t)*\frac{1}{\pi t}}$。

(3) 希尔伯特变换器的单位冲激响应 $h(t)$可表示为$\underline{\frac{1}{\pi t}}$,频率响应特性 $H(\omega)$可表示为$\underline{-\mathrm{j}\,\mathrm{sgn}(\omega)}$。

(4) $\sin(\omega_0 t)$的希尔伯特变换为$\underline{-\cos(\omega_0 t)}$。

(5) $R(\omega)$和 $X(\omega)$构成了一个<u>希尔伯特</u>变换对,$R(\omega)$可表示为$\underline{X(\omega)*\frac{1}{\pi\omega}}$。

8. 已知信号 $f(t)=f_1(t)\cos(\omega_0 t)+f_2(t)\sin(\omega_0 t)$,其中 $f_1(t)$,$f_2(t)$均为带宽为 ω_m 的低频信号,又有 $\omega_0 \gg \omega_m$:

(1) 若接收端接收到信号 $f(t)$后,使用解调信号 $\cos(\omega_0 t)$与之相乘,再通过截止频率恰为 ω_m 的理想低通滤波器 $H(\omega)=\begin{cases}\mathrm{e}^{-\mathrm{j}t_0\omega}, & |\omega|<\omega_m\\ 0, & |\omega|>\omega_m\end{cases}$,求得到的响应信号。

(2) 若(1)中的解调信号换为 $\sin(\omega_0 t)$,求得到的响应信号。

解:(1) 设经过解调器后的信号为 $f_0(t)=f(t)\cdot\cos(\omega_0 t)$,则

$$\begin{aligned}f_0(t)&=f_1(t)\cos^2(\omega_0 t)+f_2(t)\sin(\omega_0 t)\cos(\omega_0 t)\\&=\frac{1}{2}f_1(t)[1+\cos(2\omega_0 t)]+\frac{1}{2}f_2(t)\sin(2\omega_0 t)\\&=\frac{1}{2}f_1(t)+\frac{1}{2}f_1(t)\cos(2\omega_0 t)+\frac{1}{2}f_2(t)\sin(2\omega_0 t)。\end{aligned}$$

由于$\frac{1}{2}f_1(t)\cos(2\omega_0 t)$,$\frac{1}{2}f_2(t)\sin(2\omega_0 t)$的频带位于$[\omega_0-\omega_m,\omega_0+\omega_m]$区间,且调制频率远大于信号带宽($\omega_0\gg\omega_m$),所以这两项高频信号无法通过低通滤波器。

设响应为 $r(t)$,$\mathscr{F}[r(t)]=R(\omega)$,$\mathscr{F}[f_0(t)]=F_0(\omega)$,$\mathscr{F}[f_1(t)]=F_1(\omega)$,则

$$R(\omega)=F_0(\omega)H(\omega)=\frac{1}{2}F_1(\omega)\mathrm{e}^{-\mathrm{j}t_0\omega}+0+0。$$

再根据傅里叶变换的时移性质,

$$r(t)=\frac{1}{2}f_1(t-t_0)。$$

(2) 设经过解调器后的信号为 $f_0(t)=f(t)\cdot\sin(\omega_0 t)$,则

$$\begin{aligned}f_0(t)&=f_1(t)\cos(\omega_0 t)\sin(\omega_0 t)+f_2(t)\sin^2(\omega_0 t)\\&=\frac{1}{2}f_1(t)\sin(2\omega_0 t)+\frac{1}{2}f_2(t)[1-\cos(2\omega_0 t)]\\&=\frac{1}{2}f_1(t)\sin(2\omega_0 t)+\frac{1}{2}f_2(t)-\frac{1}{2}f_2(t)\cos(2\omega_0 t)。\end{aligned}$$

设响应为 $r(t)$，$\mathscr{F}[r(t)]=R(\omega)$，$\mathscr{F}[f_0(t)]=F_0(\omega)$，$\mathscr{F}[f_2(t)]=F_2(\omega)$，由于 $\frac{1}{2}f_1(t)\sin(2\omega_0 t)$，$\frac{1}{2}f_2(t)\cos(2\omega_0 t)$被低通滤波器滤除，因此

$$R(\omega)=F_0(\omega)H(\omega)=0+\frac{1}{2}F_2(\omega)e^{-jt_0\omega}+0。$$

再根据傅里叶变换的时移性质，

$$r(t)=\frac{1}{2}f_2(t-t_0)。$$

本题说明，在理想条件下，即使是在同一段频带上，正弦调制信号和余弦调制信号也可同时在信道中传递，并在接收端分别解调，不会互相干扰。

9. 已知 $G(\omega)$为一上边带调制信号频谱，如题 9 图所示。在接收端用同步解调器 $\cos(\omega_0 t)$对信号进行解调，画出解调信号频谱。

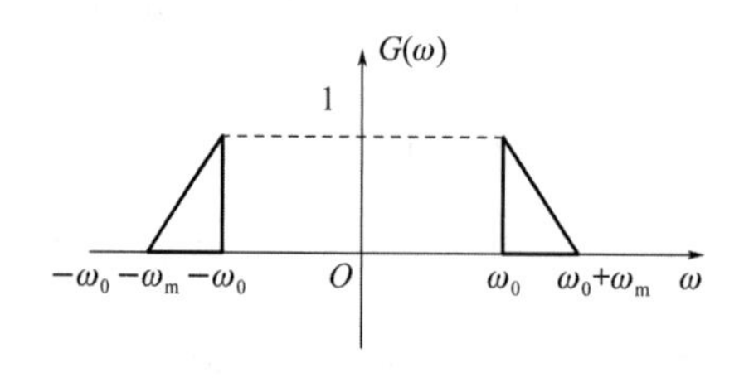

题 9 图

解：解调后信号频谱为$\frac{1}{2}[G(\omega+\omega_0)+G(\omega-\omega_0)]$。

10. 系统框图以及信号 $f(t)$的频谱 $F(\omega)$和理想低通滤波器的幅频特性如题 10 图所示，理想低通滤波器的相频特性为 $\varphi(\omega)=-\omega$。

(1) 写出 $f_1(t)$的表达式________。

(2) 请利用 $F(\omega)$表示 $f_1(t)$的傅里叶变换 $F_1(\omega)$________，并画出其频谱图。

(3) 请画出理想低通滤波器的相频特性曲线图。

(4) 画出 $y(t)$的傅里叶变换 $Y(\omega)$的频谱图。

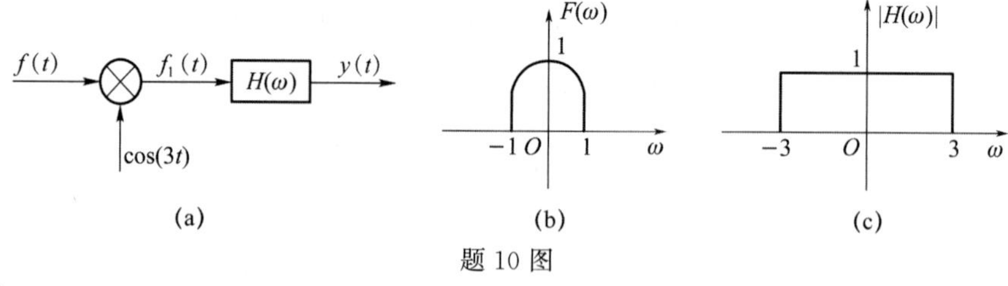

题 10 图

解：(1) $f_1(t)=\underline{f(t)\cos(3t)}$。

(2) $F_1(\omega)=\underline{\frac{1}{2}[F(\omega+3)+F(\omega-3)]}$。

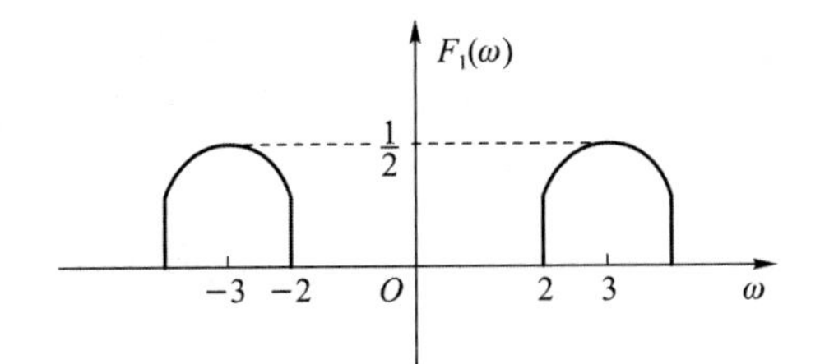

(3)

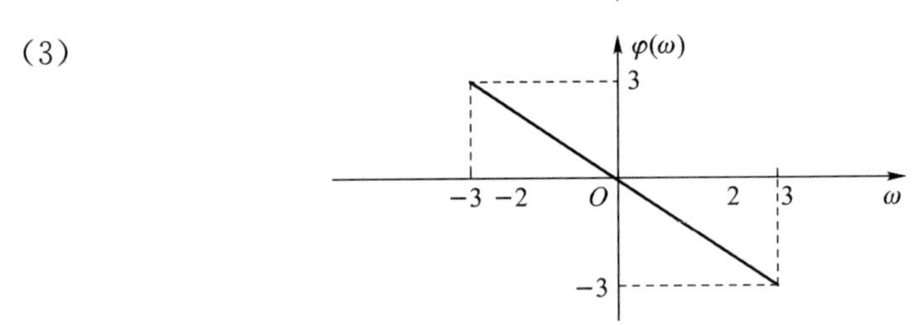

(4)

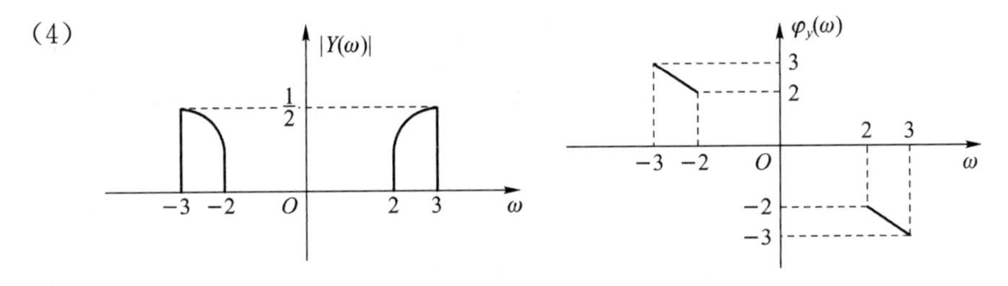

注意，通过低通滤波器后的信号频谱 $Y(\omega)$ 并非实函数，其频谱包含幅频图和相频图两个图形。仅画幅频图 $|Y(\omega)|\sim\omega$ 是不完整的，而把幅频图混淆为 $Y(\omega)\sim\omega$ 则是错误的。

11. 信号 $m(t)$ 的频谱 $M(\omega)$ 如题 11 图(a)所示，它通过系统函数为 $H(\omega)$〔见题 11 图(b)〕的滤波器后得到 $x(t)$，再进行理想抽样得到 $y(t)$。

(1) 画出 $x(t)$ 的频谱。

(2) 若抽样频率为 $\omega_s=3\omega_m$，画出 $y(t)$ 的频谱。

(3) $y(t)$ 经过系统 $H_1(\omega)$ 后得到 $x(t)$，画出 $H_1(\omega)$ 的频谱。

(4) $x(t)$ 经过系统 $H_2(\omega)$ 后得到 $m(t)$，画出 $H_2(\omega)$ 的频谱。

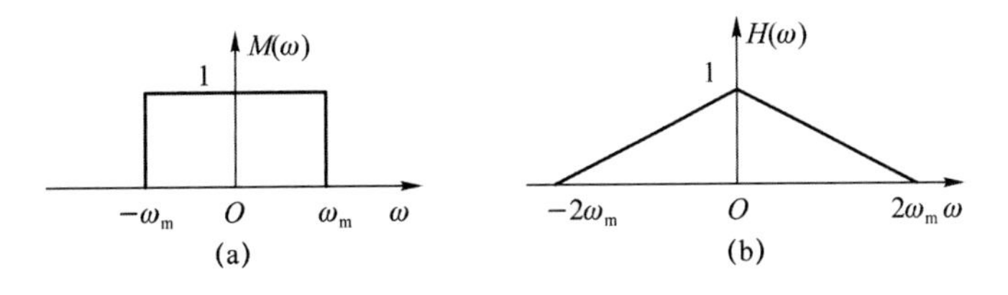

题 11 图

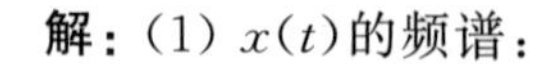

解：(1) $x(t)$的频谱：

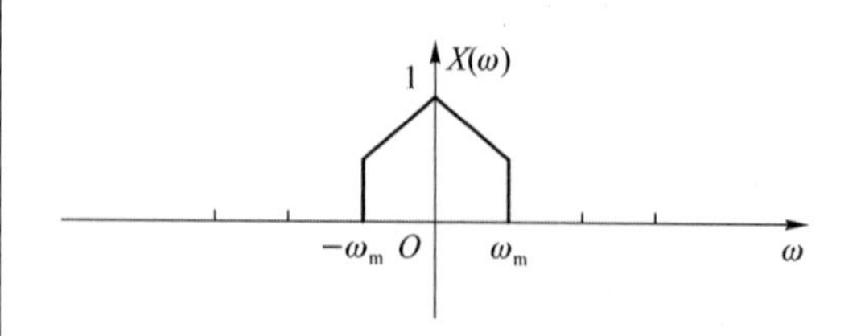

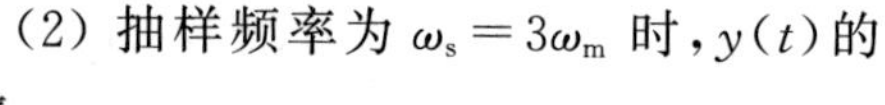

(2) 抽样频率为 $\omega_s=3\omega_m$ 时，$y(t)$的频谱：

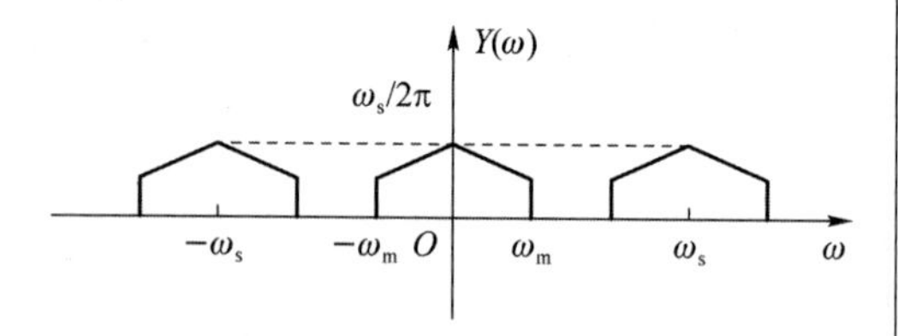

(3) $H_1(\omega)$的频谱：

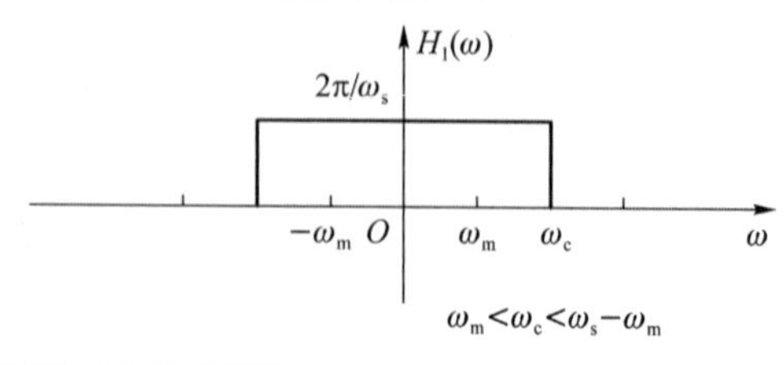

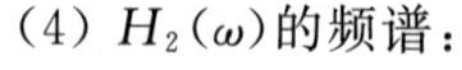

(4) $H_2(\omega)$的频谱：

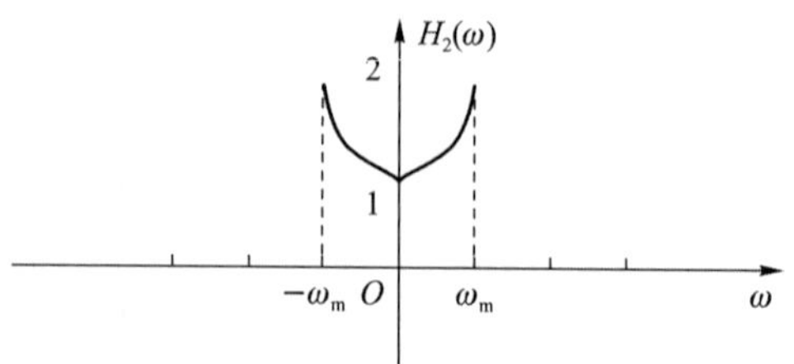

12. 某系统如题 12 图所示：

(1) 求 $e(t)=\delta(t)$时的系统响应 $r(t)$及其频谱 $R(\omega)$。

(2) 若 $e(t)=\dfrac{\sin(\omega_m t)}{\omega_m t}$，$\omega_0\gg\omega_m$，画出 $r(t)$的频谱图 $R(\omega)$(注意此系统非线性)。

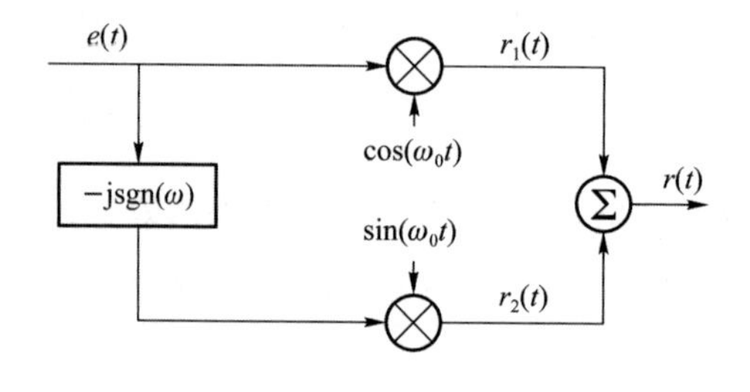

题 12 图

解：(1) 当 $e(t)=\delta(t)$时，$\hat{e}(t)=\delta(t)*\dfrac{1}{\pi t}=\dfrac{1}{\pi t}$，所以

$$r(t)=\delta(t)\cdot\cos(\omega_0 t)+\frac{1}{\pi t}\cdot\sin(\omega_0 t)=\delta(t)+\frac{1}{\pi t}\cdot\sin(\omega_0 t)=\delta(t)+\frac{\omega_0}{\pi}\cdot\mathrm{Sa}(\omega_0 t),$$

$$R(\omega)=1+u(\omega+\omega_0)-u(\omega-\omega_0)。$$

第(1)小问是第(2)小问的陷阱，此系统包含乘法器，并非线性时不变系统，因此不能使用单位冲激响应卷积激励信号求响应。

(2) 当 $e(t)=\mathrm{Sa}(\omega_m t)$时，

$$E(\omega)=\mathscr{F}[e(t)]=\frac{\pi}{\omega_m}G_{2\omega_m}(\omega),$$

$$E_H(\omega)=\mathscr{F}[\hat{e}(t)]=-\mathrm{j}E(\omega)\mathrm{sgn}(\omega),$$

$$R_1(\omega)=\mathscr{F}[r_1(t)]=\frac{1}{2}[E(\omega+\omega_0)+E(\omega-\omega_0)],$$

$$\begin{aligned}R_2(\omega)&=\mathscr{F}[r_2(t)]\\&=\frac{\mathrm{j}}{2}[-\mathrm{j}E(\omega+\omega_0)\mathrm{sgn}(\omega+\omega_0)+\mathrm{j}E(\omega-\omega_0)\mathrm{sgn}(\omega-\omega_0)]\\&=\frac{1}{2}[E(\omega+\omega_0)\mathrm{sgn}(\omega+\omega_0)-E(\omega-\omega_0)\mathrm{sgn}(\omega-\omega_0)],\end{aligned}$$

$$\begin{aligned}R(\omega)&=\frac{1}{2}E(\omega+\omega_0)[1+\mathrm{sgn}(\omega+\omega_0)]+\frac{1}{2}E(\omega-\omega_0)[1-\mathrm{sgn}(\omega-\omega_0)]\\&=E(\omega+\omega_0)u(\omega+\omega_0)+E(\omega-\omega_0)u[-(\omega-\omega_0)]。\end{aligned}$$

以上运算过程利用了 $\mathrm{sgn}(t)=2u(t)-1$，$1-u(t)=u(-t)$ 等公式。最终结果 $R(\omega)$ 的两项：$E(\omega+\omega_0)u(\omega+\omega_0)$ 是 $E(\omega+\omega_0)$ 的右半侧；$E(\omega-\omega_0)u[-(\omega-\omega_0)]$ 是 $E(\omega-\omega_0)$ 的左半侧。

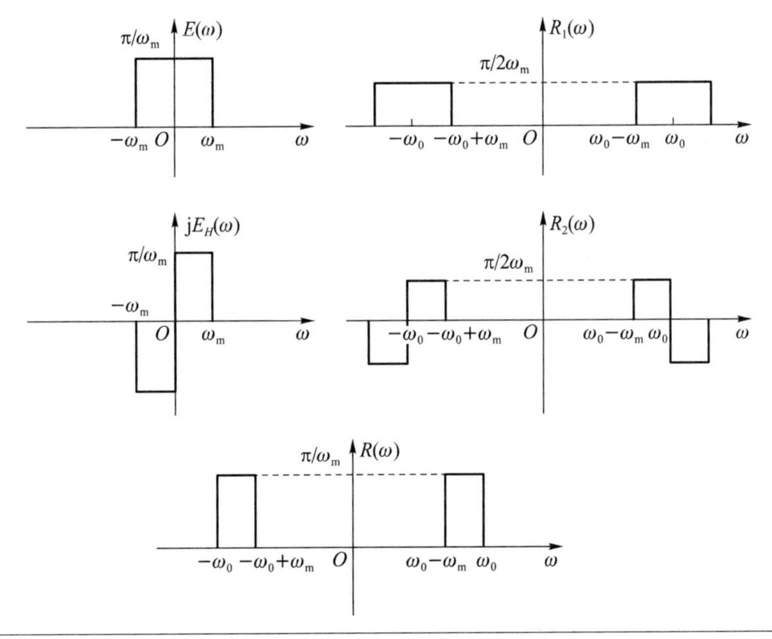

13. 若基带信号 $f(t)\overset{\mathrm{FT}}{\longleftrightarrow}F(\omega)$，其最高频率为 B（单位为 Hz），填写下表。

时域信号	傅里叶变换	最高频率/Hz	奈奎斯特频率/Hz
$f(t-2)$			
$f(2t)$			
$f(0.5t)$			
$f(t)\cos(2\pi Bt)$			
$f(2t)+f(0.5t)$			
$f(2t)\cdot f(0.5t)$			
$f(2t)*f(0.5t)$			

解：

时域信号	傅里叶变换	最高频率/Hz	奈奎斯特频率/Hz
$f(t-2)$	$F(\omega)\mathrm{e}^{-\mathrm{j}2\omega}$	B	$2B$
$f(2t)$	$\frac{1}{2}F\left(\frac{\omega}{2}\right)$	$2B$	$4B$
$f(0.5t)$	$2F(2\omega)$	$\frac{1}{2}B$	B
$f(t)\cos(2\pi Bt)$	$\frac{1}{2}F(\omega+2\pi B)+\frac{1}{2}F(\omega-2\pi B)$	$2B$	$4B$
$f(2t)+f(0.5t)$	$2F(2\omega)+\frac{1}{2}F\left(\frac{\omega}{2}\right)$	$2B$	$4B$
$f(2t)\cdot f(0.5t)$	$\frac{1}{2\pi}F(2\omega)*F\left(\frac{\omega}{2}\right)$	$\frac{5}{2}B$	$5B$
$f(2t)*f(0.5t)$	$F(2\omega)\cdot F\left(\frac{\omega}{2}\right)$	$\frac{1}{2}B$	B

第 5 章

连续时间信号与系统的复频域分析

知识背景

以傅里叶变换为基础的频域分析方法的优点在于它给出的结果有着清楚的物理意义，不过傅里叶变换分析方法也有不足之处，如只能处理符合狄利克雷条件的信号。而有些信号是不满足绝对可积条件的，就难以使用傅里叶变换分析它们的频谱了。

第 3 章中引入了广义函数理论，可以在一定程度上解决不满足狄利克雷条件信号的分析问题，本章介绍的拉普拉斯变换法则可以进一步扩大信号变换的适用范围。拉普拉斯变换分析方法的优点有很多：首先，可以对常微分方程进行拉普拉斯变换，由系统时域关系建立 s 域关系，把指数函数、三角函数、奇异函数变为幂函数分式或多项式，把微分、积分、卷积运算变为分式、多项式乘除法运算，使初始条件可被显式表达，简化了常微分方程的求解；其次，基于拉普拉斯变换的系统函数零、极点图可较直观地分析系统稳定性、频率响应特性，进而辅助系统设计。拉普拉斯变换的缺点在于其物理概念不如傅里叶变换那样清楚，更侧重工程上的实用性。

学习要点

1. 掌握拉普拉斯变换的定义，掌握收敛域的概念及求解方法。
2. 掌握单边拉普拉斯变换的定义及基本信号的拉普拉斯变换式计算方法。
3. 掌握单边拉普拉斯变换的性质，尤其是比较特殊的时移性质、微分性质、初值定理、终值定理等。
4. 掌握拉普拉斯反变换的求解方法，主要是分式展开方法。
5. 掌握系统函数的定义和运算方法，掌握系统零、极点图与系统函数的相互转换，掌握使用零、极点图判断系统特性（单位冲激响应特性、稳定性）的方法。
6. 掌握各种响应分量的概念和响应划分方法，包括零状态响应/零输入响应，强迫响应/自由响应，暂态响应/稳态响应。
7. 掌握使用零、极点图分析系统频率响应特性的方法，包括幅频响应特性和相频响应特性。

要点精讲

5.1 单边拉普拉斯变换

5.1.1 单边拉普拉斯变换的定义和收敛域

拉普拉斯变换(也称拉氏变换)相对于傅里叶变换的区别在于给信号 $f(t)$增加了一个衰减因子 $e^{-\sigma t}$,

$$\mathscr{F}[f(t)\cdot e^{-\sigma t}]=\int_{-\infty}^{\infty}[f(t)e^{-\sigma t}]\cdot e^{-j\omega t}dt=\int_{-\infty}^{\infty}f(t)\cdot e^{-(\sigma+j\omega)t}dt, \qquad (5.1.1)$$

当 $\sigma>0$ 时,$e^{-\sigma t}$可以在 $t>0$ 范围内对 $f(t)$进行衰减,把很多不可积的信号转为可积的信号,从而得到可以进行变换的信号。不过也容易发现一个问题,当 σ 的取值确定之后,$e^{-\sigma t}$只能在时域的一边产生衰减效果,而相反的一边是指数放大的。所以拉普拉斯变换通常仅用于有起点信号和因果系统的分析,这时只需要考虑单边的衰减问题即可。由此专门引出一种特殊的、仅考虑非负区间的拉普拉斯变换,通常称为单边拉普拉斯变换,其定义式为

$$F(s)=\mathscr{L}[f(t)]=\int_{0_-}^{\infty}f(t)e^{-\sigma t}e^{-j\omega t}dt=\int_{0_-}^{\infty}f(t)e^{-st}dt。\qquad (5.1.2)$$

式中,$f(t)$ 称为原函数,$F(s)$ 称为象函数,$s=\sigma+j\omega$ 称为复频率。虽然 $e^{-st}=e^{-\sigma t}e^{-j\omega t}$ 中的实指数和虚指数可以合并为一个整体复指数形式,但是 $e^{-\sigma t}$ 和 $e^{-j\omega t}$ 发挥的作用有很大区别:$e^{-\sigma t}$影响复指数随 t 的幅度变化趋势,控制收敛性;而 $e^{-j\omega t}$ 仅是随 t 在复平面上旋转,不影响收敛。

不考虑广义函数的话,单边拉式变换存在的前提条件是 $f(t)e^{-\sigma t}$ 在正轴上绝对可积。如果 $f(t)$满足在任意有界区间内取值也有界,则绝对可积条件等效为

$$\lim_{t\to\infty}f(t)e^{-\sigma t}=0。\qquad (5.1.3)$$

所有能使式(5.1.3)成立的 σ 取值的集合称为 $f(t)$拉式变换的收敛域(ROC,Region of Convergence)。

【例 5-1】 求 $f(t)=e^{2t}u(t)$ 拉普拉斯变换的收敛域。

解:$f(t)$ 的拉普拉斯变换存在的前提是$\lim\limits_{t\to\infty}f(t)e^{-\sigma t}=0$,所以需要

$$\lim_{t\to\infty}f(t)e^{-\sigma t}=\lim_{t\to\infty}e^{(2-\sigma)t}u(t)=0,$$

指数部分应该满足 $2-\sigma<0$,所以其收敛域为 $\sigma>2$。

也可以从复数的角度来看待收敛域,以复频率 s 的实部和虚部为轴组成的复平面称为 s 平面,那么收敛域就是所有使拉式变换存在的 s 取值的集合,是 s 平面上的一片区域。如图 5-1所示,因为虚部不影响收敛,所以拉式变换的收敛域以实部划分,其界限称为收敛轴,收敛轴表现为 s 平面上的竖直线,收敛域则位于收敛轴的一侧。对于正时轴上的信号,σ 有下界而无上界,所以收敛域位于收敛轴的右侧。

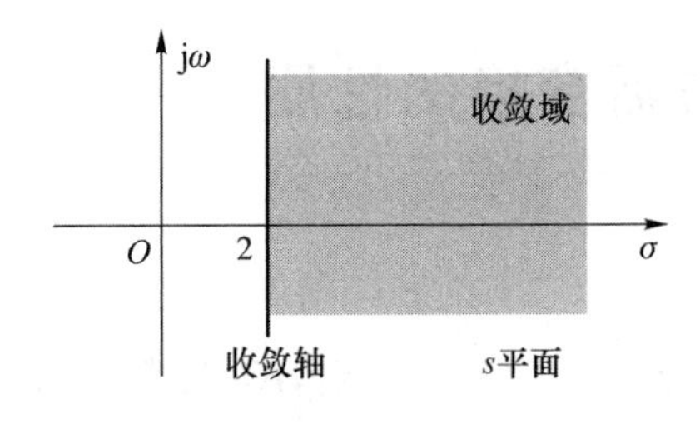

图 5-1

不同信号的收敛域存在一些规律：指数信号的收敛域满足$\lim\limits_{t\to\infty} e^{\alpha t}e^{-\sigma t}=0, \sigma>\alpha$；有限长且可积信号的拉式变换一定存在，收敛域为整个 s 平面；对于直流、三角函数、正幂函数等幅度不增大或增大比指数函数慢的信号，只要 $\sigma>0$ ，一定可以满足$\lim\limits_{t\to\infty} f(t)e^{-\sigma t}=0$；比指数函数增长快的信号不存在收敛域，无法进行拉式变换，如 e^{t^2} 。

5.1.2　典型信号的单边拉普拉斯变换

阶跃信号和直流信号的单边拉式变换分别为

$$\mathscr{L}[u(t)]=\int_{0_-}^{\infty} 1\cdot e^{-st}dt=\frac{1}{-s}e^{-st}\bigg|_0^{\infty}=\frac{1}{s},\quad \sigma>0;$$

$$\mathscr{L}[1]=\int_{0_-}^{\infty} 1\cdot e^{-st}dt=\frac{1}{-s}e^{-st}\bigg|_0^{\infty}=\frac{1}{s},\quad \sigma>0。$$

可以看到阶跃信号和直流信号的单边拉式变换及收敛域完全相同，拉式变换的原函数与象函数并非严格的一一对应关系，至少在临界的零时刻及其邻域内可以存在一些差别。

指数函数的单边拉式变换为

$$\mathscr{L}[e^{-\alpha t}]=\int_{0_-}^{\infty} e^{-\alpha t}e^{-st}dt=\frac{e^{-(s+\alpha)t}}{-(s+\alpha)}\bigg|_0^{\infty}=\frac{1}{s+\alpha},\quad \sigma>-\mathrm{Re}[\alpha]。$$

在单边拉式变换中，指数原函数的系数不限定为实数，可以是复数。而傅里叶变换中介绍的类似信号则限定为单边指数衰减信号，相较而言，拉普拉斯变换的覆盖面更广泛。

单位冲激信号的单边拉式变换为

$$\mathscr{L}[\delta(t)]=\int_{0_-}^{\infty}\delta(t)\cdot e^{-st}dt=1,\quad \sigma\text{ 为任意值；}$$

$$\mathscr{L}[\delta(t-t_0)]=\int_{0_-}^{\infty}\delta(t-t_0)\cdot e^{-st}dt=e^{-st_0},\quad \sigma\text{ 为任意值。}$$

单位冲激信号及其时移属于有限长且可积信号，收敛域为全平面。

斜变信号的单边拉式变换为

$$\mathscr{L}[t]=\int_{0_-}^{\infty} t\cdot e^{-st}dt=-\frac{1}{s}\left[te^{-st}+\frac{1}{s}e^{-st}\right]\bigg|_0^{\infty}=\frac{1}{s^2},\quad \sigma>0。$$

积分过程如下：

$$\begin{aligned}\int t\cdot e^{-st}dt&=-\frac{1}{s}\int t\cdot de^{-st}\\&=-\frac{1}{s}\left[te^{-st}-\int e^{-st}dt\right]\\&=-\frac{1}{s}\left[te^{-st}+\frac{1}{s}e^{-st}\right]。\end{aligned}$$

5.2 拉普拉斯变换的性质

5.2.1 线性性质

若 $\mathscr{L}[f_1(t)]=F_1(s)$，$\mathscr{L}[f_2(t)]=F_2(s)$，$K_1$，$K_2$ 为常数，则

$$\mathscr{L}[K_1 f_1(t)+K_2 f_2(t)]=K_1 F_1(s)+K_2 F_2(s)。\tag{5.2.1}$$

【例 5-2】 求信号 $f(t)=\cos(\omega t)$的单边拉普拉斯变换。

解：根据欧拉公式，

$$f(t)=\cos(\omega t)=\frac{1}{2}(\mathrm{e}^{\mathrm{j}\omega t}+\mathrm{e}^{-\mathrm{j}\omega t})。$$

再根据拉普拉斯变换的线性性质，

$$\begin{aligned}\mathscr{L}[\cos(\omega t)]&=\frac{1}{2}\mathscr{L}[\mathrm{e}^{\mathrm{j}\omega t}]+\frac{1}{2}\mathscr{L}[\mathrm{e}^{-\mathrm{j}\omega t}]\\&=\frac{1}{2}\cdot\frac{1}{s-\mathrm{j}\omega}+\frac{1}{2}\cdot\frac{1}{s+\mathrm{j}\omega}\\&=\frac{s}{s^2+\omega^2}。\end{aligned}$$

同理，

$$\begin{aligned}\mathscr{L}[\sin(\omega t)]&=\frac{1}{2\mathrm{j}}\mathscr{L}[\mathrm{e}^{\mathrm{j}\omega t}]-\frac{1}{2\mathrm{j}}\mathscr{L}[\mathrm{e}^{-\mathrm{j}\omega t}]\\&=\frac{1}{2\mathrm{j}}\cdot\frac{1}{s-\mathrm{j}\omega}-\frac{1}{2\mathrm{j}}\cdot\frac{1}{s+\mathrm{j}\omega}\\&=\frac{\omega}{s^2+\omega^2}。\end{aligned}$$

5.2.2 时移性质

若 $\mathscr{L}[f(t)]=F(s)$，则

$$\mathscr{L}[f(t-t_0)u(t-t_0)]=F(s)\mathrm{e}^{-st_0}。\tag{5.2.2}$$

证明：利用单边拉普拉斯变换的定义可得

$$\begin{aligned}\mathscr{L}[f(t-t_0)u(t-t_0)]&=\int_{0_-}^{\infty}f(t-t_0)u(t-t_0)\mathrm{e}^{-st}\mathrm{d}t\\&=\int_{t_0}^{\infty}f(t-t_0)\mathrm{e}^{-st}\mathrm{d}t\\&=\mathrm{e}^{-st_0}\int_{t_0}^{\infty}f(t-t_0)\mathrm{e}^{-s(t-t_0)}\mathrm{d}t\\&=\mathrm{e}^{-st_0}\int_{0}^{\infty}f(t)\mathrm{e}^{-st}\mathrm{d}t\\&=F(s)\mathrm{e}^{-st_0}。\end{aligned}$$

对于单边拉普拉斯变换，只有正半轴截断右时移才能使用时移性质。在面对具体问题时，经常需要拼凑出满足正半轴截断右时移的函数部分来使时移性质发挥作用。

【例 5-3】 求 $f(t)=\mathrm{e}^{-t}u(t-2)$ 的拉普拉斯变换。

解：首先拼凑出正半轴截断右时移的函数部分，

$$f(t)=\mathrm{e}^{-t}u(t-2)=\mathrm{e}^{-2}\cdot\mathrm{e}^{-(t-2)}u(t-2),$$

则根据时移性质，

$$\mathscr{L}[f(t)]=\mathrm{e}^{-2}\cdot\mathscr{L}[\mathrm{e}^{-t}]\cdot\mathrm{e}^{-2s}=\mathrm{e}^{-2}\cdot\frac{\mathrm{e}^{-2s}}{s+1},\quad \sigma>-1。$$

5.2.3　s 域平移性质

若 $\mathscr{L}[f(t)]=F(s)$，则

$$\mathscr{L}[f(t)\mathrm{e}^{-\alpha t}]=F(s+\alpha)。\tag{5.2.3}$$

证明：直接使用定义可得

$$\mathscr{L}[f(t)\mathrm{e}^{-\alpha t}]=\int_{0_-}^{\infty}f(t)\mathrm{e}^{-\alpha t}\mathrm{e}^{-st}\mathrm{d}t=F(s+\alpha)。$$

拉普拉斯变换 s 域平移是一种复频率移动，具体来说就是 α 为复数，所以时域信号乘以实指数衰减信号或增大信号时也可以使用 s 域平移性质。而在傅里叶变换中，只有信号与虚指数信号相乘时才可以使用频移性质。

【例 5-4】 求 $\mathrm{e}^{-\alpha t}\cos(\omega_0 t)$ 的拉普拉斯变换。

解：三角函数的拉式变换为

$$\mathscr{L}[\cos(\omega_0 t)]=\frac{s}{s^2+\omega_0^2},$$

然后利用拉普拉斯变换的 s 域平移性质可得

$$\mathscr{L}[\mathrm{e}^{-\alpha t}\cos(\omega_0 t)]=\frac{s+\alpha}{(s+\alpha)^2+\omega_0^2}。$$

同理，

$$\mathscr{L}[\mathrm{e}^{-\alpha t}\sin(\omega_0 t)]=\frac{\omega_0}{(s+\alpha)^2+\omega_0^2}。$$

5.2.4　尺度变换性质

若 $\mathscr{L}[f(t)]=F(s)$ 且常数 $a>0$，则

$$\mathscr{L}[f(at)]=\frac{1}{a}F\left(\frac{s}{a}\right)。\tag{5.2.4}$$

证明:根据拉普拉斯变换的定义式可得

$$\begin{aligned}\mathscr{L}[f(at)] &= \int_{0_-}^{\infty} f(at)\mathrm{e}^{-st}\mathrm{d}t \\ &= \frac{1}{a}\int_{0_-}^{\infty} f(at)\mathrm{e}^{-\frac{s}{a}(at)} \cdot a\mathrm{d}t \\ &= \frac{1}{a}\int_{0_-\cdot a}^{\infty\cdot a} f(t)\mathrm{e}^{-\frac{s}{a}t}\mathrm{d}t \\ &= \frac{1}{a}\int_{0_-}^{\infty} f(t)\mathrm{e}^{-\frac{s}{a}t}\mathrm{d}t \\ &= \frac{1}{a}F\left(\frac{s}{a}\right)。\end{aligned}$$

5.2.5 时域微分性质

若 $\mathscr{L}[f(t)]=F(s)$,则

$$\mathscr{L}\left[\frac{\mathrm{d}f(t)}{\mathrm{d}t}\right]=sF(s)-f(0_-)。\tag{5.2.5}$$

证明:根据单边拉普拉斯变换的定义式,

$$\mathscr{L}\left[\frac{\mathrm{d}f(t)}{\mathrm{d}t}\right]=\int_{0_-}^{\infty} f'(t)\mathrm{e}^{-st}\mathrm{d}t,$$

由分部积分法则可得

$$\begin{aligned}\int f'(t)\mathrm{e}^{-st}\mathrm{d}t &= f(t)\mathrm{e}^{-st} - \int f(t)\,(\mathrm{e}^{-st})'\mathrm{d}t \\ &= f(t)\mathrm{e}^{-st} + s\int f(t)\mathrm{e}^{-st}\mathrm{d}t,\end{aligned}$$

代入积分上下限得

$$\begin{aligned}\mathscr{L}\left[\frac{\mathrm{d}f(t)}{\mathrm{d}t}\right] &= \int_{0_-}^{\infty} f'(t)\mathrm{e}^{-st}\mathrm{d}t \\ &= f(t)\mathrm{e}^{-st}\Big|_{0_-}^{\infty} + s\int_{0_-}^{\infty} f(t)\mathrm{e}^{-st}\mathrm{d}t \\ &= \lim_{t\to\infty} f(t)\mathrm{e}^{-st} - f(0_-) + sF(s) \\ &= -f(0_-) + sF(s),\end{aligned}$$

在 $f(t)$拉普拉斯变换的收敛域内,$\lim\limits_{t\to\infty} f(t)\mathrm{e}^{-st}=0$,所以

$$\mathscr{L}\left[\frac{\mathrm{d}f(t)}{\mathrm{d}t}\right]=-f(0_-)+sF(s)。$$

对于二阶微分的拉普拉斯变换,可以套用两次微分性质得到

$$\mathscr{L}\left[\frac{\mathrm{d}^2 f(t)}{\mathrm{d}t^2}\right]=s[sF(s)-f(0_-)]-f'(0_-)=s^2F(s)-sf(0_-)-f'(0_-)。\tag{5.2.6}$$

如果信号 $f(t)$ 为因果信号，即 $t<0$ 时 $f(t)=0$，则

$$\mathscr{L}\left[\frac{\mathrm{d}^n f(t)}{\mathrm{d}t^n}\right]=s^n F(s)。\tag{5.2.7}$$

5.2.6　时域积分性质

若 $\mathscr{L}[f(t)]=F(s)$，则

$$\mathscr{L}\left[\int_{-\infty}^{t} f(\tau)\mathrm{d}\tau\right]=\frac{F(s)}{s}+\frac{f^{(-1)}(0_-)}{s}。\tag{5.2.8}$$

证明：首先把积分式分为两个部分，

$$\int_{-\infty}^{t} f(\tau)\mathrm{d}\tau=\int_{-\infty}^{0_-} f(\tau)\mathrm{d}\tau+\int_{0_-}^{t} f(\tau)\mathrm{d}\tau,$$

其中 $\int_{-\infty}^{0_-} f(\tau)\mathrm{d}\tau$ 是信号 $f(t)$ 在负半轴上的定积分，根据信号负阶数的定义式(1.2.5)，可写为

$$\int_{-\infty}^{0_-} f(\tau)\mathrm{d}\tau=f^{(-1)}(0_-)。$$

这是一个确定常数，其拉普拉斯变换为

$$\mathscr{L}[f^{(-1)}(0_-)]=\frac{f^{(-1)}(0_-)}{s}。$$

另一部分可根据拉普拉斯变换的定义得到，

$$\begin{aligned}\mathscr{L}\left[\int_{0_-}^{t} f(\tau)\mathrm{d}\tau\right]&=\int_{0_-}^{\infty}\left[\int_{0_-}^{t} f(\tau)\mathrm{d}\tau\right]\mathrm{e}^{-st}\mathrm{d}t\\&=\int_{0_-}^{\infty}\left[\int_{0_-}^{\infty} f(\tau)u(t-\tau)\mathrm{d}\tau\right]\mathrm{e}^{-st}\mathrm{d}t\\&=\int_{0_-}^{\infty} f(\tau)\int_{0_-}^{\infty} u(t-\tau)\mathrm{e}^{-st}\mathrm{d}t\mathrm{d}\tau\\&=\frac{1}{s}\int_{0_-}^{\infty} f(\tau)\mathrm{e}^{-s\tau}\mathrm{d}\tau\\&=\frac{F(s)}{s},\end{aligned}$$

因此

$$\mathscr{L}\left[\int_{-\infty}^{t} f(\tau)\mathrm{d}\tau\right]=\frac{F(s)}{s}+\frac{f^{(-1)}(0_-)}{s},$$

也可以写成

$$\mathscr{L}[f^{(-1)}(t)]=\frac{F(s)}{s}+\frac{f^{(-1)}(0_-)}{s}。$$

如果信号 $f(t)$ 为因果信号，即 $t<0$ 时 $f(t)=0$，则

$$\mathscr{L}[f^{(-n)}(t)]=\frac{F(s)}{s^n}。\tag{5.2.9}$$

【例 5-5】 求图 5-2 所示三角脉冲信号的拉普拉斯变换。

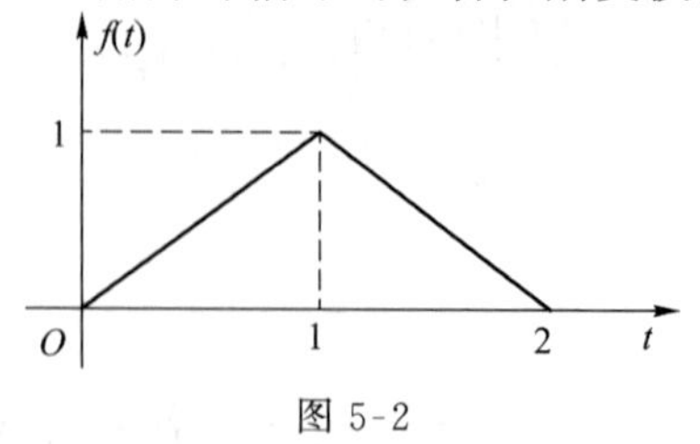

图 5-2

解:可以先在时域上对 $f(t)$进行微分,得到容易直接求拉普拉斯变换的形式,然后再利用拉普拉斯变换的时域积分性质进行求解,$f(t)$的一、二阶微分如图 5-3 所示。

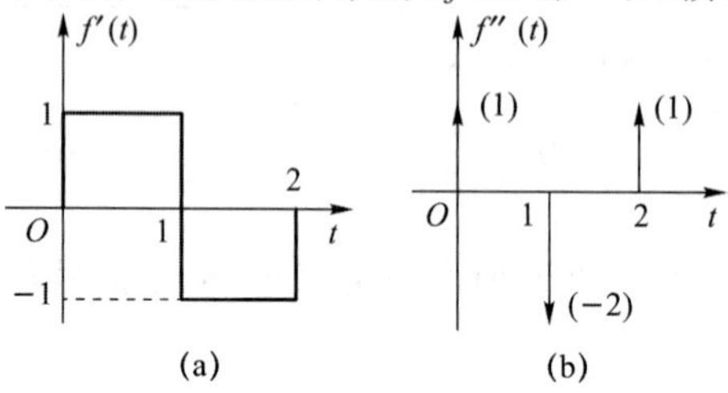

图 5-3

其二阶微分形式为冲激脉冲,容易得到拉普拉斯变换,

$$f''(t)=\delta(t)-2\delta(t-1)+\delta(t-2),$$

$$\mathscr{L}[f''(t)]=1-2e^{-s}+e^{-2s}。$$

又由于 $f''(t)$及其各阶积分都是因果信号,所以根据时域积分性质,

$$\mathscr{L}[f(t)]=\frac{1}{s^2}\mathscr{L}[f''(t)]=\frac{1}{s^2}(1-2e^{-s}+e^{-2s})。$$

5.2.7 复频域微分性质

若 $\mathscr{L}[f(t)]=F(s)$,则

$$\mathscr{L}[t^n f(t)]=(-1)^n\frac{d^n F(s)}{ds^n}。\tag{5.2.10}$$

常见的为一阶微分:

$$\mathscr{L}[tf(t)]=-\frac{dF(s)}{ds}。\tag{5.2.11}$$

证明:拉普拉斯变换的定义式为

$$F(s)=\int_{0_-}^{\infty}f(t)\cdot e^{-st}dt,$$

对其做微分可得

$$\begin{aligned}\frac{dF(s)}{ds}&=\int_{0_-}^{\infty}f(t)\cdot(-t)\cdot e^{-st}dt\\&=\int_{0_-}^{\infty}[-tf(t)]\cdot e^{-st}dt\\&=-\mathscr{L}[tf(t)]。\end{aligned}$$

5.2.8 卷积定理

若因果信号 $f_1(t)$，$f_2(t)$的拉普拉斯变换分别为 $F_1(s)$，$F_2(s)$，则

$$\mathscr{L}[f_1(t) * f_2(t)] = F_1(s)F_2(s)。 \tag{5.2.12}$$

证明：利用拉普拉斯变换的定义式可得

$$\begin{aligned}\mathscr{L}[f_1(t) * f_2(t)] &= \int_0^{\infty}\int_{-\infty}^{\infty} f_1(\tau)u(\tau)f_2(t-\tau)u(t-\tau)\mathrm{d}\tau \mathrm{e}^{-st}\mathrm{d}t \\ &= \int_0^{\infty} f_1(\tau)\left[\int_0^{\infty} f_2(t-\tau)u(t-\tau)\mathrm{e}^{-st}\mathrm{d}t\right]\mathrm{d}\tau \\ &= \int_0^{\infty} f_1(\tau)\mathrm{e}^{-s\tau}\mathrm{d}\tau \cdot F_2(s) \\ &= F_1(s)F_2(s)。\end{aligned}$$

5.2.9 拉普拉斯变换式的零、极点

对各种常见信号进行求解后可以发现，拉普拉斯变换式大部分都是有理真分式形式，直流、阶跃、幂函数、三角函数、指数函数在不时移的情况下都满足这一特征：

$$F(s) = \frac{A(s)}{B(s)} = \frac{a_m s^m + a_{m-1}s^{m-1} + \cdots + a_1 s + a_0}{b_n s^n + b_{n-1}s^{n-1} + \cdots + b_1 s + b_0}。 \tag{5.2.13}$$

因此，很多分式的运算方法都可以发挥作用，可以引入拉普拉斯变换的分析中。零、极点分析方法就是其中一种。分式形式的可以在分子、分母上做因式分解，得到

$$F(s) = \frac{A(s)}{B(s)} = \frac{a_m(s-z_1)(s-z_2)\cdots(s-z_m)}{b_n(s-p_1)(s-p_2)\cdots(s-p_n)}。 \tag{5.2.14}$$

其中，m 和 n 分别是分子、分母的阶数，p_1 至 p_n 是使分母为 0 的点，称为极点，z_1 至 z_m 是使分子为 0 的点，称为零点。把零、极点画在 s 平面中就得到了零、极点图，零、极点图中包含很多规律，掌握这些规律之后，零、极点图就可以帮助我们很快地分析出信号的各种特征。

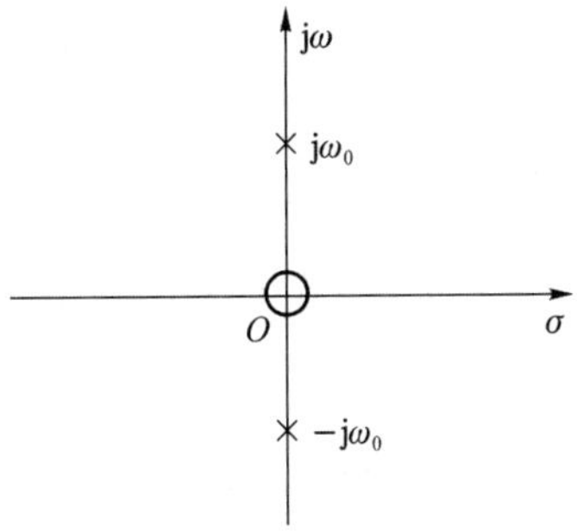

如余弦函数信号

$$\cos(\omega_0 t) \stackrel{\text{LT}}{\longleftrightarrow} F(s) = \frac{s}{s^2+\omega_0^2} = \frac{s}{(s+\mathrm{j}\omega_0)(s-\mathrm{j}\omega_0)},$$

图 5-4

其极点包括$\pm \mathrm{j}\omega_0$，零点为 0，用○表示零点，×表示极点，可得余弦函数信号拉氏变换的零、极点图，如图 5-4 所示。

零、极点图和 s 平面上的收敛域有明显的关联，最直接的一点便是收敛域以极点为界，且极点一定都在收敛域之外。关于零、极点图中所包含的其他规律将在后续章节中详细说明。

5.2.10 初值定理和终值定理

拉氏变换初值定理是指，若 $\mathscr{L}[f(t)]=F(s)$，且 $F(s)$ 为有理真分式，则

$$\lim_{t\to 0_+} f(t)=f(0_+)=\lim_{s\to\infty} sF(s)。\tag{5.2.15}$$

证明：从 $f(t)$ 信号微分的拉普拉斯变换入手，

$$\begin{aligned}\mathscr{L}\left[\frac{\mathrm{d}f(t)}{\mathrm{d}t}\right]&=\int_{0_-}^{\infty}\frac{\mathrm{d}f(t)}{\mathrm{d}t}\mathrm{e}^{-st}\mathrm{d}t\\&=\int_{0_-}^{0_+}\frac{\mathrm{d}f(t)}{\mathrm{d}t}\mathrm{e}^{-st}\mathrm{d}t+\int_{0_+}^{\infty}\frac{\mathrm{d}f(t)}{\mathrm{d}t}\mathrm{e}^{-st}\mathrm{d}t\\&=f(0_+)-f(0_-)+\int_{0_+}^{\infty}\frac{\mathrm{d}f(t)}{\mathrm{d}t}\mathrm{e}^{-st}\mathrm{d}t。\end{aligned}$$

又根据拉普拉斯变换的微分性质可知

$$f(0_+)-f(0_-)+\int_{0_+}^{\infty}\frac{\mathrm{d}f(t)}{\mathrm{d}t}\mathrm{e}^{-st}\mathrm{d}t=-f(0_-)+sF(s),$$

所以

$$f(0_+)=sF(s)-\int_{0_+}^{\infty}\frac{\mathrm{d}f(t)}{\mathrm{d}t}\mathrm{e}^{-st}\mathrm{d}t。$$

此式对于收敛域内的任意 s 都应该成立，因此让 s 趋于正无穷，则

$$\lim_{s\to\infty}\left[\int_{0_+}^{\infty}\frac{\mathrm{d}f(t)}{\mathrm{d}t}\mathrm{e}^{-st}\mathrm{d}t\right]=\int_{0_+}^{\infty}\frac{\mathrm{d}f(t)}{\mathrm{d}t}\left[\lim_{s\to\infty}\mathrm{e}^{-st}\right]\mathrm{d}t=0,$$

可得

$$f(0_+)=\lim_{s\to\infty} sF(s)。$$

如果 $F(s)$ 不是真分式，但可以展开为真分式部分 $F_0(s)$ 和其他关于 s 的幂函数之和，则

$$\lim_{t\to 0_+} f(t)=f(0_+)=\lim_{s\to\infty} sF_0(s)。\tag{5.2.16}$$

【例 5-6】 已知 $F(s)=\dfrac{2s}{s+1}$，求 $f(0_+)$。

解：此变换式 $F(s)$ 的分子、分母阶数相等，不是真分式，先做展开可得

$$F(s)=\frac{2s}{s+1}=-\frac{2}{s+1}+2。$$

得到了真分式项，所以

$$f(0_+)=\lim_{s\to\infty} s\cdot\frac{-2}{s+1}=-2。$$

由例 5-6 可见，初值定理的第二种情况其实是特指 $f(t)$ 中包含各阶冲激项 $\delta^{(n)}(t)$ 的情况，而冲激项都不影响 0_+ 时刻的取值，设去掉冲激项的信号为 $f_0(t)$，其对应的拉普拉斯变换式即 $f(t)$ 拉氏变换中的真分式部分 $F_0(s)$，所以 $f(0_+)=f_0(0_+)=\lim\limits_{s\to\infty} sF_0(s)$。

拉氏变换终值定理是指，若 $\mathscr{L}[f(t)]=F(s)$，且 $F(s)$ 的极点都在 s 平面的左半平面，或至多有一个一阶极点在原点处，则

$$\lim_{t\to\infty} f(t) = \lim_{s\to 0} sF(s)。 \tag{5.2.17}$$

证明:从初值定理的分析中得到了

$$sF(s) = f(0_+) + \int_{0_+}^{\infty} \frac{\mathrm{d}f(t)}{\mathrm{d}t} \mathrm{e}^{-st} \mathrm{d}t,$$

所以对 s 取极限可得

$$\begin{aligned} \lim_{s\to 0} sF(s) &= f(0_+) + \lim_{s\to 0} \int_{0_+}^{\infty} \frac{\mathrm{d}f(t)}{\mathrm{d}t} \mathrm{e}^{-st} \mathrm{d}t \\ &= f(0_+) + \lim_{t\to\infty} f(t) - f(0_+) \\ &= \lim_{t\to\infty} f(t)。 \end{aligned}$$

初值定理和终值定理体现了拉普拉斯变换带来的运算上的便利,不过各自都有适用范围和前提条件。相对而言,初值定理的出错率低,因为忽略真分式条件的话求不出初值。但是终值定理很容易出错,因为忘记判断极点位置也能计算出一个值,但实际得到的并非终值。下面通过一些例子来加强对终值定理前提条件的理解。

【例 5-7】 判断下列拉普拉斯变换式是否适用终值定理。

$\mathscr{L}[\mathrm{e}^{-t}u(t)] = \frac{1}{s+1}$,极点 -1 在左半平面,有终值。

$\mathscr{L}[\cos(\omega t)] = \frac{s}{s^2+\omega^2}$,极点 $\pm \mathrm{j}\omega$ 在虚轴上,没有终值。

$\mathscr{L}[u(t)] = \frac{1}{s}$,一阶极点 0 在原点处,有终值。

$\mathscr{L}[tu(t)] = \frac{1}{s^2}$,二阶极点 0 在原点处,没有终值。

5.3　拉普拉斯反变换

把时域信号转换到频域或复频域可以提供更多的分析方法、简化很多问题的求解,当然最终得到的结果也需要能够再反变换到时域。拉普拉斯反变换的数学表达式是

$$f(t) = \frac{1}{2\pi \mathrm{j}} \int_{\sigma-\mathrm{j}\infty}^{\sigma+\mathrm{j}\infty} F(s) \mathrm{e}^{st} \mathrm{d}s, \tag{5.3.1}$$

这是一个复变函数积分,积分路径是收敛域中任意一条平行于虚轴的直线。不过,在大部分拉普拉斯反变换问题的求解(包括工程实际应用)中,很少直接使用这个积分进行运算。更常见的方法是把拉普拉斯变换式展开为常见函数的变换式组合,然后查反变换表得到时域结果。

常见拉普拉斯变换如表 5-1 所示,除了冲激信号及其各阶导数以外,大部分从零时刻开始的常见信号的拉普拉斯变换式都是有理真分式。所以拉普拉斯反变换以有理真分式的反变换为主,其次是包含冲激项的变换式,最后是表 5-1 中未列出的有时移的拉式变换式。

表 5-1　常见拉普拉斯反变换对应表

原函数 $f(t)$	象函数 $F(s)=\mathscr{L}[f(t)]$
$\delta(t)$	1
$\delta^{(n)}(t)$	s^n
$u(t)$	$\frac{1}{s}$
$e^{-at}u(t)$	$\frac{1}{s+a}$
$tu(t)$	$\frac{1}{s^2}$
$t^n u(t)$	$\frac{n!}{s^{n+1}}$
$\cos(\omega_0 t)u(t)$	$\frac{s}{s^2+\omega_0^2}$
$\sin(\omega_0 t)u(t)$	$\frac{\omega_0}{s^2+\omega_0^2}$
$e^{-at}\cos(\omega_0 t)u(t)$	$\frac{s+a}{(s+a)^2+\omega_0^2}$
$e^{-at}\sin(\omega_0 t)u(t)$	$\frac{\omega_0}{(s+a)^2+\omega_0^2}$

有理真分式的拉普拉斯反变换分为三加一步：首先对分母部分进行因式分解，找出极点；其次根据极点特征写出由基本展开项和未知系数组成的部分分式展开式；接着查表得到时域原函数；最后则是求解未知系数。拉普拉斯反变换的核心思路其实是前三步，包含了信号主要特征在复频域与时域上的对应关系。至于未知系数求解，是纯粹的算术问题，其也许是运算中最花时间的部分，但在本课程中的意义相对较弱，同学们在学习中要分清主次。

5.3.1　单阶实数极点的拉普拉斯反变换

如果拉普拉斯变换式的所有极点各不相同且均为实数，则可以展开为一阶真分式的线性组合，

$$F(s)=\frac{A(s)}{(s-p_1)(s-p_2)\cdots(s-p_n)}=\frac{k_1}{s-p_1}+\frac{k_2}{s-p_2}+\cdots+\frac{k_n}{s-p_n}, \tag{5.3.2}$$

其时域原函数为

$$f(t)=k_1 e^{p_1 t}+k_2 e^{p_2 t}+\cdots+k_n e^{p_n t}。 \tag{5.3.3}$$

【例 5-8】 求 $F(s)=\frac{s+1}{s^2+5s+6}$ 的反变换式。

解：首先对变换式分母进行因式分解，找出极点，

$$F(s)=\frac{s+1}{(s+2)(s+3)},$$

极点特征为单阶实根，对应展开式为

$$F(s)=\frac{k_1}{s+2}+\frac{k_2}{s+3},$$

查表可得时域原函数为

$$f(t)=k_1 e^{-2t}+k_2 e^{-3t},\quad t\geqslant 0。$$

对于单边拉普拉斯变换式，由于其只体现了信号正半轴的积分结果，不包含负半轴的信息，因此反变换也只能得到正半轴的原函数情况，用 $t\geqslant 0$ 做限定是相对严谨的。如果题目包含了原函数的其他信息，如其是因果系统的零状态响应，则时域原函数可以直接写为以 $u(t)$ 表达的形式：

$$f(t)=k_1 e^{-2t}u(t)+k_2 e^{-3t}u(t)。$$

系数求解方法在后面汇总。

5.3.2 多重极点的拉普拉斯反变换

如果拉普拉斯变换式的所有极点均为实数但包含重根项，则重根项的各阶分式都有可能存在，在展开时需要全部包含进去，

$$F(s)=\frac{A(s)}{(s-p_1)(s-p_2)^m}=\frac{k_1}{s-p_1}+\sum_{i=1}^{m}\frac{k_{2i}}{(s-p_2)^i},\tag{5.3.4}$$

其时域原函数为

$$f(t)=k_1 e^{p_1 t}+\sum_{i=1}^{m}\frac{k_{2i}}{(i-1)!}t^{i-1}e^{p_2 t}。\tag{5.3.5}$$

【例 5-9】 求 $F(s)=\dfrac{s^2}{(s+2)(s^2+2s+1)}$的反变换式。

解：首先对变换式分母进行因式分解，找出极点，

$$F(s)=\frac{s^2}{(s+2)(s+1)^2},$$

极点中包含二重实根-1，对应展开式需要包含这一项的所有阶分式，为

$$F(s)=\frac{k_1}{s+1}+\frac{k_2}{(s+1)^2}+\frac{k_3}{s+2},$$

查表可得时域原函数为

$$f(t)=k_1 e^{-t}+k_2 t e^{-t}+k_3 e^{-2t},\quad t\geqslant 0。$$

系数求解方法在后面汇总。

5.3.3 共轭复极点的拉普拉斯反变换

如果拉普拉斯变换式包含共轭复极点，则说明时域信号包含三角函数分量，可以不把共轭复极点项展开为一阶部分分式，而是保留二阶形式，写为正弦项和余弦项变换式的组合，

$$F(s)=\frac{A(s)}{(s-p_1)[(s-\alpha)^2+\beta]}=\frac{k_1}{s-p_1}+\frac{k_2(s-\alpha)}{(s-\alpha)^2+\omega^2}+\frac{k_3\omega}{(s-\alpha)^2+\omega^2},\tag{5.3.6}$$

其中 $\omega=\sqrt{\beta}$，则其时域原函数为

$$f(t)=k_1 e^{p_1 t}+k_2 e^{\alpha t}\cos(\omega t)+k_3 e^{\alpha t}\sin(\omega t)。\tag{5.3.7}$$

【例 5-10】 求 $F(s)=\dfrac{3s-5}{s^2+2s+5}$的反变换式。

解:首先对变换式分母进行因式分解,找出极点,

$$F(s)=\frac{3s-5}{(s+1-2\mathrm{j})(s+1+2\mathrm{j})},$$

变换式包含共轭复极点,考虑保留其二阶形式,

$$F(s)=\frac{3s-5}{(s+1)^2+4},$$

将变换式写为正弦项和余弦项变换式的组合,

$$F(s)=k_1\,\frac{s+1}{(s+1)^2+2^2}+k_2\,\frac{2}{(s+1)^2+2^2},$$

查表可得时域原函数为

$$f(t)=k_1\mathrm{e}^{-t}\cos(2t)+k_2\mathrm{e}^{-t}\sin(2t),\quad t\geqslant 0。$$

系数求解方法在后面汇总。

5.3.4 系数求解方法

部分分式展开方法是在高等数学课程中教授的内容,其关键在于根据极点判断部分分式的基本函数项组成,只要组成函数项是完整的,那么系数求解有一种通用的方法,即待定系数法。对于拉普拉斯变换式,原式与展开式都是关于 s 的函数,所以代入任意 s 值等式都成立。因此,有几个未知系数,就代入几个 s 的取值,得到方程个数与未知系数数目相等的方程组,然后就可以通过解方程组解得系数。

【例 5-11】 $F(s)=\dfrac{3s-5}{(s+1)^2+4}=k_1\,\dfrac{s+1}{(s+1)^2+2^2}+k_2\,\dfrac{2}{(s+1)^2+2^2}$,求 k_1,k_2。

解:展开式中包含两个未知系数,可以代入两个 s 的取值得到两个方程。为计算简便,代入 $s=-1$ 和 $s=0$ 可得

$$\begin{cases}F(-1)=-2=\dfrac{1}{2}k_2\\[2ex] F(0)=-1=\dfrac{1}{5}k_1+\dfrac{2}{5}k_2\end{cases},$$

容易解得

$$\begin{cases}k_1=3\\ k_2=-4\end{cases}。$$

而对于单阶实根部分分式的系数,还有一种更为简单的系数求解方法,称为掩盖法。如求以下展开式中的第一个系数 k_1,

$$F(s)=\frac{A(s)}{(s-p_1)(s-p_2)\cdots(s-p_n)}=\frac{k_1}{s-p_1}+\frac{k_2}{s-p_2}+\cdots+\frac{k_n}{s-p_n},$$

可以让方程两侧先同时乘以 k_1 的分母 $s-p_1$,于是得到

$$(s-p_1)F(s)=\frac{A(s)}{(s-p_2)\cdots(s-p_n)}=k_1+(s-p_1)\left(\frac{k_2}{s-p_2}+\cdots+\frac{k_n}{s-p_n}\right),$$

此时再让 $s=p_1$ 可得

$$(s-p_1)F(s)\Big|_{s=p_1}=k_1。\tag{5.3.8}$$

这样就直接得到了第一项的系数，其余各项也可以用类似的方法。

【例 5-12】 $F(s)=\dfrac{s+1}{(s+2)(s+3)}=\dfrac{k_1}{s+2}+\dfrac{k_2}{s+3}$，求 k_1，k_2。

解：单阶实根部分分式的系数可以用掩盖法来求解，

$$k_1=(s+2)F(s)\Big|_{s=-2}=(s+2)\frac{s+1}{(s+2)(s+3)}\Big|_{s=-2}=-1,$$

$$k_2=(s+3)F(s)\Big|_{s=-3}=(s+3)\frac{s+1}{(s+2)(s+3)}\Big|_{s=-3}=2。$$

其实掩盖法对多重根部分分式展开的最高项系数求解也是有效的，而重根低阶项系数求解则有一套通用的公式，不过形式复杂，掌握记忆难度较高，本书不作介绍。很多时候，对于阶数不高的拉普拉斯变换式，可以灵活运用掩盖法和待定系数法快速求解。

【例 5-13】 $F(s)=\dfrac{s^2}{(s+2)(s+1)^2}=\dfrac{k_1}{s+1}+\dfrac{k_2}{(s+1)^2}+\dfrac{k_3}{s+2}$，求 k_1，k_2，k_3。

解：单阶实根部分分式和重根最高阶部分分式的系数可以通过掩盖法直接求解，与展开项的其他部分无关，所以

$$k_2=(s+1)^2\frac{s^2}{(s+2)(s+1)^2}\Big|_{s=-1}=1,$$

$$k_3=(s+2)\frac{s^2}{(s+2)(s+1)^2}\Big|_{s=-2}=4,$$

求得两个系数之后，方程变为

$$F(s)=\frac{s^2}{(s+2)(s+1)^2}=\frac{k_1}{s+1}+\frac{1}{(s+1)^2}+\frac{4}{s+2}。$$

只需任取一个 s 的值代入即可求得 k_1，如代入 $s=0$，可得 $0=k_1+1+2$，即 $k_1=-3$。

5.3.5　包含冲激项(有理假分式)的拉普拉斯反变换

冲激项对应的拉普拉斯变换是 s 的正幂函数，会导致拉普拉斯变换式的分子阶数与分母阶数相等或比分母阶数高，形成假分式。在求反变换时，需要先把假分式展开为正幂函数多项式与真分式相加的形式，然后正幂函数直接对应冲激项原函数，真分式则利用前述方法求解反变换。

【例 5-14】 求 $F(s)=\dfrac{s^3+5s^2+9s+7}{s^2+3s+2}$的反变换。

解：首先把假分式展开为正幂函数多项式与真分式相加的形式，可以使用长除法实现：

$$\begin{array}{r|l} & s+2 \\ s^2+3s+2 & s^3+5s^2+9s+7 \\ & s^3+3s^2+2s \\ \hline & 2s^2+7s+7 \\ & 2s^2+6s+4 \\ \hline & s+3 \end{array}$$

其商为正幂函数多项式,其余数为真分式的分子。所以

$$F(s)=s+2+\frac{s+3}{s^2+3s+2}=s+2+F_1(s),$$

其中,$F_1(s)$利用真分式的展开方法得到,

$$F_1(s)=\frac{2}{s+1}-\frac{1}{s+2},$$

所以最终反变换式为

$$f(t)=\delta'(t)+2\delta(t)+2e^{-t}-e^{-2t},\quad t\geqslant 0。$$

5.3.6 包含时移因子的拉普拉斯反变换

包含时移的拉普拉斯变换式的特点是有复指数项,其求解需要首先把复指数项排除在外,然后求解剩余的分式项,最后利用时移性质求解原函数。

【例 5-15】 求 $F(s)=\frac{e^{-2s}}{s^2+3s+2}$的反变换式。

解:首先求解分式项 $F_1(s)=\frac{1}{s^2+3s+2}$的反变换,易得

$$F_1(s)=\frac{1}{(s+1)(s+2)}=\frac{1}{s+1}-\frac{1}{s+2},$$

其时域原函数为

$$f_1(t)=\mathscr{L}^{-1}[F_1(s)]=e^{-t}-e^{-2t},\quad t\geqslant 0,$$

根据拉普拉斯变换的时移性质,

$$f(t)=f_1(t-2)u(t-2)=\left[e^{-(t-2)}-e^{-2(t-2)}\right]u(t-2),\quad t\geqslant 0。$$

5.4 利用拉普拉斯变换求解微分方程

拉普拉斯变换最早被提出就是用于求解常微分方程。根据拉普拉斯变换的微分性质,对常微分方程两侧做单边拉普拉斯变换,可以得到 s 域方程,容易通过代数式运算直接得到 s 域响应 $R(s)$,最终再进行反变换得到时域响应结果。

【例 5-16】 已知系统微分方程为$\frac{\mathrm{d}^2 r(t)}{\mathrm{d}t^2}+6\frac{\mathrm{d}r(t)}{\mathrm{d}t}+8r(t)=2e(t)$，激励 $e(t)=u(t)$，初状态 $r(0_-)=1, r'(0_-)=0$，求系统的全响应 $r(t)$。

解：首先利用单边拉普拉斯变换的微分性质，对方程两侧做单边拉普拉斯变换，

$$[s^2R(s)-sr(0_-)-r'(0_-)]+6[sR(s)-r(0_-)]+8R(s)=2E(s),$$

其中，$R(s)$和 $E(s)$分别是响应 $r(t)$和激励 $e(t)$的拉普拉斯变换。整理可得

$$R(s)=\frac{2E(s)}{s^2+6s+8}+\frac{6r(0_-)+sr(0_-)+r'(0_-)}{s^2+6s+8},$$

代入已知条件 $E(s)=\mathscr{L}[u(t)]=\frac{1}{s}$，以及初状态的值，可求得全响应的拉普拉斯变换为

$$R(s)=\frac{s^2+6s+2}{s(s^2+6s+8)}。$$

下面求其反变换以得到时域全响应，

$$R(s)=\frac{s^2+6s+2}{s(s+2)(s+4)}=\frac{k_1}{s}+\frac{k_2}{s+2}+\frac{k_3}{s+4},$$

因为都是单阶实根，所以可以通过掩盖法求得各自的系数，

$$k_1=sR(s)\Big|_{s=0}=\frac{s^2+6s+2}{(s+2)(s+4)}\Big|_{s=0}=\frac{1}{4},$$

$$k_2=(s+2)R(s)\Big|_{s=-2}=\frac{s^2+6s+2}{s(s+4)}\Big|_{s=-2}=\frac{3}{2},$$

$$k_3=(s+4)R(s)\Big|_{s=-4}=\frac{s^2+6s+2}{s(s+2)}\Big|_{s=-4}=-\frac{3}{4},$$

$$R(s)=\frac{s^2+6s+2}{s(s+2)(s+4)}=\frac{1}{4}\cdot\frac{1}{s}+\frac{3}{2}\cdot\frac{1}{s+2}-\frac{3}{4}\cdot\frac{1}{s+4},$$

查反变换表可得

$$r(t)=\frac{1}{4}+\frac{3}{2}\mathrm{e}^{-2t}-\frac{3}{4}\mathrm{e}^{-4t},\quad t\geqslant 0。$$

5.5　利用拉普拉斯变换分析动态电路

5.5.1　电路元件的复频域模型

电阻、电容、电感是几种最基本的电路元件，它们的电压与电流之间有确定的线性关系，或是直接比例关系，或是微分关系。因此，由这几种电路元件组成的系统的电压电流关系通常可以用常微分方程描述，其响应的求解就是微分方程的求解。而这种问题非常适合引入拉普拉斯变换进行分析。利用单边拉普拉斯变换的微分性质，可以把电路元件电压与电流之间的关系转换为复频域电压与复频域电流之间的关系，而时域的微分关系在复频域中统统转换为比例关系，同样把微分方程问题转换为代数方程问题。

对于包含初状态条件的问题，需要使用表 5-2 的中间列，用包含初状态的复频域关系进行求解。

表 5-2　电路元件的复频域模型

电路元件	时域关系	复频域关系	零状态条件下的复频域阻抗
电阻	$v(t)=Ri(t)$	$V(s)=RI(s)$	$\frac{V(s)}{I(s)}=R$
	R　$i(t)$　$+$　$v(t)$　$-$	R　$I(s)$　$+$　$V(s)$　$-$	R
电容	$i(t)=C\frac{\mathrm{d}v(t)}{\mathrm{d}t}$	$V(s)=\frac{1}{sC}I(s)+\frac{1}{s}v(0_-)$	$\frac{V(s)}{I(s)}=\frac{1}{sC}$
	$i(t)$　C　$+$　$v(t)$　$-$	$I(s)$　$\frac{1}{sC}$　$\frac{1}{s}v(0_-)$　$+$　$-$　$+$　$V(s)$　$-$	$1/sC$
电感	$v(t)=L\frac{\mathrm{d}i(t)}{\mathrm{d}t}$	$V(s)=sLI(s)-Li(0_-)$	$\frac{V(s)}{I(s)}=sL$
	$i(t)$　L　$+$　$v(t)$　$-$	$I(s)$　sL　$Li(0_-)$　$-$　$+$　$+$　$V(s)$　$-$	sL

【例 5-17】　已知图 5-5 所示电路中的激励电压为 $e(t)=\begin{cases}-E, & t<0\\ E, & t>0\end{cases}$，求 $v_C(t)$。

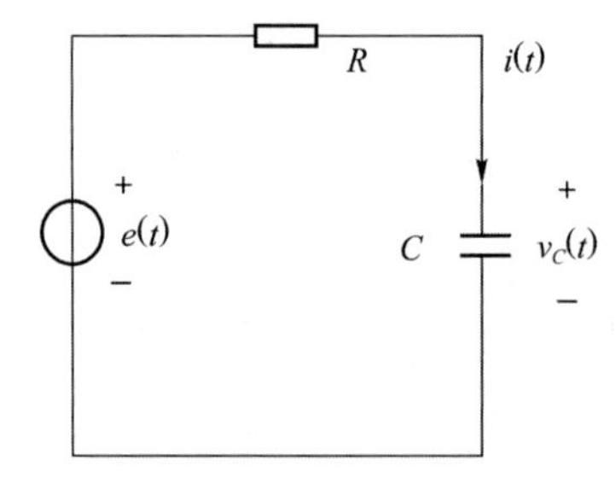

图 5-5

解：根据电容的复频域模型，其复频域电压为

$$V_C(s)=\frac{1}{sC}I(s)+\frac{1}{s}v_C(0_-)。$$

根据电路特性判断，$v_C(0_-)=-E$。在串联电路中，所有元件电流相同，所以 $I(s)=\frac{V_R(s)}{R}$，于是

$$V_C(s)=\frac{V_R(s)}{sRC}-\frac{E}{s},\quad ①$$

又根据基尔霍夫电压定律，

$$E(s)=V_R(s)+V_C(s),\quad ②$$

其中激励信号的拉普拉斯变换为 $E(s)=\mathscr{L}[e(t)]=\dfrac{E}{s}$。因此式①和式②联立可得

$$V_C(s)=-\frac{E\left(s-\frac{1}{RC}\right)}{s\left(s+\frac{1}{RC}\right)},$$

部分分式展开为

$$V_C(s)=\frac{E}{s}-\frac{2E}{s+\frac{1}{RC}},$$

时域原函数为

$$v_C(t)=E(1-2\mathrm{e}^{-\frac{1}{RC}t}),\quad t\geqslant 0。$$

注意在这种情况下就不适合把反变换式写为 $v_C(t)=E(1-2\mathrm{e}^{-\frac{1}{RC}t})u(t)$，因为明显不符合初条件。

5.5.2　动态电路的复频域分析

对于零状态条件下的电路，电感和电容上的复频域电压与复频域电流之比都是固定的，与电阻类似，统称为复频域阻抗，从而可以把电感、电容全都视作电阻来进行分析。

【例 5-18】 图 5-6 所示电路起始状态为 0，$t=0$ 时刻开关闭合，接入直流电压 E，求电流 $i(t)$。

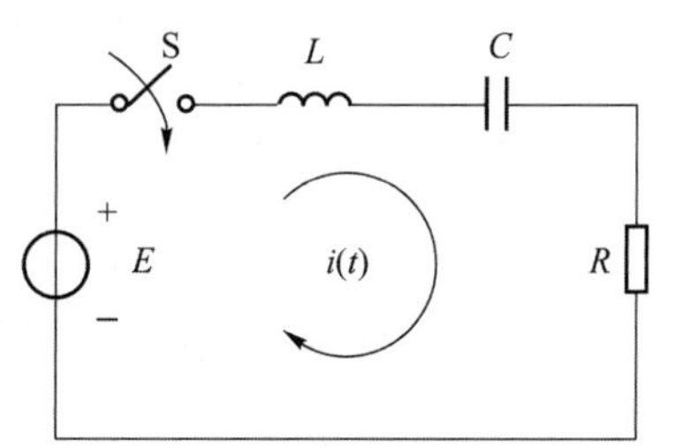

图 5-6

解：对于零状态问题，可以直接把各电路元件转为复频域阻抗，如图 5-7 所示。

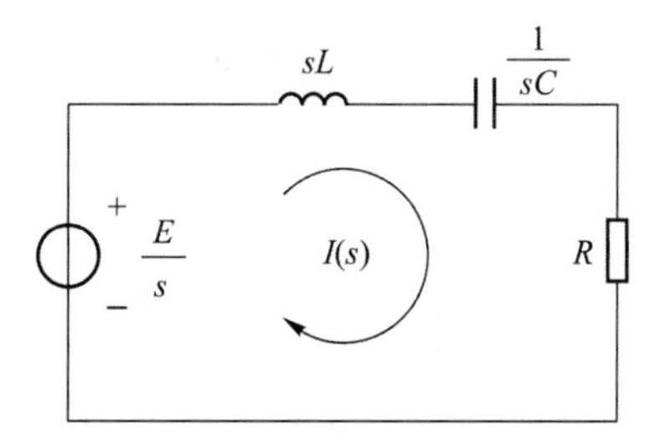

图 5-7

在复频域上，电感、电容、电阻相当于串联，其电路方程为

$$\frac{E}{s}=sLI(s)+\frac{1}{sC}I(s)+RI(s),$$

解得

$$I(s)=\frac{E}{s\left(sL+R+\frac{1}{sC}\right)}=\frac{E}{L}\cdot\frac{1}{s^2+\frac{R}{L}s+\frac{1}{LC}}。$$

这个拉普拉斯变换式是固定的，但是其反变换的具体形式受极点特征影响，有几种不同的形式。引入中间变量 $\alpha=\frac{R}{2L}$，$\omega_0=\frac{1}{\sqrt{LC}}$，则

$$\begin{aligned}I(s)&=\frac{E}{L}\cdot\frac{1}{s^2+2\alpha s+\omega_0^2}\\&=\frac{E}{L}\cdot\frac{1}{s^2+2\alpha s+\alpha^2+\omega_0^2-\alpha^2}\\&=\frac{E}{L}\cdot\frac{1}{(s+\alpha)^2-(\alpha^2-\omega_0^2)}。\end{aligned}$$

可见，根据 α 和 ω_0 的相对大小不同，其极点有三种情况：

① $\alpha>\omega_0$ 时为单实根极点，设 $\beta=\sqrt{\alpha^2-\omega_0^2}=\sqrt{\frac{R^2}{4L^2}-\frac{1}{LC}}$，则

$$\begin{aligned}I(s)&=\frac{E}{L}\cdot\frac{1}{(s+\alpha)^2-(\alpha^2-\omega_0^2)}\\&=\frac{E}{L}\cdot\frac{1}{(s+\alpha+\beta)(s+\alpha-\beta)}\\&=\frac{E}{L}\cdot\frac{1}{2\beta}\left(\frac{-1}{s+\alpha+\beta}+\frac{1}{s+\alpha-\beta}\right),\end{aligned}$$

原函数为

$$i(t)=\frac{E}{L}\cdot\frac{1}{2\beta}\left[e^{-(\alpha-\beta)t}-e^{-(\alpha+\beta)t}\right]=\frac{E}{L}\cdot\frac{1}{2\beta}e^{-(\alpha-\beta)t}(1-e^{-2\beta t}),\quad t\geqslant 0。$$

② $\alpha=\omega_0$ 时为二重根极点，

$$I(s)=\frac{E}{L}\cdot\frac{1}{(s+\alpha)^2-(\alpha^2-\omega_0^2)}=\frac{E}{L}\cdot\frac{1}{(s+\alpha)^2},$$

原函数为

$$i(t)=\frac{E}{L}\cdot te^{-\alpha t}=\frac{E}{L}\cdot te^{-\frac{R}{2L}t},\quad t\geqslant 0。$$

由于在这种情况下 $\frac{R}{2}=\sqrt{\frac{L}{C}}$，所以

$$i(t)=\frac{E}{L}\cdot te^{-\frac{1}{\sqrt{LC}}t},\quad t\geqslant 0。$$

③ $\alpha<\omega_0$ 时为共轭复根极点，设 $\omega_c=\sqrt{\omega_0^2-\alpha^2}=\sqrt{\frac{1}{LC}-\frac{R^2}{4L^2}}$，

$$I(s)=\frac{E}{L}\cdot\frac{1}{(s+\alpha)^2-(\alpha^2-\omega_0^2)}=\frac{E}{L\omega_c}\cdot\frac{\omega_c}{(s+\alpha)^2+\omega_c^2},$$

原函数为

$$i(t)=\frac{E}{L\omega_c}e^{-\alpha t}\sin(\omega_c t),\quad t\geqslant 0。$$

特别地，当 $\alpha=0$ 时，$\omega_c=\omega_0$，此时原函数为

$$i(t)=\frac{E}{L\omega_0}\sin(\omega_0 t)=E\sqrt{\frac{C}{L}}\sin(\omega_0 t),\quad t\geqslant 0。$$

二阶 LC 振荡电路的几种响应情况可以通过拉普拉斯变换式的极点分析一一得到，如图 5-8 所示，拉普拉斯变换法在动态电路分析中发挥着重要作用。

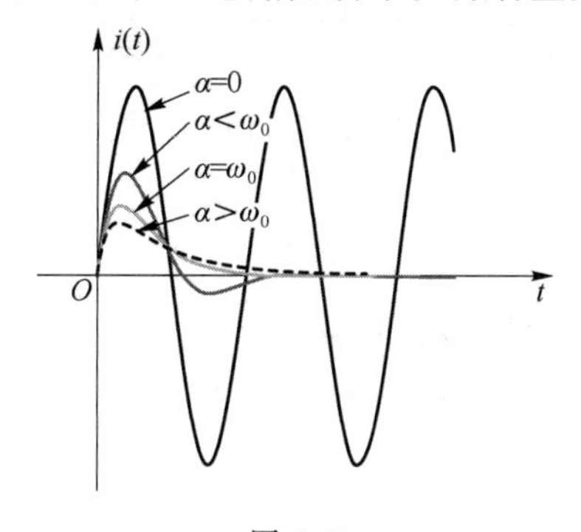

图 5-8

5.6　系统函数

5.6.1　系统函数的定义

第 4 章已经介绍过傅里叶变换形式的系统函数，即零状态响应与激励信号在傅里叶变换形式下的比值。如果把变换方法替换为拉普拉斯变换，则可以得到复频域下的系统函数。设激励信号为 $e(t)$，单位冲激响应为 $h(t)$，零状态响应为 $r(t)$，其拉普拉斯变换为

$$\begin{cases}\mathscr{L}[e(t)]=E(s)\\ \mathscr{L}[h(t)]=H(s),\\ \mathscr{L}[r(t)]=R(s)\end{cases}$$

根据线性时不变系统的激励与零状态响应的卷积关系 $r(t)=e(t)*h(t)$，再利用拉普拉斯变换的时域卷积定理可得

$$R(s)=E(s)H(s),\tag{5.6.1}$$

则系统函数为

$$H(s)=\frac{R(s)}{E(s)}。\tag{5.6.2}$$

5.6.2 系统函数的运算

多个线性时不变子系统可以组成一个整体的线性时不变系统，根据子系统的组合方式可以大体分为并联、串联、反馈几种基本结构，其各自的运算规则如下所述。

图 5-9 所示并联系统的系统函数：时域上

$$h(t)=h_1(t)+h_2(t), \tag{5.6.3}$$

复频域上

$$H(s)=H_1(s)+H_2(s)。 \tag{5.6.4}$$

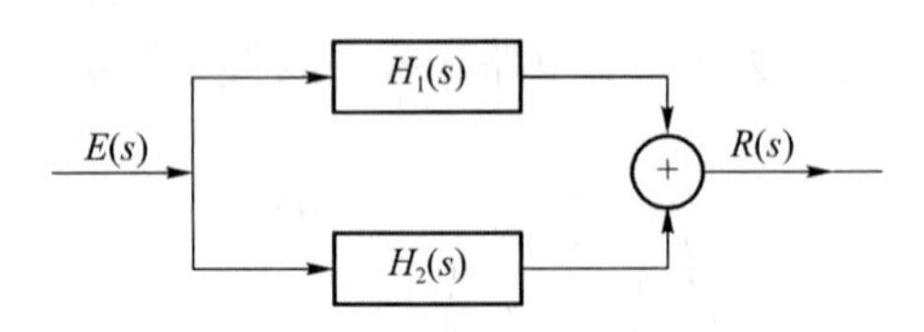

图 5-9

图 5-10 所示串联系统的系统函数：时域上

$$h(t)=h_1(t) * h_2(t), \tag{5.6.5}$$

复频域上

$$H(s)=H_1(s)H_2(s)。 \tag{5.6.6}$$

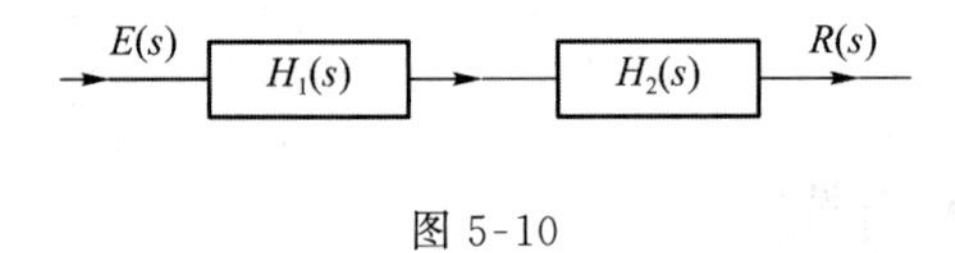

图 5-10

图 5-11 所示反馈系统的系统函数通常无法直接得到结果，最基本的解决方法是利用子系统之间的各种关系列方程组。设加法器的输出和反馈支路的输出分别为 $X_1(s)$ 和 $X_2(s)$，则可得到以下关系，

$$\begin{cases} X_1(s)=E(s)-X_2(s) \\ R(s)=X_1(s)H_1(s) \\ X_2(s)=R(s)H_2(s) \end{cases},$$

解得

$$H(s)=\frac{R(s)}{E(s)}=\frac{H_1(s)}{1+H_1(s)H_2(s)}。$$

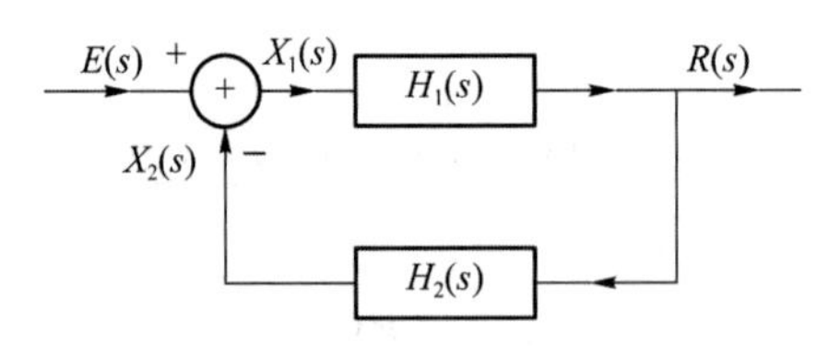

图 5-11

5.7　系统函数的零、极点图和时域特性

5.7.1　零、极点图的基本规律

时域中的实信号描述实变量与实变量的关系，其图形表示方式是波形图；傅里叶变换频域信号描述实变量与复变量的关系，可以把复变量分为模和辐角两个实变量，用两幅图，也即幅频图和相频图来进行图形表示；而拉普拉斯变换式描述的则是复变量与复变量的关系，难以沿袭之前的图形表示方法，因此引入复变函数中常用的零、极点图来实现拉普拉斯变换式的图形表示。可以通过一些具体的零、极点图示例来学习读图方法。

从表 5-3 所示的零、极点图与时域信号的对应关系中可以看出以下规律：

- 极点在左半平面，时域信号幅度指数衰减；
- 极点在右半平面，时域信号幅度指数增大；
- 极点在虚轴上，时域信号幅度不变；
- 极点离开实轴，时域信号是振荡的；
- 二阶极点在以上特征的基础上进一步线性加权。

表 5-3　零、极点图与时域信号的对应关系

表达式	时域波形	零、极点图
$\begin{cases} h(t)=u(t) \\ H(s)=\dfrac{1}{s} \end{cases}$	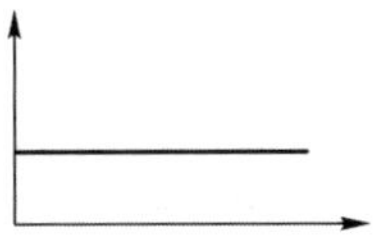	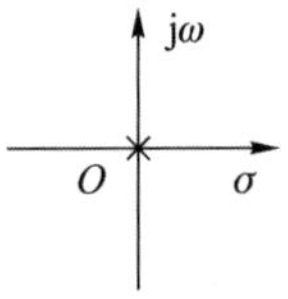 jω O　σ
$\begin{cases} h(t)=\mathrm{e}^{-\alpha t} \\ H(s)=\dfrac{1}{s+\alpha} \end{cases}$	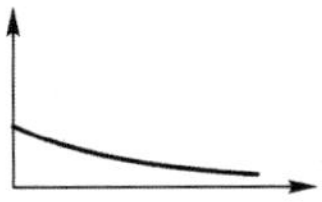 α>0	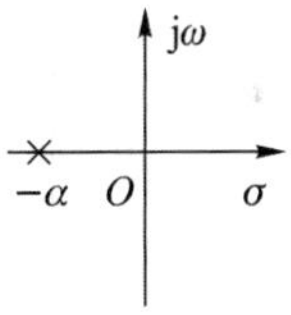 jω −α　O　σ
	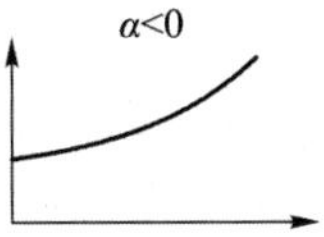 α<0	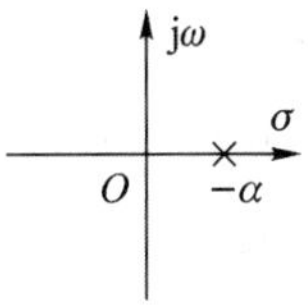 jω σ O　−α
$\begin{cases} h(t)=\sin(\omega_0 t) \\ H(s)=\dfrac{\omega_0}{s^2+\omega_0^2} \end{cases}$	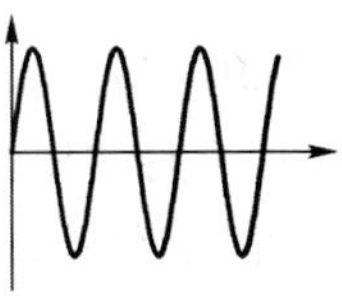	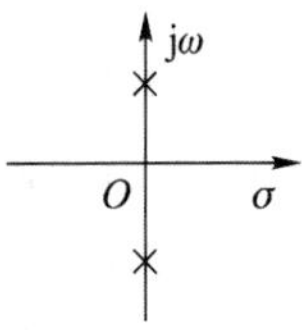 jω O　σ

续 表

表达式	时域波形	零、极点图
$\begin{cases} h(t)=\mathrm{e}^{-\alpha t}\sin(\omega_0 t) \\ H(s)=\dfrac{\omega_0}{(s+\alpha)^2+\omega_0^2} \end{cases}$	$\alpha>0$	$\mathrm{j}\omega$, O, σ
	$\alpha<0$	$\mathrm{j}\omega$, O, σ
$\begin{cases} h(t)=tu(t) \\ H(s)=\dfrac{1}{s^2} \end{cases}$		$\mathrm{j}\omega$, O, σ
$\begin{cases} h(t)=t\mathrm{e}^{-\alpha t}u(t) \\ H(s)=\dfrac{1}{(s+\alpha)^2} \end{cases}$	$\alpha>0$	$\mathrm{j}\omega$, O, σ
	$\alpha<0$	$\mathrm{j}\omega$, O, σ

5.7.2 利用零、极点分析系统响应分量

系统的响应分量通常可做三种划分:零状态响应与零输入响应,自由响应与强迫响应,稳态响应与暂态响应。零状态响应与零输入响应根据激励来源进行区分,判断准则非常明确。自由响应与强迫响应则是很久之前针对典型响应问题提出的一种不完备的划分方式,当激励信号与系统函数的极点不同时,把系统函数极点对应部分分式的函数项称为自由响应,而把激励信号对应部分分式的函数项称为强迫响应。然而实际上强迫响应会包含系统初状态的影响,而自由响应也会被激励影响,这种没有实质性区别的划分方式的实用意义已经比较低了。稳态响应与暂态响应则是电路分析、工程控制领域评价系统性能时非常重要的划分方式。很多实际电路系统的功能都是输出一个稳定存在的响应信号,但是由于系统

的物理限制，每当发生状态改变时，如引入了新的激励信号，其信号输出都不可能瞬间切换为所需的响应，而会引入一些额外波动，良好的系统会使这些额外波动尽快归零。激励信号接入后，响应中随时间增大而减小至消失的分量就是暂态响应或瞬态响应，而完全响应中始终存在的分量称为稳态响应。利用拉普拉斯变换的零、极点图，可以很方便地通过极点位置区分稳态响应分量和暂态响应分量：如果拉普拉斯变换式的部分分式极点在左半平面，这一项的时域变化特点就是指数衰减，会逐渐趋于零，这一项就是暂态响应分量；而极点在虚轴上或右半平面的部分分式则对应幅度不变或逐渐增大的响应，属于稳态响应分量。

【例 5-19】 已知系统方程为 $\frac{\mathrm{d}^2 r(t)}{\mathrm{d}t^2}+3\frac{\mathrm{d}r(t)}{\mathrm{d}t}+2r(t)=\frac{\mathrm{d}e(t)}{\mathrm{d}t}+3e(t)$，激励 $e(t)=u(t)$，初状态 $r(0_-)=1$，$r'(0_-)=2$，求零输入响应与零状态响应，自由响应与强迫响应，暂态响应与稳态响应。

解：方程两侧做拉普拉斯变换，

$$s^2R(s)-sr(0_-)-r'(0_-)+3[sR(s)-r(0_-)]+2R(s)=sE(s)+3E(s),$$

整理得

$$R(s)=\frac{s+3}{s^2+3s+2}E(s)+\frac{sr(0_-)+r'(0_-)+3r(0_-)}{s^2+3s+2}。$$

① 其中与 $E(s)$ 有关的一项即零状态响应分量，与初状态 $r(0_-)$，$r'(0_-)$ 有关的一项即零输入响应分量。

$$R_{zs}(s)=\frac{s+3}{s^2+3s+2}E(s)=\frac{s+3}{s^3+3s^2+2s},$$

$$R_{zi}(s)=\frac{sr(0_-)+r'(0_-)+3r(0_-)}{s^2+3s+2}=\frac{s+5}{s^2+3s+2}。$$

反变换可得

$$r_{zs}(t)=1.5-2\mathrm{e}^{-t}+0.5\mathrm{e}^{-2t},\quad t\geqslant 0,$$

$$r_{zi}(t)=4\mathrm{e}^{-t}-3\mathrm{e}^{-2t},\quad t\geqslant 0。$$

② 根据零状态响应 $R_{zs}(s)$ 可以得到系统函数为

$$H(s)=\frac{R_{zs}(s)}{E(s)}=\frac{s+3}{s^2+3s+2},$$

系统的全响应为

$$R(s)=\frac{1.5}{s}+\frac{2}{s+1}-\frac{2.5}{s+2},$$

可知其极点 -1，-2 为系统函数的极点，对应自由响应，为 $2\mathrm{e}^{-t}-2.5\mathrm{e}^{-2t}$，$t\geqslant 0$；极点 0 为激励的极点，对应强迫响应，为 1.5，$t\geqslant 0$。

③ 全响应中极点 -1，-2 位于左半平面，对应暂态响应分量；极点 0 位于原点，对应稳态响应分量。所以暂态响应为 $2\mathrm{e}^{-t}-2.5\mathrm{e}^{-2t}$，$t\geqslant 0$，稳态响应为 1.5，$t\geqslant 0$。通过令时间 t 趋于正无穷观察各项的变化趋势，也容易看出这个结果。

5.8 系统的稳定性

一个系统，如果对任意的有界输入，其零状态响应也是有界的，则称该系统是有界输入有界输出(BIBO)稳定的系统，简称稳定系统。稳定性是系统自身的性质之一，系统是否稳定与激励信号的情况无关。冲激响应 $h(t)$和系统函数 $H(s)$ 从两个方面表征了同一系统的本性，所以能从两个方面确定系统的稳定性。

时域判定方法：单位冲激响应绝对可积，

$$\int_{-\infty}^{\infty} |h(t)| \mathrm{d}t \leqslant M。\tag{5.8.1}$$

复频域判定方法：单位冲激响应拉普拉斯变换的收敛域包含虚轴，即 $\sigma=0$ 时，$\int_{-\infty}^{\infty} h(t)\mathrm{e}^{-\mathrm{j}\omega t}\mathrm{d}t$ 存在。这个判定条件具体到因果系统范围内，等价于所有极点都位于左半平面。因为因果系统的单位冲激响应只有正半轴取值，其收敛域必然是 σ 大于一个下界，也即所有极点的右侧，所以所有极点位于虚轴左侧。

因果系统的系统函数全部极点位于 s 平面的左半平面时，系统为稳定系统；因果系统的系统函数有极点位于 s 平面的虚轴上或右半平面时，系统为不稳定系统；特别地，系统函数极点没有位于 s 平面的右半平面，但在虚轴上有一阶极点时，系统称为临界稳定系统，仍然属于不稳定系统。

【例 5-20】 图 5-12 所示的反馈系统中，子系统的系统函数 $G(s)=\dfrac{1}{(s-1)(s+2)}$，当常数 k 满足什么条件时，系统是稳定的？

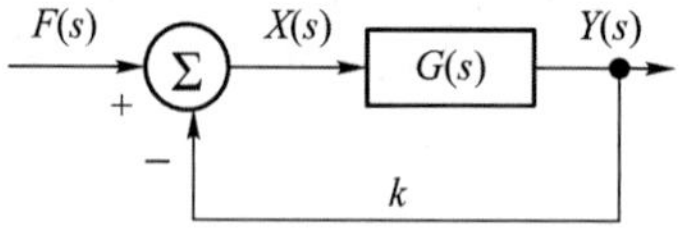

F(s)
+
Σ
−
X(s)
G(s)
Y(s)
k

图 5-12

解：根据已知条件列方程组，

$$\begin{cases} X(s)=F(s)-kY(s) \\ Y(s)=G(s)X(s) \end{cases},$$

解得

$$H(s)=\frac{Y(s)}{F(s)}=\frac{G(s)}{1+kG(s)}=\frac{1}{s^2+s-2+k},$$

系统函数极点为 $p_{1,2}=-\dfrac{1}{2}\pm\sqrt{\dfrac{9}{4}-k}$。为使极点全部位于左半平面，需要

$$\frac{9}{4}-k<0 \quad 或者 \quad \begin{cases} \dfrac{9}{4}-k\geqslant 0 \\ -\dfrac{1}{2}+\sqrt{\dfrac{9}{4}-k}<0 \end{cases},$$

分别求解不等式后取并集，解得 $k>2$ 时系统稳定。

5.9　利用零、极点分析系统频域特性

所谓“频响特性”是指系统在单频三角波信号激励下的稳态响应幅度加权和相位修正随频率的变化情况。对于稳定系统，其拉普拉斯变换形式的系统函数可以通过把 σ 设为 0 得到傅里叶变换形式的系统函数，也即

$$H(\mathrm{j}\omega)=H(s)\Big|_{s=\mathrm{j}\omega},\tag{5.9.1}$$

对于有理分式形式的拉普拉斯变换系统函数，可以对分子、分母进行因式分解，由此得到的频率响应特性为

$$H(\mathrm{j}\omega)=H(s)\big|_{s=\mathrm{j}\omega}=K\left.\frac{\prod\limits_{i=1}^{m}(s-z_i)}{\prod\limits_{i=1}^{n}(s-p_i)}\right|_{s=\mathrm{j}\omega}=K\frac{\prod\limits_{i=1}^{m}(\mathrm{j}\omega-z_i)}{\prod\limits_{i=1}^{n}(\mathrm{j}\omega-p_i)},\tag{5.9.2}$$

可见系统的频率响应特性是由 $\mathrm{j}\omega-z_i$，$\mathrm{j}\omega-p_i$ 等复数的乘法和除法组成的。$\mathrm{j}\omega-z_i$，$\mathrm{j}\omega-p_i$ 这种复数减法可以看作从减数指向被减数的复矢量，所以系统的频率响应特性又可以通过所有零、极点指向 $\mathrm{j}\omega$ 点的复矢量来描述。

把零、极点指向 $\mathrm{j}\omega$ 点的复矢量写为模和辐角的形式，

$$\begin{cases}\mathrm{j}\omega-z_i=N_i\mathrm{e}^{\mathrm{j}\psi_i}\\ \mathrm{j}\omega-p_i=M_i\mathrm{e}^{\mathrm{j}\theta_i}\end{cases},\tag{5.9.3}$$

则频率响应特性为

$$H(\mathrm{j}\omega)=K\frac{\prod\limits_{i=1}^{m}N_i\mathrm{e}^{\mathrm{j}\psi_i}}{\prod\limits_{i=1}^{n}M_i\mathrm{e}^{\mathrm{j}\theta_i}}=K\frac{N_1N_2\cdots N_m\mathrm{e}^{\mathrm{j}(\psi_1+\psi_2+\cdots+\psi_m)}}{M_1M_2\cdots M_n\mathrm{e}^{\mathrm{j}(\theta_1+\theta_2+\cdots+\theta_n)}},\tag{5.9.4}$$

根据复数运算法则，幅频响应特性为

$$|H(\mathrm{j}\omega)|=K\frac{N_1N_2\cdots N_m}{M_1M_2\cdots M_n},\tag{5.9.5}$$

相频响应特性为

$$\varphi(\omega)=\sum_{i=1}^{m}\psi_i-\sum_{i=1}^{n}\theta_i。\tag{5.9.6}$$

所以只需要在复平面上画出所有零、极点指向 $\mathrm{j}\omega$ 点的复矢量，再利用几何方法找出它们的长度（也即模）和与实轴正向的夹角（也即辐角），就可以快速得到频率响应特性。

【例 5-21】 求图 5-13 所示电路的系统函数，并分析其频率响应特性。

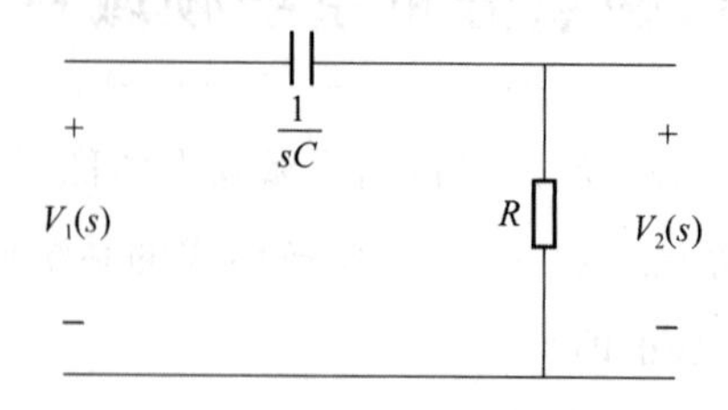

图 5-13

解：电路图中是复频域电路模型，可以视作阻性器件串联，利用分压公式可得

$$H(s)=\frac{V_2(s)}{V_1(s)}=\frac{R}{R+\frac{1}{sC}}=\frac{s}{s+\frac{1}{RC}},$$

其频率响应特性

$$H(\mathrm{j}\omega)=H(s)\big|_{s=\mathrm{j}\omega}=\frac{\mathrm{j}\omega-0}{\mathrm{j}\omega-\left(-\frac{1}{RC}\right)},$$

在复平面上画出零、极点指向 jω 点的复矢量，如图 5-14 所示。

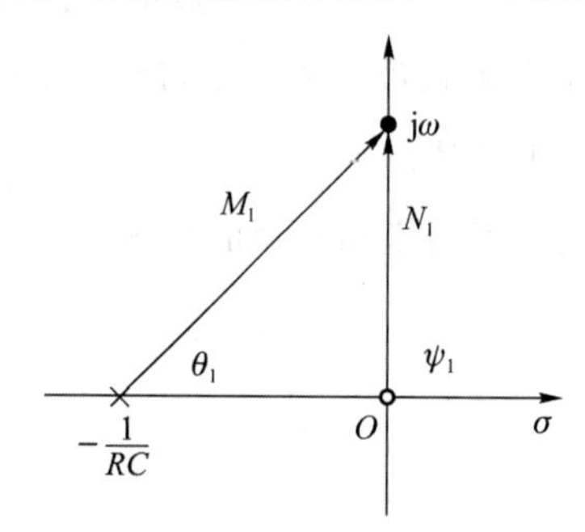

图 5-14

所以

$$H(\mathrm{j}\omega)=\frac{N_1}{M_1}\mathrm{e}^{\mathrm{j}(\psi_1-\theta_1)},$$

利用几何方法容易得到

$$\begin{cases}N_1=|\omega|\\ M_1=\sqrt{\omega^2+\left(\frac{1}{RC}\right)^2}\\ \psi_1=\frac{\pi}{2}\\ \theta_1=\arctan(\omega RC)\end{cases},$$

所以幅频响应和相频响应分别为

$$\begin{cases} |H(\mathrm{j}\omega)| = \dfrac{N_1}{M_1} = \dfrac{|\omega|}{\sqrt{\omega^2 + \left(\dfrac{1}{RC}\right)^2}} \\ \varphi(\omega) = \psi_1 - \theta_1 = \dfrac{\pi}{2} - \arctan(RC\omega) \end{cases}$$

。

相应的图形如图 5-15 所示。

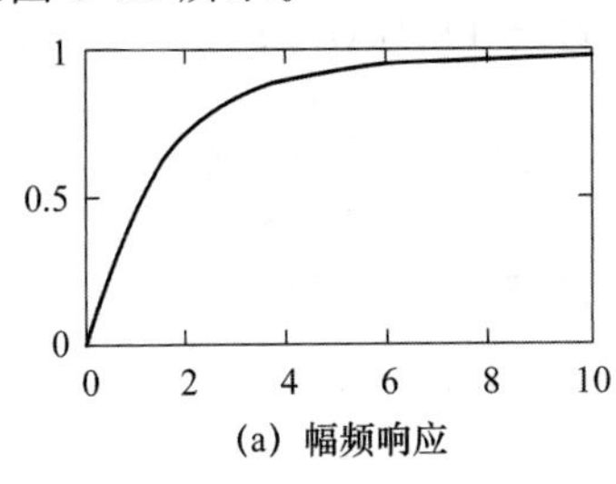

(a) 幅频响应

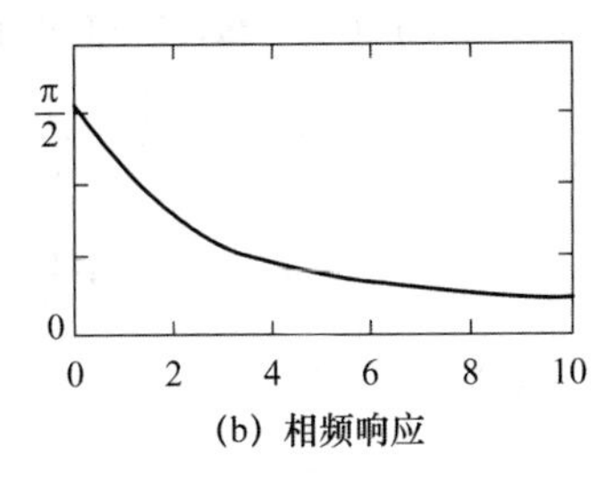

(b) 相频响应

图 5-15

甚至可以不求解表达式，直接在复平面上判断频率响应的大体趋势。例如，可以根据 ω 比较小和比较大的情况粗略分析，如图 5-16 所示，当频率非常低时，零点矢量很小，接近于零，所以低频响应很低，而频率很高时，零点矢量与极点矢量长度接近，高频幅度响应接近于 1，由此可以判断这是一个具有高通特性的滤波器。

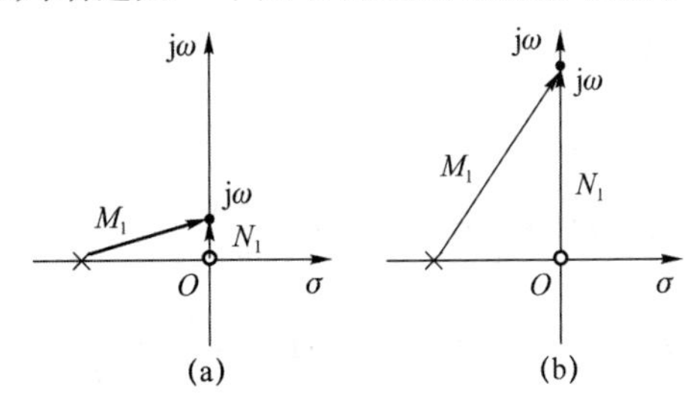

图 5-16

由以上分析可知，单位冲激响应与系统函数分别从时域和复频域两方面表征了同一个系统的特征。借助于系统函数在复平面上的零点与极点分布，可以简明、直观地给出系统响应的许多规律，使系统的时域变化趋势和频率响应特性以另外一种视角被体现出来。

典型习题

1. 求下列函数的单边拉氏变换（可直接引用典型拉普拉斯变换对及性质）。

(1) $f_1(t) = 2\delta(t) - 3\mathrm{e}^{-7t}u(t)$；　　(2) $f_2(t) = u(t) - u(t-1)$；

(3) $f_3(t) = t^2 u(t)$；　　(4) $f_4(t) = t[u(t) - u(t-1)]$；

(5) $f_5(t) = \mathrm{e}^{-t}\cos(2t)u(t)$；　　(6) $f_6(t) = \mathrm{e}^{-(t-1)} + \mathrm{e}^{-(t-1)}u(t-1)$。

解:(1) $\mathscr{L}[f_1(t)]=2-\dfrac{3}{s+7}$，$\sigma>-7$。

(2) $\mathscr{L}[f_2(t)]=\dfrac{1}{s}-\dfrac{1}{s}e^{-s}$，$\sigma$ 任意。

(3) $\mathscr{L}[f_3(t)]=\dfrac{2}{s^3}$，$\sigma>0$。

(4) $f_4(t)=tu(t)-(t-1)u(t-1)-u(t-1)$，

$$\mathscr{L}[f_4(t)]=\frac{1}{s^2}-\frac{1}{s^2}e^{-s}-\frac{1}{s}e^{-s},\quad \sigma\text{ 任意。}$$

(5) $\mathscr{L}[f_5(t)]=\dfrac{s+1}{(s+1)^2+2^2}$，$\sigma>-1$。

(6) $f_6(t)=e^{-(t-1)}+e^{-(t-1)}u(t-1)=e\cdot e^{-t}+e^{-(t-1)}u(t-1)$，

$$\mathscr{L}[f_6(t)]=\frac{e}{s+1}+\frac{e^{-s}}{s+1},\quad \sigma>-1\text{。}$$

2. 求下列函数的单边拉氏变换：

(1) $f(t)=\begin{cases}\sin(\omega t), & 0<t<\dfrac{T}{2}\\ 0, & t\text{ 为其他值}\end{cases}$，$T=\dfrac{2\pi}{\omega}$。

(2) $f(t)=\cos\left(\omega_0 t+\dfrac{\pi}{4}\right)$。

解:(1)

$$\begin{aligned}f(t)&=\sin(\omega t)\cdot\left[u(t)-u\left(t-\frac{\pi}{\omega}\right)\right]\\&=\sin(\omega t)\cdot u(t)-\sin(\omega t)\cdot u\left(t-\frac{\pi}{\omega}\right)\\&=\sin(\omega t)\cdot u(t)-\sin\left[\omega\left(t-\frac{\pi}{\omega}\right)+\pi\right]\cdot u\left(t-\frac{\pi}{\omega}\right)\\&=\sin(\omega t)\cdot u(t)+\sin\left[\omega\left(t-\frac{\pi}{\omega}\right)\right]\cdot u\left(t-\frac{\pi}{\omega}\right),\end{aligned}$$

$$\mathscr{L}[f(t)]=\frac{\omega}{s^2+\omega^2}+\frac{\omega}{s^2+\omega^2}e^{-\frac{\pi}{\omega}s}=\frac{\omega}{s^2+\omega^2}\left(1+e^{-\frac{\pi}{\omega}s}\right),\quad \sigma\text{ 任意。}$$

(2) $f(t)=\cos(\omega_0 t)\cos\dfrac{\pi}{4}-\sin(\omega_0 t)\sin\dfrac{\pi}{4}=\dfrac{\sqrt{2}}{2}[\cos(\omega_0 t)-\sin(\omega_0 t)]$，

$$\mathscr{L}[f(t)]=\frac{\sqrt{2}}{2}\left(\frac{s}{s^2+\omega_0^2}-\frac{\omega_0}{s^2+\omega_0^2}\right),\quad \sigma>0\text{。}$$

3. 已知 $f_1(t)=e^{-2t}u(t)$，$f_2(t)=e^{-2t}$：

(1) 写出各自的单边拉普拉斯变换式 $F_1(s)$，$F_2(s)$。

(2) 求各自微分函数的解析式 $f_3(t)=\dfrac{df_1(t)}{dt}$，$f_4(t)=\dfrac{df_2(t)}{dt}$，并求各自的单边拉普拉斯变换 $F_3(s)$，$F_4(s)$。

解:(1) $$F_1(s)=\mathscr{L}[f_1(t)]=\int_{0_-}^{\infty}\mathrm{e}^{-2t}\mathrm{e}^{-st}u(t)\mathrm{d}t=\frac{1}{s+2},\quad \sigma>-2,$$

$$F_2(s)=\mathscr{L}[f_2(t)]=\int_{0_-}^{\infty}\mathrm{e}^{-2t}\mathrm{e}^{-st}\mathrm{d}t=\frac{1}{s+2},\quad \sigma>-2。$$

(2) 对于 $f_3(t)$,

$$f_3(t)=\frac{\mathrm{d}f_1(t)}{\mathrm{d}t}=-2\mathrm{e}^{-2t}u(t)+\mathrm{e}^{-2t}\delta(t)=-2\mathrm{e}^{-2t}u(t)+\delta(t),$$

直接求解

$$F_3(s)=\mathscr{L}[f_3(t)]=\mathscr{L}[-2\mathrm{e}^{-2t}u(t)]+\mathscr{L}[\delta(t)]=-\frac{2}{s+2}+1=\frac{s}{s+2},$$

微分性质求解

$$F_3(s)=sF_1(s)-f_1(0_-)=\frac{s}{s+2}-0=\frac{s}{s+2}。$$

对于 $f_4(t)$,

$$f_4(t)=\frac{\mathrm{d}f_2(t)}{\mathrm{d}t}=-2\mathrm{e}^{-2t},$$

直接求解

$$F_4(s)=\mathscr{L}[f_4(t)]=\mathscr{L}[-2\mathrm{e}^{-2t}]=-\frac{2}{s+2},$$

微分性质求解

$$F_4(s)=sF_2(s)-f_2(0_-)=\frac{s}{s+2}-1=-\frac{2}{s+2}。$$

4. 信号 $f(t)$的单边拉氏变换为 $F(s)=\dfrac{s^2+2s+1}{(s-1)(s+2)(s+3)}$:

(1) 画出 $F(s)$的零、极点图。

(2) 求原信号 $f(t)$的初值和终值。

解:(1) $F(s)$的零、极点图如下。

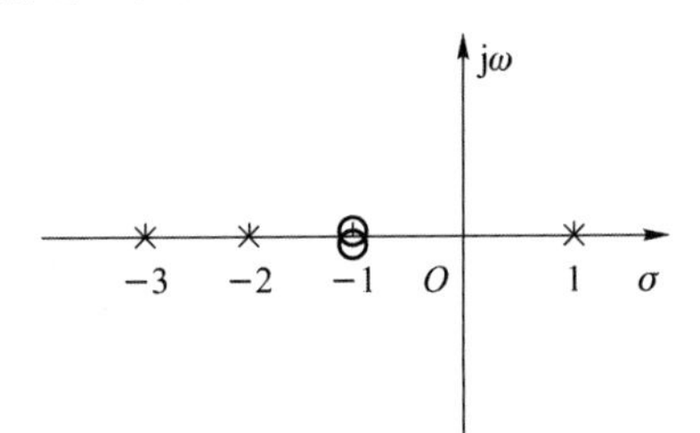

(2) 初值:$f(0_+)=\lim\limits_{s\to\infty}sF(s)=\dfrac{s(s+1)^2}{(s-1)(s+2)(s+3)}=1$。

终值:因为有极点位于 s 平面的右半平面,所以原信号无终值($t\to\infty$时不收敛)。

5. 求下列函数的拉普拉斯逆变换。

(1) $\frac{6}{s(2s+3)}$； (2) $\frac{5}{s(s^2+5)}$； (3) $\frac{s+2}{s(s+1)^2}$； (4) $\frac{1}{s^2+3s+2}e^{-s}$。

解：(1)展开为单实根项，

$$\frac{6}{s(2s+3)}=\frac{3}{s(s+1.5)}=\frac{k_1}{s}+\frac{k_2}{s+1.5},$$

原函数为

$$f(t)=k_1+k_2e^{-1.5t},\quad t\geqslant 0。$$

求系数：

$$k_1=s\frac{3}{s(s+1.5)}\bigg|_{s=0}=2,$$

$$k_2=(s+1.5)\frac{3}{s(s+1.5)}\bigg|_{s=-1.5}=-2。$$

所以

$$f(t)=2-2e^{-1.5t},\quad t\geqslant 0。$$

(2) 做二阶形式展开，

$$\frac{5}{s(s^2+5)}=\frac{k_1}{s}+\frac{k_2 s}{s^2+5}+\frac{k_3\sqrt{5}}{s^2+5},$$

原函数为

$$f(t)=k_1+k_2\cos(\sqrt{5}t)+k_3\sin(\sqrt{5}t),\quad t\geqslant 0。$$

求系数：

$$k_1=s\frac{5}{s(s^2+5)}\bigg|_{s=0}=1,$$

取两个 s 值，如 $s=\pm1$，可得

$$\begin{cases}\frac{5}{6}=1+\frac{k_2}{6}+\frac{k_3\sqrt{5}}{6}\\ -\frac{5}{6}=-1-\frac{k_2}{6}+\frac{k_3\sqrt{5}}{6}\end{cases},$$

解得

$$\begin{cases}k_2=-1\\ k_3=0\end{cases}。$$

所以

$$f(t)=1-\cos(\sqrt{5}t),\quad t\geqslant 0。$$

(3) 包含重根，保留各阶项，

$$\frac{s+2}{s(s+1)^2}=\frac{k_1}{s}+\frac{k_2}{(s+1)^2}+\frac{k_3}{s+1},$$

原函数为

$$f(t)=k_1+k_2te^{-t}+k_3e^{-t},\quad t\geqslant 0。$$

求系数：

$$k_1=s\frac{s+2}{s(s+1)^2}\bigg|_{s=0}=2,$$

$$k_2=(s+1)^2\frac{s+2}{s(s+1)^2}\bigg|_{s=-1}=-1,$$

还剩一项未知系数,代入一个 s 的值,如 $s=1$,可得

$$\frac{3}{4}=2+\frac{-1}{4}+\frac{k_3}{2},$$

解得

$$k_3=-2。$$

所以

$$f(t)=2-t\mathrm{e}^{-t}-2\mathrm{e}^{-t},\quad t\geqslant 0。$$

(4) 先不考虑时移项,把真分式部分按单实根展开,

$$\frac{1}{s^2+3s+2}=\frac{1}{(s+1)(s+2)}=\frac{k_1}{s+1}+\frac{k_2}{s+2},$$

此式对应的反变换函数为

$$f_0(t)=k_1\mathrm{e}^{-t}+k_2\mathrm{e}^{-2t},\quad t\geqslant 0,$$

根据时移性质,原函数为

$$f(t)=f_0(t-1)u(t-1)=[k_1\mathrm{e}^{-(t-1)}+k_2\mathrm{e}^{-2(t-1)}]u(t-1),\quad t\geqslant 0。$$

求系数：

$$k_1=(s+1)\frac{1}{(s+1)(s+2)}\bigg|_{s=-1}=1,$$

$$k_2=(s+2)\frac{1}{(s+1)(s+2)}\bigg|_{s=-2}=-1。$$

所以

$$f(t)=[\mathrm{e}^{-(t-1)}-\mathrm{e}^{-2(t-1)}]u(t-1),\quad t\geqslant 0。$$

6. 求题 6 图所示周期矩形脉冲的单边拉氏变换。

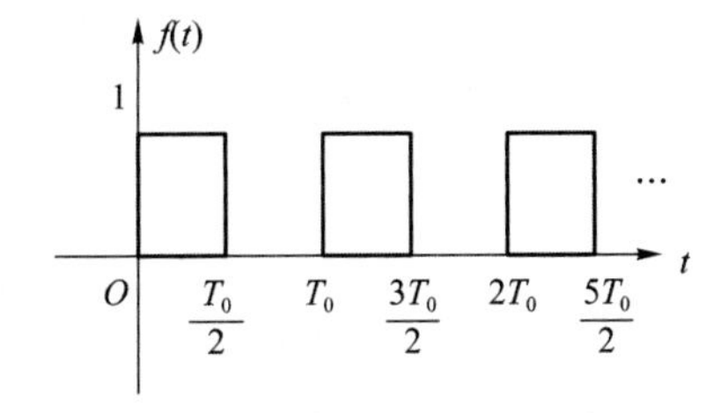

题 6 图

解：

$$f(t)=\sum_{n=0}^{\infty}\left[u(t-nT_0)-u\left(t-nT_0-\frac{T_0}{2}\right)\right],$$

$$\begin{aligned}F(s)&=\sum_{n=0}^{\infty}\left[\frac{1}{s}\mathrm{e}^{-nT_0s}-\frac{1}{s}\mathrm{e}^{-nT_0s-\frac{T_0}{2}s}\right]\\&=\left(\frac{1-\mathrm{e}^{-\frac{T_0}{2}s}}{s}\right)\sum_{n=0}^{\infty}\mathrm{e}^{-nT_0s}\\&=\frac{1-\mathrm{e}^{-\frac{T_0}{2}s}}{1-\mathrm{e}^{-T_0s}}\cdot\frac{1}{s}。\end{aligned}$$

7. 求题 7 图 1 所示梯形脉冲的单边拉氏变换。

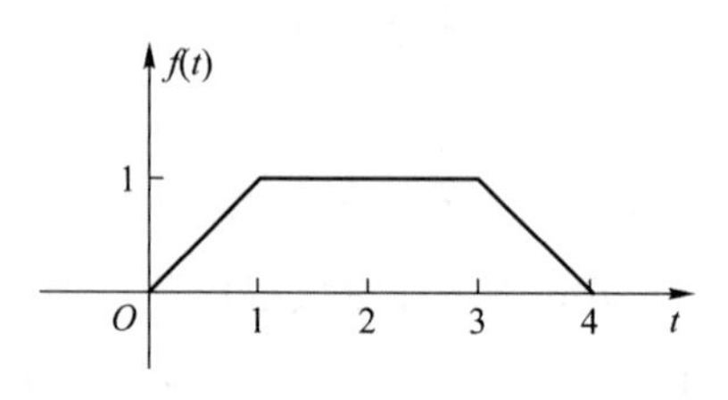

题 7 图 1

解：先对信号进行微分，如题 7 图 2 所示，然后利用拉氏变换的积分性质求解。

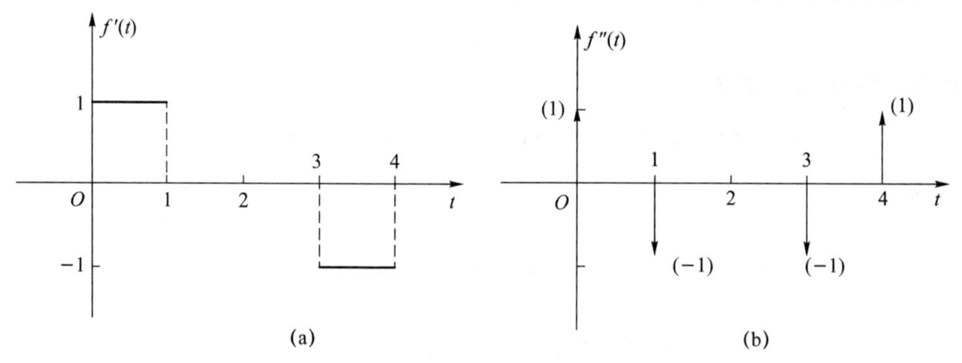

题 7 图 2

易知

$$\begin{aligned}\mathscr{L}[f''(t)]&=1-\mathrm{e}^{-s}-\mathrm{e}^{-3s}+\mathrm{e}^{-4s}\\&=1-\mathrm{e}^{-s}-\mathrm{e}^{-3s}(1-\mathrm{e}^{-s})\\&=(1-\mathrm{e}^{-s})(1-\mathrm{e}^{-3s}),\end{aligned}$$

因为都是因果信号，所以可以使用简化版积分性质，

$$\mathscr{L}[f(t)]=\frac{1}{s^2}(1-\mathrm{e}^{-s})(1-\mathrm{e}^{-3s})。$$

8. 在题 8 图所示网络中，$L=2\ \mathrm{H}$，$C=0.1\ \mathrm{F}$，$R=5\ \Omega$。

(1) 设 $\mathscr{L}[v_2(t)]=V_2(s)$，$\mathscr{L}[e(t)]=E(s)$，画出 s 域模型电路图。

(2) 求系统函数 $H(s)=\dfrac{V_2(s)}{E(s)}$，并根据系统函数求单位冲激响应 $h(t)$。

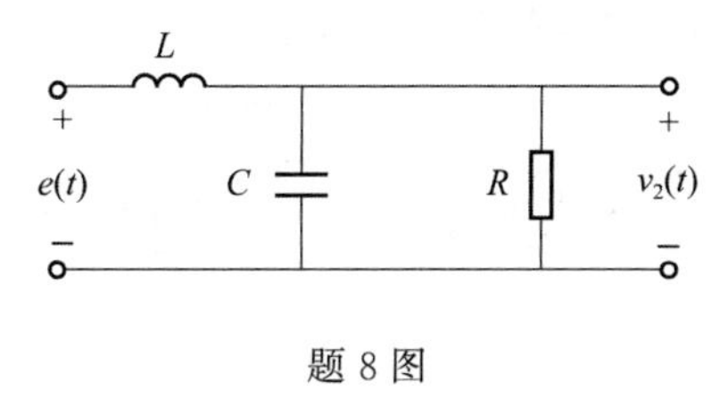

题 8 图

解:(1) s 域模型电路图如下。

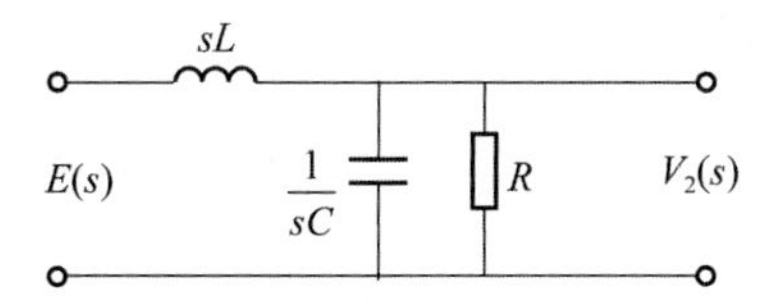

(2) 复频域电路模型可视作 RC 并联再与 L 串联，RC 并联复阻抗为

$$R//C=\frac{1}{sC+\frac{1}{R}}=\frac{10}{s+2},$$

再与 L 串联后的分压为

$$\begin{aligned}H(s)&=\frac{V_2(s)}{E(s)}\\&=\frac{R//C}{sL+R//C}\\&=\frac{\frac{10}{s+2}}{2s+\frac{10}{s+2}}\\&=\frac{5}{s^2+2s+5}\\&=\frac{5}{(s+1)^2+2^2}\\&=\frac{5}{2}\cdot\frac{2}{(s+1)^2+2^2},\end{aligned}$$

反变换得到

$$h(t)=\frac{5}{2}\cdot e^{-t}\sin(2t),\quad t\geqslant 0。$$

9. 设有题 9 图所示系统，请回答下列问题：

(1) 判断子系统 $\frac{s}{s^2+4s+4}$ 是否稳定。

(2) 写出 $H(s)=\frac{V_2(s)}{V_1(s)}$。

(3) K 满足什么条件时系统稳定？

（4）调整 K，使系统处在临界稳定条件下，给出临界 K 值，并求系统单位冲激响应 $h(t)$。

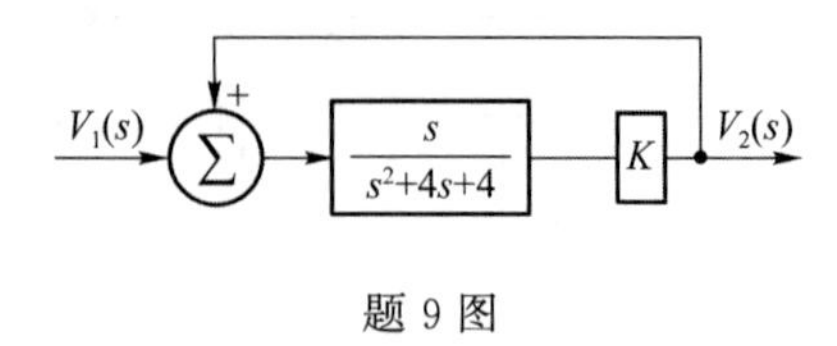

题 9 图

解：（1）系统极点为二重根 -2，在左半平面，系统稳定。

（2）根据系统框图列方程，

$$V_2(s)=K\cdot\frac{s}{s^2+4s+4}\cdot[V_1(s)+V_2(s)],$$

所以系统函数为

$$H(s)=\frac{V_2(s)}{V_1(s)}=\frac{Ks}{s^2+4s+4-Ks}=\frac{Ks}{s^2+(4-K)s+4}=\frac{Ks}{(s-p_1)(s-p_2)},$$

其中，$p_1=\dfrac{(K-4)-\sqrt{K^2-8K}}{2}$，$p_2=\dfrac{(K-4)+\sqrt{K^2-8K}}{2}$。

（3）当极点均在左半平面时系统稳定，所以稳定条件为

$$\begin{cases}K-4<0\\K^2-8K<0\end{cases}\quad\text{或}\quad\begin{cases}K-4+\sqrt{K^2-8K}<0\\K^2-8K\geqslant 0\end{cases},$$

解得 $0<K<4$ 或 $K\leqslant 0$，取并集得到 $K<4$，在这种条件下系统稳定。

（4）当极点均在虚轴上时系统为临界稳定，所以

$$\begin{cases}K-4=0\\K^2-8K<0\end{cases},$$

解得 $K=4$，此时系统函数为

$$H(s)=\frac{V_2(s)}{V_1(s)}=\frac{4s}{s^2+4},$$

单位冲激响应为

$$h(t)=\mathscr{L}^{-1}[H(s)]=4\cos(2t),\quad t\geqslant 0。$$

10. 给定因果系统的微分方程

$$\frac{d^2r(t)}{dt^2}+2\frac{dr(t)}{dt}+2r(t)=\frac{de(t)}{dt}:$$

（1）求该系统的系统函数 $H(s)$ 和单位冲激响应 $h(t)$。

（2）若激励信号 $e(t)=u(t)$，用拉普拉斯变换法求系统的零状态响应。

（3）若系统的起始状态为 $r(0_-)=0$，$r'(0_-)=1$，用拉普拉斯变换法求系统的零输入响应。

(4) 在(2)、(3)的激励信号和起始条件下，计算完全响应，并写出自由响应、强迫响应、稳态响应、暂态响应分别是什么。

解：(1)根据拉普拉斯变换的微分性质，微分方程可转换为

$$s^2R(s)-sr(0_-)-r'(0_-)+2sR(s)-2r(0_-)+2R(s)=sE(s),$$

整理得

$$R(s)=\frac{s}{s^2+2s+2}E(s)+\frac{(s+2)r(0_-)+r'(0_-)}{s^2+2s+2}。$$

初状态为零时响应与激励的比值为系统函数，即

$$H(s)=\frac{R_{zs}(s)}{E(s)}=\frac{s}{(s+1)^2+1}=\frac{s+1}{(s+1)^2+1}-\frac{1}{(s+1)^2+1},$$

反变换可得

$$h(t)=\mathscr{L}^{-1}[H(s)]=e^{-t}\cos t-e^{-t}\sin t,\quad t\geqslant 0。$$

(2) 激励信号的拉普拉斯变换式为 $E(s)=\frac{1}{s}$，此时零状态响应为

$$R_{zs}(s)=H(s)E(s)=\frac{1}{s}\cdot\frac{s}{(s+1)^2+1}=\frac{1}{(s+1)^2+1},$$

反变换可得

$$r_{zs}(t)=\mathscr{L}^{-1}[R_{zs}(s)]=e^{-t}\sin t,\quad t\geqslant 0。$$

(3) 零输入响应为

$$R_{zi}(s)=\frac{(s+2)r(0_-)+r'(0_-)}{s^2+2s+2}=\frac{1}{(s+1)^2+1},$$

反变换可得

$$r_{zi}(t)=\mathscr{L}^{-1}[R_{zi}(s)]=e^{-t}\sin t,\quad t\geqslant 0。$$

(4) 在(2)、(3)的激励信号和起始条件下，完全响应为 $2e^{-t}\sin t, t\geqslant 0$，自由响应为 $2e^{-t}\sin t, t\geqslant 0$，强迫响应为0，稳态响应为0，暂态响应为 $2e^{-t}\sin t, t\geqslant 0$。

分析：系统函数中的一对共轭复数极点 $-1\pm j$ 共同对应 $e^{-t}\cos t-e^{-t}\sin t$ 这一对衰减振荡项。凡是这两项的线性组合都是自由响应。虽然激励信号包含与系统函数不同的极点，但是被系统函数消掉了，所以没有在响应中体现，强迫响应分量为 0。衰减振荡项随着时间增加趋近于 0，所以稳态响应也为 0。

11. 电路如题 11 图所示：

(1) 画出零状态条件下电路的 s 域等效模型。

(2) 写出电压转移函数 $H(s)=\frac{V_2(s)}{V_1(s)}$。

(3) 无失真传输系统的频响特性应满足 $H(j\omega)=Ke^{-jt_0\omega}$ 条件。计算幅频响应特性函数 $|H(j\omega)|$ 和相频响应特性函数 $\varphi(\omega)$，并分析电阻、电容参数满足什么条件时这个系统是无失真的。

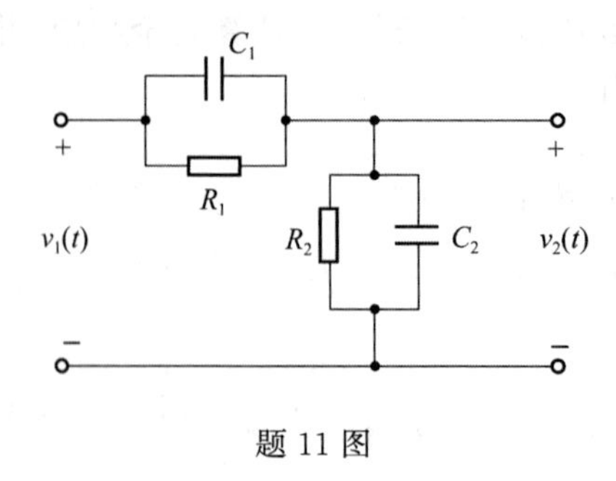

题 11 图

解:(1)电路的 s 域等效模型如下。

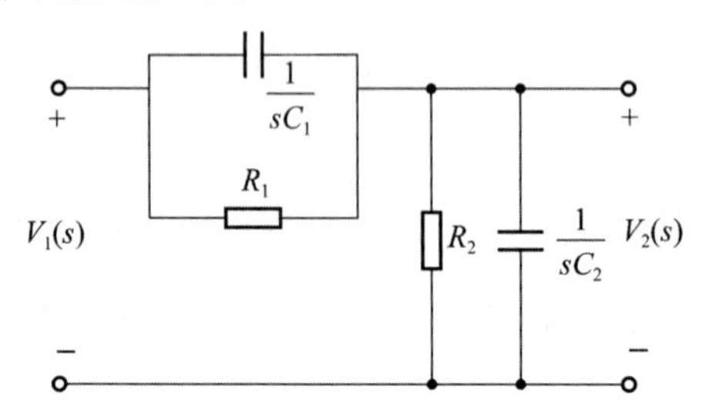

(2) 根据分压关系可得

$$H(s)=\frac{V_2(s)}{V_1(s)}=\frac{\dfrac{R_2}{1+R_2C_2s}}{\dfrac{R_1}{1+R_1C_1s}+\dfrac{R_2}{1+R_2C_2s}}=\frac{C_1}{C_1+C_2}\cdot\frac{s-z}{s-p},$$

其中,$z=-\dfrac{1}{R_1C_1}$,$p=-\dfrac{R_1+R_2}{R_1R_2(C_1+C_2)}$。

(3) 频率响应特性函数应为

$$H(\mathrm{j}\omega)=H(s)\Big|_{s=\mathrm{j}\omega}=\frac{C_1}{C_1+C_2}\cdot\frac{\mathrm{j}\omega-z}{\mathrm{j}\omega-p},$$

幅频响应和相频响应分别为

$$|H(\mathrm{j}\omega)|=\frac{C_1}{C_1+C_2}\cdot\frac{\sqrt{\omega^2+z^2}}{\sqrt{\omega^2+p^2}},\quad \varphi(\omega)=\arctan\left(\frac{\omega}{z}\right)-\arctan\left(\frac{\omega}{p}\right)。$$

若使幅频响应为常数,相频响应为线性相位,则需 $p=z$,即

$$\frac{1}{R_1C_1}=\frac{R_1+R_2}{R_1R_2(C_1+C_2)},$$

解得 $R_1C_1=R_2C_2$,此时系统无失真。

12. 已知系统函数的零、极点分布如题 12 图所示,此外 $H(\infty)=5$,写出系统函数表示式 $H(s)$。

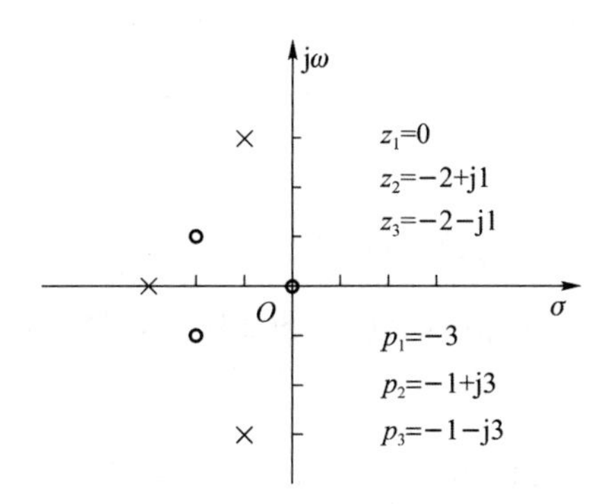

题 12 图

解:根据零、极点图可得

$$H(s)=5\cdot\frac{s(s+2-j)(s+2+j)}{(s+3)(s+1-j3)(s+1+j3)}$$

$$=\frac{5s[(s+2)^2+1]}{(s+3)[(s+1)^2+9]}。$$

13. 若 $H(s)$零、极点分布如题 13 图 1 所示,$H(s)$分子、分母最高阶系数比为 1,分析系统频率响应特性。

(1) 根据零、极点图写出系统函数、时域微分方程、频率响应特性。

(2) 利用几何方法求出 $\omega=2$ 时的幅频响应 $|H(j2)|$ 和相移 $\varphi(2)$。

(3) 选取几个关键频率点,大致画出滤波器的幅频特性曲线。

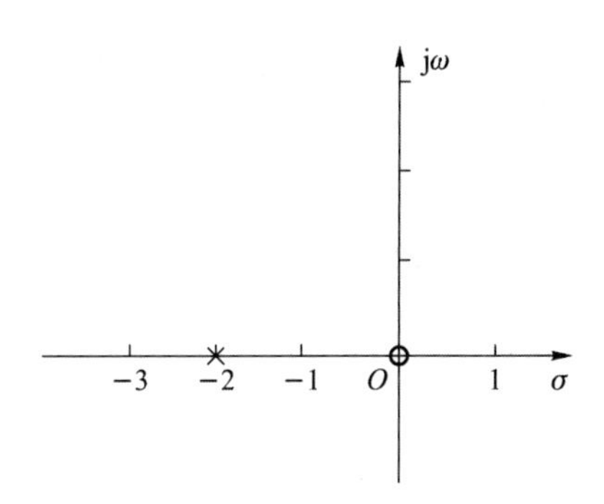

题 13 图 1

解:(1)根据零、极点图可得

$$H(s)=\frac{R(s)}{E(s)}=\frac{s}{s+2}。$$

利用拉普拉斯变换的微分性质,可知对应时域微分方程为

$$(s+2)R(s)=sE(s),$$

$$\frac{\mathrm{d}}{\mathrm{d}t}r(t)+2r(t)=\frac{\mathrm{d}}{\mathrm{d}t}e(t)。$$

频率响应特性为

$$H(\mathrm{j}\omega)=H(s)\Big|_{s=\mathrm{j}\omega}=\frac{\mathrm{j}\omega}{\mathrm{j}\omega+2}。$$

（2）在复平面上标出 $\mathrm{j}\omega=\mathrm{j}2$ 点，如题 13 图 2 所示，对零点、极点指向 j2 点的复矢量 M,N 进行分析可得

$$|H(\mathrm{j}2)|=\frac{|M|}{|N|}=\frac{2}{2\sqrt{2}}=\frac{\sqrt{2}}{2},$$

$$\varphi(2)=\arg(M)-\arg(N)=\frac{\pi}{2}-\frac{\pi}{4}=\frac{\pi}{4}。$$

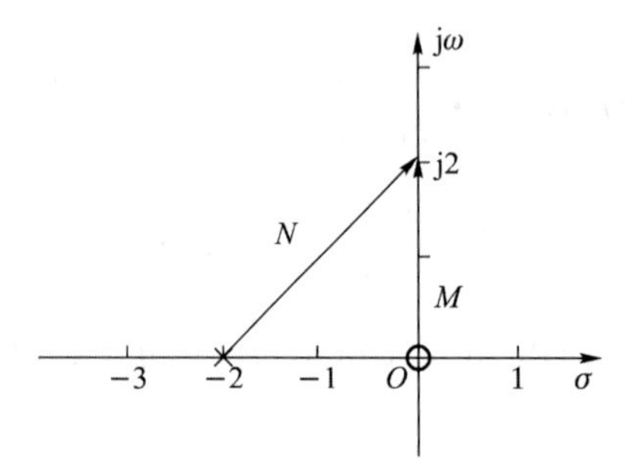

题 13 图 2

（3）选择 $|H(\mathrm{j}0)|=0$，$|H(\mathrm{j}2)|=\frac{\sqrt{2}}{2}$，$|H(\mathrm{j}\infty)|=1$，幅频响应特性曲线如下。

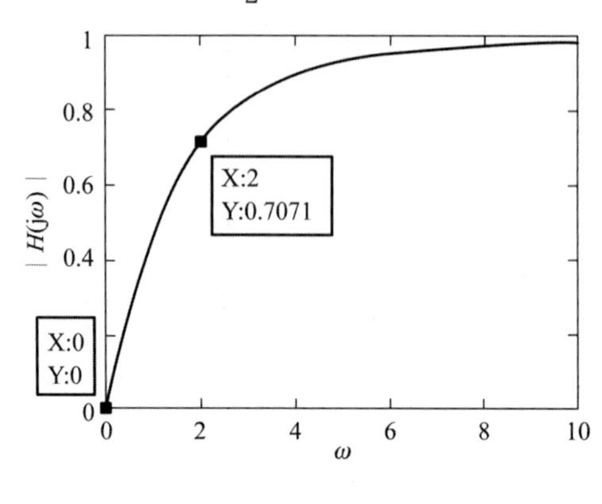

14. 已知某系统的系统函数为 $H(s)=\frac{13}{(s+1)(s^2+4s+5)}$，求当激励 $e(t)=\cos(2t)$ 时系统的稳态响应。

解：激励信号和系统函数的拉氏变换为

$$E(s)=\frac{s}{s^2+4},\quad H(s)=\frac{13}{(s+1)[(s+2)^2+1]},$$

则响应

$$R(s)=E(s)\cdot H(s)=\frac{13s}{(s^2+4)(s+1)[(s+2)^2+1]}。$$

本题仅要求求稳态响应，有以下几种不同处理方法。

（解法一）将分式以单阶极点形式展开，

$$R(s)=\frac{K_1}{s+2j}+\frac{K_2}{s-2j}+\frac{K_3}{s+2+j}+\frac{K_4}{s+2-j}+\frac{K_5}{s+1},$$

由于稳态响应不包含极点在 s 平面左半平面的项，所以求稳态响应只需求 K_1,K_2 即可。根据掩盖法求得

$$K_1=\left.\frac{13s}{(s-2j)(s+1)[(s+2)^2+1]}\right|_{s=-2j}=-\frac{13}{10}\times\frac{1}{3+2j},$$

同理

$$K_2=-\frac{13}{10}\times\frac{1}{3-2j},$$

所以稳态响应为

$$R_{sr}(s)=\frac{K_1}{s+2j}+\frac{K_2}{s-2j}=-\frac{1}{5}\cdot\frac{3s-4}{s^2+4}=-\frac{3}{5}\cdot\frac{s}{s^2+4}+\frac{2}{5}\cdot\frac{2}{s^2+4},$$

即

$$r_{sr}(t)=-\frac{3}{5}\cdot\cos(2t)+\frac{2}{5}\cdot\sin(2t),\quad t\geqslant 0。$$

根据三角函数同频率项合并方法，稳态响应还可以写为

$$r_{sr}(t)=-\frac{3}{5}\cdot\cos(2t)+\frac{2}{5}\cdot\sin(2t)=\frac{\sqrt{13}}{5}\cos\left(2t+\arctan\frac{2}{3}-\pi\right),\quad t\geqslant 0。$$

（解法二）根据系统的频率响应特性求解。已知 $H(j\omega)=H(s)|_{s=j\omega}$，本题中激励信号的角频率 $\omega=2$，所以

$$\begin{aligned}H(j2)&=\left.\frac{13}{(j\omega+1)[(j\omega+2)^2+1]}\right|_{\omega=2}\\&=\frac{13}{(j2+1)[(j2+2)^2+1]}\\&=-\frac{1}{5}(3+j2)\\&=-\frac{\sqrt{13}}{5}e^{j\arctan\frac{2}{3}}\\&=\frac{\sqrt{13}}{5}e^{j(\arctan\frac{2}{3}-\pi)},\end{aligned}$$

所以 $\omega=2$ 时的幅频特性 $|H(j2)|=\frac{\sqrt{13}}{5}$，相频特性 $\varphi(2)=\arctan\frac{2}{3}-\pi$，稳态响应为

$$r_{sr}(t)=\frac{\sqrt{13}}{5}\cos\left(2t+\arctan\frac{2}{3}-\pi\right),\quad t\geqslant 0。$$

(解法三)利用零、极点图分析在复平面上求解,如题 14 图所示。

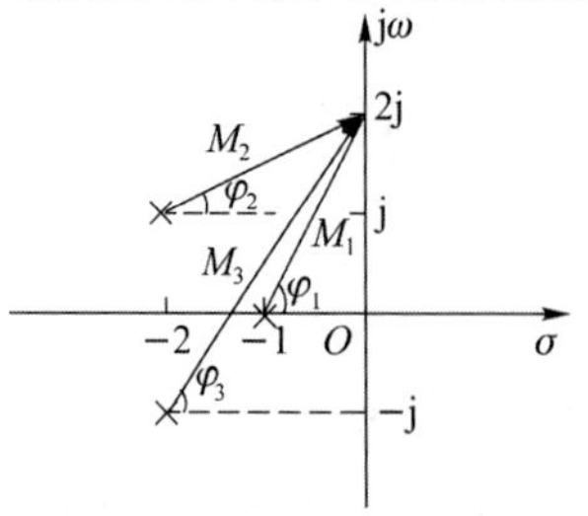

题 14 图

$$M_1=\sqrt{2^2+1}=\sqrt{5},\quad \varphi_1=\arctan\frac{2}{1}=63.43°,$$

$$M_2=\sqrt{2^2+1}=\sqrt{5},\quad \varphi_2=\arctan\frac{1}{2}=26.57°,$$

$$M_3=\sqrt{2^2+3^2}=\sqrt{13},\quad \varphi_3=\arctan\frac{3}{2}=56.3°,$$

$$H(\mathrm{j}2)=\frac{13}{M_1M_2M_3\mathrm{e}^{\mathrm{j}(\varphi_1+\varphi_2+\varphi_3)}}。$$

其幅度加权和相位修正为

$$|H(\mathrm{j}2)|=\frac{13}{M_1M_2M_3}=\frac{13}{5\sqrt{13}}=0.72,\quad \varphi(2)=-(\varphi_1+\varphi_2+\varphi_3)=-146.3°。$$

同样可得到

$$r_{\mathrm{sr}}(t)=0.72\cos(2t-146.3°),\quad t\geqslant 0。$$

对于求稳态响应的情况,要么通过分析极点忽略暂态项(如解法一),要么考虑使用系统的频率响应特性 $H(\mathrm{j}\omega)=H(s)|_{s=\mathrm{j}\omega}$ 求解(如解法二、三)。

第6章

z变换及z域分析

知识背景

在20世纪50—60年代，随着电子计算机的发展，离散时间系统的重要性大幅提升，催生了z变换、脉冲控制理论。z变换之于离散时间系统，类似于拉普拉斯变换之于连续时间系统，通过把信号和系统特征变换到复频域，获得新的观察视角，并把一些复变函数分析方法引入系统分析和设计中。z变换主要应用于数字信号的处理、分析与设计，在自动化控制领域，尤其是高精密、高稳定控制方向发挥着重要作用。

学习要点

1. 掌握离散时间信号z变换的概念，掌握典型信号z变换、z变换性质、逆z变换的求解方法。

2. 掌握差分方程的z变换求解方法，熟练掌握单边右时移性质。

3. 掌握离散时间系统函数概念，掌握零、极点图与离散时间信号的对应关系，掌握通过零、极点判断系统稳定性和因果性的方法。注意z平面零、极点与s平面零、极点的区别和联系。

4. 掌握离散时间系统频率响应特性概念及判断低通/高通的方法，掌握由系统函数求得频率响应的方法，掌握由系统函数零、极点图通过几何方法计算频率响应的方法。

要点精讲

6.1 z变换的定义及收敛域

对连续时间信号$f(t)$进行等时间间隔抽样可得离散时间信号

$$x(n)=f(nT)。\tag{6.1.1}$$

而离散时间信号有一个连续时间域的对应形式,

$$x_s(t)=\sum_{n=-\infty}^{\infty}x(n)\delta(t-nT), \tag{6.1.2}$$

几种信号的图形如图 6-1 所示。

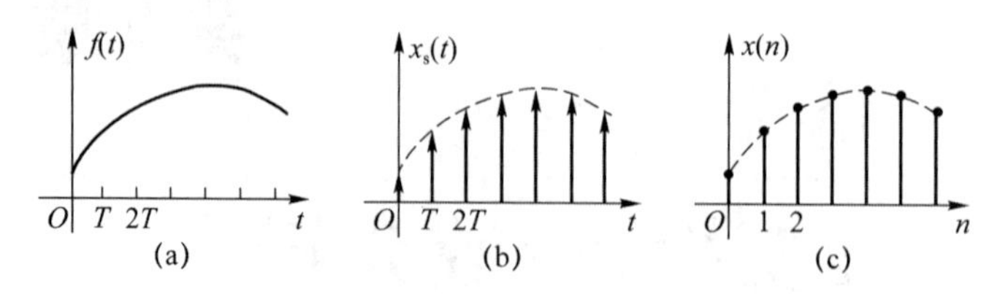

图 6-1

$x_s(t)$这个形式曾被用于分析论证抽样定理,可通过连续时间信号与周期冲激脉冲序列相乘得到,所以也可以表示为

$$x_s(t)=f(t)\cdot\sum_{n=-\infty}^{\infty}\delta(t-nT)。\tag{6.1.3}$$

对其做拉普拉斯变换可得

$$X_s(s)=\mathscr{L}[x_s(t)]=\sum_{n=-\infty}^{\infty}x(n)\mathscr{L}[\delta(t-nT)]。\tag{6.1.4}$$

冲激信号属于可积的有限长信号,可以进行双边拉普拉斯变换,不限于正半轴,其变换式为

$$\mathscr{L}[\delta(t-nT)]=\mathrm{e}^{-nTs}。\tag{6.1.5}$$

引入复变量 $z=\mathrm{e}^{sT}$,可以把式(6.1.4)的变换式化为一个以 z 为变量的函数,

$$X(z)=\sum_{n=-\infty}^{\infty}x(n)z^{-n}, \tag{6.1.6}$$

这个变换式被定义为离散时间信号 $x(n)$的 z 变换。

【例 6-1】 已知离散时间信号 $x(n)=\{1,\underset{n\hat{=}0}{2},1\}$,求其 z 变换式。

解:根据 z 变换定义式,

$$X(z)=\sum_{n=-\infty}^{\infty}x(n)z^{-n}=z+2\times1+z^{-1}。$$

可见,z 变换可以视作把离散时间信号的序列值转变为以 z 为底的幂函数项系数,再把各阶幂函数项相加,用图形法可以更直观地看出这一点,如图 6-2 所示。

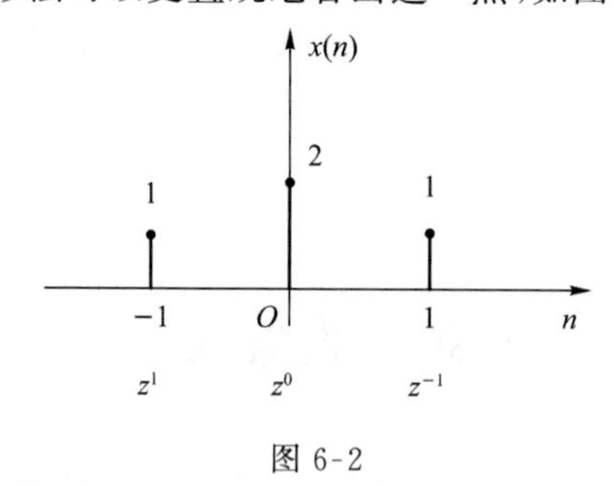

图 6-2

z 变换存在的前提条件是其累加和存在，通常可以等价为

$$\lim_{n\to+\infty} x(n)|z|^{-n}=0 \quad 且 \quad \lim_{n\to-\infty} x(n)|z|^{-n}=0, \tag{6.1.7}$$

因为 z 是复数，其辐角不影响收敛性，所以式(6.1.7)限制的仅仅是 $|z|$ 的范围。z 的实部和虚部也能组成一个复平面。类比来看，在拉普拉斯变换中，收敛域限制的是变量 s 的实部 σ，所以其收敛域的边界是 s 平面上实部相同的点连成的线，也即一条竖直线；而 z 变换中，收敛域限制的是复数的模 $|z|$，是复数点距原点的距离，其收敛的边界是 z 平面上距原点距离相同的点连成的线，也即 z 平面上的一个圆。和拉普拉斯变换类似，z 变换的收敛域也是以极点为边界。

6.2　典型离散时间信号的 z 变换

6.2.1　单位样值序列

$$X(z)=\sum_{n=-\infty}^{\infty}\delta(n)z^{-n}=1, \tag{6.2.1}$$

位于 $n=0$ 处的单位样值信号 z 变换始终存在，其收敛域为全平面。

$$X(z)=\sum_{n=-\infty}^{\infty}\delta(n-k)z^{-n}=z^{-k}, \tag{6.2.2}$$

位移后的单位样值信号 z 变换的收敛域就有一定限制了，具体来说，如果其位置 $n=k>0$，则收敛域应为 $|z|>0$，如果其位置 $n=k<0$，则收敛域应为 $|z|<\infty$——这是 $|z|\to\infty$ 时变换不存在的一种通俗写法。

6.2.2　阶跃序列

$$\begin{aligned}X(z)&=\sum_{n=-\infty}^{\infty}u(n)z^{-n}\\&=1+z^{-1}+z^{-2}+z^{-3}+\cdots\\&=\lim_{k\to\infty}\frac{1-(z^{-1})^{k}}{1-z^{-1}},\end{aligned}$$

这个累加和存在的前提是 $|z|>1$，其 z 变换结果为

$$X(z)=\frac{1}{1-z^{-1}}=\frac{z}{z-1}, \quad |z|>1。 \tag{6.2.3}$$

收敛域在 z 平面上表示为图 6-3。

在此我们有必要考虑另一个序列 $-u(-n-1)$ 的 z 变换，根据定义，

$$\begin{aligned}X(z)&=\sum_{n=-\infty}^{\infty}-u(-n-1)z^{-n}\\&=-z-z^{2}-z^{3}-\cdots\\&=\lim_{k\to\infty}\frac{-z(1-z^{k})}{1-z},\end{aligned}$$

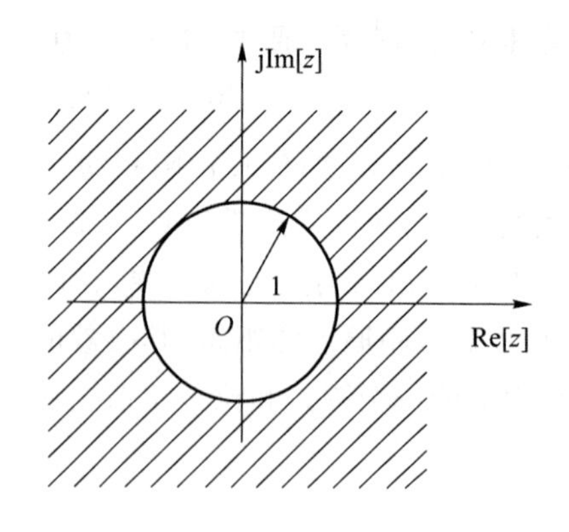

图 6-3

这个累加和存在的前提是$|z|<1$,其 z 变换结果为

$$X(z)=\frac{-z}{1-z}=\frac{z}{z-1},\quad |z|<1。\tag{6.2.4}$$

收敛域在 z 平面上表示为图 6-4。可以发现,离散时间信号 $u(n)$和$-u(-n-1)$的 z 变换式相同,仅收敛域不同。这说明,收敛域是 z 变换的重要组成部分,对应着时域原函数的一些特征。我们把 $u(n)$这种在 $n\geqslant 0$ 区间有值的信号称为右边信号,把$-u(-n-1)$这种在 $n<0$ 区间有值的信号称为左边信号。左边信号可以和一个右边信号具有相同的 z 变换式,区别在于右边信号的 z 变换收敛域是极点的外侧,左边信号的 z 变换收敛域是极点的内侧。反过来,也可以通过收敛域的方向来判断其时域信号是左边信号还是右边信号。

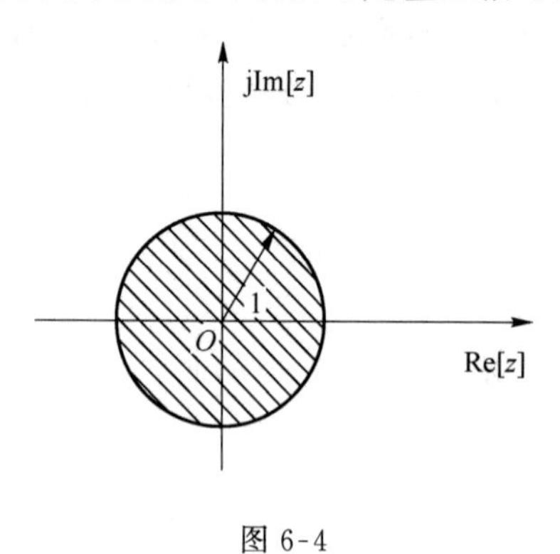

图 6-4

6.2.3 指数序列

右边指数序列 $x(n)=a^n u(n)$的 z 变换是

$$X(z)=\sum_{n=0}^{\infty}a^n z^{-n}=\lim_{k\to\infty}\sum_{n=0}^{k}\left(\frac{a}{z}\right)^n=\lim_{k\to\infty}\frac{1-\left(\frac{a}{z}\right)^{k+1}}{1-\frac{a}{z}},$$

当$|z|>|a|$时累加和存在,其 z 变换结果为

$$X(z)=\frac{1}{1-az^{-1}}=\frac{z}{z-a},\quad |z|>|a|。\tag{6.2.5}$$

左边指数序列 $x(n)=-a^n u(-n-1)$的 z 变换是

$$X(z)=\sum_{n=-\infty}^{-1}-a^{n}z^{-n}=-\frac{z}{a}-\left(\frac{z}{a}\right)^{2}-\left(\frac{z}{a}\right)^{3}-\cdots,$$

当$|z|<|a|$时累加和存在，其z变换结果为

$$X(z)=-\frac{za^{-1}}{1-za^{-1}}=\frac{z}{z-a},\quad |z|<|a|。\tag{6.2.6}$$

【例 6-2】 求信号$x(n)$的z变换和收敛域：

$$x(n)=\begin{cases}\left(\frac{1}{3}\right)^{n}, & n\geqslant 0\\ 2^{n}, & n<0\end{cases}。$$

解：把离散时间信号变形得到

$$x(n)=\left(\frac{1}{3}\right)^{n}u(n)+2^{n}u(-n-1),$$

对其包含的两个指数序列分别做z变换可得

$$\mathscr{Z}\left[\left(\frac{1}{3}\right)^{n}u(n)\right]=\frac{z}{z-\frac{1}{3}},\quad |z|>\frac{1}{3},$$

$$\mathscr{Z}[2^{n}u(-n-1)]=-\frac{z}{z-2},\quad |z|<2,$$

所以

$$\mathscr{Z}[x(n)]=\frac{z}{z-\frac{1}{3}}-\frac{z}{z-2},\quad \frac{1}{3}<|z|<2。$$

其收敛域在z平面上表示为图6-5。

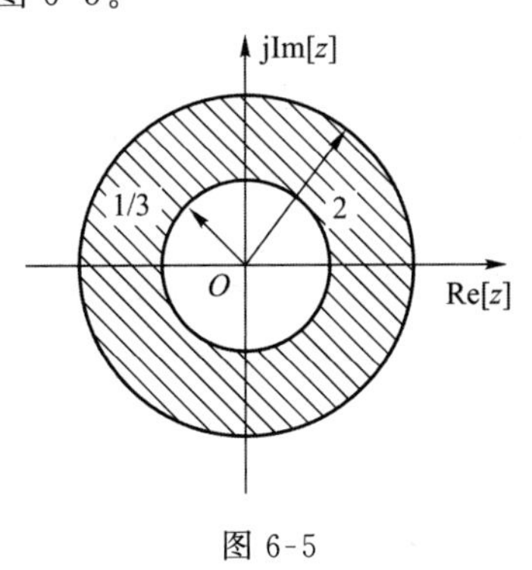

图 6-5

6.2.4 斜变序列

对于斜变信号$x(n)=nu(n)$，其z变换为

$$X(z)=\sum_{n=0}^{\infty}nz^{-n}=0+z^{-1}+2z^{-2}+3z^{-3}+\cdots,$$

两侧同时乘以z^{-1}得

$$z^{-1}X(z)=0+z^{-2}+2z^{-3}+\cdots,$$

错位相减可得

$$(1-z^{-1})X(z)=z^{-1}+z^{-2}+z^{-3}+\cdots,$$

当 $|z|>1$ 时累加和存在，所以其 z 变换为

$$X(z)=\frac{z^{-1}}{(1-z^{-1})^2}=\frac{z}{(z-1)^2},\quad |z|>1。\tag{6.2.7}$$

6.3 z 变换的性质

6.3.1 线性性质

若离散时间信号 z 变换满足

$$\begin{cases}\mathscr{Z}[x(n)]=X(z), & R_{x1}<|z|<R_{x2}\\ \mathscr{Z}[y(n)]=Y(z), & R_{y1}<|z|<R_{y2}\end{cases},$$

则其线性组合的 z 变换满足

$$\mathscr{Z}[ax(n)+by(n)]=aX(z)+bY(z),\quad R_1<|z|<R_2。\tag{6.3.1}$$

组合后的收敛域多数情况是取交集，也即

$$\max(R_{x1},R_{y1})<|z|<\min(R_{x2},R_{y2})。$$

不过若线性组合时涉及了零、极点消除，那么收敛域可能会发生改变。

【例 6-3】 求单边余弦序列 $x(n)=\cos(\omega_0 n)u(n)$ 的 z 变换。

解：因为

$$\cos(\omega_0 n)=\frac{e^{j\omega_0 n}+e^{-j\omega_0 n}}{2},$$

根据指数序列的 z 变换和线性性质可得

$$\begin{aligned}X(z)&=\frac{1}{2}\left(\frac{z}{z-e^{j\omega_0}}+\frac{z}{z-e^{-j\omega_0}}\right)\\&=\frac{1}{2}\cdot\frac{z(2z-e^{j\omega_0}-e^{-j\omega_0})}{(z-e^{j\omega_0})(z-e^{-j\omega_0})}\\&=\frac{z(z-\cos\omega_0)}{(z-e^{j\omega_0})(z-e^{-j\omega_0})},\end{aligned}$$

其收敛域为 $|z|>|e^{j\omega_0}|=1$。

同理，单边正弦序列的 z 变换为

$$\begin{aligned}\mathscr{Z}[\sin(\omega_0 n)u(n)]&=\frac{1}{2j}\left(\frac{z}{z-e^{j\omega_0}}-\frac{z}{z-e^{-j\omega_0}}\right)\\&=\frac{(\sin\omega_0)z}{(z-e^{j\omega_0})(z-e^{-j\omega_0})},\end{aligned}$$

其收敛域同样为 $|z|>|e^{j\omega_0}|=1$。

6.3.2 位移性质

若序列 $x(n)$ 的 z 变换为 $X(z)$，则

$$\mathscr{Z}[x(n-m)]=z^{-m}X(z)。\tag{6.3.2}$$

证明：根据 z 变换的定义，

$$\mathscr{Z}[x(n-m)]=\sum_{n=-\infty}^{\infty}x(n-m)z^{-n},$$

令 $n-m=k$，则 $n=k+m$，所以

$$\mathscr{Z}[x(n-m)]=\sum_{k=-\infty}^{\infty}x(k)z^{-(k+m)}=z^{-m}X(z)。$$

由位移性质可以知道，如果离散时间信号延迟一个单位时间，则其 z 变换会乘以 z^{-1}，这就是使用 z^{-1} 来表示单位延时器的原因。

6.3.3　序列线性加权性质

若序列 $x(n)$ 的 z 变换为 $X(z)$，则

$$\mathscr{Z}[nx(n)]=-z\frac{\mathrm{d}}{\mathrm{d}z}X(z)=z^{-1}\frac{\mathrm{d}}{\mathrm{d}z^{-1}}X(z)。\tag{6.3.3}$$

证明：因为

$$X(z)=\sum_{n=-\infty}^{\infty}x(n)z^{-n},$$

对 z 做微分可得

$$\frac{\mathrm{d}X(z)}{\mathrm{d}z}=\sum_{n=-\infty}^{\infty}-nx(n)z^{-n-1}=-\frac{1}{z}\sum_{n=-\infty}^{\infty}nx(n)z^{-n},$$

所以

$$\sum_{n=-\infty}^{\infty}nx(n)z^{-n}=-z\frac{\mathrm{d}X(z)}{\mathrm{d}z}。$$

其高阶推广形式为

$$n^m x(n)\leftrightarrow\left[-z\frac{\mathrm{d}}{\mathrm{d}z}\right]^m X(z)。\tag{6.3.4}$$

【例 6-4】　求 $na^n u(n)$ 的 z 变换 $X(z)$。

解：已知指数序列的 z 变换

$$\mathscr{Z}[a^n u(n)]=\frac{z}{z-a},\quad |z|>|a|,$$

根据线性加权性质，

$$\mathscr{Z}[na^n u(n)]=-z\frac{\mathrm{d}\left(\frac{z}{z-a}\right)}{\mathrm{d}z}=-z\frac{z-a-z}{(z-a)^2}=\frac{za}{(z-a)^2},$$

收敛域仍为 $|z|>|a|$。

6.3.4 序列指数加权性质

若序列 $x(n)$ 的 z 变换为 $X(z)$，收敛域为 $R_1<|z|<R_2$，则

$$\mathscr{Z}[a^n x(n)]=X\left(\frac{z}{a}\right),\quad R_1<\left|\frac{z}{a}\right|<R_2。\tag{6.3.5}$$

证明：可以直接根据定义得到

$$\mathscr{Z}[a^n x(n)]=\sum_{n=-\infty}^{\infty}a^n x(n)z^{-n}=\sum_{n=-\infty}^{\infty}x(n)\left(\frac{z}{a}\right)^{-n}=X\left(\frac{z}{a}\right)。$$

【例 6-5】 已知 $\mathscr{Z}[\sin(n\omega_0)u(n)]=\dfrac{z\sin\omega_0}{z^2-2z\cos\omega_0+1}$，求 $\beta^n\sin(n\omega_0)u(n)$ 的 z 变换。

解：根据序列指数加权性质，

$$\begin{aligned}\mathscr{Z}[\beta^n\sin(n\omega_0)u(n)]&=\frac{\frac{z}{\beta}\sin\omega_0}{\left(\frac{z}{\beta}-e^{j\omega_0}\right)\left(\frac{z}{\beta}-e^{-j\omega_0}\right)}\\&=\frac{\beta z\sin\omega_0}{(z-\beta e^{j\omega_0})(z-\beta e^{-j\omega_0})}。\end{aligned}$$

6.3.5 时域卷积性质

若离散时间信号的 z 变换满足

$$\begin{cases}\mathscr{Z}[x(n)]=X(z), & R_{x1}<|z|<R_{x2}\\ \mathscr{Z}[h(n)]=H(z), & R_{h1}<|z|<R_{h2}\end{cases},$$

则其卷积和的 z 变换满足

$$\mathscr{Z}[x(n)*h(n)]=X(z)H(z)。\tag{6.3.6}$$

证明：根据 z 变换的定义，并改变求和顺序可得

$$\begin{aligned}\mathscr{Z}[x(n)*h(n)]&=\sum_{n=-\infty}^{\infty}[x(n)*h(n)]z^{-n}\\&=\sum_{n=-\infty}^{\infty}\left[\sum_{m=-\infty}^{\infty}x(m)h(n-m)\right]z^{-n}\\&=\sum_{m=-\infty}^{\infty}x(m)\left[\sum_{n=-\infty}^{\infty}h(n-m)z^{-(n-m)}\right]z^{-m}\\&=\sum_{m=-\infty}^{\infty}x(m)z^{-m}H(z)\\&=X(z)H(z)。\end{aligned}$$

z 变换的时域卷积性质使得在离散时间信号分析中，同样可以把时域卷积和转变为 z

域乘法，这样，系统响应的求解，尤其是多级系统响应的求解变得更简单。

【例 6-6】 已知 $x(n)=a^n u(n)$，$h(n)=b^n u(n)$，$a\neq b$，求 $y(n)=x(n)*h(n)$。

解：分别求 $x(n)$，$h(n)$的 z 变换，

$$X(z)=\frac{z}{z-a},\quad |z|>|a|,$$

$$H(z)=\frac{z}{z-b},\quad |z|>|b|,$$

根据时域卷积性质，

$$Y(z)=X(z)\cdot H(z)=\frac{z^2}{(z-a)(z-b)}。$$

其收敛域为$|z|>\max(a,b)$。至于这个变换式所对应的时域原函数的求解，将在 6.4 节进行介绍。

6.4 逆 z 变换

通过 z 变换式求解时域原函数的过程称为逆 z 变换。逆 z 变换与拉普拉斯反变换的求解过程类似，都是把变换式展开为部分分式，然后通过查表得到原函数，常用 z 变换如表 6-1 所示。

表 6-1 常用 z 变换对应表

原函数 $x(n)$	z 变换式 $X(z)$
$\delta(n)$	1
$u(n)$	$\frac{z}{z-1}$，$\lvert z\rvert>1$
$-u(-n-1)$	$\frac{z}{z-1}$，$\lvert z\rvert<1$
$a^n u(n)$	$\frac{z}{z-a}$，$\lvert z\rvert>\lvert a\rvert$
$-a^n u(-n-1)$	$\frac{z}{z-a}$，$\lvert z\rvert<\lvert a\rvert$
$nu(n)$	$\frac{z}{(z-1)^2}$，$\lvert z\rvert>1$
$na^n u(n)$	$\frac{az}{(z-a)^2}$，$\lvert z\rvert>\lvert a\rvert$

不过逆 z 变换又有两处不太相同的地方：一是很多常见 z 变换式的分子部分也包含 z 项，而一般部分分式展开得到的都是一阶真分式，分子部分不含 z 项；二是 z 变换不像拉普拉斯变换一样以单边为主，所以逆 z 变换需要根据收敛域的方向特点判断原函数是左边序列还是右边序列。

为解决第一个问题，逆 z 变换首先需要乘以 z^{-1}，然后把 $z^{-1}X(z)$做部分分式展开，得到一阶真分式组成的部分分式(以一阶单实根极点为例)，

$$\frac{X(z)}{z}=\frac{A_1}{z-z_1}+\frac{A_2}{z-z_2}+\cdots+\frac{A_N}{z-z_N},\tag{6.4.1}$$

可以用掩盖法求得各项系数，

$$A_i=(z-z_i)\frac{X(z)}{z}\bigg|_{z=z_i},\tag{6.4.2}$$

然后再把 z 乘回去，

$$X(z)=A_1\cdot\frac{z}{z-z_1}+A_2\cdot\frac{z}{z-z_2}+\cdots+A_N\cdot\frac{z}{z-z_N}。\tag{6.4.3}$$

此时的展开项就变成 z 变换的常见形式了。

关于原函数是左边序列还是右边序列的问题，则需要根据每一个展开项各自的极点与收敛域的相对位置来分别判断，若收敛域在极点外，则此项对应的是右边序列，若收敛域在极点内，则此项对应的是左边序列。

【例 6-7】 已知 $X(z)=\frac{z^2}{(z-1)(z-2)}$，分别在以下收敛域条件下求 $x(n)$。

(1) $|z|>2$； (2) $1<|z|<2$。

解：首先把 $z^{-1}X(z)$ 做部分分式展开，

$$\frac{X(z)}{z}=\frac{z}{(z-1)(z-2)}=\frac{A}{z-1}+\frac{B}{z-2},$$

然后利用掩盖法求解系数，

$$A=(z-1)\frac{z}{(z-1)(z-2)}\bigg|_{z=1}=-1,$$

$$B=(z-2)\frac{z}{(z-1)(z-2)}\bigg|_{z=2}=2,$$

所以

$$X(z)=-1\cdot\frac{z}{z-1}+2\cdot\frac{z}{z-2}。$$

展开项包含两个分式，极点分别为 1 和 2，为确定其原函数是左边序列还是右边序列，需要比较收敛域与极点的相对位置。

(1) $|z|>2$，这个收敛域相对于极点 1 和极点 2 都是外侧，所以此时$\frac{z}{z-1}$和$\frac{z}{z-2}$对应的都是右边序列，可得

$$x(n)=(-1)\cdot u(n)+2\times 2^n u(n)。$$

(2) $1<|z|<2$，这个收敛域在极点 1 的外侧，在极点 2 的内侧，所以$\frac{z}{z-1}$对应的是右边序列，$\frac{z}{z-2}$对应的是左边序列，可得

$$x(n)=(-1)\cdot u(n)-2\times 2^n u(-n-1)。$$

另外建议在书写信号时，把系数与函数项区分开，如(1)中的 $2\times 2^n u(n)$，前面的 2 是系数，后面的 $2^n u(n)$ 则是反变换得到的指数序列，保留这种形式能够使表达式结构更加清晰。

如果 z 变换式包含多重极点，那么在展开时就需要保留这个极点所有阶的分式，如拉普拉斯反变换中一样。其最高阶系数同样可以通过掩盖法来求解，但其他阶系数则需要通过其他方法，如待定系数法等。

【例 6-8】 已知 $X(z)=\frac{1}{(z-1)^2}$，收敛域为 $|z|>1$，求原函数 $x(n)$。

解：多重极点的展开需要保留所有阶的分式，

$$\frac{X(z)}{z}=\frac{1}{z(z-1)^2}=\frac{B_1}{z-1}+\frac{B_2}{(z-1)^2}+\frac{B_3}{z},$$

单实根和多重根最高阶分式的系数可以通过掩盖法求解，

$$B_2=(z-1)^2\left.\frac{1}{z(z-1)^2}\right|_{z=1}=1,$$

$$B_3=z\left.\frac{1}{z(z-1)^2}\right|_{z=0}=1,$$

因此方程变为

$$\frac{X(z)}{z}=\frac{1}{z(z-1)^2}=\frac{B_1}{z-1}+\frac{1}{(z-1)^2}+\frac{1}{z}。$$

代入一个合适的 z 值即可求得系数 B_1，如代入 $z=2$，可得

$$\frac{1}{2}=B_1+1+\frac{1}{2},$$

所以 $B_1=-1$，$X(z)$ 的展开式为

$$X(z)=\frac{-z}{z-1}+\frac{z}{(z-1)^2}+1。$$

收敛域 $|z|>1$ 在极点外侧，各项都对应右边序列，查表得

$$x(n)=-u(n)+nu(n)+\delta(n)。$$

此外还有一种情况，即 z 变换式 $X(z)$ 分子的阶数比分母的阶数高，这时即使乘以 z^{-1} 得到 $z^{-1}X(z)$ 也无法进行部分分式展开。在这种情况下，需要先降幂求一个原函数，然后再利用位移性质求解。

【例 6-9】 已知 $X(z)=\frac{z^2}{z-3}$，收敛域为 $3<|z|<\infty$，求原函数 $x(n)$。

解：$X(z)$ 的分子阶数更高，需进行降幂处理，

$$X(z)=\frac{z^2}{z-3}=z\cdot\frac{z}{z-3}。$$

设 $X_0(z)=\frac{z}{z-3}$，收敛域为 $|z|>3$ 时对应原函数 $x_0(n)=3^n u(n)$。由于

$$X(z)=z\cdot X_0(z),$$

根据位移性质，

$$x(n)=x_0(n+1)=3^{n+1}u(n+1)。$$

6.5 单边 z 变换及差分方程求解

单边 z 变换是仿照单边拉普拉斯变换制作出的一种变换形式：

$$X(z)=\sum_{n=-\infty}^{\infty}x(n)u(n)z^{-n}=\sum_{n=0}^{\infty}x(n)z^{-n}。\tag{6.5.1}$$

单边 z 变换包含特殊的移位性质以及初值、终值性质，可以用于求解差分方程。

6.5.1 单边移位性质

若 $\mathscr{Z}[x(n)u(n)]=X(z)$，$m$ 为正整数，则单边右移位性质为

$$\mathscr{Z}[x(n-m)u(n)]=z^{-m}X(z)+\sum_{k=0}^{m-1}x(k-m)z^{-k},\tag{6.5.2}$$

单边左移位性质为

$$\mathscr{Z}[x(n+m)u(n)]=z^{m}\left[X(z)-\sum_{k=0}^{m-1}x(k)z^{-k}\right]。\tag{6.5.3}$$

说明：以右移位性质为例，$x(n)$ 右移 m 位，除了原 z 变换 $X(z)$ 根据移位性质变为 $z^{-m}X(z)$ 外，还在 $n=0$ 至 $n=m-1$ 处引入了新的样值，所以最终 z 变换需要把这一段也做 z 变换并加进去。以下所示即右移 1 位和 2 位所对应的 z 变换。

右移 1 位，仅在 $n=0$ 位置处新加入了 $x(-1)$，如图 6-6 所示，此时的 z 变换为

$$\mathscr{Z}[x(n-1)u(n)]=z^{-1}X(z)+x(-1)。$$

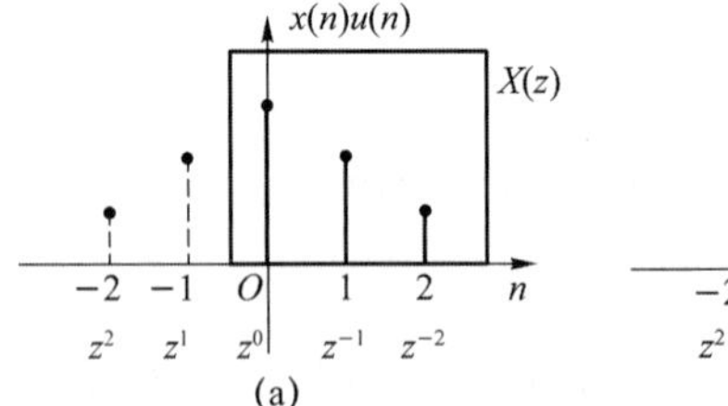

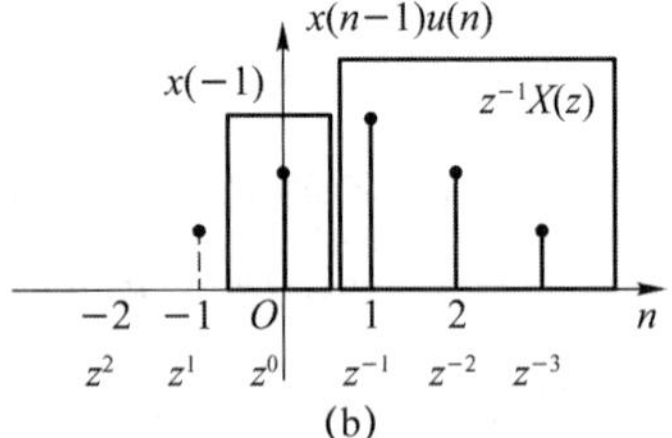

图 6-6

右移 2 位，则在 $n=0$ 位置处新加入了 $x(-2)$，在 $n=1$ 位置处新加入了 $x(-1)$，如图 6-7 所示，此时的 z 变换为

$$\mathscr{Z}[x(n-2)u(n)]=z^{-2}X(z)+x(-1)z^{-1}+x(-2)。$$

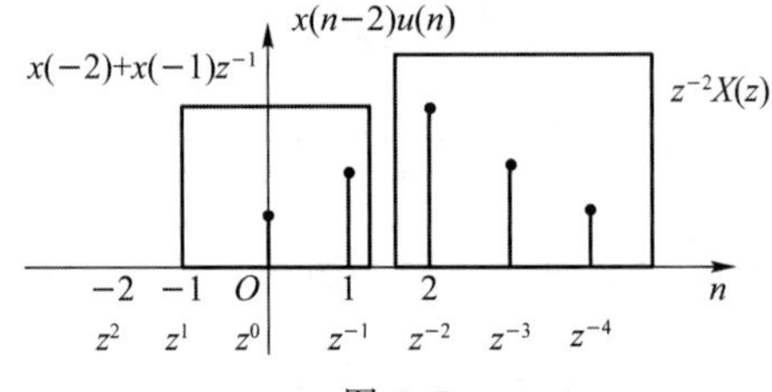

图 6-7

左移位性质与右移位性质类似，只是左移会消去 $x(n)$ 在 $n=0$ 至 $n=m-1$ 处的样值，所以先把这部分的 z 变换减去，再统一左移 m 位。

6.5.2　初值定理与终值定理

单边 z 变换的初值定理是，若 $\mathscr{Z}[x(n)u(n)]=X(z)$，则

$$x(0)=\lim_{z\to\infty}X(z)。\tag{6.5.4}$$

证明：根据已知条件，

$$X(z)=\sum_{n=0}^{\infty}x(n)z^{-n}=x(0)+\frac{x(1)}{z}+\frac{x(2)}{z^2}+\cdots,$$

容易看出，$z\to\infty$ 时除 $x(0)$ 外的项全都等于零，所以 $x(0)=\lim\limits_{z\to\infty}X(z)$。

初值定理可以和左移位性质结合产生其他推论：

$$\lim_{z\to\infty}z[X(z)-x(0)]=x(1),\tag{6.5.5}$$

$$\lim_{z\to\infty}z^2[X(z)-x(0)-x(1)z^{-1}]=x(2)。\tag{6.5.6}$$

【例 6-10】　已知 $X(z)=\dfrac{z^2+2z}{z^3+0.5z^2-z+7}$，求 $x(0)$，$x(1)$。

解：根据初值定理及其推论，

$$x(0)=\lim_{z\to\infty}X(z)=0,$$

$$x(1)=\lim_{z\to\infty}z[X(z)-x(0)]=\lim_{z\to\infty}\frac{z^3+2z^2}{z^3+0.5z^2-z+7}=1。$$

通过这个思路也容易得知，只有左移至分子、分母阶数相等才会产生初值，换句话说，单边 z 变换分母与分子阶数的差值等于序列起始段 0 的个数。

单边 z 变换的终值定理是，若 $\mathscr{Z}[x(n)u(n)]=X(z)$，且满足 $X(z)$ 的极点都在单位圆内，或至多在 $z=1$ 处有一个一阶极点，其余极点都在单位圆内，则

$$\lim_{n\to\infty}x(n)=\lim_{z\to 1}[(z-1)X(z)]。\tag{6.5.7}$$

单边 z 变换都是右边序列，极点都在单位圆内即表明原函数都是底模小于 1 的指数衰减序列，终值全为 0；至多在 $z=1$ 处有一个一阶极点实际上特指包含一个 $u(n)$ 项，终值定理其实是求 $u(n)$ 项系数的公式。可根据表 6-2 所示的几种应用实例来加深了解。

表 6-2　终值定理应用实例

$x(n)$	$X(z)$	是否满足前提	终值
2^n	$\frac{z}{z-2}$	不满足	不存在
$u(n)$	$\frac{z}{z-1}$	满足	1
$(-1)^n$	$\frac{z}{z+1}$	不满足	不存在
0.5^n	$\frac{z}{z-0.5}$	满足	0

6.5.3 利用单边 z 变换求解差分方程

利用单边 z 变换可以把差分方程转换为 z 域方程，从而进行代数求解，与利用拉普拉斯变换求解微分方程类似。其主要步骤是：首先对差分方程进行单边 z 变换，此处需要利用单边右移位性质；然后求解 z 的代数方程，得到相应在 z 域的表达式；最后求逆 z 变换得到时域表达式。

【例 6-11】 已知因果系统的差分方程为

$$y(n)-0.9y(n-1)=0.05x(n),$$

若 $y(-1)=1$，激励 $x(n)=u(n)$，求完全响应。

解：对差分方程两端取单边 z 变换，移位项需要利用单边右移位性质，可得

$$Y(z)-0.9\left[z^{-1}Y(z)+y(-1)\right]=0.05X(z),$$

整理得

$$Y(z)=\frac{0.05zX(z)}{z-0.9}+\frac{0.9zy(-1)}{z-0.9}。$$

代入已知激励和初始条件，

$$\frac{Y(z)}{z}=\frac{0.05z}{(z-1)(z-0.9)}+\frac{0.9}{z-0.9}=\frac{A_1}{z-1}+\frac{A_2}{z-0.9},$$

利用掩盖法求得系数为

$$A_1=(z-1)\frac{Y(z)}{z}\bigg|_{z=1}=0.5,\quad A_2=(z-0.9)\frac{Y(z)}{z}\bigg|_{z=0.9}=0.45,$$

因果系统的响应均为右边序列，所以时域原函数为

$$y(n)=0.5+0.45\times 0.9^n,\quad n\geqslant 0。$$

6.6 离散时间系统的系统函数

6.6.1 系统函数的基本概念

离散时间系统 z 变换下的系统函数定义为零状态响应 z 变换与激励 z 变换的比值：

$$H(z)=\frac{Y_{zs}(z)}{X(z)}。\tag{6.6.1}$$

系统函数是单位样值响应的 z 变换：

$$H(z)=\sum_{n=-\infty}^{\infty}h(n)z^{-n}。\tag{6.6.2}$$

系统函数可以通过系统差分方程做 z 变换得到，若系统差分方程为

$$\sum_{k=0}^{N}a_k y(n-k)=\sum_{r=0}^{M}b_r x(n-r),\tag{6.6.3}$$

根据时移性质，

$$Y(z)\sum_{k=0}^{N}a_kz^{-k}=X(z)\sum_{r=0}^{M}b_rz^{-r}, \tag{6.6.4}$$

由于系统函数是零状态响应与激励的比值,因此这里不用考虑初状态的影响。系统函数为

$$H(z)=\frac{Y(z)}{X(z)}=\frac{\sum_{r=0}^{M}b_rz^{-r}}{\sum_{k=0}^{N}a_kz^{-k}}。 \tag{6.6.5}$$

【例 6-12】 已知离散时间系统框图如图 6-8 所示,求系统函数和系统差分方程。

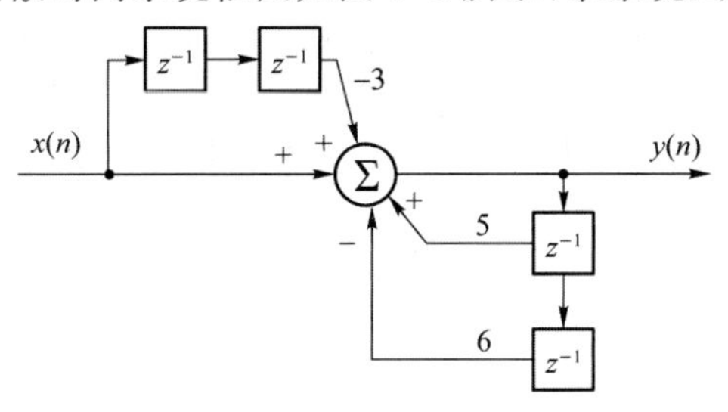

图 6-8

解:根据差分器可直接得出一些结点的表达式,标注如图 6-9 所示。

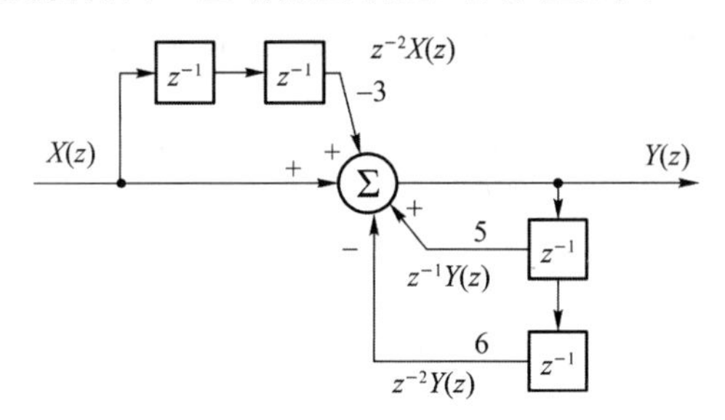

图 6-9

根据加法器的输入、输出列方程得

$$Y(z)=X(z)-3z^{-2}X(z)+5z^{-1}Y(z)-6z^{-2}Y(z),$$

整理可得系统函数

$$H(z)=\frac{Y(z)}{X(z)}=\frac{1-3z^{-2}}{1-5z^{-1}+6z^{-2}}。$$

把系统函数变为 z 域方程的形式,让响应和激励分置等号两侧可得

$$Y(z)-5z^{-1}Y(z)+6z^{-2}Y(z)=X(z)-3z^{-2}X(z),$$

利用 z 变换的位移性质进行逆 z 变换,可得时域差分方程为

$$y(n)-5y(n-1)+6y(n-2)=x(n)-3x(n-2)。$$

6.6.2 系统函数零、极点图与时域响应

在进行逆 z 变换时可以发现,每一个极点最终都对应了展开式中的分式,因此由极点组

成情况就可以分析出时域信号包含哪类特征。

图 6-10 所示是几种底不同的指数序列(阶跃序列可视作底为 1 的指数序列)的 z 变换以及对应的零、极点图。可以从中看出一个规律:以 z 平面上的单位圆为界,极点位于单位圆内,则时域信号是底模小于 1 的指数衰减序列;极点位于单位圆外,则时域信号是底模大于 1 的指数增长序列;极点位于单位圆上,则时域信号是幅度不变的序列。这是极点到原点的距离所体现的规律。

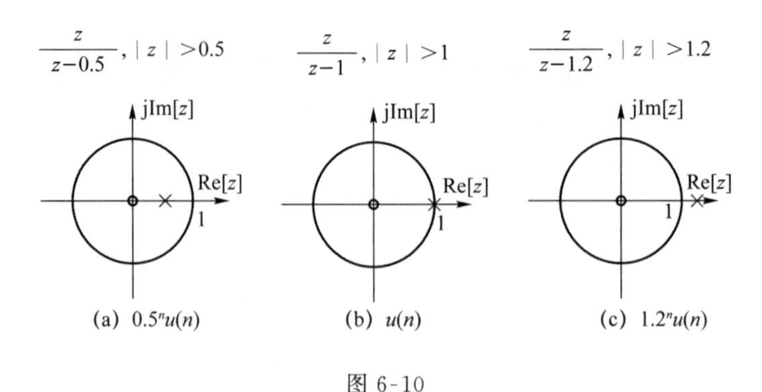

图 6-10

再以单边三角函数序列为例分析极点辐角中包含的规律,如图 6-11 所示,对于共轭复极点,其与原点的距离同样影响时域信号幅度的变化趋势,而其辐角则对应着时域振荡信号的角频率,极点辐角越大,时域信号振荡频率越高,当极点在正实轴上时,时域信号不振荡。

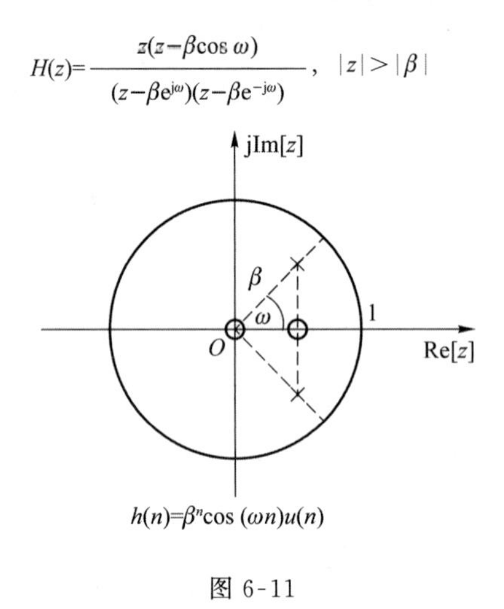

图 6-11

6.7 系统的因果性与稳定性

系统函数的零、极点包含了时域上单位样值响应的特征,所以也可以利用系统函数的零、极点来判断系统的因果性和稳定性。

系统因果性的时域判定条件是单位样值响应满足

$$h(n)=h(n)u(n) \quad 或 \quad h(n)=0, \quad n<0, \tag{6.7.1}$$

对应到 z 变换式上,即系统函数 $H(z)$ 只包含负幂项,不包含正幂项,等价于 $z\to\infty$ 时 $H(z)$

有界，或者说 $H(z)$ 的收敛域包含正无穷。

系统稳定性的时域判定条件是单位样值响应绝对可和，

$$\sum_{n=-\infty}^{\infty}|h(n)|<\infty, \tag{6.7.2}$$

对应到 z 变换式上则是 $|z|=1$ 时 z 变换存在，或者说 $H(z)$ 的收敛域包含单位圆。

如果已经知道系统是因果的，那么 $h(n)$ 肯定是右边序列，收敛域在极点的外侧，这时仅需要极点全部位于单位圆内就可以保证收敛域包含单位圆。所以**因果系统判断稳定性的条件可以简化为极点全部位于单位圆内**。

【例 6-13】 判断系统 $h(n)=(0.5)^n u(-n-1)$ 的因果性和稳定性。

解：在时域上判断。$h(n)$ 在 $n<0$ 时有值，所以不是因果的。

$$\sum_{n=-\infty}^{\infty}|h(n)|=(0.5)^{-1}+(0.5)^{-2}+\cdots=2+4+8+\cdots\to\infty$$

不可和，所以不是稳定的。

在 z 域上判断。

$$H(z)=-\frac{z}{z-0.5},\quad |z|<\frac{1}{2},$$

其收敛域不包含正无穷，所以不是因果的。其收敛域不包含单位圆，所以不是稳定的。

6.8 离散时间系统的零、极点与频率响应特性

6.8.1 离散时间信号的频谱

离散时间信号的频率指的是数字角频率，同一个连续时间域上的三角波信号 $\sin(\Omega t)$（其角频率 Ω 称为模拟角频率，以示区别）使用不同的抽样周期 T_s 进行抽样会得到具有不同数字角频率 ω 的离散时间信号：

$$x(n)=\sin(\omega\cdot n)=\sin(\Omega T_s n)。\tag{6.8.1}$$

可见数字角频率 ω 与模拟角频率 Ω 的关系是

$$\omega=\Omega T_s=2\pi\frac{\Omega}{\Omega_s}=2\pi\frac{f}{f_s}。\tag{6.8.2}$$

分析离散时间信号与连续时间信号的关系时经常会使用一个脉冲序列形式 $x_s(t)$，其定义见式(6.1.2)，它属于连续时间信号，却又能体现一定的离散特点。对 $x_s(t)$ 做傅里叶变换可得

$$\begin{aligned}X_s(\Omega)&=\mathscr{F}[x_s(t)]\\&=\sum_{n=-\infty}^{\infty}x(n)\mathscr{F}[\delta(t-nT_s)]\\&=\sum_{n=-\infty}^{\infty}x(n)\mathrm{e}^{-\mathrm{j}T_s\Omega n},\end{aligned}\tag{6.8.3}$$

将式(6.8.2)代入就可以得到一个以数字角频率 ω 为变量的变换式，定义为

$$X(e^{j\omega}) = \sum_{n=-\infty}^{\infty} x(n)(e^{j\omega})^{-n}。\tag{6.8.4}$$

这个变换定义为离散时间傅里叶变换(Discrete-Time Fourier Transform, DTFT),是离散时间信号 $x(n)$的一种频谱表达方式。

由以上分析可知离散时间信号的 DTFT 频谱与抽样脉冲序列频谱非常类似,只是频率坐标不同,DTFT 频谱使用的是数字角频率,抽样脉冲序列频谱使用的是模拟角频率。连续时间信号、抽样脉冲序列、离散时间信号波形图和频谱的对比如图 6-12 所示,定义 DTFT 频谱的主频率区间为$[-\pi,\pi]$,也有的地方定义为$[0,2\pi]$,其余区间都是主频率区间频谱的周期性延拓,重复周期为 2π。从 DTFT 的形式上可以看出其与 z 变换非常相似,如果离散时间信号的 z 变换收敛域包含单位圆,那么可以由 z 变换直接得到 DTFT,

$$\text{DTFT}[x(n)] = X(z)\Big|_{z=e^{j\omega}} = X(e^{j\omega})。\tag{6.8.5}$$

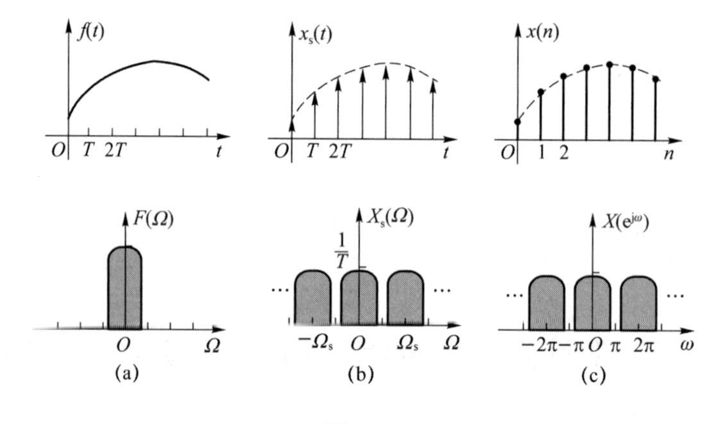

图 6-12

6.8.2 离散时间系统的频率响应特性

对线性时不变系统的单位样值响应做 DTFT 可得一个频域系统函数,

$$H(e^{j\omega}) = \sum_{n=-\infty}^{\infty} h(n)(e^{j\omega})^{-n}。\tag{6.8.6}$$

与连续时间系统类似,$H(e^{j\omega})$这个频域系统函数同样描述了不同频率的信号分量通过系统后的幅度加权和相位修正。若 $H(e^{j\omega})$在 $\omega=\omega_0$ 位置处的值为 $H(e^{j\omega_0})=Ae^{j\varphi}$,则数字角频率为 $\omega=\omega_0$ 的信号通过系统后的响应满足

$$\cos(\omega_0 n) \rightarrow A\cos(\omega_0 n+\varphi),\tag{6.8.7}$$

$$\sin(\omega_0 n) \rightarrow A\sin(\omega_0 n+\varphi)。\tag{6.8.8}$$

对于稳定的离散时间系统,可以借助于 z 变换得到频率响应特性,

$$\text{DTFT}[h(n)] = H(z)\Big|_{z=e^{j\omega}} = H(e^{j\omega}) = |H(e^{j\omega})|e^{j\varphi(\omega)},\tag{6.8.9}$$

其中,$|H(e^{j\omega})|\sim\omega$ 是幅频响应特性,$\varphi(\omega)\sim\omega$ 是相频响应特性。

如果输入线性时不变系统的激励存在 DTFT,那么根据时域卷积关系

$$y(n) = x(n) * h(n),\tag{6.8.10}$$

结合 z 变换的卷积性质,可以进一步得到三者的频谱满足

$$Y(e^{j\omega})=X(e^{j\omega})H(e^{j\omega}),\tag{6.8.11}$$

而幅频响应满足

$$|Y(e^{j\omega})|=|X(e^{j\omega})|\cdot|H(e^{j\omega})|。\tag{6.8.12}$$

所以$|H(e^{j\omega})|$会对信号的各频率分量比例产生影响，完成低通、高通、带通、带阻等功能，统称为数字滤波特性。

数字角频率还有一个重要特点，其并非数值越高就对应越高的振荡频率。事实上所有主频率段$[-\pi,\pi]$之外的频率分量都能写为主频率段内的频率分量，如

$$\cos(1.1\pi n)=\cos(-0.9\pi n),\quad \sin(4.5\pi n)=\sin(0.5\pi n)。$$

所以数字角频率高频与低频的划分需要统一到主频率段进行比较，主频率段内，$|\omega|$在0附近的为低频，$|\omega|$在π附近的为高频，最高振荡频率即$|\omega|=\pi$，具体通带类型的判定如图6-13所示。

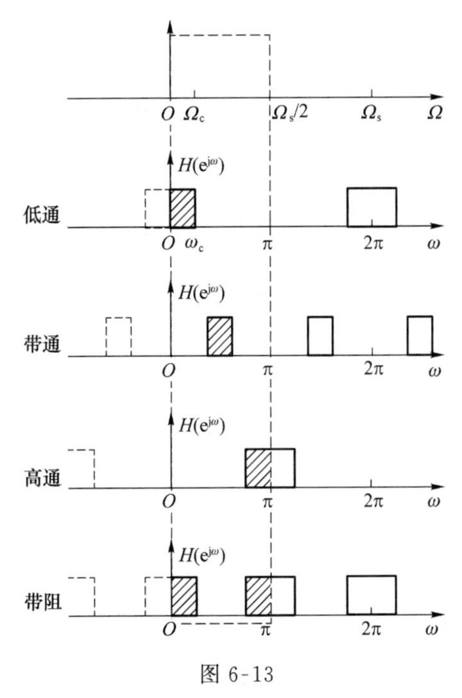

图6-13

6.8.3　利用零、极点图判断系统频率响应

在离散时间系统的零、极点图中同样可以用几何方法计算系统的频率响应特性，以及快速判断系统的数字滤波类型。因为系统函数是分式形式，通过因式分解可得

$$H(z)=\frac{\prod_{r=1}^{M}(z-z_r)}{\prod_{k=1}^{N}(z-p_k)}。\tag{6.8.13}$$

对于稳定系统，可以取$z=e^{j\omega}$得到频率响应特性

$$H(e^{j\omega})=\frac{\prod_{r=1}^{M}(e^{j\omega}-z_r)}{\prod_{k=1}^{N}(e^{j\omega}-p_k)},\tag{6.8.14}$$

式中的复数减法结果可以在 z 平面上用减数点指向被减数点的复矢量表示，

$$\begin{cases} e^{j\omega}-z_r=A_r e^{j\varphi_r} \\ e^{j\omega}-p_k=B_k e^{j\theta_k} \end{cases}, \tag{6.8.15}$$

其中，A_r，B_k 是复矢量的长度，φ_r，θ_k 是复矢量与实轴正向的夹角，可以在复平面上用几何方法确定。这样系统的频率响应特性就可以用这些复矢量的长度和辐角表示为

$$\begin{cases} |H(e^{j\omega})|=\dfrac{\prod\limits_{r=1}^{M}A_r}{\prod\limits_{k=1}^{N}B_k} \\ \varphi(\omega)=\sum\limits_{r=1}^{M}\varphi_r-\sum\limits_{k=1}^{N}\theta_k \end{cases}。 \tag{6.8.16}$$

【例 6-14】 求图 6-14 所示滤波器的幅频响应特性。

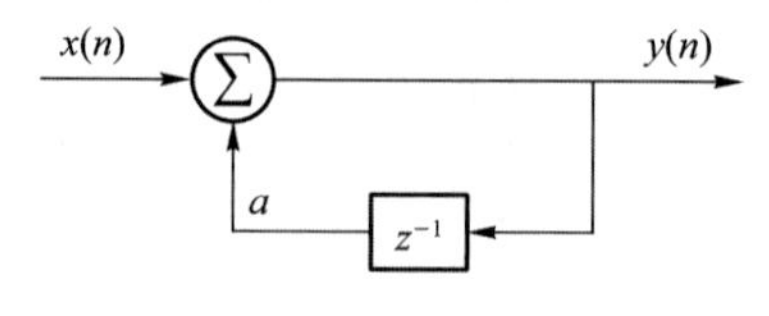

图 6-14

解：根据系统框图列差分方程可得

$$y(n)=ay(n-1)+x(n),$$

其系统函数

$$H(z)=\frac{z}{z-a},\quad |z|>|a|,$$

为保证系统稳定，需要 $|a|<1$。系统频率响应特性为

$$H(e^{j\omega})=H(z)\Big|_{z=e^{j\omega}}=\frac{e^{j\omega}-0}{e^{j\omega}-a}=\frac{1}{A}e^{j(\varphi-\theta)}。$$

如图 6-15 所示，在复平面上，这是零点 0 和极点 a 指向 $e^{j\omega}$ 点的两条复矢量的比值。

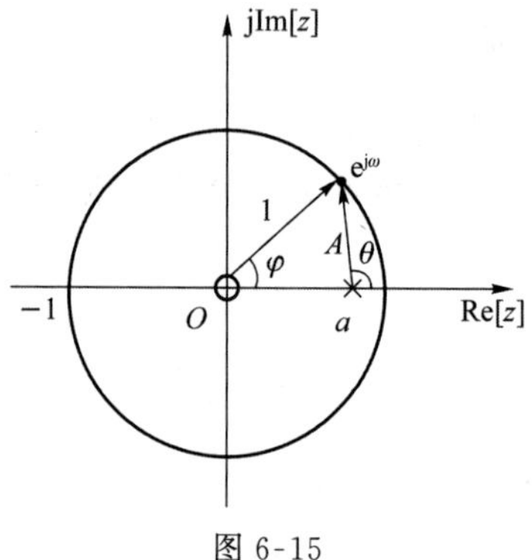

图 6-15

从图 6-15 中易得零点矢量的长度恒为 1，极点矢量的长度根据三角形的余弦定理可得，

$$A=\sqrt{1+a^2-2a\cos\omega},$$

所以幅频响应特性为

$$|H(e^{j\omega})|=\frac{1}{\sqrt{1+a^2-2a\cos\omega}},$$

其滤波特性会受 a 值影响。$a=0.5$ 时,其滤波特性为低通,如图 6-16 所示。

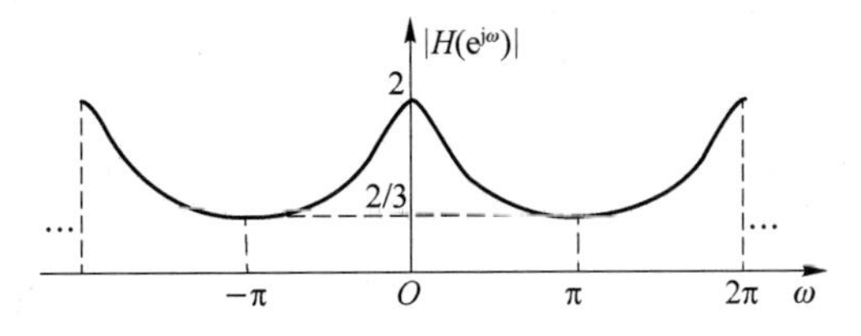

图 6-16

而 $a=-0.5$ 时,其滤波特性为高通,如图 6-17 所示。

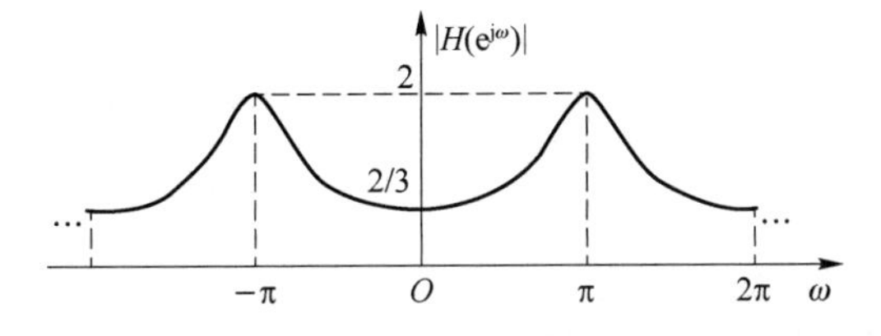

图 6-17

这种滤波特性的不同也可以在复平面上直接粗略判断。如图 6-18 所示,$a=0.5$ 时,低频处零点矢量比极点矢量长,比值相对较大,而高频处零点矢量比极点矢量短,比值变小,所以是低通滤波器;$a=-0.5$ 时,高、低频的情况则恰好相反。

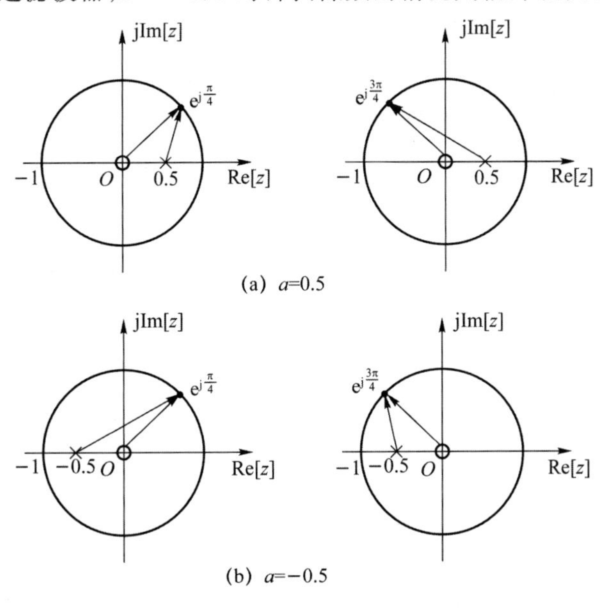

图 6-18

典型习题

1. 求双边序列 $x(n)=\left(\frac{1}{2}\right)^{|n|}$ 的 z 变换，绘出零、极点图并标明收敛域。

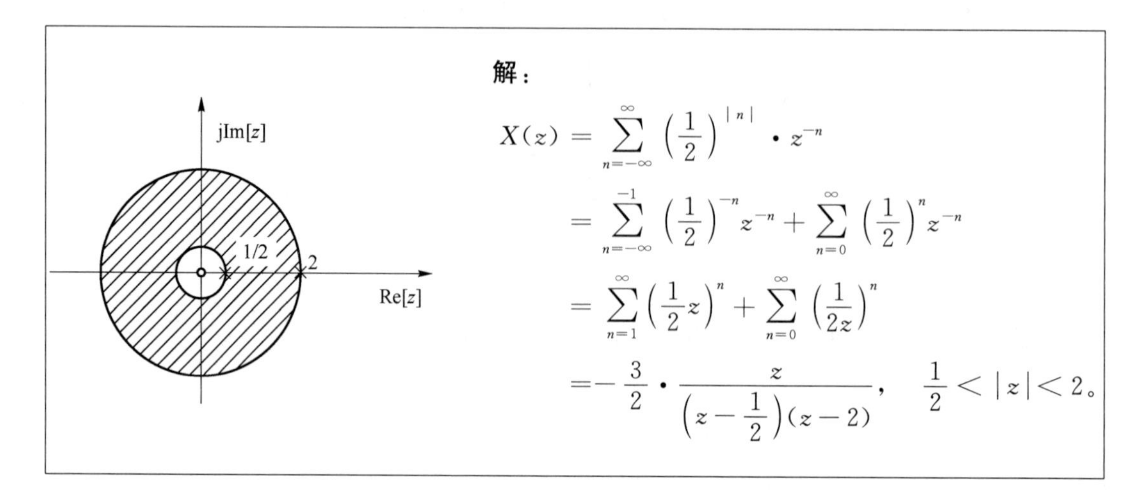

解：

$$X(z)=\sum_{n=-\infty}^{\infty}\left(\frac{1}{2}\right)^{|n|}\cdot z^{-n}$$

$$=\sum_{n=-\infty}^{-1}\left(\frac{1}{2}\right)^{-n}z^{-n}+\sum_{n=0}^{\infty}\left(\frac{1}{2}\right)^{n}z^{-n}$$

$$=\sum_{n=1}^{\infty}\left(\frac{1}{2}z\right)^{n}+\sum_{n=0}^{\infty}\left(\frac{1}{2z}\right)^{n}$$

$$=-\frac{3}{2}\cdot\frac{z}{\left(z-\frac{1}{2}\right)(z-2)},\quad \frac{1}{2}<|z|<2。$$

2. 写出下列 z 变换的反变换序列。

z 变换	原序列
$X(z)=1,\quad |z|\leqslant\infty$	
$X(z)=z^3,\quad |z|<\infty$	
$X(z)=z^{-1},\quad 0<|z|\leqslant\infty$	
$X(z)=-2z^{-2}+2z+1,\quad 0<|z|<\infty$	
$X(z)=\frac{1}{1-az^{-1}},\quad |z|>a$	
$X(z)=\frac{1}{1-az^{-1}},\quad |z|<a$	

解：反变换序列如下。

z 变换	原序列
$X(z)=1,\quad |z|\leqslant\infty$	$\delta(n)$
$X(z)=z^3,\quad |z|<\infty$	$\delta(n+3)$
$X(z)=z^{-1},\quad 0<|z|\leqslant\infty$	$\delta(n-1)$
$X(z)=-2z^{-2}+2z+1,\quad 0<|z|<\infty$	$-2\delta(n-2)+2\delta(n+1)+\delta(n)$
$X(z)=\frac{1}{1-az^{-1}},\quad |z|>a$	$a^nu(n)$
$X(z)=\frac{1}{1-az^{-1}},\quad |z|<a$	$-a^nu(-n-1)$

3. 已知 $X(z)=\dfrac{-3z^{-1}}{2-5z^{-1}+2z^{-2}}$：

(1) 请画出 $X(z)$的零、极点图并对其做部分分式展开。

(2) 在下列三种收敛域下，分别求出各对应序列。

① $|z|>2$；　　② $|z|<0.5$；　　③ $0.5<|z|<2$。

解：(1)系统零、极点图如下。

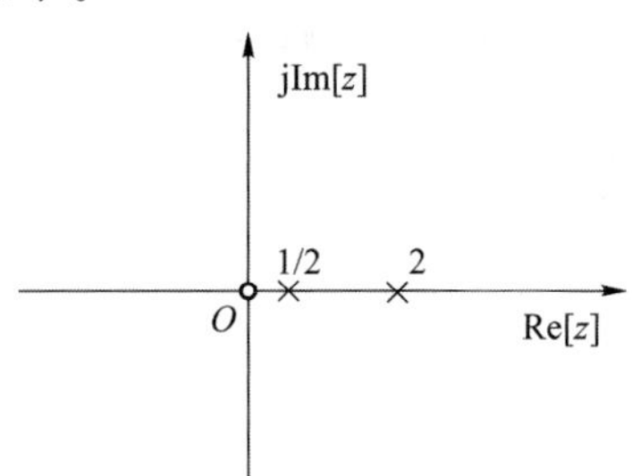

进行部分分式展开得到

$$\frac{X(z)}{z}=\frac{-3}{2z^2-5z+2}=-\frac{3}{2}\cdot\frac{1}{(z-0.5)(z-2)}=\frac{1}{z-0.5}-\frac{1}{z-2},$$

所以

$$X(z)=\frac{z}{z-0.5}-\frac{z}{z-2}。$$

(2) 根据收敛域相对于极点的位置判断每一项对应的是左边序列还是右边序列。

① $|z|>2$ 时，$x(n)=\left(\frac{1}{2}\right)^n u(n)-2^n u(n)$。

② $|z|<0.5$ 时，$x(n)=2^n u(-n-1)-\left(\frac{1}{2}\right)^n u(-n-1)$。

③ $0.5<|z|<2$ 时，$x(n)=\left(\frac{1}{2}\right)^n u(n)+2^n u(-n-1)$。

4. 已知信号 $x(n)=\delta(n)+2\delta(n-1)+\delta(n-2)$，将其通过一个滑动平均滤波器 $h(n)=\frac{1}{3}\times\{\underset{\underset{n=0}{\uparrow}}{1},1,1\}$：

(1) 计算信号 $x(n)$的能量。

(2) 判断该系统的因果性和稳定性。

(3) 计算此滤波器的频率响应特性，并判断滤波类型。

(4) 求信号 $x(n)$激励下系统的零状态响应。

解：(1)$x(n)$ 的能量为 $\sum\limits_{n=-\infty}^{\infty}|x(n)|^2=6$。

(2) $h(n)$在 $n<0$ 时为 0，且绝对可和，所以该系统是因果系统，是稳定系统。

(3) 系统 z 变换和频率响应特性分别为

$$H(z)=\frac{1}{3}\cdot\frac{z^2+z+1}{z^2},\quad H(e^{j\omega})=\frac{1}{3}\cdot\frac{e^{j2\omega}+e^{j\omega}+1}{e^{j2\omega}},$$

幅频响应特性为

$$|H(e^{j\omega})|=\left|\frac{1+2\cos\omega}{3}\right|,$$

系统为低通滤波系统。

(4) 零状态响应为激励信号与单位样值响应的卷积和，所以

$$r(n)=x(n)*h(n)=\left\{\underset{\substack{\uparrow\\ n=0}}{\frac{1}{3}},1,\frac{4}{3},1,\frac{1}{3}\right\}。$$

5. 已知因果序列的 z 变换为 $X(z)$，求序列的初值 $x(0)$ 和终值 $x(\infty)$。

(1) $X(z)=\dfrac{1+z^{-1}+z^{-2}}{(1-z^{-1})(1-2z^{-1})}$；　　(2) $X(z)=\dfrac{z^{-1}}{1-1.5z^{-1}+0.5z^{-2}}$。

解：(1) 对分母进行因式分解得到 $X(z)=\dfrac{z^2+z+1}{(z-1)(z-2)}$。$x(0)=\lim\limits_{z\to\infty}X(z)=1$；此因果序列的 z 变换式收敛域为 $|z|>2$，不包含单位圆，无终值。

(2) 对分母进行因式分解得到 $X(z)=\dfrac{z}{(z-0.5)(z-1)}$。$x(0)=\lim\limits_{z\to\infty}X(z)=0$；$x(\infty)=\lim\limits_{z\to1}(z-1)X(z)=2$。

6. 已知 $x(n)=a^nu(n)$，$h(n)=b^nu(-n)$：

(1) 求各自的 z 变换，并标明收敛域。

(2) 利用 z 变换的卷积定理求 $y(n)=x(n)*h(n)$。

解：(1) $\mathscr{Z}[x(n)]=\dfrac{z}{z-a}$，$|z|>|a|$，$\mathscr{Z}[h(n)]=\dfrac{-b}{z-b}$，$|z|<|b|$。

(2) 若 $|a|<|b|$，则

$$\mathscr{Z}[x(n)*h(n)]=\frac{z}{z-a}\cdot\frac{-b}{z-b}=\frac{-b}{a-b}\left(\frac{z}{z-a}-\frac{z}{z-b}\right),\quad |a|<|z|<|b|,$$

$$x(n)*h(n)=\frac{-b}{a-b}[a^nu(n)+b^nu(-n-1)]。$$

若 $|a|>|b|$，则 $y(n)$ 的 z 变换不存在。

7. 已知系统框图如题 7 图所示，$x(n)$ 为输入，$y(n)$ 为输出，若输入信号 $x(n)=(-2)^nu(n)$，并且 $y(0)=y(1)=0$：

(1) 写出此系统的差分方程。

(2) 请用 z 变换法求解系统的响应 $y(n)$。

(3) 指明零输入响应、零状态响应、暂态响应、稳态响应、强迫响应和自由响应分量。

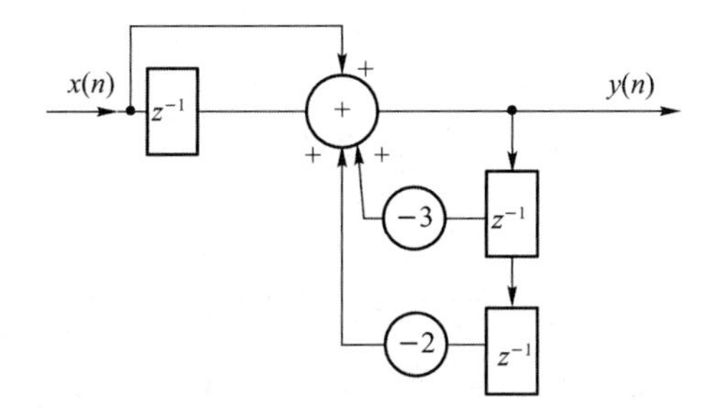

题 7 图

解:(1) 此系统的差分方程为 $y(n)+3y(n-1)+2y(n-2)=x(n)+x(n-1)$。

(2) 通过差分方程迭代法可得

$$\begin{cases} y(1)+3y(0)+2y(-1)=x(1)+x(0) \\ y(0)+3y(-1)+2y(-2)=x(0)+x(-1) \end{cases},$$

解得

$$\begin{cases} y(-1)=-\dfrac{1}{2} \\ y(-2)=\dfrac{5}{4} \end{cases},$$

将差分方程转换为 z 域方程可得

$$Y(z)+3z^{-1}Y(z)+3y(-1)+2z^{-2}Y(z)+2z^{-1}y(-1)+2y(-2)=X(z)+z^{-1}X(z),$$

运算得到

$$\begin{aligned} Y(z)&=\frac{1+z^{-1}}{1+3z^{-1}+2z^{-2}}X(z)-\frac{(3+2z^{-1})y(-1)+2y(-2)}{1+3z^{-1}+2z^{-2}} \\ &=\frac{z(z+1)}{(z+1)(z+2)}\cdot\frac{z}{z+2}-\frac{z(z-1)}{(z+1)(z+2)} \\ &=\frac{2z}{(z+1)(z+2)^2}。\end{aligned}$$

进行部分分式展开并求系数,

$$\frac{Y(z)}{z}=\frac{2}{(z+1)(z+2)^2}=\frac{A_1}{z+1}+\frac{B_1}{z+2}+\frac{B_2}{(z+2)^2},$$

$$A_1=(z+1)\frac{Y(z)}{z}\bigg|_{z=-1}=2,\quad B_2=(z+2)^2\,\frac{Y(z)}{z}\bigg|_{z=-2}=-2,$$

可得

$$\frac{2}{(z+1)(z+2)^2}=\frac{2}{z+1}+\frac{B_1}{z+2}+\frac{-2}{(z+2)^2},$$

代入任意 z 值,如 $z=0$,可得 $\frac{1}{2}=2+\frac{B_1}{2}-\frac{1}{2}$,即 $B_1=-2$。所以

$$Y(z)=2\cdot\frac{z}{z+1}-2\cdot\frac{z}{z+2}+\frac{-2z}{(z+2)^2},$$

反变换可得

$$y(n)=2\times(-1)^n-2\times(-2)^n+n\cdot(-2)^n,\quad n\geqslant 0。$$

(3) 零输入响应为

$$Y_{zi}(z)=-\frac{z(z-1)}{(z+1)(z+2)}=2\cdot\frac{z}{z+1}-3\cdot\frac{z}{z+2},$$

$$y_{zi}(n)=2\times(-1)^n-3\times(-2)^n,\quad n\geqslant 0。$$

零状态响应为

$$Y_{zs}(z)=\frac{z(z+1)}{(z+1)(z+2)}\cdot\frac{z}{z+2}=\frac{-2z}{(z+2)^2}+\frac{z}{z+2},$$

$$y_{zs}(n)=n\cdot(-2)^n+(-2)^n,\quad n\geqslant 0。$$

暂态响应分量为0,稳态响应分量为 $2\times(-1)^n-2\times(-2)^n+n\cdot(-2)^n,n\geqslant 0$。自由响应分量为 $2\times(-1)^n-2\times(-2)^n,n\geqslant 0$,强迫响应分量为 $n\cdot(-2)^n,n\geqslant 0$。

8. 已知激励为 $x(n)$,响应为 $y(n)$,求下列因果系统的系统函数,并注明收敛域:

(1) $y(n)=x(n)-5x(n-1)+8x(n-3)$;

(2) $y(n)-5y(n-1)+6y(n-2)=x(n)-3x(n-3)$。

解:(1)对差分方程做 z 变换得到

$$Y(z)=X(z)-5z^{-1}X(z)+8z^{-3}X(z),$$

$$H(z)=\frac{Y(z)}{X(z)}=1-5z^{-1}+8z^{-3},\quad |z|>0。$$

(2) 对差分方程做 z 变换得到

$$Y(z)-5z^{-1}Y(z)+6z^{-2}Y(z)=X(z)-3z^{-3}X(z),$$

$$H(z)=\frac{Y(z)}{X(z)}=\frac{1-3z^{-3}}{1-5z^{-1}+6z^{-2}}=\frac{z^3-3}{z(z-2)(z-3)},\quad |z|>3。$$

9. 系统函数 $H(z)=\dfrac{9.5z}{(z-0.5)(10-z)}$:

(1) 如何根据离散系统的系统函数判断系统的稳定性和因果性?

(2) 在 $|z|>10$ 及 $0.5<|z|<10$ 两种收敛情况下,分析此系统的稳定性与因果性。

解:(1) 稳定性判定条件为:收敛域包含单位圆则系统稳定。因果性判定条件为:收敛域包含正无穷则为因果系统。

(2) 收敛域为 $|z|>10$ 时:

- 稳定性:收敛域不包含单位圆 $|z|=1$,所以系统不是稳定系统。
- 因果性:收敛域有下限而无上限,所以 $\dfrac{z}{z-0.5}$ 和 $\dfrac{z}{z-10}$ 均对应右边序列,$h(n)=(0.5^n-10^n)u(n)$,满足因果性。

收敛域为 $0.5<|z|<10$ 时：

- 稳定性：收敛域包含单位圆 $|z|=1$，所以系统是稳定系统。
- 因果性：收敛域有下限也有上限，下限极点项 $\frac{z}{z-0.5}$ 对应右边序列，上限极点项 $\frac{z}{z-10}$ 对应左边序列，$h(n)=0.5^n u(n)+10^n u(-n-1)$，不满足因果性。

10. 因果离散系统激励为 $x(n)$，响应为 $y(n)$，差分方程表示式为 $y(n)-\frac{1}{2}y(n-1)=x(n)$：

(1) 求系统函数，画出系统的零、极点图。

(2) 求系统的单位样值响应。

(3) 求系统的频率响应特性函数，并在零、极点图中利用几何方法求解 $\cos\left(\frac{\pi}{3}n\right)$ 通过系统后的稳态响应。

解：(1) 系统函数为 $\frac{z}{z-0.5}$，零、极点图如下。

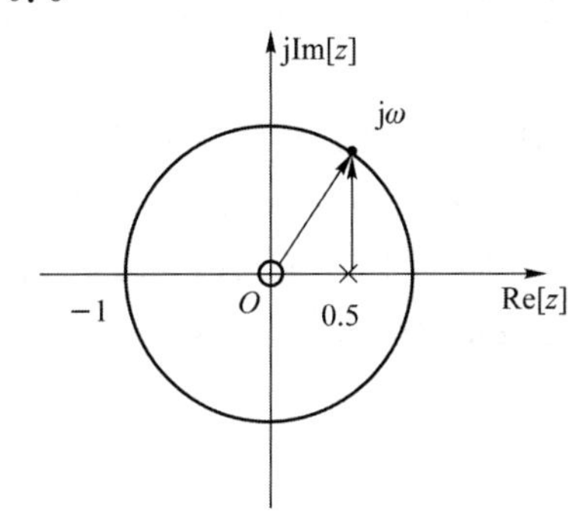

(2) 对系统函数做逆 z 变换可得系统单位样值响应为 0.5^n，$n\geqslant 0$。

(3) 离散时间系统的频率响应特性为

$$H(e^{j\omega})=H(z)\Big|_{z=e^{j\omega}}=\frac{e^{j\omega}-0}{e^{j\omega}-0.5},$$

根据零、极点图中对应的零点、极点到点 $e^{j\frac{\pi}{3}}$ 的复矢量可得

$$H(e^{j\frac{\pi}{3}})=\frac{e^{j\frac{\pi}{3}}-0}{e^{j\frac{\pi}{3}}-0.5}=\frac{1}{0.5\sqrt{3}}e^{j\left(\frac{\pi}{3}-\frac{\pi}{2}\right)},$$

所以 $\cos\left(\frac{\pi}{3}n\right)$ 通过系统后的稳态响应为 $\frac{2}{\sqrt{3}}\cos\left(\frac{\pi}{3}n-\frac{\pi}{6}\right)$。

第7章

状态变量分析方法

知识背景

前面几章所介绍的信号与系统分析方法大都是基于输入-系统-输出的逻辑结构，主要适用于单输入-单输出系统，着眼于系统的外部特性，系统的基本模型为系统函数，着重运用频率响应特性的概念，可称为输入-输出分析法。而状态变量分析法在思路上有很大的不同，这种分析方法由卡尔曼(R. E. Kalman)引入，最主要特征是把系统中所有具有微分(或差分)关系的变量全部列为一阶微分(或差分)方程，并组成方程组，然后利用线性代数中矩阵运算的手段进行分析和求解。状态变量分析法在解决多输入-多输出系统问题时更有优势。

学习要点

1. 掌握状态变量分析方法的基本概念，包括状态变量、状态方程、状态矢量、状态轨迹等。
2. 掌握信号流图的系统表示方法，能够使用梅森增益公式求出系统函数。
3. 掌握连续时间系统和离散时间系统建立状态方程的方法，能够正确选择状态变量，能够建立矩阵形式的状态方程组。
4. 掌握连续时间系统和离散时间系统建立状态方程的求解思路，能够利用复频域方法求解状态变量，能够求解转移函数矩阵，能够求解离散时间系统的状态转移矩阵。
5. 了解利用状态变量分析系统可控制性和可观测性的方法。
6. 掌握使用辅助数学软件完成矩阵运算的方法。

要点精讲

7.1 状态变量与状态方程

我们将在具体的实例中学习状态变量分析方法。电路系统如图7-1所示，把电源电压

$e(t)$设为输入信号，电容电压 $v_C(t)$设为输出信号。

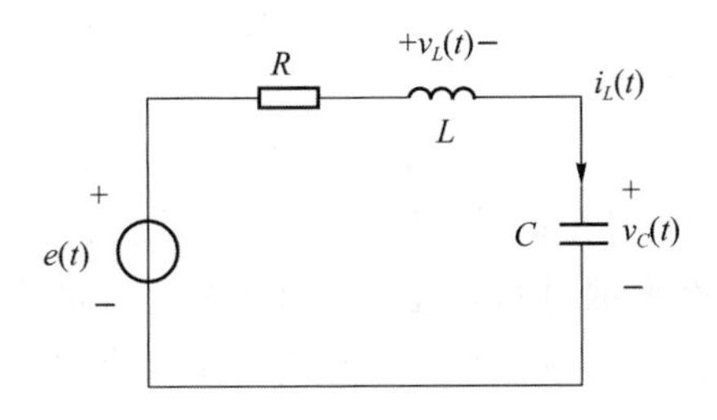

图 7-1

按照输入-输出描述方法来分析的话，仅考虑输入信号与输出信号的关系，可得到系统微分方程为

$$\frac{\mathrm{d}^2}{\mathrm{d}t^2}v_C(t)+\frac{R}{L}\frac{\mathrm{d}}{\mathrm{d}t}v_C(t)+\frac{1}{LC}v_C(t)=\frac{1}{LC}e(t)。\tag{7.1.1}$$

状态变量分析方法则不同，首先会把所有具有微分运算的变量设为状态变量，如电路中的电容电压 $v_C(t)$、电感电流 $i_L(t)$，然后列出所有状态变量的一阶微分方程，规则是方程左侧为状态变量的一阶微分式，右侧为状态变量及输入变量的线性组合，满足这种要求的方程称为状态方程。状态方程的个数与微分阶数相等，所有状态方程组成状态方程组：

$$\begin{cases}\dfrac{\mathrm{d}}{\mathrm{d}t}i_L(t)=-\dfrac{R}{L}i_L(t)-\dfrac{1}{L}v_C(t)+\dfrac{1}{L}e(t)\\[2ex]\dfrac{\mathrm{d}}{\mathrm{d}t}v_C(t)=\dfrac{1}{C}i_L(t)\end{cases}。\tag{7.1.2}$$

状态方程组可以写为矩阵形式，把状态变量组成一个列矢量，把输入变量组成另一个列矢量，得到

$$\frac{\mathrm{d}}{\mathrm{d}t}\begin{bmatrix}i_L(t)\\v_C(t)\end{bmatrix}=\begin{bmatrix}-\dfrac{R}{L}&-\dfrac{1}{L}\\[2ex]\dfrac{1}{C}&0\end{bmatrix}\begin{bmatrix}i_L(t)\\v_C(t)\end{bmatrix}+\begin{bmatrix}\dfrac{1}{L}\\0\end{bmatrix}[e(t)],\tag{7.1.3}$$

进一步地，引入状态矢量、输入矢量和输出矢量，

$$\boldsymbol{\lambda}(t)=\begin{bmatrix}i_L(t)\\v_C(t)\end{bmatrix},\quad \boldsymbol{e}(t)=[e(t)],\quad \boldsymbol{r}(t)=[r(t)],\tag{7.1.4}$$

设系数矩阵为

$$\boldsymbol{A}=\begin{bmatrix}-\dfrac{R}{L}&-\dfrac{1}{L}\\[2ex]\dfrac{1}{C}&0\end{bmatrix},\quad \boldsymbol{B}=\begin{bmatrix}\dfrac{1}{L}\\0\end{bmatrix},\tag{7.1.5}$$

则状态方程组化为

$$\frac{\mathrm{d}}{\mathrm{d}t}\boldsymbol{\lambda}(t)=\boldsymbol{A}\boldsymbol{\lambda}(t)+\boldsymbol{B}\boldsymbol{e}(t),\tag{7.1.6}$$

其中，系数矩阵 $\boldsymbol{A}$，$\boldsymbol{B}$ 和输入矢量 $\boldsymbol{e}(t)$均为已知量，可以根据状态方程组求得状态矢量 $\boldsymbol{\lambda}(t)$，然后系统中的任意变量都可以通过状态矢量 $\boldsymbol{\lambda}(t)$和输入矢量 $\boldsymbol{e}(t)$的组合得到。如本例中，只要知道 $i_L(t)$，$v_C(t)$的初始状态及输入 $e(t)$即可完全确定电路的全部行为。目前要求的

输出信号即可表示为

$$r(t)=0\cdot i_L(t)+1\cdot v_C(t)+0\cdot e(t), \tag{7.1.7}$$

其矩阵形式为

$$\boldsymbol{r}(t)=\boldsymbol{C\lambda}(t)+\boldsymbol{De}(t)。 \tag{7.1.8}$$

综上,状态变量分析法中的状态变量,即能够表示系统状态的那些变量,在连续时间系统中是有微分运算的变量,在离散时间系统中是有差分运算的变量,状态矢量则是所有状态变量组成的列矢量。在任意一个确定的时刻,状态变量都有对应的信号值,状态矢量则有一个对应的列矢量,称为此刻的状态。根据系统的阶数 n,能够得到 n 个状态方程,得到 n 维状态矢量。状态矢量所在的 n 维空间称为状态空间,每一个状态都对应状态空间的一个点,状态随时间变化而描出的路径称为状态轨迹。

状态变量分析方法的优点包括:①提供了系统的内部特性以供研究;②一阶微分(或差分)方程组便于计算机进行数值计算;③便于分析多输入-多输出系统;④容易推广应用于时变系统或非线性系统;⑤引出了可观测性和可控制性两个重要概念。

7.2 信号流图与梅森增益公式

7.2.1 信号流图的基本概念

状态变量分析方法通常用于处理比较复杂的系统结构,而信号流图是非常适用于描述复杂系统的图形化表示方法。信号流图来源于系统框图,但是其对系统框图中的很多信息进行了统一和简化,于是得到了更加简洁的系统关系图,如图 7-2 所示。

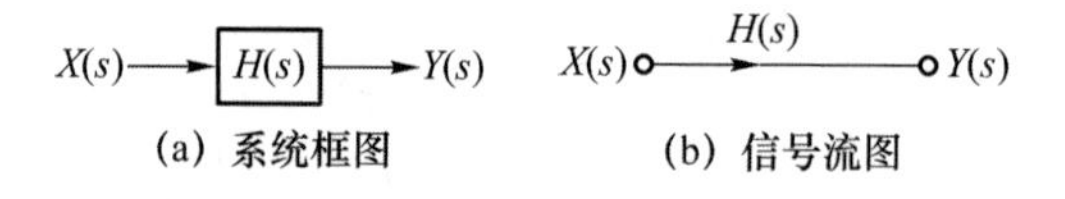

图 7-2

信号流图由一些支路和结点组成,相关概念总结如下。

- 结点:表示系统中变量或信号的点。
- 转移函数:两个结点之间的增益称为转移函数。
- 支路:连接两个结点的定向线段,支路的增益即为转移函数。
- 输入结点或源点:只有输出支路的结点,它对应的是自变量(即输入信号)。
- 输出结点或阱点:只有输入支路的结点,它对应的是因变量(即输出信号)。
- 混合结点:既有输入支路又有输出支路的结点。结点输出支路都是相等的,输出等于所有输入支路之和。
- 通路:沿支路箭头方向通过各相连支路的途径。
- 开通路:通路与任一结点相交不多于一次。
- 通路增益:通路中各支路转移函数的乘积。
- 前向通路:从源点到结点的开通路。
- 环路:起点与终点相同,且与其他结点相交不多于一次的通路,又称闭通路。

【例 7-1】 图 7-3 所示流图中 X_1, X_2, X_3 以及各转移函数均已知，求 X_5, X_6 结点输出。

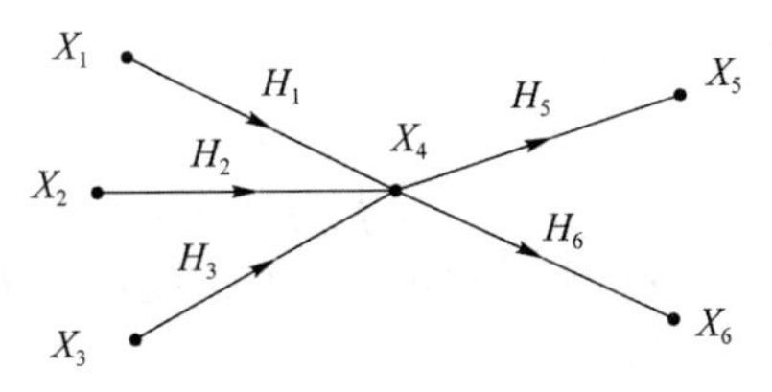

图 7-3

解:根据其流图关系可得 $X_5 = X_4 H_5, X_6 = X_4 H_6$，其中：

$$X_4 = X_1 H_1 + X_2 H_2 + X_3 H_3。$$

7.2.2　梅森增益公式

对于用信号流图表示的单输入-单输出系统，其系统函数 H 可以使用梅森增益公式得到。梅森增益公式为

$$H = \frac{1}{\Delta}\sum_k g_k \Delta_k。\tag{7.2.1}$$

系数分母部分的 Δ 称为流图的特征行列式，定义为

$$\Delta = 1 - \sum_a L_a + \sum_{b,c} L_b L_c - \sum_{d,e,f} L_d L_e L_f + \cdots,\tag{7.2.2}$$

其中，$\sum\limits_a L_a$ 代表所有环路增益之和，$\sum\limits_{b,c} L_b L_c$ 代表每两个互不接触环路增益乘积之和，$\sum\limits_{d,e,f} L_d L_e L_f$ 代表每三个互不接触环路增益乘积之和，以此类推。

k 表示由源点到阱点的所有前向通路的标号。

g_k 表示由源点到阱点的第 k 条前向通路的增益。

Δ_k 表示第 k 条前向通路特征行列式的余因子，是除去与第 k 条前向通路相接触的环路外，余下流图部分的特征行列式。

【例 7-2】 写出图 7-4 所示信号流图所表示的系统函数。

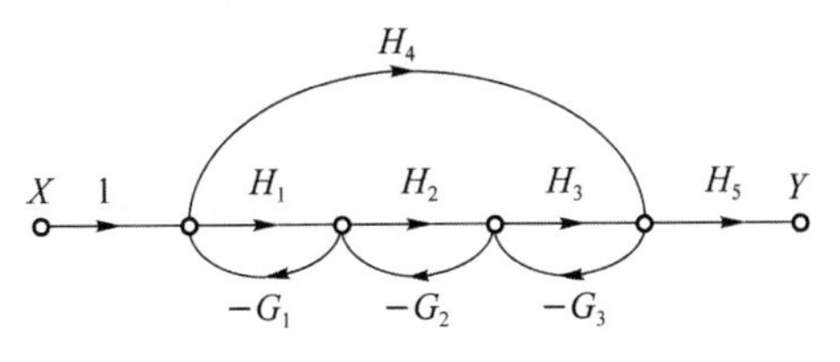

图 7-4

解:分析信号流图可得，流图中包含 4 个环路，环路增益分别为 $-H_1G_1, -H_2G_2, -H_3G_3, -H_4G_1G_2G_3$，包含 1 组两两互不接触环路，环路增益为 $H_1G_1H_3G_3$。所以特征行列式为

$$\Delta=1+H_1G_1+H_2G_2+H_3G_3+H_4G_1G_2G_3+H_1G_1H_3G_3。$$

流图包含 2 条前向通路：增益为 H_4H_5 的前向通路，余因子为 $1+H_2G_2$；增益为 $H_1H_2H_3H_5$ 的前向通路，余因子为 1。

根据梅森增益公式可得

$$H=\frac{H_1H_2H_3H_5+H_4H_5(1+H_2G_2)}{1+H_1G_1+H_2G_2+H_3G_3+H_4G_1G_2G_3+H_1G_1H_3G_3}。$$

7.3 状态方程的建立

梅森增益公式在处理环路比较复杂的系统结构时非常困难，各种环路的接触关系很容易出错，相对而言，用状态变量处理信号流图的方法可操作性更强。状态变量分析方法可分为状态方程的建立与求解两个主要步骤。状态方程的建立过程非常简单直接。下面分别介绍连续时间系统与离散时间系统的状态方程建立方法。

7.3.1 连续时间系统的状态方程

连续时间系统的流图通常以积分器作为基本运算单元，积分器在复频域的信号流图表示如图 7-5 所示。

连续时间系统一般选择积分器后端的结点输出作为状态变量。连续时间系统的常见信号流图结构主要包含直接型、级联型、并联型，在此一一举例介绍其状态方程的建立。

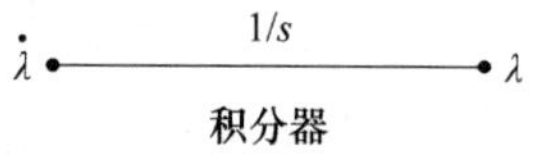

$\dot{\lambda}$ —— 1/s —— λ

积分器

图 7-5

【例 7-3】 写出图 7-6 所示直接型信号流图所表示的系统的状态方程和输出方程。

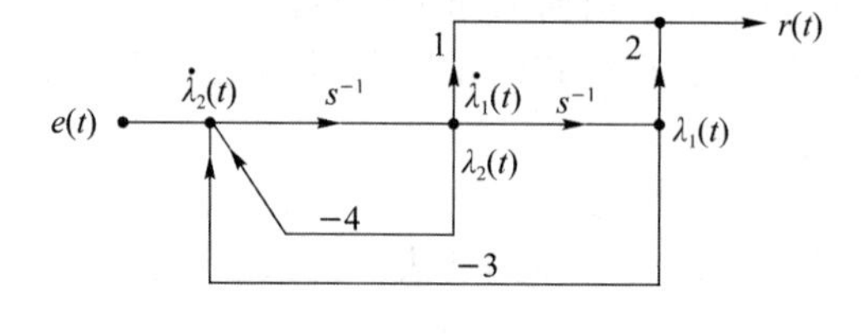

图 7-6

解：取积分器的输出作为状态变量，如图 7-6 中的 $\lambda_1(t)$ 和 $\lambda_2(t)$，根据积分器的输入结点列状态方程，

$$\dot{\lambda}_1(t)=\lambda_2(t),$$

$$\dot{\lambda}_2(t)=-3\lambda_1(t)-4\lambda_2(t)+e(t)。$$

输出方程为

$$r(t)=2\lambda_1(t)+\lambda_2(t)。$$

【例 7-4】 写出图 7-7 所示并联型信号流图所表示的系统的状态方程和输出方程。

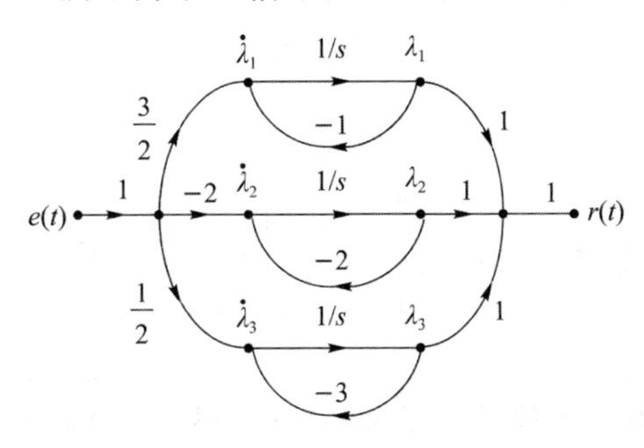

图 7-7

解:取积分器的输出作为状态变量,如图 7-7 中的 $\lambda_1(t)$,$\lambda_2(t)$和 $\lambda_3(t)$。状态方程为

$$\begin{cases}\dot{\lambda}_1=-\lambda_1+\dfrac{3}{2}e(t)\\ \dot{\lambda}_2=-2\lambda_2-2e(t)\\ \dot{\lambda}_3=-3\lambda_3+\dfrac{1}{2}e(t)\end{cases},$$

输出方程为

$$r(t)=\lambda_1+\lambda_2+\lambda_3。$$

表示成矩阵形式的状态方程和输出方程为

$$\begin{bmatrix}\dot{\lambda}_1\\ \dot{\lambda}_2\\ \dot{\lambda}_3\end{bmatrix}=\begin{bmatrix}-1&0&0\\0&-2&0\\0&0&-3\end{bmatrix}\begin{bmatrix}\lambda_1\\ \lambda_2\\ \lambda_3\end{bmatrix}+\begin{bmatrix}\dfrac{3}{2}\\ -2\\ \dfrac{1}{2}\end{bmatrix}e(t),\quad r(t)=[1,1,1]\begin{bmatrix}\lambda_1\\ \lambda_2\\ \lambda_3\end{bmatrix}。$$

【例 7-5】 写出图 7-8 所示级联型信号流图所表示的系统的状态方程和输出方程。

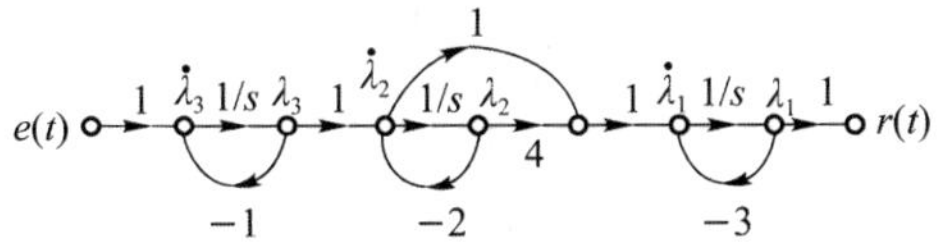

图 7-8

解:取积分器的输出作为状态变量,如图 7-8 中的 $\lambda_1(t)$,$\lambda_2(t)$和 $\lambda_3(t)$。状态方程为

$$\begin{cases}\dot{\lambda}_1=-3\lambda_1+4\lambda_2+\dot{\lambda}_2=-3\lambda_1+4\lambda_2+(\lambda_3-2\lambda_2)=-3\lambda_1+2\lambda_2+\lambda_3\\ \dot{\lambda}_2=-2\lambda_2+\lambda_3\\ \dot{\lambda}_3=-\lambda_3+e(t)\end{cases},$$

输出方程为

$$r(t)=\lambda_1。$$

矩阵形式表示为

$$\begin{bmatrix}\dot{\lambda}_1\\ \dot{\lambda}_2\\ \dot{\lambda}_3\end{bmatrix}=\begin{bmatrix}-3 & 2 & 1\\ 0 & -2 & 1\\ 0 & 0 & -1\end{bmatrix}\begin{bmatrix}\lambda_1\\ \lambda_2\\ \lambda_3\end{bmatrix}+\begin{bmatrix}0\\ 0\\ 1\end{bmatrix}e(t),\quad r(t)=[1,0,0]\begin{bmatrix}\lambda_1\\ \lambda_2\\ \lambda_3\end{bmatrix}。$$

当然，在实际应用中遇到的信号流图未必是这些基本结构，不过建立状态方程的基本思路是一致的。

7.3.2 离散时间系统的状态方程

离散时间系统的流图通常以差分器（或移位器）作为基本运算单元，差分器在复频域的信号流图表示如图 7-9 所示。

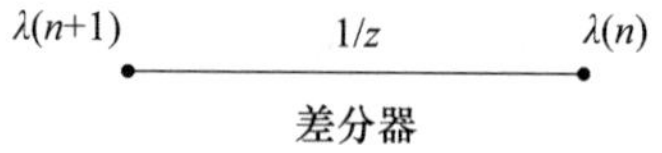

$\lambda(n+1)$ 1/z $\lambda(n)$

差分器

图 7-9

离散时间系统一般选择差分器后端的结点输出作为状态变量，把差分器前端的结点输出放在状态方程左侧。

【例 7-6】 图 7-10 所示为一个多输入-多输出离散时间系统，写出信号流图所表示的系统的状态方程和输出方程。

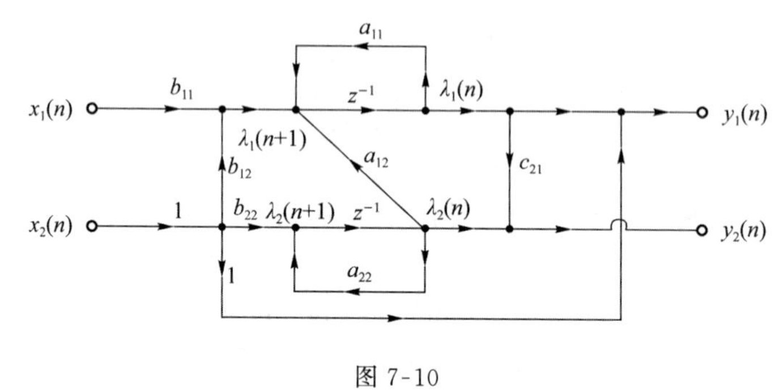

图 7-10

解：取差分器的输出作为状态变量，如图 7-10 中的 $\lambda_1(n)$，$\lambda_2(n)$。状态方程为

$$\lambda_1(n+1)=a_{11}\lambda_1(n)+a_{12}\lambda_2(n)+b_{11}x_1(n)+b_{12}x_2(n),$$

$$\lambda_2(n+1)=a_{22}\lambda_2(n)+b_{22}x_2(n),$$

输出方程为

$$y_1(n)=\lambda_1(n)+x_2(n),$$

$$y_2(n)=c_{21}\lambda_1(n)+\lambda_2(n)。$$

表示成矩阵形式的状态方程为

$$\begin{bmatrix}\lambda_1(n+1)\\ \lambda_2(n+1)\end{bmatrix}=\begin{bmatrix}a_{11} & a_{12}\\ 0 & a_{22}\end{bmatrix}\begin{bmatrix}\lambda_1(n)\\ \lambda_2(n)\end{bmatrix}+\begin{bmatrix}b_{11} & b_{12}\\ 0 & b_{22}\end{bmatrix}\begin{bmatrix}x_1(n)\\ x_2(n)\end{bmatrix},$$

输出方程为

$$\begin{bmatrix}y_1(n)\\ y_2(n)\end{bmatrix}=\begin{bmatrix}1 & 0\\ c_{21} & 1\end{bmatrix}\begin{bmatrix}\lambda_1(n)\\ \lambda_2(n)\end{bmatrix}+\begin{bmatrix}0 & 1\\ 0 & 0\end{bmatrix}\begin{bmatrix}x_1(n)\\ x_2(n)\end{bmatrix}。$$

由连续时间系统与离散时间系统的状态方程建立方法可知，状态方程组的每一个方程都只需要关注与结点相连的几条支路，相对于梅森增益公式中每一项都需要全局考虑所有环路关系的情况，列写难度大幅降低。

7.4　状态方程的求解

状态方程的求解比状态方程的建立过程复杂一些，主要在于求解的运算量非常庞大。不过由于可以直接套用矩阵运算法则，所以逻辑思路还是很清晰的。状态方程的求解分为时域方法和复频域方法，因为时域方法涉及求解微分、差分方程，而复频域方法全为代数运算，所以复频域方法更加简便。当然，不管是哪种方法都会涉及矩阵运算。

7.4.1　连续时间系统状态方程的求解

设已知状态方程和其初状态条件，

$$\begin{bmatrix}\frac{\mathrm{d}}{\mathrm{d}t}\lambda_1(t)\\ \frac{\mathrm{d}}{\mathrm{d}t}\lambda_2(t)\\ \vdots\\ \frac{\mathrm{d}}{\mathrm{d}t}\lambda_k(t)\end{bmatrix}=\boldsymbol{A}\begin{bmatrix}\lambda_1(t)\\ \lambda_2(t)\\ \vdots\\ \lambda_k(t)\end{bmatrix}+\boldsymbol{B}\begin{bmatrix}e_1(t)\\ e_2(t)\\ \vdots\\ e_m(t)\end{bmatrix},\quad \boldsymbol{\lambda}(0_-)=\begin{bmatrix}\lambda_1(0_-)\\ \lambda_2(0_-)\\ \vdots\\ \lambda_k(0_-)\end{bmatrix},$$

对其左右两侧做拉普拉斯变换可得

$$\begin{bmatrix}s\Lambda_1(s)-\lambda_1(0_-)\\ s\Lambda_2(s)-\lambda_2(0_-)\\ \vdots\\ s\Lambda_k(s)-\lambda_k(0_-)\end{bmatrix}=\boldsymbol{A}\begin{bmatrix}\Lambda_1(s)\\ \Lambda_2(s)\\ \vdots\\ \Lambda_k(s)\end{bmatrix}+\boldsymbol{B}\begin{bmatrix}E_1(s)\\ E_2(s)\\ \vdots\\ E_m(s)\end{bmatrix}。$$

把状态变量、初状态条件、输入信号用矢量形式表示为 $\boldsymbol{\Lambda}(s)$，$\boldsymbol{\lambda}(0_-)$，$\boldsymbol{E}(s)$，则状态方程化为

$$s\boldsymbol{\Lambda}(s)-\boldsymbol{\lambda}(0_-)=\boldsymbol{A}\boldsymbol{\Lambda}(s)+\boldsymbol{B}\boldsymbol{E}(s),$$

整理得到

$$(s\boldsymbol{I}-\boldsymbol{A})\boldsymbol{\Lambda}(s)=\boldsymbol{\lambda}(0_-)+\boldsymbol{B}\boldsymbol{E}(s),$$

其中，$\boldsymbol{I}$ 为单位矩阵。此时在方程左右两侧左乘 $(s\boldsymbol{I}-\boldsymbol{A})^{-1}$ 即可解得状态矢量，

$$\boldsymbol{\Lambda}(s)=(s\boldsymbol{I}-\boldsymbol{A})^{-1}\boldsymbol{\lambda}(0_-)+(s\boldsymbol{I}-\boldsymbol{A})^{-1}\boldsymbol{B}\boldsymbol{E}(s)。\tag{7.4.1}$$

逆矩阵的求解方法是

$$\boldsymbol{K}^{-1}=\frac{\mathrm{adj}(\boldsymbol{K})}{\det(\boldsymbol{K})}, \tag{7.4.2}$$

其中，adj($\boldsymbol{K}$)是矩阵的伴随矩阵，det($\boldsymbol{K}$)是矩阵的行列式。

可见，状态方程求解的关键即$(s\boldsymbol{I}-\boldsymbol{A})^{-1}$，通常把这个矩阵用$\boldsymbol{\Phi}(s)$表示，称为特征矩阵或预解矩阵。状态矢量的解就是

$$\boldsymbol{\Lambda}(s)=\boldsymbol{\Phi}(s)\boldsymbol{\lambda}(0_-)+\boldsymbol{\Phi}(s)\boldsymbol{B}\boldsymbol{E}(s), \tag{7.4.3}$$

求得状态矢量后，系统的任意输出结果都可以用状态矢量和输入矢量的组合得到。若输出方程为

$$\boldsymbol{R}(s)=\boldsymbol{C}\boldsymbol{\Lambda}(s)+\boldsymbol{D}\boldsymbol{E}(s), \tag{7.4.4}$$

则代入状态矢量得到

$$\boldsymbol{R}(s)=\boldsymbol{C}\boldsymbol{\Phi}(s)\boldsymbol{\lambda}(0_-)+[\boldsymbol{C}\boldsymbol{\Phi}(s)\boldsymbol{B}+\boldsymbol{D}]\boldsymbol{E}(s), \tag{7.4.5}$$

其中，$[\boldsymbol{C}\boldsymbol{\Phi}(s)\boldsymbol{B}+\boldsymbol{D}]\boldsymbol{E}(s)$是零状态响应，$\boldsymbol{C}\boldsymbol{\Phi}(s)\boldsymbol{\lambda}(0_-)$是零输入响应。作用于输入信号得到零状态响应的矩阵被称为转移函数矩阵，

$$\boldsymbol{H}(s)=\boldsymbol{C}\boldsymbol{\Phi}(s)\boldsymbol{B}+\boldsymbol{D}。 \tag{7.4.6}$$

7.4.2 离散时间系统状态方程的求解

离散时间系统状态方程的求解思路与连续时间系统基本一致，主要区别在于 z 变换时单边位移性质与拉普拉斯变换的微分性质表现形式稍有区别。

有离散时间系统的状态方程和输出方程

$$\begin{cases}\boldsymbol{\lambda}(n+1)=\boldsymbol{A}\boldsymbol{\lambda}(n)+\boldsymbol{B}\boldsymbol{x}(n)\\ \boldsymbol{y}(n)=\boldsymbol{C}\boldsymbol{\lambda}(n)+\boldsymbol{D}\boldsymbol{x}(n)\end{cases},$$

方程两侧取 z 变换，利用 z 变换的单边左移位性质得到

$$\begin{cases}z\boldsymbol{\Lambda}(z)-z\boldsymbol{\lambda}(0)=\boldsymbol{A}\boldsymbol{\Lambda}(z)+\boldsymbol{B}\boldsymbol{X}(z)\\ \boldsymbol{Y}(z)=\boldsymbol{C}\boldsymbol{\Lambda}(z)+\boldsymbol{D}\boldsymbol{X}(z)\end{cases},$$

整理状态方程得到其解为

$$\boldsymbol{\Lambda}(z)=(z\boldsymbol{I}-\boldsymbol{A})^{-1}z\boldsymbol{\lambda}(0)+(z\boldsymbol{I}-\boldsymbol{A})^{-1}\boldsymbol{B}\boldsymbol{X}(z)。 \tag{7.4.7}$$

把离散时间系统的特征矩阵定义为$\boldsymbol{\Phi}(z)=(z\boldsymbol{I}-\boldsymbol{A})^{-1}$，所以状态矢量为

$$\boldsymbol{\Lambda}(z)=\boldsymbol{\Phi}(z)z\boldsymbol{\lambda}(0)+\boldsymbol{\Phi}(z)\boldsymbol{B}\boldsymbol{X}(z), \tag{7.4.8}$$

输出矩阵为

$$\boldsymbol{Y}(z)=\boldsymbol{C}\boldsymbol{\Phi}(z)z\boldsymbol{\lambda}(0)+[\boldsymbol{C}\boldsymbol{\Phi}(z)\boldsymbol{B}+\boldsymbol{D}]\boldsymbol{X}(z), \tag{7.4.9}$$

其中，$[\boldsymbol{C}\boldsymbol{\Phi}(z)\boldsymbol{B}+\boldsymbol{D}]\boldsymbol{X}(z)$是零状态响应，$\boldsymbol{C}\boldsymbol{\Phi}(z)z\boldsymbol{\lambda}(0)$是零输入响应。转移函数矩阵为

$$\boldsymbol{H}(z)=\boldsymbol{C}\boldsymbol{\Phi}(z)\boldsymbol{B}+\boldsymbol{D}。 \tag{7.4.10}$$

此外，在离散时间系统中还经常会关注零输入条件下，完全由初状态引起的响应。对零输入响应取逆 z 变换可得

$$\boldsymbol{\lambda}(n)=\mathscr{Z}^{-1}[(z\boldsymbol{I}-\boldsymbol{A})^{-1}z]\boldsymbol{\lambda}(0), \tag{7.4.11}$$

于是定义离散时间系统的状态转移矩阵为

$$\boldsymbol{A}^n=\mathscr{Z}^{-1}[(z\boldsymbol{I}-\boldsymbol{A})^{-1}z]=\mathscr{Z}^{-1}[(\boldsymbol{I}-z^{-1}\boldsymbol{A})^{-1}]。 \tag{7.4.12}$$

状态转移矩阵决定了系统的自由运动情况。

【例 7-7】 已建立状态方程和输出方程为

$$\begin{bmatrix}\frac{d}{dt}\lambda_1(t)\\ \frac{d}{dt}\lambda_2(t)\end{bmatrix}=\begin{bmatrix}1 & 2\\ 0 & -1\end{bmatrix}\begin{bmatrix}\lambda_1(t)\\ \lambda_2(t)\end{bmatrix}+\begin{bmatrix}0 & 1\\ 1 & 0\end{bmatrix}\begin{bmatrix}e_1(t)\\ e_2(t)\end{bmatrix},$$

$$\begin{bmatrix}r_1(t)\\ r_2(t)\end{bmatrix}=\begin{bmatrix}1 & 1\\ 0 & -1\end{bmatrix}\begin{bmatrix}\lambda_1(t)\\ \lambda_2(t)\end{bmatrix}+\begin{bmatrix}1 & 0\\ 1 & 0\end{bmatrix}\begin{bmatrix}e_1(t)\\ e_2(t)\end{bmatrix},$$

起始状态为 $\begin{bmatrix}\lambda_1(0_-)\\ \lambda_2(0_-)\end{bmatrix}=\begin{bmatrix}1\\ 0\end{bmatrix}$，输入矩阵为 $\begin{bmatrix}e_1(t)\\ e_2(t)\end{bmatrix}=\begin{bmatrix}0\\ u(t)\end{bmatrix}$。用拉氏变换法求响应 $\boldsymbol{r}(t)$ 和转移函数矩阵 $\boldsymbol{H}(s)$。

解：①首先求特征矩阵。

$$s\boldsymbol{I}-\boldsymbol{A}=s\begin{bmatrix}1 & 0\\ 0 & 1\end{bmatrix}-\begin{bmatrix}1 & 2\\ 0 & -1\end{bmatrix}=\begin{bmatrix}s-1 & -2\\ 0 & s+1\end{bmatrix},$$

其行列式和伴随矩阵分别为

$$\det(s\boldsymbol{I}-\boldsymbol{A})=(s-1)(s+1),$$

$$\mathrm{adj}(s\boldsymbol{I}-\boldsymbol{A})=\begin{bmatrix}s+1 & 2\\ 0 & s-1\end{bmatrix}。$$

所以特征矩阵 $\boldsymbol{\Phi}(s)$ 为

$$\boldsymbol{\Phi}(s)=\frac{\mathrm{adj}(s\boldsymbol{I}-\boldsymbol{A})}{\det(s\boldsymbol{I}-\boldsymbol{A})}=\begin{bmatrix}\frac{1}{s-1} & \frac{2}{(s-1)(s+1)}\\ 0 & \frac{1}{s+1}\end{bmatrix}。$$

② 求转移函数矩阵 $\boldsymbol{H}(s)$。

$$\begin{aligned}\boldsymbol{H}(s)&=\boldsymbol{C\Phi}(s)\boldsymbol{B}+\boldsymbol{D}\\ &=\begin{bmatrix}1 & 1\\ 0 & -1\end{bmatrix}\begin{bmatrix}\frac{1}{s-1} & \frac{2}{(s-1)(s+1)}\\ 0 & \frac{1}{s+1}\end{bmatrix}\begin{bmatrix}0 & 1\\ 1 & 0\end{bmatrix}+\begin{bmatrix}1 & 0\\ 1 & 0\end{bmatrix}\\ &=\begin{bmatrix}\frac{s}{s-1} & \frac{1}{s-1}\\ \frac{s}{s+1} & 0\end{bmatrix}。\end{aligned}$$

③ 求输出矩阵 $\boldsymbol{r}(t)$。

$$\begin{aligned}\boldsymbol{R}(s)&=\boldsymbol{C\Phi}(s)\boldsymbol{\lambda}(0_-)+\boldsymbol{H}(s)\boldsymbol{E}(s)\\ &=\begin{bmatrix}1 & 1\\ 0 & -1\end{bmatrix}\begin{bmatrix}\frac{1}{s-1} & \frac{2}{(s-1)(s+1)}\\ 0 & \frac{1}{s+1}\end{bmatrix}\begin{bmatrix}1\\ 0\end{bmatrix}+\begin{bmatrix}\frac{s}{s-1} & \frac{1}{s-1}\\ \frac{s}{s+1} & 0\end{bmatrix}\begin{bmatrix}0\\ \frac{1}{s}\end{bmatrix}\\ &=\begin{bmatrix}\frac{2}{s-1}-\frac{1}{s}\\ 0\end{bmatrix},\end{aligned}$$

所以 $\begin{bmatrix}r_1(t)\\ r_2(t)\end{bmatrix}=\begin{bmatrix}2e^{t}u(t)-u(t)\\ 0\end{bmatrix}$。

7.5 系统的可控制性和可观测性

7.5.1 状态矢量的线性变换

一般来说,一个系统的状态能用不同方式来表征,但不同状态变量之间存在着线性变换关系。这种线性变换对于简化系统分析是很有用的。例如,在判断系统的可控制性(简称可控性)和可观测性(简称可观性)时,如果 $\boldsymbol{A}$ 矩阵为对角阵,则可以直接利用 $\boldsymbol{B}$ 矩阵和 $\boldsymbol{C}$ 矩阵的特点来进行判断。

设有非奇异矩阵 $\boldsymbol{P}$(称为模态矩阵或变换矩阵),使状态矢量 $\boldsymbol{x}(t)$ 经线性变换成为新状态矢量 $\boldsymbol{g}(t)$,$\boldsymbol{g}(t)=\boldsymbol{P}\boldsymbol{x}(t)$,则在新的状态变量下,状态方程与输出方程中的系数矩阵 $\hat{\boldsymbol{A}}$,$\hat{\boldsymbol{B}}$,$\hat{\boldsymbol{C}}$,$\hat{\boldsymbol{D}}$ 与原方程中的 $\boldsymbol{A}$,$\boldsymbol{B}$,$\boldsymbol{C}$,$\boldsymbol{D}$ 之间满足如下关系:

$$\begin{cases}\hat{\boldsymbol{A}}=\boldsymbol{P}\boldsymbol{A}\boldsymbol{P}^{-1}\\ \hat{\boldsymbol{B}}=\boldsymbol{P}\boldsymbol{B}\\ \hat{\boldsymbol{C}}=\boldsymbol{C}\boldsymbol{P}^{-1}\\ \hat{\boldsymbol{D}}=\boldsymbol{D}\end{cases}。\tag{7.5.1}$$

【例 7-8】 给定系统的状态方程为

$$\dot{\boldsymbol{x}}=\begin{bmatrix}0 & 1\\ -2 & -3\end{bmatrix}\boldsymbol{x}+\begin{bmatrix}1\\ 2\end{bmatrix}\boldsymbol{e},$$

给定变换矩阵为

$$\boldsymbol{P}=\begin{bmatrix}1 & 1\\ 1 & -1\end{bmatrix}。$$

求新的状态方程,并验证 $\hat{\boldsymbol{A}}$ 和 $\boldsymbol{A}$ 的特征值是相同的。

分析:为了求出新的状态方程,只要求出 $\hat{\boldsymbol{A}}$,$\hat{\boldsymbol{B}}$ 矩阵即可。

解:MATLAB 程序如下:

```
close all;clear;
A = [0 1; - 2 - 3];B = [1 2]′;P = [1 1;1 - 1];
Ahat = P * A * inv(P)
Bhat = P * B
% 变换前后系统的特征值
eigenvalues = eig(A)
eigenvalues_hat = eig(Ahat)
syms s
% 变换前后的特征多项式
eigenfunction1 = det(s * eye(2) - A)
eigenfunction2 = det(s * eye(2) - Ahat)
```

MATLAB 程序运行结果如下：

```
Ahat =
    -2    0
     3   -1
Bhat =
     3
    -1
eigenvalues =
    -1    0
     0   -2
eigenvalues_hat =
    -1    0
     0   -2
eigenfunction1 =
s^2 + 3*s + 2
eigenfunction2 =
s^2 + 3*s + 2
```

于是在给定变换下新的状态方程为

$$\dot{\boldsymbol{g}}=\begin{bmatrix}-2 & 0\\ 3 & -1\end{bmatrix}\boldsymbol{g}+\begin{bmatrix}3\\ -1\end{bmatrix}\boldsymbol{e},$$

可以看出，变换前后 $\hat{\boldsymbol{A}}$ 和 $\boldsymbol{A}$ 的特征值是相同的，$\hat{\boldsymbol{A}}$ 和 $\boldsymbol{A}$ 的特征方程也是一样的，都是$s^2+3s+2=0$。

7.5.2　由对角化的状态空间描述判断系统的可控制性和可观测性

考虑一个连续系统的对角化的状态空间描述

$$\dot{\boldsymbol{g}}(t)=\boldsymbol{\Lambda}\boldsymbol{g}(t)+\hat{\boldsymbol{B}}\boldsymbol{e}(t) \tag{7.5.2}$$

和

$$\boldsymbol{y}(t)=\hat{\boldsymbol{C}}\boldsymbol{g}(t)+\hat{\boldsymbol{D}}\boldsymbol{e}(t)。 \tag{7.5.3}$$

此处 $\boldsymbol{\Lambda}$ 是一个对角矩阵，其对角线上的非零元素就是矩阵 $\boldsymbol{A}$ 的特征值$\lambda_1,\lambda_2,\cdots,\lambda_N$，$N$ 为系统阶数。$\boldsymbol{\Lambda}$ 和 $\boldsymbol{A}$ 的关系为

$$\boldsymbol{\Lambda}=\boldsymbol{P}\boldsymbol{A}\boldsymbol{P}^{-1},$$

即

$$\boldsymbol{P}\boldsymbol{A}=\boldsymbol{\Lambda}\boldsymbol{P}。 \tag{7.5.4}$$

假定 $\lambda_1,\lambda_2,\cdots,\lambda_N$ 各不相同，变换矩阵 $\boldsymbol{P}$ 并不是唯一的。下面将借助于特征值分解问题来求矩阵 $\boldsymbol{P}$。数学上，$\boldsymbol{A}$ 的一个特征值分解可表示为

$$\boldsymbol{A}\boldsymbol{V}=\boldsymbol{V}\boldsymbol{\Lambda},$$

其中，$\boldsymbol{V}$ 是 $\boldsymbol{A}$ 的特征向量矩阵。对两边同时用 $\boldsymbol{V}^{-1}$进行前乘和后乘得到

$$\boldsymbol{V}^{-1}\boldsymbol{A}\boldsymbol{V}\boldsymbol{V}^{-1}=\boldsymbol{V}^{-1}\boldsymbol{V}\boldsymbol{\Lambda}\boldsymbol{V}^{-1}, \tag{7.5.5}$$

化简得到

$$\mathbf{V}^{-1}\mathbf{A}=\boldsymbol{\Lambda}\mathbf{V}^{-1}, \tag{7.5.6}$$

由此可见,一种合适的变换矩阵 $\boldsymbol{P}$ 可以由特征向量矩阵的逆矩阵 $\mathbf{V}^{-1}$ 给出,即

$$\boldsymbol{P}=\mathbf{V}^{-1}。 \tag{7.5.7}$$

【例 7-9】 给定系统的状态方程为

$$\dot{\boldsymbol{g}}=\begin{bmatrix}0 & 1\\ -2 & -3\end{bmatrix}\boldsymbol{g}+\begin{bmatrix}1\\ 2\end{bmatrix}\boldsymbol{e},$$

将其变为对角化矩阵状态方程。

解:MATLAB 程序如下:

```
% A 矩阵的对角化
clc;close all;clear;
A = [0 1; - 2  - 3];B = [1 2]';
[eigenvectors,eigenvalues] = eig(A);
% 求变换矩阵
P = inv(eigenvectors)
Ahat =  eigenvalues
Bhat = P * B
```

MATLAB 程序运行结果如下:

```
P =
     2.8284   1.4142
     2.2361   2.2361
Ahat  =
      - 1      0
        0   - 2
Bhat  =
     5.6569
     6.7082
```

于是得到变换后新的状态方程为

$$\dot{\boldsymbol{g}}=\begin{bmatrix}-1 & 0\\ 0 & -2\end{bmatrix}\boldsymbol{g}+\begin{bmatrix}5.656\,9\\ 6.708\,2\end{bmatrix}\boldsymbol{e},$$

可以看出,变换后 $\hat{\boldsymbol{A}}$ 为对角矩阵 $\boldsymbol{\Lambda}$。每个状态方程仅涉及一个状态变量,与其余的状态变量去(解)耦合,这样就将一个具有 N 个特征值的系统分成了 N 个互不耦合的系统。

在对角化的状态空间中,假定 $\lambda_1,\lambda_2,\cdots,\lambda_N$ 各不相同,状态方程具有如下形式:

$$\dot{g}_m=\lambda_m g_m+\sum_{n=1}^{j}\hat{b}_{mn}e_n,\quad m=1,2,\cdots,N, \tag{7.5.8}$$

若 $\hat{b}_{mn}(n=1,2,\cdots,j)$(矩阵 $\hat{\boldsymbol{B}}$ 的第 m 行)全为零,则

$$\dot{g}_m=\lambda_m g_m。 \tag{7.5.9}$$

由于这时变量 g_m 不与任何输入耦合，所以变量 g_m 是不可控制的。同时，由于变量对角化的性质，g_m 与剩余的 $N-1$ 个状态变量也是去耦合的，所以 g_m 与任何输入不存在任何形式的直接或间接的耦合，这个系统是不可控制的。与此相反，如果 $\hat{\boldsymbol{B}}$ 的第 m 行至少有一个元素非零，那么 g_m 至少要与一个输入相耦合，从而是可控制的。据此，当且仅当矩阵 $\hat{\boldsymbol{B}}$ 没有全零元素的行，一个具有对角化状态的系统是完全可控制的。

设输出方程为

$$y_i=\hat{c}_{i1}g_1+\hat{c}_{i2}g_2+\cdots+\hat{c}_{iN}g_N+\sum_{m=1}^{j}d_{im}e_m,\quad i=1,2,\cdots,k, \tag{7.5.10}$$

若 $\hat{c}_{im}=0$，那么状态 g_m 一定不会出现在 y_i 的表达式中。由于状态方程的对角化性质，全部状态都是去耦合的，所以状态 g_m 不可能直接或间接(通过其他状态)在输出 y_i 中被观测到。如果 $\hat{c}_{1m},\hat{c}_{2m},\cdots,\hat{c}_{km}$(矩阵 $\hat{\boldsymbol{C}}$ 的第 m 列)全为零，那么在 k 个输出的任何端口都不可能观测到状态 g_m，从而状态 g_m 是不可观测的。与此相反，若矩阵 $\hat{\boldsymbol{C}}$ 的第 m 列至少有一个元素不是零，那么状态 g_m 至少在一个输出上是可观测的。据此，当且仅当矩阵 $\hat{\boldsymbol{C}}$ 没有全零元素的列，一个具有对角化状态的系统是完全可观测的。

当特征根出现重根时，$\hat{\boldsymbol{A}}$ 矩阵会出现约当(Jordan)标准型，判断准则需要修订。另外，上述判断方法实际上对离散系统也是适用的。

【例 7-10】 已知系统的状态方程和输出方程分别为

$$\dot{\boldsymbol{x}}(t)=\begin{bmatrix}1 & 0\\1 & -1\end{bmatrix}\boldsymbol{x}(t)+\begin{bmatrix}1\\0\end{bmatrix}\boldsymbol{e}(t),\quad \boldsymbol{y}(t)=[1,-2]\boldsymbol{x}(t),$$

问:这个系统是否是可控制的？是否是可观测的？

分析:首先利用线性变换将矩阵 $\boldsymbol{A}$ 对角化，若矩阵 $\hat{\boldsymbol{B}}$ 中没有全零元素的行，则系统是完全可控制的，若矩阵 $\hat{\boldsymbol{C}}$ 中没有全零元素的列，则系统是完全可观测的。

解:MATLAB 程序如下:

```
 % 判断系统的可观测性和可控制性
clc;close all;clear;
A = [1 0;1 -1];B = [1 0]';C = [1 -2];D = 0;
 % 特征向量矩阵和特征值
[eigenvectors,eigenvalues] = eig(A);
 % 变换矩阵
P = inv(eigenvectors)
Ahat = eigenvalues
Bhat = P * B
Chat = C * inv(P)
flag_ctr = 0;
for ii = 1:length(A)
    if sum(abs(Bhat(ii,:)))<1e-6
        flag_ctr = 1;
    end
```

```
end
if flag_ctr = = 0
        disp('系统是可控制的');
    else
        disp('系统是不可控制的');
end
flag_obv = 0;
for ii = 1:length(A)
    if sum(abs(Chat(:,ii)))<1e-6
        flag_obv = 1;
    end
end
if flag_obv = = 0
        disp('系统是可观测的');
    else
        disp('系统是不可观测的');
end
```

MATLAB 程序运行结果如下：

```
P =
    1.1180         0
   -0.5000    1.0000
Ahat =
    1    0
    0   -1
Bhat =
    1.1180
   -0.5000
Chat =
    0  -2
系统是可控制的
系统是不可观测的
```

可以看出，矩阵 $\hat{\boldsymbol{B}}$ 中没有全零元素的行，则系统是可控制的，矩阵 $\hat{\boldsymbol{C}}$ 中有全零元素的列，则系统不是完全可观测的。

7.5.3 系统的可控制性和可观测性的满秩判别法

若可控阵 $\boldsymbol{M}=[\boldsymbol{B},\boldsymbol{AB},\boldsymbol{A}^2\boldsymbol{B},\cdots,\boldsymbol{A}^{N-1}\boldsymbol{B}]$ 为满秩，则系统为完全可控的，否则为不完全可控的。若可观阵 $\boldsymbol{N}=[\boldsymbol{C},\boldsymbol{CA},\cdots,\boldsymbol{CA}^{N-1}]^{\mathrm{T}}$ 为满秩，则系统为完全可观的，否则为不完全可观的。

MATLAB 提供了 rank 函数来求矩阵的秩，输入“rank(M)”即可求矩阵 **M** 的秩，即 **M** 的线性独立的行或列的个数。

【例 7-11】 利用满秩判别法判断例 7-10 给出的系统是否具有可控制性和可观测性。

解：MATLAB 程序如下：

```
% 利用满秩判别法判断系统的可控制性和可观测性
clc;close all;clear;
A = [1 0;1 -1];B = [1 0]';C = [1 -2];D = 0;
M = [B A * B]
rank_M = rank(M);
N = [C;C * A]
rank_N = rank(N);
if rank_M = = length(A)
    disp(['可控阵的秩为' num2str(rank_M) ', 系统是可控制的']);
else
    disp(['可控阵的秩为' num2str(rank_M) ', 系统是不可控制的']);
end
if rank_N = = length(A)
    disp(['可观阵的秩为' num2str(rank_N) ', 系统是可观测的']);
else
    disp(['可观阵的秩为' num2str(rank_N) ', 系统是不可观测的']);
end
```

MATLAB 程序运行结果如下：

```
M =
     1     1
     0     1
N =
     1    -2
    -1     2
可控阵的秩为 2, 系统是可控制的
可观阵的秩为 1, 系统是不可观测的
```

从执行结果中可以看出，可控阵是满秩的，所以系统具有可控制性，可观阵不是满秩的，所以系统不满足可观测性。

MATLAB 提供了 ctrb 函数和 obsv 函数来计算可控阵和可观阵。具体用法如下：

```
M = ctrb(A,B)    % 返回可控阵 [B AB A^2B …]
N = obsv(A,C)    % 返回可观阵 [C;CA;CA^2;…]
```

【例 7-12】 已知系统的状态方程和输出方程分别为

$$\dot{\boldsymbol{x}}(t)=\begin{bmatrix}-1 & -2 & -1\\ 0 & -3 & 0\\ 0 & 0 & -2\end{bmatrix}\boldsymbol{x}(t)+\begin{bmatrix}2\\ 1\\ 1\end{bmatrix}\boldsymbol{e}(t),\quad \boldsymbol{y}(t)=[1,-1,0]\boldsymbol{x}(t),$$

判断系统的可控制性和可观测性。

解:MATLAB 程序如下:

```
clc;close all;clear;
A = [ - 1  - 2  - 1;0  - 3 0;0 0  - 2];B = [2;1;1];C = [1  - 1 0];D = 0;
sys1 = ss(A,B,C,D);
% 将 A 矩阵对角化
sys2 = canon(sys1,'modal')
% 判断可控性
ct1 = rank(ctrb(A,B))
% 判断可观性
ob1 = rank(obsv(A,C))
```

MATLAB 程序运行结果如下:

```
a =
          x1    x2    x3
   x1    - 1     0     0
   x2      0   - 3     0
   x3      0     0   - 2
b =
            u1
   x1        0
   x2    2.062
   x3    1.118
c =
          x1   x2        x3
   y1      2    0    0.8944
d =
          u1
   y1      0
Continuous-time model.
ct1  =
     2
ob1  =
     2
```

ct1=2 表示可控阵不满秩,ob1=2 表示可观阵不满秩,系统不可控也不可观。矩阵 $\boldsymbol{A}$ 进行对角化变换后,矩阵 $\boldsymbol{b}$ 有全零行,矩阵 $\boldsymbol{c}$ 有全零列,也可以看出这一点。

【例 7-13】 已知系统的状态方程和输出方程分别为

$$\dot{\boldsymbol{x}}(t)=\begin{bmatrix}-1 & -2 & -1\\ 0 & -3 & 0\\ 0 & 0 & -2\end{bmatrix}\boldsymbol{x}(t)+\begin{bmatrix}2\\1\\1\end{bmatrix}\boldsymbol{e}(t),\quad \boldsymbol{y}(t)=[1,-1,0]\boldsymbol{x}(t),$$

求其特征方程和输入-输出转移函数矩阵。

解：MATLAB 程序如下：

```
clc;close all;clear
A=[-1 -2 -1;0 -3 0;0 0 -2];B=[2;1;1];C=[1 -1 0];D=0;
syms s
% 特征方程:eigenfunction=0
eigenfunction=det(s*eye(length(A))-A)
% 特征矩阵
F=inv(s*eye(length(A))-A);
% 求系统转移函数矩阵
H=C*F*B+D;H=simplify(H)
```

MATLAB 程序运行结果如下：

```
eigenfunction =
s^3 + 6*s^2 + 11*s + 6
H =
1/(s + 2)
```

由此可以看出，系统有 3 个特征值 -1，-2，-3，它们是此例得到的特征方程 $s^3+6s^2+11s+6=0$ 的 3 个根。但是系统转移函数却只有一个极点 -2，即系统具有零、极点相消现象，而转移函数只是反映了系统中可控和可观部分的运动规律，不能反映不可控和不可观部分的运动规律，这说明用系统转移函数来描述一个系统是不全面的。如果一个系统既是可控的又是可观的(大多数系统都是这样的)，那么转移函数就完全描述了这个系统，在这种情况下，内部描述和外部描述是等效的。

典型习题

1. 使用梅森增益公式求题 1 图所示系统的转移函数 $H(s)=\dfrac{R(s)}{E(s)}$，$H_1(s)=\dfrac{R(s)}{E_1(s)}$和 $H_2(s)=\dfrac{R(s)}{E_2(s)}$。

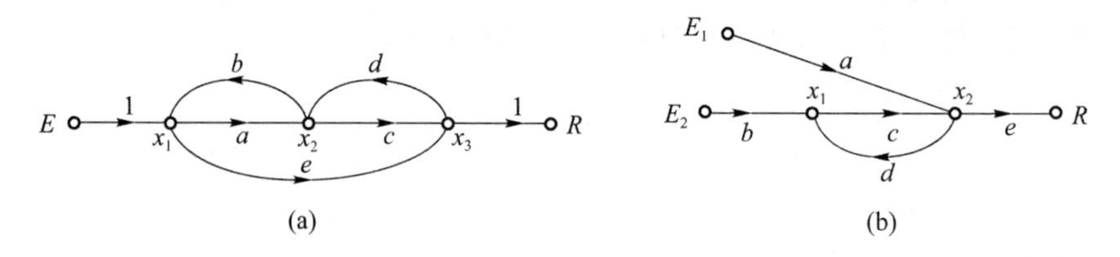

题 1 图

解:题 1 图(a)有 3 个环路,环路增益分别为 ab,cd,edb,没有互不接触的环路,所以

$$\Delta=1-ab-cd-edb。$$

有 2 条前向通路,通路增益分别为 e,ac,且与各环路都相接触,即各特征行列式的余子式都为 1,即 $\Delta_i=1,i=1,2$。

所以按梅森增益公式,

$$H=\frac{R}{E}=\frac{e+ac}{1-ab-cd-edb}。$$

题 1 图(b)有 1 个环路,环路增益为 cd,对输入 E_1 有 1 条前向通路,通路增益为 ae,所以

$$H_1=\frac{ae}{1-cd},$$

对输入 E_2 有 1 条前向通路,通路增益为 bce,所以

$$H_2=\frac{bce}{1-cd}。$$

2. 已知系统流图如题 2 图所示,列写状态方程和输出方程。

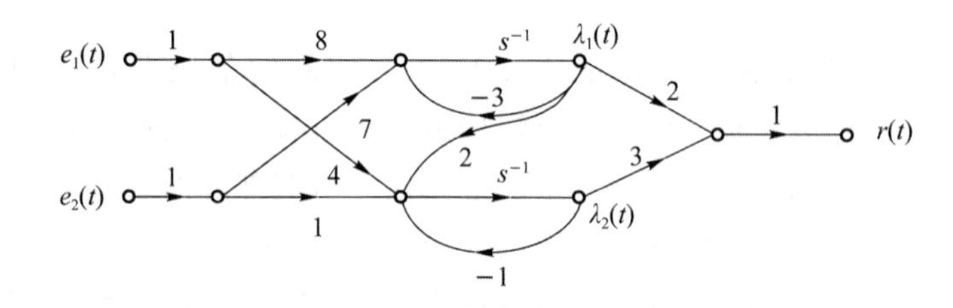

题 2 图

解:状态变量为积分器的输出,另以积分器的输入为状态方程左侧变量,根据图示关系得到

$$\begin{cases}\dot{\lambda}_1(t)=-3\lambda_1(t)+8e_1(t)+7e_2(t)\\ \dot{\lambda}_2(t)=2\lambda_1(t)-\lambda_2(t)+4e_1(t)+e_2(t)\end{cases},$$

输出方程为

$$r(t)=2\lambda_1(t)+3\lambda_2(t)。$$

3. 根据系统框图写出差分方程，并列写系统的状态方程与输出方程。

(1)

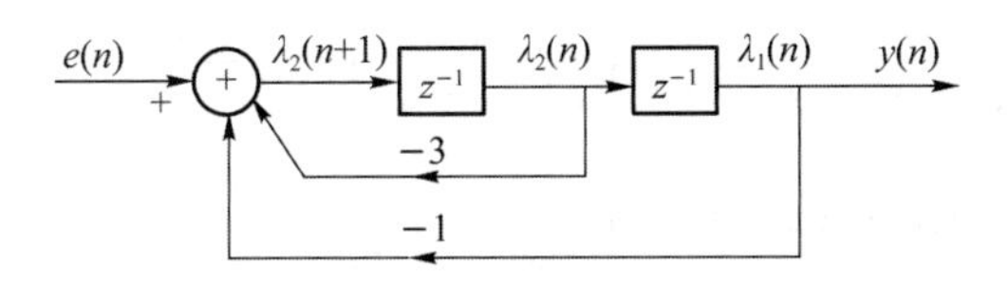

题 3 图 1

(2)

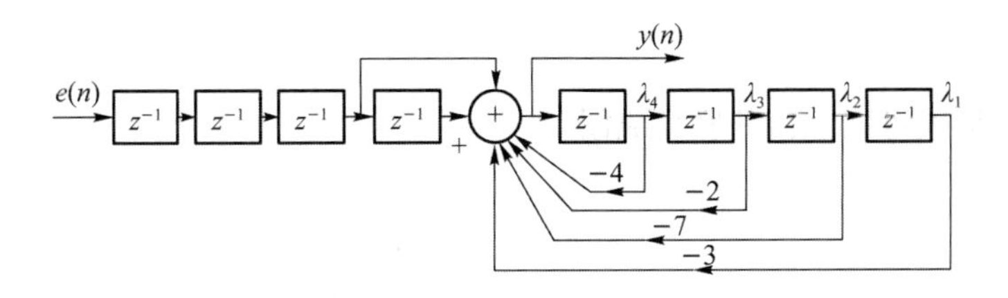

题 3 图 2

解：(1)系统差分方程为

$$y(n+2)+3y(n+1)+y(n)=e(n),$$

状态方程与输出方程分别为

$$\begin{cases}\lambda_1(n+1)=\lambda_2(n)\\ \lambda_2(n+1)=-\lambda_1(n)-3\lambda_2(n)+e(n)\end{cases},$$

$$y(n)=\lambda_1(n)。$$

(2) 系统差分方程为

$$y(n+4)+4y(n+3)+2y(n+2)+7y(n+1)+3y(n)=e(n+1)+e(n),$$

状态方程为

$$\begin{cases}\lambda_1(n+1)=\lambda_2(n)\\ \lambda_2(n+1)=\lambda_3(n)\\ \lambda_3(n+1)=\lambda_4(n)\\ \lambda_4(n+1)=-3\lambda_1(n)-7\lambda_2(n)-2\lambda_3(n)-4\lambda_4(n)+e(n-3)+e(n-4)\end{cases},$$

输出方程为

$$y(n)=-3\lambda_1(n)-7\lambda_2(n)-2\lambda_3(n)-4\lambda_4(n)+e(n-3)+e(n-4)。$$

4. 试用级联和并联形式模拟下列系统，并画出相应流图：

(1) $H(s)=\dfrac{5(s+1)}{s(s+2)(s+5)}$;

(2) $H(s)=\dfrac{s(s+2)}{(s+1)(s+3)(s+4)}$。

解:(1)系统函数可以改写为如下子系统相乘和相加形式:

$$H(s)=5\cdot\frac{1}{s}\cdot\left(1+\frac{-1}{s+2}\right)\cdot\left(\frac{1}{s+5}\right),\quad H(s)=\frac{1/2}{s}+\frac{5/6}{s+2}+\frac{-4/3}{s+5}。$$

根据相乘形式可以画出级联型流图:

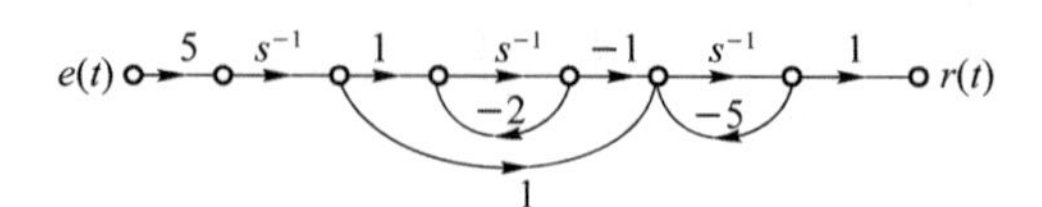

根据相加形式可以画出并联型流图:

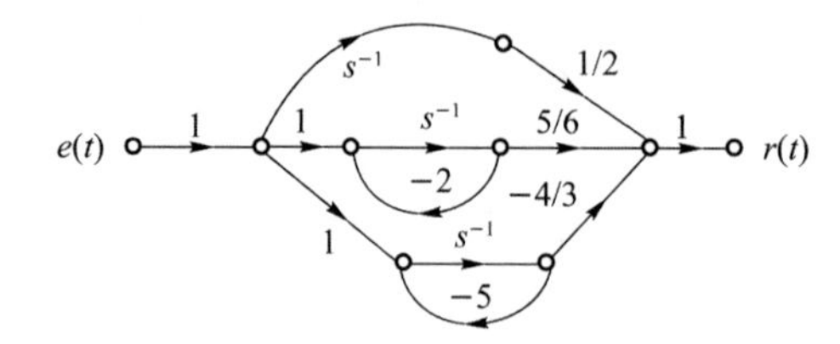

(2) 系统函数可以改写为如下子系统相乘和相加形式:

$$H(s)=\left(1+\frac{-1}{s+1}\right)\left(1+\frac{-1}{s+3}\right)\left(\frac{1}{s+4}\right),\quad H(s)=\frac{-1/6}{s+1}+\frac{-3/2}{s+3}+\frac{8/3}{s+4}。$$

根据相乘形式可以画出级联型流图:

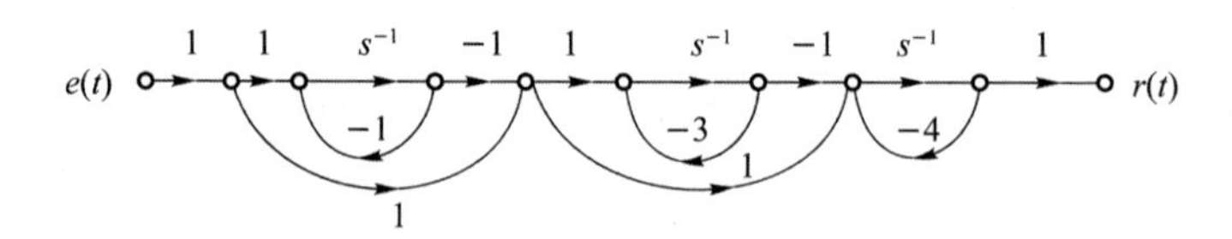

根据相加形式可以画出并联型流图:

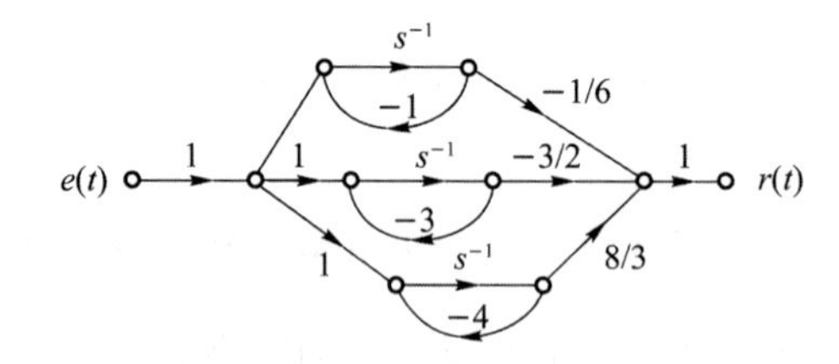

5. 用梅森增益公式求题 5 图所示各系统的系统函数。

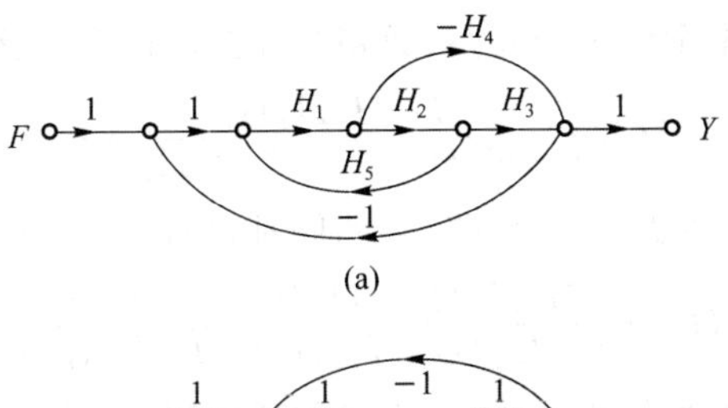

(a)

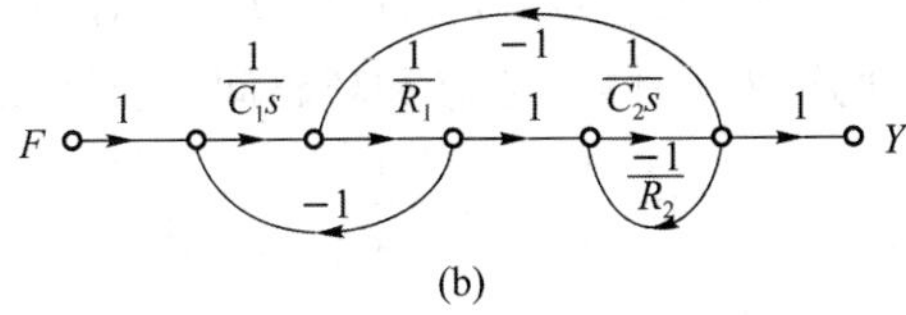

(b)

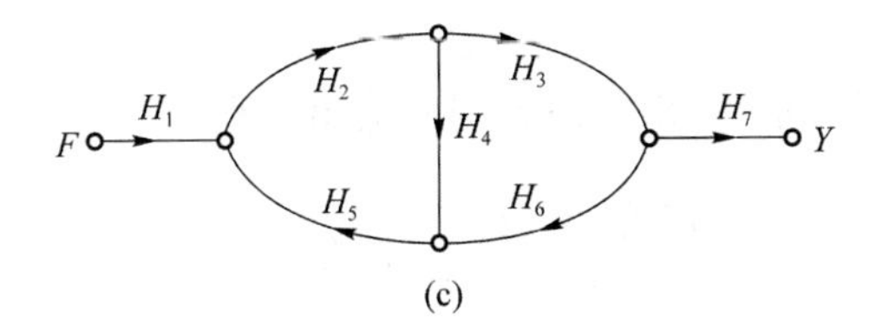

(c)

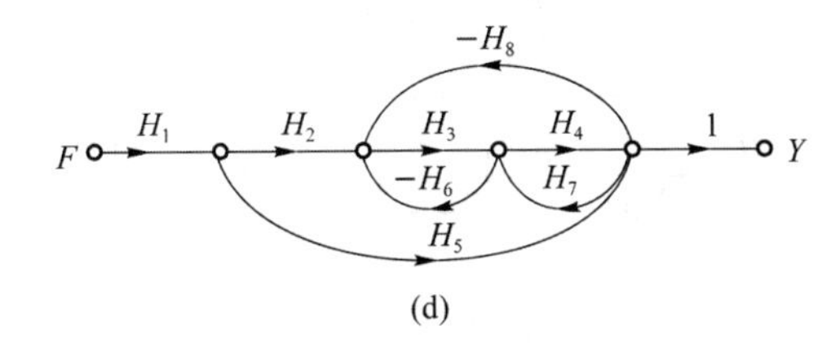

(d)

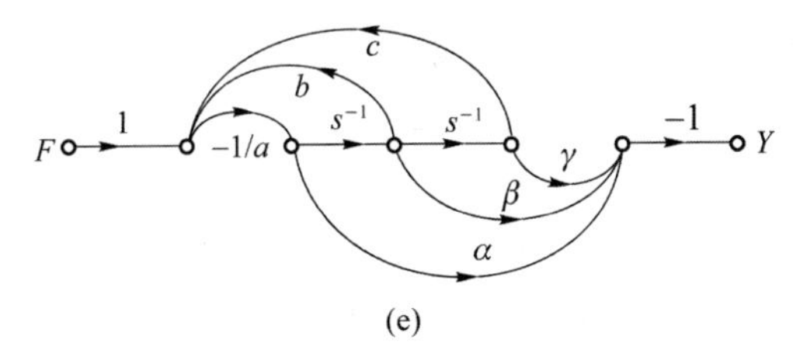

(e)

题 5 图

解:题 5 图(a):2 条前向通路,3 个环路,环路和环路间以及通路和环路间都接触。

$$H=\frac{H_1H_2H_3-H_1H_4}{1-H_1H_2H_5+H_1H_2H_3-H_1H_4}。$$

题 5 图(b):1 条前向通路,3 个环路,通路与所有环路都接触,有两个互不接触环路。

$$H=\frac{\frac{1}{C_1s}\cdot\frac{1}{R_1}\cdot\frac{1}{C_2s}}{1+\frac{1}{C_1R_1s}+\frac{1}{C_2R_2s}+\frac{1}{C_2R_1s}+\frac{1}{C_1R_1s}\cdot\frac{1}{C_2R_2s}}$$

$$=\frac{R_2}{C_1R_1C_2R_2s^2+C_2R_2s+C_1R_1s+C_1R_2s+1}。$$

题 5 图(c):1 条前向通路,2 个环路,通路和环路间以及环路和环路间都接触。

$$H=\frac{H_1H_2H_3H_7}{1-H_2H_4H_5-H_2H_3H_6H_5}。$$

题 5 图(d):2 条前向通路,3 个环路,环路间都接触,一条通路和一个环路不接触。

$$H=\frac{H_1H_2H_3H_4+H_1H_5(1+H_3H_6)}{1+H_3H_6-H_4H_7+H_3H_4H_8}。$$

题 5 图(e):3 条前向通路,2 个环路,通路和环路间以及环路和环路间都接触。

$$H=\frac{\frac{1}{a}s^{-2}\gamma+\frac{1}{a}s^{-1}\beta+\frac{1}{a}\alpha}{1+\frac{1}{a}s^{-2}c+\frac{1}{a}s^{-1}b}=\frac{\gamma+\beta s+\alpha s^2}{as^2+c+bs}。$$

6. 离散系统如题 6 图所示,写出状态方程和输出方程。

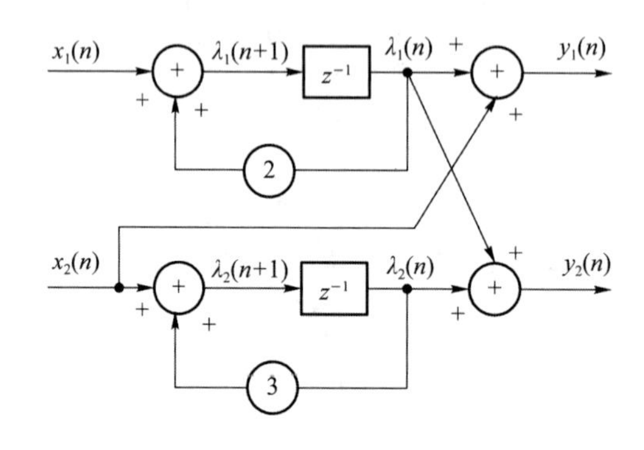

题 6 图

解:状态方程为

$$\lambda_1(n+1)=2\lambda_1(n)+x_1(n),$$
$$\lambda_2(n+1)=3\lambda_2(n)+x_2(n),$$

其矩阵形式为

$$\begin{bmatrix}\lambda_1(n+1)\\ \lambda_2(n+1)\end{bmatrix}=\begin{bmatrix}2 & 0\\ 0 & 3\end{bmatrix}\begin{bmatrix}\lambda_1(n)\\ \lambda_2(n)\end{bmatrix}+\begin{bmatrix}1 & 0\\ 0 & 1\end{bmatrix}\begin{bmatrix}x_1(n)\\ x_2(n)\end{bmatrix}。$$

用状态变量和输入序列表示输出方程则有

$$y_1(n)=\lambda_1(n)+x_2(n),$$
$$y_2(n)=\lambda_2(n)+\lambda_1(n),$$

其矩阵形式为

$$\begin{bmatrix}y_1(n)\\ y_2(n)\end{bmatrix}=\begin{bmatrix}1 & 0\\ 1 & 1\end{bmatrix}\begin{bmatrix}\lambda_1(n)\\ \lambda_2(n)\end{bmatrix}+\begin{bmatrix}0 & 1\\ 0 & 0\end{bmatrix}\begin{bmatrix}x_1(n)\\ x_2(n)\end{bmatrix}。$$

7. 已知某系统的状态方程和输出方程分别为

$$\begin{bmatrix}\dot{\lambda}_1(t)\\ \dot{\lambda}_2(t)\end{bmatrix}=\begin{bmatrix}0 & 1\\ -8 & -4\end{bmatrix}\begin{bmatrix}\lambda_1(t)\\ \lambda_2(t)\end{bmatrix}+\begin{bmatrix}0\\ 1\end{bmatrix}x(t),$$

$$y(t)=[-6,-1]\begin{bmatrix}\lambda_1(t)\\ \lambda_2(t)\end{bmatrix}+x(t),$$

试求系统函数 $H(s)$。

解：首先求解特征矩阵 $\boldsymbol{\Phi}(s)$，

$$\boldsymbol{\Phi}(s)=[s\boldsymbol{I}-\boldsymbol{A}]^{-1}=\begin{bmatrix}s & -1\\ 8 & s+4\end{bmatrix}^{-1}=\frac{1}{s^2+4s+8}\begin{bmatrix}s+4 & 1\\ -8 & s\end{bmatrix},$$

于是：

$$\begin{aligned}\boldsymbol{H}(s)&=\boldsymbol{C\Phi}(s)\boldsymbol{B}+\boldsymbol{D}\\ &=[-6,-1]\cdot\frac{1}{s^2+4s+8}\begin{bmatrix}s+4 & 1\\ -8 & s\end{bmatrix}\cdot\begin{bmatrix}0\\ 1\end{bmatrix}+[1]\\ &=\frac{-6-s}{s^2+4s+8}+1\\ &=\frac{s^2+3s+2}{s^2+4s+8}。\end{aligned}$$

8. 已知状态方程和输出方程分别为

$$\begin{cases}\dot{\boldsymbol{\lambda}}(t)=\boldsymbol{A\lambda}(t)+\boldsymbol{Bx}(t)\\ \boldsymbol{y}(t)=\boldsymbol{C\lambda}(t)+\boldsymbol{Dx}(t)\end{cases},\quad x(t)=u(t),$$

其中，系数矩阵和初状态矢量为

$$\boldsymbol{A}=\begin{bmatrix}-3 & 1\\ -2 & 0\end{bmatrix},\quad \boldsymbol{B}=\begin{bmatrix}1\\ 0\end{bmatrix},\quad \boldsymbol{C}=[0,1],\quad \boldsymbol{D}=\boldsymbol{0},\quad \boldsymbol{\lambda}(0_-)=\begin{bmatrix}2\\ 0\end{bmatrix}。$$

试求零输入响应和零状态响应。

解：首先求解特征矩阵 $\boldsymbol{\Phi}(s)$，

$$\boldsymbol{\Phi}(s)=[s\boldsymbol{I}-\boldsymbol{A}]^{-1}=\begin{bmatrix}s+3 & -1\\ 2 & s\end{bmatrix}^{-1}=\frac{1}{(s+1)(s+2)}\begin{bmatrix}s & 1\\ -2 & s+3\end{bmatrix},$$

于是可得 s 域零输入响应为

$$\begin{aligned}\boldsymbol{\Phi}(s)\boldsymbol{\lambda}(0_-)&=\frac{1}{(s+1)(s+2)}\begin{bmatrix}s & 1\\ -2 & s+3\end{bmatrix}\cdot\begin{bmatrix}2\\ 0\end{bmatrix}\\ &=\frac{1}{(s+1)(s+2)}\begin{bmatrix}2s\\ -4\end{bmatrix}\\ &=\begin{bmatrix}\dfrac{2s}{(s+1)(s+2)}\\ \dfrac{-4}{(s+1)(s+2)}\end{bmatrix}。\end{aligned}$$

s 域零状态响应为

$$\boldsymbol{\Phi}(s)\boldsymbol{B}\boldsymbol{X}(s)=\frac{1}{(s+1)(s+2)}\begin{bmatrix}s & 1\\ -2 & s+3\end{bmatrix}\cdot\begin{bmatrix}1\\0\end{bmatrix}\cdot\begin{bmatrix}\frac{1}{s}\end{bmatrix}$$

$$=\begin{bmatrix}\dfrac{s}{(s+1)(s+2)}\\ \dfrac{-2}{(s+1)(s+2)}\end{bmatrix}\cdot\begin{bmatrix}\frac{1}{s}\end{bmatrix}$$

$$=\begin{bmatrix}\dfrac{s}{s(s+1)(s+2)}\\ \dfrac{-2}{s(s+1)(s+2)}\end{bmatrix}。$$

解得状态变量时域零输入响应为

$$\begin{bmatrix}\lambda_{1\mathrm{zi}}(t)\\ \lambda_{2\mathrm{zi}}(t)\end{bmatrix}=\begin{bmatrix}4\mathrm{e}^{-2t}-2\mathrm{e}^{-t}\\ 4\mathrm{e}^{-2t}-4\mathrm{e}^{-t}\end{bmatrix},\quad t\geqslant 0\ 。$$

状态变量时域零状态响应为

$$\begin{bmatrix}\lambda_{1\mathrm{zs}}(t)\\ \lambda_{2\mathrm{zs}}(t)\end{bmatrix}=\begin{bmatrix}-\mathrm{e}^{-2t}+\mathrm{e}^{-t}\\ -\mathrm{e}^{-2t}+2\mathrm{e}^{-t}-1\end{bmatrix}u(t)。$$

输出的零输入响应和零状态响应为

$$y_{\mathrm{zi}}(t)=\boldsymbol{C}\boldsymbol{\lambda}_{\mathrm{zi}}(t)=[0,1]\begin{bmatrix}4\mathrm{e}^{-2t}-2\mathrm{e}^{-t}\\ 4\mathrm{e}^{-2t}-4\mathrm{e}^{-t}\end{bmatrix}=4\mathrm{e}^{-2t}-4\mathrm{c}^{-t},\quad t\geqslant 0。$$

$$y_{\mathrm{zs}}(t)=\boldsymbol{C}\boldsymbol{\lambda}_{\mathrm{zs}}(t)=[0,1]\begin{bmatrix}-\mathrm{e}^{-2t}+\mathrm{e}^{-t}\\ -\mathrm{e}^{-2t}+2\mathrm{e}^{-t}-1\end{bmatrix}=(-\mathrm{e}^{-2t}+2\mathrm{e}^{-t}-1)u(t)。$$

9. 已知某离散系统可由下述差分方程来描述，

$$y(n+2)+5y(n+1)+6y(n)=4x(n),$$

写出相应的状态方程，并求出状态转移矩阵 $\boldsymbol{A}^n$。

解：由差分方程可以画出系统的模拟框图，如题 9 图所示。

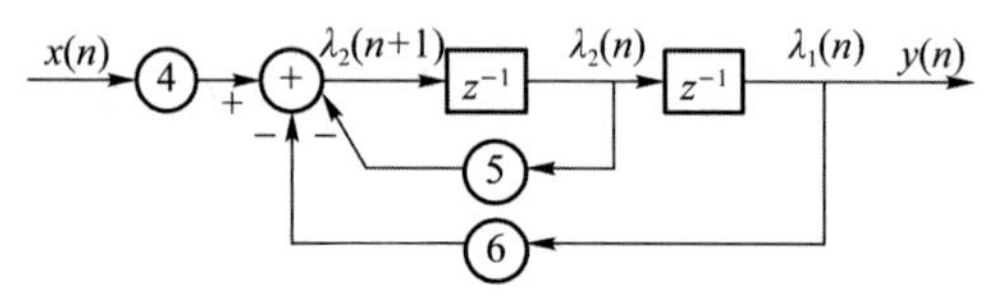

题 9 图

状态方程：

$$\lambda_1(n+1)=\lambda_2(n),$$

$$\lambda_2(n+1)=-6\lambda_1(n)-5\lambda_2(n)+4x(n)。$$

输出方程：

$$y(n)=\lambda_1(n)。$$

由此可得状态方程和输出方程的矩阵形式：

$$\begin{bmatrix}\lambda_1(n+1)\\ \lambda_2(n+1)\end{bmatrix}=\begin{bmatrix}0 & 1\\ -6 & -5\end{bmatrix}\begin{bmatrix}\lambda_1(n)\\ \lambda_2(n)\end{bmatrix}+\begin{bmatrix}0\\ 4\end{bmatrix}[x(n)],$$

$$[y(n)]=[1,0]\begin{bmatrix}\lambda_1(n)\\ \lambda_2(n)\end{bmatrix}。$$

状态转移矩阵为

$$\begin{aligned}\boldsymbol{A}^n&=\mathscr{Z}^{-1}[(\boldsymbol{I}-z^{-1}\boldsymbol{A})^{-1}]\\&=\mathscr{Z}^{-1}\begin{bmatrix}1 & -z^{-1}\\ 6z^{-1} & 1+5z^{-1}\end{bmatrix}^{-1}\\&=\mathscr{Z}^{-1}\left(\frac{1}{1+5z^{-1}+6z^{-2}}\begin{bmatrix}1+5z^{-1} & z^{-1}\\ -6z^{-1} & 1\end{bmatrix}\right)\\&=\mathscr{Z}^{-1}\begin{bmatrix}1+\frac{6}{z+3}+\frac{-6}{z+2} & \frac{3}{z+3}+\frac{-2}{z+2}\\ \frac{-18}{z+3}+\frac{12}{z+2} & 1+\frac{-9}{z+3}+\frac{4}{z+2}\end{bmatrix}\\&=\begin{bmatrix}\delta(n)+[6(-3)^{n-1}-6(-2)^{n-1}]u(n-1) & [3(-3)^{n-1}-2(-2)^{n-1}]u(n-1)\\ [-18(-3)^{n-1}+12(-2)^{n-1}]u(n-1) & \delta(n)+[-9(-3)^{n-1}+4(-2)^{n-1}]u(n-1)\end{bmatrix}。\end{aligned}$$

10. 题 10 图所示为一个具有两个状态变量的单输入-单输出系统，试写出其状态方程和输出方程。

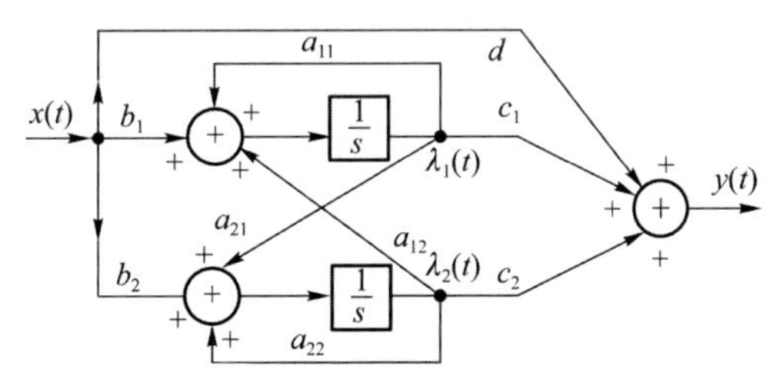

题 10 图

解：将两个积分单元的输出作为状态变量，将其输入作为状态方程左侧的表达式，得到状态方程

$$\dot{\lambda}_1(t)=a_{11}\lambda_1(t)+a_{12}\lambda_2(t)+b_1x(t),$$

$$\dot{\lambda}_2(t)=a_{21}\lambda_1(t)+a_{22}\lambda_2(t)+b_2x(t),$$

其矩阵形式为

$$\begin{bmatrix}\dot{\lambda}_1(t)\\ \dot{\lambda}_2(t)\end{bmatrix}=\begin{bmatrix}a_{11} & a_{12}\\ a_{21} & a_{22}\end{bmatrix}\begin{bmatrix}\lambda_1(t)\\ \lambda_2(t)\end{bmatrix}+\begin{bmatrix}b_1\\ b_2\end{bmatrix}[x(t)]。$$

用状态变量和输入表示输出方程则有

$$y(t)=c_1\lambda_1(t)+c_2\lambda_2(t)+dx(t),$$

其矩阵形式为

$$y(t)=[c_1,c_2]\begin{bmatrix}\lambda_1(t)\\ \lambda_2(t)\end{bmatrix}+[d][x(t)]。$$

参考文献

[1] 吕玉琴，组云霄，张健明. 信号与系统[M]. 北京：高等教育出版社，2016.

[2] 郑君里，应启珩，杨为理. 信号与系统引论[M]. 北京：高等教育出版社，2010.

[3] Oppenheim A V，Willsky A S，Nawab S H. 信号与系统[M]. 刘树棠，译. 北京：电子工业出版社，2013.

[4] Haykin S，Van Veen B. 信号与系统[M]. 2 版. 林秩盛，黄元福，林宁，等译. 北京：电子工业出版社，2013.

[5] 吕玉琴，尹霄丽，张金玲，等. 信号与系统考研指导[M]. 3 版. 北京：北京邮电大学出版社，2013.

[6] 尹霄丽，张健明. MATLAB 在信号与系统中的应用[M]. 北京：清华大学出版社，2015.

[7] 顾樵. 数学物理方法[M]. 北京：科学出版社，2012.

[8] 尹霄丽，尹龙飞，张健明，等. 信号与系统[M/OL]. 北京：高等教育出版社，2020[2021-08-20]. http://icc.hep.com.cn/bupt/xhyxt.